液化天然气装备设计技术

液化换热卷

张周卫　郭舜之　汪雅红　赵　丽　著

化学工业出版社

·北京·

本书主要围绕液化天然气（LNG）混合制冷剂液化工艺及贮运工艺中所涉及的主要低温装备，研究开发LNG工艺流程中主要液化换热装备的设计计算技术，主要包括LNG低温液化混合制冷剂多股流缠绕管式主换热装备、LNG 低温液化混合制冷剂多股流板翅式换热装备、表面蒸发空冷器、开架式气化器、低温液氮洗用多股流缠绕管式换热器等设计计算技术，为LNG液化、LNG换热等关键环节中所涉及的主要设备的设计计算提供可参考样例，并推进LNG系列液化装备及系统工艺技术的标准化及国产化进程。

本书不仅可供液化天然气（LNG）、化工机械、制冷及低温工程、石油化工、动力工程及工程热物理等领域的研究人员、设计人员和工程技术人员参考，还可供高等学校化工机械、能源化工、石油化工、低温与制冷工程、动力工程等专业的师生参考。

图书在版编目（CIP）数据

液化天然气装备设计技术：液化换热卷/张周卫等著.
北京：化学工业出版社，2018.3
ISBN 978-7-122-31065-1

Ⅰ.①液…　Ⅱ.①张…　Ⅲ.①液化天然气-换热器-设计　Ⅳ.①TE8

中国版本图书馆CIP数据核字（2017）第289093号

责任编辑：卢萌萌　刘兴春　　文字编辑：向　东
责任校对：宋　玮　　装帧设计：王晓宇

出版发行：化学工业出版社(北京市东城区青年湖南街13号　邮政编码100011)
印　　刷：三河市航远印刷有限公司
装　　订：三河市宇新装订厂
787mm×1092mm 1/16　印张21¾　字数536千字　2018年5月北京第1版第1次印刷

购书咨询：010-64518888(传真：010-64519686)　售后服务：010-64518899
网　　址：http://www.cip.com.cn
凡购买本书，如有缺损质量问题，本社销售中心负责调换。

定　价：138.00元

前 言
FOREWORD

随着低温制冷技术的不断发展，低温工艺及装备设计制造技术日趋完善，在工业、农业、国防及科研等领域内的作用日益突显，尤其在石油化工、煤化工、天然气、空分等大型成套装备技术领域具有重要地位，已广泛应用于大型液化天然气（LNG）、百万吨化肥、百万吨甲醇、大型气体液化分离等重大系统装备技术工艺流程中。

在 LNG 工业领域，大力发展 LNG 产业，提高天然气能源在消费中的比例是调整我国能源结构的重要途径。LNG 既是天然气远洋运输的唯一方法，又是天然气调峰的重要手段。随着国内众多 LNG 工厂的相继投产及沿海 LNG 接收终端的建设，我国 LNG 工业进入了高速发展时期，与之相关联的 LNG 低温制冷装备技术也得到快速发展。LNG 液化工艺主要包括天然气预处理、液化、储存、运输、接收、再气化等工艺单元，其中，液化工艺为核心工艺流程，主要应用低温制冷工艺技术制取-162℃低温环境并将天然气液化。根据不同的 LNG 液化工艺，可设计并加工制造不同的制冷装备，主要包括天然气压缩机、制冷剂压缩机、天然气冷箱、BOG 压缩机、气液分离器、大型空冷器、LNG 膨胀机、四级节流阀及各种过程控制装备等。储运工艺技术中还包括大型 LNG 储罐、LNG 立式储罐、LNG 气化器、LNG 潜液泵等。近年来，30 万立方米以上 LNG 系统多采用混合制冷剂板翅式主换热装备及液化工艺技术，60 万立方米以上大型 LNG 系统多采用混合制冷剂缠绕管式主换热装备及液化工艺技术，这两种混合制冷剂 LNG 液化工艺技术具有集约化程度高、制冷效率高、占地面积小及非常便于自动化管理等优势，已成为大型 LNG 液化工艺装备领域内的标准性主流选择，在世界范围内已广泛应用。目前，国内的大型 LNG 装备一般随着成套工艺技术整体进口，包括工艺技术包及主设备专利技术使用费等，造价非常昂贵，后期维护及更换设备的费用同样巨大。由于大型 LNG 系统装备及主设备大多仍未国产化，即还没有成型的设计标准，因此给 LNG 制冷装备的设计计算带来了难题。

《液化天然气装备设计技术：液化换热卷》主要围绕 LNG 混合制冷剂液化工艺及换热工艺中所涉及的主要低温装备，研究开发 LNG 液化工艺流程中核心主液化装备的设计计算技术，主要包括 LNG 低温液化混合制冷剂多股流缠绕管式主换热装备、LNG 低温液化混合制冷剂多股流板翅式主换热装备、天然气进气压缩机及混合制冷剂压缩机用表面蒸发空冷器、LNG 开架式气化器等装备的设计计算技术，为 LNG 液化、LNG 储运、LNG 接收及 LNG 气化等关键环节中所涉及主要设备的设计计算提供可参考样例，并推进 LNG 系列装备及 LNG

系统工艺技术的标准化及国产化研究开发进程。此外，近年来由于低温液氮洗、低温甲醇洗等系统工艺技术在低温气体液化分离领域内占比越来越大，应用越来越广泛，而这两套工艺系统内最具特色的装备为大型多股流缠绕管式主换热装备，是目前世界上设计计算难度最大的系列主设备之一，尤其低温液氮用多股流缠绕管式换热器，内含扩散制冷工艺技术且有10股以上低温流体同时进行低温多股流、多相流换热过程，设计计算难度极大，在换热领域内，同 LNG 低温液化混合制冷剂多股流缠绕管式主换热装备并列为设计计算难度最大的换热装备，本书作者通过多年研究开发，已系统掌握这两种主换热装备的设计计算技术，并通过本书一并呈送相关领域同行借鉴参考。

（1）LNG 缠绕管式主换热装备

以目前最流行的 MCHE 型混合制冷剂 LNG 液化工艺为例，MCHE 主换热器为多股流缠绕管式换热器，主要用于 $100\times10^4m^3/d$ 以上大型 LNG 液化系统，是整个 LNG 液化工艺流程中的核心设备，可一次性将 36℃天然气冷却至-162℃，并液化。由于 MCHE 主换热器为工艺型换热器，内含液化工艺，有 5 种以上混合制冷剂分凝预冷并同时制冷，是一种多股流回热型换热器，也是目前换热器中体积最大、缠绕过程最复杂、设计计算难度最大的换热器。MCHE 型缠绕管式换热器管内介质以螺旋方式流动，壳程介质逆流横向交叉通过绕管，换热器层与层之间换热管反向缠绕，管、壳程介质以纯逆流方式进行传热，即使在较低的雷诺数下其流动形态也为湍流，换热系数较高，其结构相对紧凑、耐高压且密封可靠、热膨胀可自行补偿，易实现大型 LNG 液化作业。美国 APCI 是 LNG 领域 MCHE 最大的供货商，在 1977～2013 年间，生产了 120 套 LNG 装置，其液化能力累计达到 $4.3\times10^8t/a$。此外，德国 Linde 公司在近 5 年内一共生产了累计金属重量达到 3120t 的多股流缠绕管式换热器应用于 LNG 工厂。自 2010 年以来，由兰州交通大学张周卫等主持研究开发 LNG 缠绕管式换热器等项目，目前，已出版《缠绕管式换热器》专著一部，开发 MCHE 专用软件一套，申报发明专利 12 项，发表论文 14 篇，涉及 12 类不同温区的缠绕管式换热器，并系统开发了缠绕管式换热器设计计算方法，可用于设计计算 LNG 专用系统缠绕管式换热器、低温甲醇洗系列缠绕管式换热器、低温液氮洗系列缠绕管式换热器等各种类型缠绕管式换热器。本书给出了专用于计算 MCHE 型 LNG 混合制冷剂用缠绕管式换热器的一个计算事例，供相关行业的同行参考。

（2）LNG 板翅式换热器

LNG 板翅式换热器主要用于 $30\times10^4m^3/d$ 以上大型 LNG 液化系统，是该系统中的核心设备，一般达到 $60\times10^4m^3/d$ 以上时，采用并联两套的模块化办法，实现 LNG 系统的大型化。基于板翅式换热器的 LNG 液化工艺也是目前非常流行的中小型 LNG 液化系统的主液化工艺。从 2013 年开始，由兰州交通大学张周卫等开始研究开发大型 LNG 混合制冷剂用多股流板翅式换热器，并前后开发了 LNG 混合制冷剂板翅式换热器、LNG 一级三股流板翅式换热器、LNG 二级四股流板翅式换热器、LNG 三级五股流板翅式换热器等系列 LNG 板翅式换热器，申报发明专利 4 项。本文根据项目开发情况，给出了 LNG 混合制冷剂多股流板翅式换热器设计计算模型，供相关行业的同行参考。

（3）表面蒸发空冷器

表面蒸发空冷器常用于天然气压缩机、混合制冷剂压缩机等出口高温气体的冷却过程，其利用管外水膜的蒸发过程进一步强化管外传热过程，从而达到空冷的效果。基本工作原理是用泵将设备下部水池中的循环冷却水输送到位于水平放置的光管管束上方的喷淋水分配器，由分配器将冷却水向下喷淋到传热管表面，使管外表面形成连续均匀的薄水膜；同时用风机将空气从设备下部空气入口吸入，使空气自下而上流动，横掠水平放置的光管管束。此时传热管的管外换热除依靠水膜与空气流间的显热传递外，管外表面水膜的迅速蒸发吸收了大量的热量，强化了管外传热。由于水具有较高的汽化潜热（1atm 时为 2386kJ/kg），因此管外表面水膜的蒸发大大强化了管外传热，使设备总体传热效率明显提高。本书根据表面蒸发空冷器强化换热原理，给出了一种表面蒸发空冷器的设计计算方法，仅供参考。

（4）LNG 开架式气化器

LNG 开架式气化器是用海水作为热媒将液态 LNG 气化为气体。开架式气化器结构简单，外部接口有 LNG 入口、气化后的 LNG 出口以及海水进出口、换热管安装在框架结构内。气化器的基本单元是传热管，由若干传热管组成板状排列，两端与集气管或集液管焊接形成一个管束板，再由若干个管束板组成气化器。LNG 从下部总管进入，然后分配到每个小的换热管内，在换热管束内由下向上流动。气化器顶部装有海水分布装置，海水由顶部进入，经分布器分配成薄膜状均匀沿管束外壁下降，同时将热量传递给管内液化天然气，使其加热并气化。本书根据 LNG 开架式气化器工作原理，给出了一种 LNG 开架式气化器的设计计算方法，仅供参考。

（5）低温液氮洗用多股流缠绕管式换热器

与 LNG 缠绕管式换热器设计相关联的低温液氮洗用多股流缠绕管式换热器主要应用于液氮洗工艺，主换热工艺流程主要包括三个阶段，由三个不同换热温区的换热器组成，其中，第一个阶段是将压缩后的高压氮气进行预冷，将 42℃高压氮气预冷至-63.6℃；第二个阶段是将高压氮气及低温甲醇工艺来的净化气从-63.6℃冷却至-127.2℃，为低温液化做准备；第三个阶段是将-127.2℃高压氮气冷却至-188℃并液化及将-127.2℃净化气冷却至-188.2℃，三个过程连续运行并连接成为一个整体式低温液氮回热换热装备。本书给出了低温液氮洗用多股流缠绕管式换热器设计计算模型，供相关行业的同行参考。

本书共分 6 章，第 1 章、第 2 章、第 3 章由张周卫、郭舜之负责撰写并编辑整理，第 4 章、第 5 章、第 6 章由汪雅红、赵丽负责撰写并编辑整理；全书最后由张周卫统稿。

本书受国家自然科学基金（编号：51666008）、甘肃省财政厅基本科研业务费（编号：214137）、甘肃省自然科学基金（编号：1208RJZA234）等支持，在此表示感谢！

本书按照目前所列装备设计计算开发进度，重点针对 5 项装备进行研究开发，总结设计计算方法，并与相关行业内的研究人员共同分享。由于水平有限、时间有限及其他原因，本书难免存在不足之处，希望同行及广大读者批评指正。

兰州交通大学

张周卫　郭舜之　汪雅红　赵丽

2017 年 12 月 1 日

目录

CONTENTS

第1章 绪论

第2章 LNG 缠绕管式换热器设计计算

第3章 LNG板翅式换热器设计计算

第 4 章 表面蒸发空冷器设计计算

第5章 开架式气化器设计计算

第 6 章 低温液氮洗用多股流缠绕管式换热器

第1章 绪 论

液化天然气（LNG）是将天然气冷却至-162℃并液化后得到的液态天然气，常压下储存，经远洋运输至LNG接收站，再气化打入天然气管网，或在LNG陆基工厂将陆地开采的天然气直接液化，经 LNG 槽车运输至接收站，再气化后打入天然气管网，供城镇居民或工业燃气使用。LNG作为继石油、煤炭、天然气之后的第四类新能源，来源于天然气并成为当今世界能源消耗中的重要部分，是天然气经脱水、脱硫、脱 CO_2 之后的无色透明低温液体，其体积约为气态天然气体积的1/630，重量仅为同体积水的45%左右，通常储存在-162℃、0.1MPa左右的低温储存罐内。天然气由甲烷、乙烷、丙烷及其他杂质气体等主要成分构成，不同产地的天然气所含气体成分不同，所用的 LNG 液化工艺及装备依据产量及成分不同而有较大差别。

1.1 LNG应用领域

LNG是天然气脱除杂质并液化后的产物，作为燃料主要应用于城镇燃气、工业燃料、燃气发电及LNG汽车等领域。由于LNG为低温液体，具有自增压功效，在常温常压下直接将LNG打入自增压容器，并将自增压容器连入管网后，在天然气应用高峰期起到管网增压调峰的作用。

（1）城镇燃气

LNG是一种非常理想的清洁燃料，燃烧后的产物几乎没有环境污染。近年来，随着国家能源结构的不断调整，LNG作为替代煤炭、石油等的主要能源，已广泛应用于城镇燃气等领域。LNG 燃烧后产生的二氧化碳和氮氧化合物仅为煤的 50%和 20%，污染为液化石油气的1/4，煤的1/800。LNG作为管道天然气的调峰气源，可对城市燃气系统进行调峰，保证城市天然气管网安全平稳供气。LNG自增压调峰装置已广泛用于天然气输配系统中，并对民用和工业用气的波动性进行调峰，尤其针对冬季采暖用气调峰具有非常重要的作用。

（2）LNG发电

LNG 具有燃烧清洁的特性，已经成为全球新建电厂的主要能源。与煤电相比，LNG 发电具有污染少、运行灵活、占地小、消耗低、投资省等优势。日本一直是世界上 LNG 进口最多的国家，其LNG进口量的75%以上用于发电，用作城市燃气的占20%~23%。韩国也是LNG进口大国，其电力工业是韩国天然气公司的最大客户，所消费的LNG占该国LNG进口总量的50%以上。

（3）工业燃料

应用以 LNG 作为工业燃料燃气系统，可有效替代燃煤、燃油锅炉等供热设备，节约除尘、脱硫、脱氮等工艺成本，有利于环境保护，提高产品质量、减轻劳动强度，为企业带来良好的经济、社会和环境效益。LNG 可应用于造纸、冶金、陶瓷、玻璃等能源消耗较大的行业，上述行业企业往往距离城市或天然气管线较远，或者根本无法连接管道天然气时，使用 LNG 的优势更加明显。

（4）化工原料

LNG 也是一种优质的化工原料。以 LNG 为原料的一次加工产品主要有合成氨、甲醇、炭黑等近 20 种，经二次或三次加工后的重要化工产品则包括甲醛、乙酸、碳酸二甲酯等 50 种以上。与用其他原料相比，以 LNG 为原料的化工产品装置投资省、能耗低、占地少、人员少、环保性好、运营成本低。

（5）LNG 汽车

LNG 汽车燃烧排出的一氧化碳、氮氧化物与烃类化合物水平都大大低于汽油、柴油发动机汽车，排放过程不积炭、不磨损，而且具有续驶里程长、燃烧效率高等特点，运营费用很低，是一种环保型汽车，目前国内外都在大力发展 LNG 汽车。

（6）LNG 冷能利用

-162℃低温 LNG 在 1atm（1atm=101325Pa）时转变为常温气态的过程中可提供大量的冷能。LNG 在常温下约有 836J/kg 的冷能，将这些冷能回收，还可以用于多种低温用途上，如使空气分离而制造液态氧、液态氮；液化二氧化碳并制取干冰；制造冷冻食品或为冷冻仓库提供冷量等。

1.2 LNG 工厂国内外发展现状

LNG 液化装置具有投资费用大、配套要求严格、操作条件特殊（如操作压力从高压到低压，操作温度由环境温度到-162℃等）的特点。LNG 液化装置按其生产性质一般分为基本负荷型、调峰型、终站型和卫星站型四种。基本负荷型是指所生产的 LNG 主要供远离气源的用户使用或出口外运的大型液化装置；调峰型主要建在远离天然气气源的地区，用于液化管输来的天然气；终站型接收站用于接收油轮从基地型 LNG 生产厂运来的 LNG，在站内加以储存和气化后分配给用户；LNG 卫星站是一种小型的 LNG 接收和气化站，用于接收从 LNG 终端接收站或液化装置用专用汽车槽车来的 LNG。

1.2.1 国外发展及现状

世界上第一个基本负荷型 LNG 生产厂于 1964 年建于阿尔及利亚，之后一批新的基本负荷型 LNG 生产厂在亚洲、非洲、大洋洲、北美洲等地相继建成。世界上 LNG 调峰型生产装置约有 70 多个，美国和加拿大有 50 多个，欧洲和澳大利亚 10 多个，这些调峰型装置可储存 1.7×10^6t 的 LNG，能液化 $13.2\times10^6m^3/d$ 的天然气，能气化 $13.2\times10^6m^3/d$ 的天然气。经过 40 多年的发展，LNG 接收站已遍及日本各地和英国、法国、意大利、西班牙、韩国等国家，世界现有 40 多个 LNG 接收站，日本拥有最多，多达 30 个，美国包括在建的终端站有 17 个。欧美各国和俄罗斯是通过建全国天然气管网而实现全国城镇燃气化的，而日本基本上是用 LNG 接收站加 LNG 卫星站实现全国城镇燃气天然气化的。采用 LNG 卫星站供应天然气的城镇比例在日本已达 20%左右，美国在 20 世纪 80 年代初约有 22 个卫星调峰装置。

1.2.2 国内发展及现状

为了推动能源结构变革，改善生态环境、发展经济，近十年来，中国 LNG 产业开始迅速发展。目前中国已建成运营的 LNG 工厂有 50 多座，总液化能力 $2300\times10^4m^3/d$，正在建设或调试的有 60 多座，全部建成后年产能可达 $208\times10^8m^3/d$。2001 年，我国第一座 $10\times10^4m^3/d$ 小型天然气液化装置——中原 LNG 工厂在中原油田试运行成功，虽然规模不大，但标志着我国在生产 LNG 方面迈开了关键的一步。之后，2004 年新疆广汇 $50\times10^6m^3/d$ LNG 工厂建成投产，以及 2008 年宁夏哈纳斯 $200\times10^4m^3/d$ LNG 工厂的建设等项目，标志着我国大规模工业生产 LNG 的开始，并对国家"西气东输"主干管网以外的广阔市场进行供气。国内 LNG 工厂大多建在西北及华北地区，其中，西北地区目前已建成 LNG 工厂 13 座，产能 $1110\times10^4m^3/d$；华北地区目前已建成 LNG 工厂 22 座，产能 $745\times10^4m^3/d$；华东地区目前已建成 LNG 工厂 3 座，产能 $29\times10^4m^3/d$；西南地区目前已建成 LNG 工厂 8 座，产能 $272\times10^4m^3/d$；华南地区目前已建成 LNG 工厂 3 座，产能 $100\times10^4m^3/d$；东北地区目前已建成 LNG 工厂 3 座，产能 $52\times10^4m^3/d$。

2000 年始建于上海的 LNG 事故调峰站是我国第一座调峰型天然气液化装置，生产能力为 $30\times10^4m^3/d$，储存能力为 $2\times10^4m^3/d$，再气化能力为 $120m^3/d$，主要用于东海天然气中上游工程因不可抗拒的因素造成停产、冬季调峰时向管网提供可靠的天然气供应等。上海调峰站的建成，开启了我国 LNG 城镇燃气调峰之路。近些年来，国内陆续建成 $30\times10^4m^3/d$ LNG 调峰站 30 多座。我国西北部天然气储量丰富，人口稀少；东南沿海天然气储量较少，人口密集，经济发达，因而较西部有更大的 LNG 需求，仅依靠"西气东输"显然不能满足东南部发展的需要，还需要大量进口海洋 LNG。目前，国内沿东南沿海各个省份已建成投运大型 LNG 接收站 6 座，总接收能力 $2.42\times10^7t/a$，其中深圳大鹏 600 万吨/a LNG 站是中国第一座投入商业运行的 LNG 接收站。地处福建、上海、江苏、大连、浙江的 5 座 LNG 接收站也相继投产。此外，我国已在青岛等地建有 LNG 卫星站，我国 LNG 卫星站设计、建造及陆上运输技术已基本成熟，相关装备可国产化，且价格便宜，具有一定的竞争力。

1.3 LNG 产业链

LNG 产业链是一条贯穿天然气产业全过程的投资巨大且技术密集的完整产业链条，主要由天然气勘探开采、天然气预处理、LNG 液化、LNG 储运、LNG 接收、LNG 再气化等工艺流程链条组成。除了 LNG 生产链条外，还包括 LNG 装备制造业产业链，主要包括 LNG 系列换热器、天然气压缩机、混合制冷剂压缩机、LNG 系列储罐、LNG 系列低温阀门等。由陆地或海洋开采的天然气在 LNG 工厂经过预处理后再进行液化，生产的 LNG 按照国际贸易流程，通过船运或槽车运输到 LNG 接收站储存，再气化后经天然气管网送至不同用户。从 LNG 生产流程来讲，整个 LNG 产业链主要包括上、中、下游三个环节（图 1-1）。

（1）LNG 上游产业链

上游产业链主要包括天然气勘探、开发、净化、分离、液化等几个环节。其中，天然气液化是 LNG 产业链上游中的关键环节。液化的主要作用是持续不断地把原料气液化成为 LNG，其主要步骤包括：①预处理工艺，即从天然气原料气中脱水、脱碳、脱硫、脱杂质等；②脱重烃工艺，即脱除天然气中的冷凝温度较高的重烃馏分；③LNG 液化工艺，即用深冷剂将原料气冷却并冷凝到-162℃，使其成为液态 LNG 产品。

（2）LNG 中游产业链

中游主要包括 LNG 储存、装卸、运输、接收等环节，包括 LNG 储罐和再气化设施及供气主干管网的建设等环节。LNG 储存是指 LNG 被储存在接近 1atm 的 LNG 储罐中，最常见的大型 LNG 储罐有单包容储罐、双包容储罐、全包容储罐等，LNG 储罐是 LNG 液化末端或接收终端的关键设备；LNG 运输是指通过 LNG 槽车或 LNG 运输船将 LNG 运送到终端站；LNG 接收站是连接终端市场及用户的关键环节。在 LNG 接收站，LNG 通过码头从运输船卸载、储存 LNG，然后再气化后变成普通管道气输送至 LNG 发电厂或通过当地分销网络作为燃料气输送至 LNG 终端用户。

（3）LNG 下游产业链

LNG 下游产业链即 LNG 终端市场用户，主要包括 LNG 联合循环电站、城市燃气公司、工业锅炉用户、分布式能源站、天然气加气站，以及其他工业燃料或化工原料用户等。另外，可向下延伸至 LNG 卫星站、LNG 加注站及冷能利用等与 LNG 相关的所有产业。

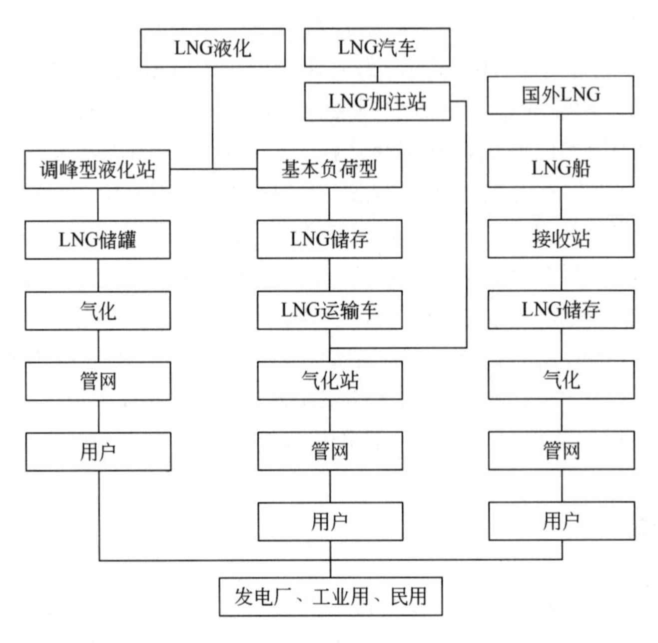

图 1-1　LNG 产业链示意

1.4　LNG 产业链各环节主要工艺概述

1.4.1　LNG 净化工艺

预处理前的天然气在进入长输管线时，其中含有有害杂质及深冷过程中可能凝固的物质，如 CO_2、H_2S、H_2O、重烃、汞等，这些杂质气体应在天然气液化之前进行工艺分离，以免在冷却过程中冷凝并堵塞管道及产生严重管路腐蚀。一般工艺流程中，首先，应脱除重烃，然后用醇胺法除去CO_2和H_2S；其次，用分子筛吸附天然气中的H_2O；接着，用脱氧工艺脱除天然气中的O_2；最后，在需要的情况下脱汞。

天然气脱水工艺方法主要有变压吸附法，一般采用两个分子筛干燥塔切换吸附与再生流程，交替吸附及脱吸过程，从而达到连续脱除的目的。固体干燥剂种类很多，还可采用氯化钙、硅胶、活性炭、分子筛等。吸附法脱水工艺流程如图 1-2 所示。

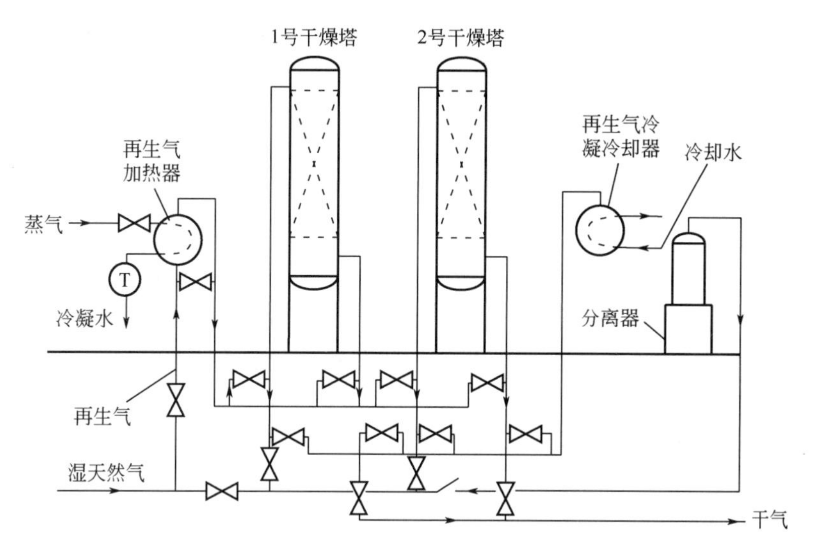

图 1-2　吸附法天然气脱水典型工艺流程示意

在天然气预处理过程中，脱除酸性气体CO_2、H_2S、COS 等过程常称为脱硫脱碳过程。常用的脱硫方法有醇胺法、热钾碱法、砜胺法等，其中，醇胺法是利用以胺为溶剂的水溶液，以乙醇胺、二乙醇胺为溶剂，与原料天然气中的酸性气体发生化学反应来脱除酸性气体，其工艺流程见图 1-3。

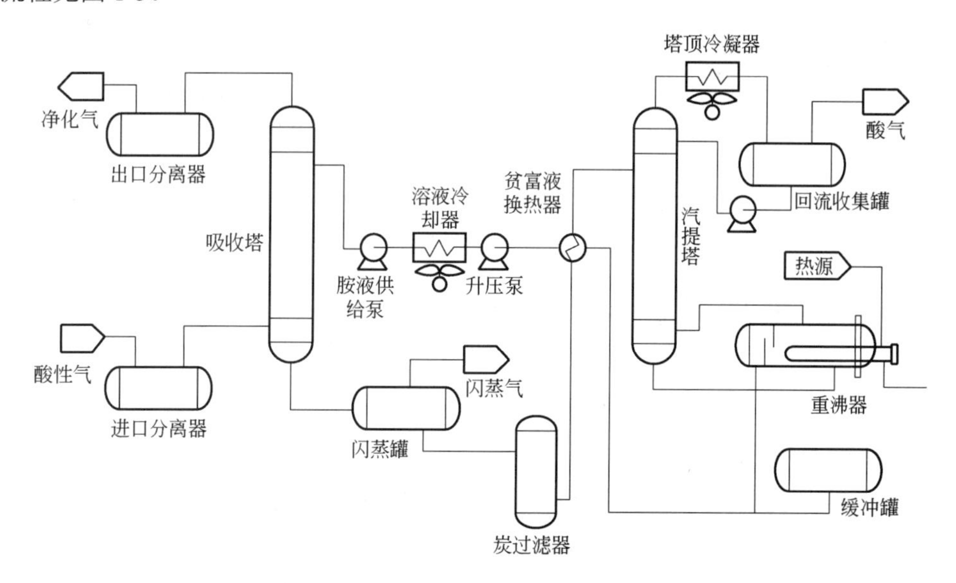

图 1-3　醇胺法脱硫装置的典型工艺流程

当汞存在于铝制设备时，铝会与水反应生成白色粉末状的腐蚀产物，严重破坏铝制设备，而且汞还会造成环境污染等危害，所以汞的含量应受到严格的限制，脱除汞的方法是汞与硫在催化反应器中反应。重烃是指 C_5 以上的烃类，在烃类中，分子量由小到大时，其沸点是由低到高变化的，所以在冷凝天然气的循环中，重烃总是先被冷凝，如果未把重烃先分离掉，或在冷凝后分离掉，则重烃将可能冻结从而堵塞设备。重烃在脱水时被分子筛等吸附剂部分脱除，其余的采用深冷分离。天然气是氦的最主要来源，应加以分离利用。采用膜分离和深冷分离相结合的方式脱除，有很高的利用价值。氮气的含量增加会使天然气液化更困难，一般采用最终闪蒸法从 LNG 中选择性脱除。

1.4.2 LNG 液化工艺

由于天然气临界温度较低，在常温下不能用压缩的方法使其液化，只有在低温深冷下才能使其变为液体，即原料天然气经净化预处理后，进入换热器进行低温冷冻循环，并冷却至 -162℃液化。液化是 LNG 生产的核心，目前成熟的天然气液化工艺有级联式液化工艺、混合制冷剂液化工艺、带膨胀机的液化工艺等。近年来，大型 LNG 系统大多采用以混合制冷剂多股流缠绕管式主换热装备作为主液化装备的 MCHE 型液化流程，主要应用于 $60\times10^4m^3/d$ 以上大型液化系统。$30\times10^4m^3/d$ 以上大型液化系统一般采用混合制冷剂多股流板翅式主换热装备作为主液化设备。

（1）级联式液化流程

级联式天然气液化工艺（图 1-4）是利用低温制冷剂常压下沸点不同，逐级降低制冷温度达到天然气液化目的，一般采用三级制冷，液化流程中各级所用制冷剂分别为丙烷（大气压下沸点-42.3℃）、乙烯（大气压下沸点-104℃）、甲烷（大气压下沸点-162℃），每个制冷循环设置三个换热器。该液化流程由三级独立的制冷循环组成，第一级丙烷制冷循环为天然气、乙烯和甲烷提供冷量；第二级乙烯制冷循环为天然气和甲烷提供冷量；第三级甲烷制冷循环为天然气提供冷量。

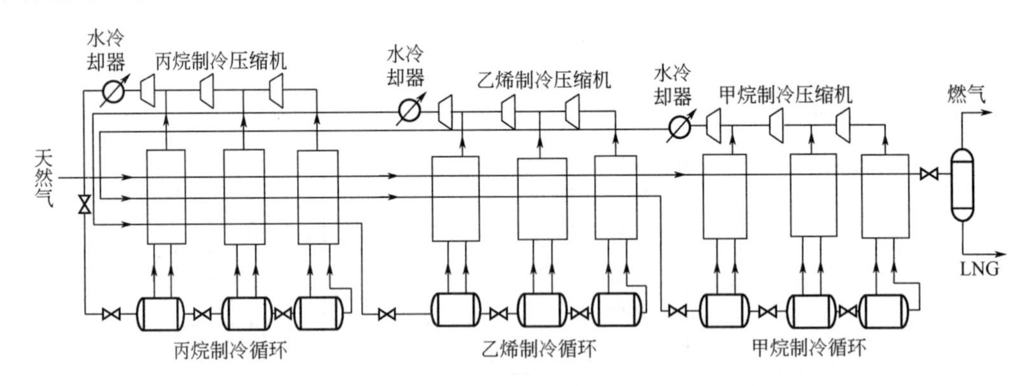

图 1-4　级联式天然气液化工艺流程

（2）混合制冷剂液化流程

混合制冷剂制冷循环（MRC）是以 C_1～C_5 的烃类化合物及氮气等组分的混合制冷剂为工质，进行逐级冷凝、蒸发、节流制冷，从而得到不同温区的制冷量，使天然气逐步冷却直至液化。混合制冷剂由氮、甲烷、乙烷、丙烷、丁烷、戊烷及氮气等组成。

混合制冷剂液化流程主要分为闭式混合制冷剂液化流程（图 1-5）、开式混合制冷剂液化流程（图 1-6）、丙烷预冷混合制冷剂液化流程（图 1-7）、MCHE 型混合制冷剂液化流程（图 1-8）等多种流程。在闭式液化流程中，制冷循环与天然气液化过程分开并形成独立封闭的制冷循环；在开式液化流程中，天然气既是制冷剂又是需要液化的对象；丙烷预冷液化流程由混合制冷剂循环、丙烷预冷循环、天然气液化回路三部分组成，其中丙烷预冷循环用于混合制冷剂和天然气，混合制冷循环用于深冷和液化天然气；MCHE 型混合制冷剂液化流程中，混合制冷剂制冷循环为封闭循环，主液化设备只有一台多股流缠绕管式主换热器（MCHE），天然气从主液化设备 MCHE 底部进入，从顶部出来时已液化为 LNG。MCHE 型混合制冷剂液化天然气流程是目前世界范围内最流行的大型 LNG 液化工艺流程，具有经济节能、能效比高、便于管理、占地面积小等优点。

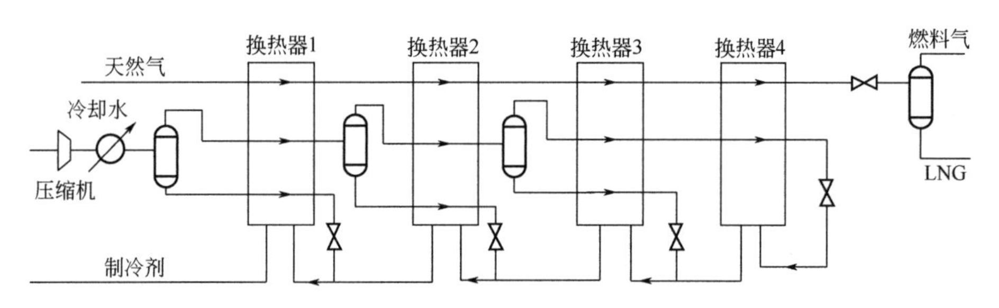

图 1-5　闭式混合制冷剂液化流程

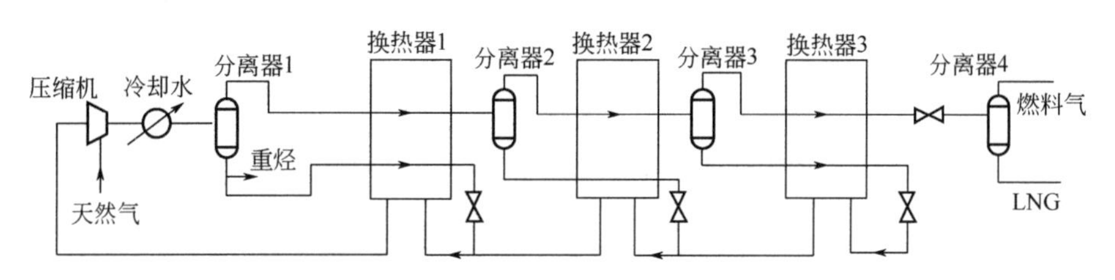

图 1-6　开式混合制冷剂液化流程

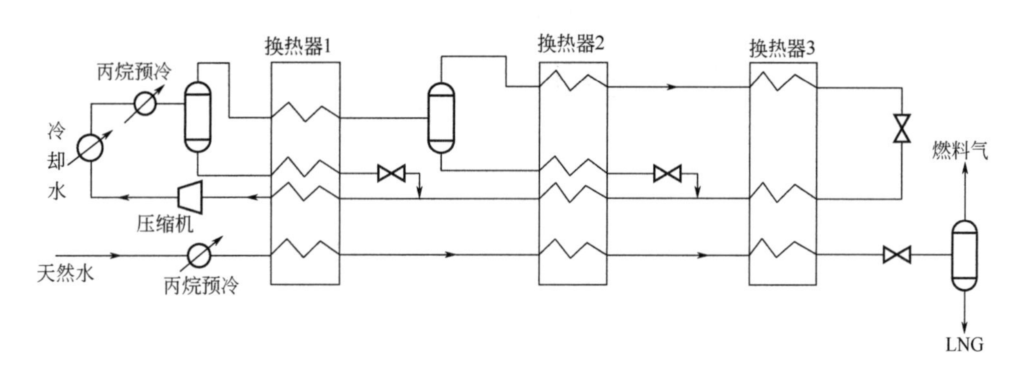

图 1-7　丙烷预冷混合制冷剂液化流程

（3）带膨胀机的液化工艺

带膨胀机液化是利用高压制冷剂通过透平膨胀机绝热膨胀的克劳特循环制冷并实现天然气液化的目的。气体在膨胀机中膨胀降温的同时，能够输出功，可用于驱动流程中的压缩机。带膨胀机的液化流程分为氮气膨胀液化流程（图 1-9）、天然气膨胀液化流程（图 1-10）、氮-甲烷膨胀液化流程等。

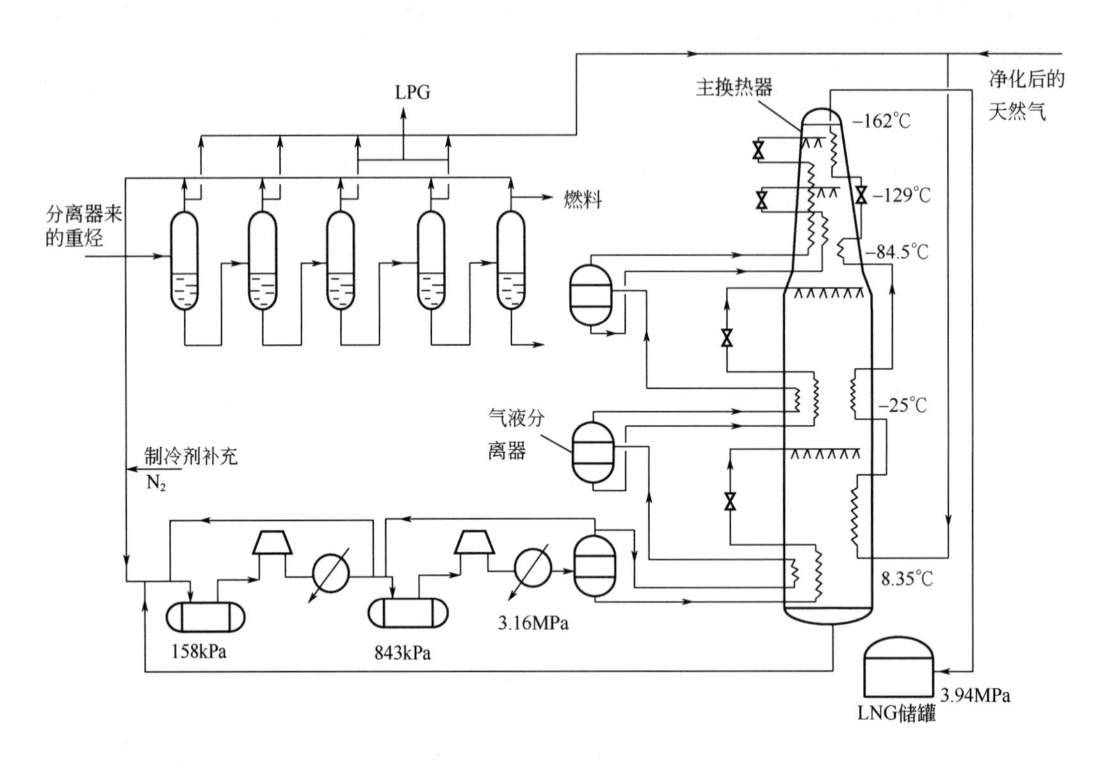

图 1-8　MCHE 型混合制冷剂液化工艺流程

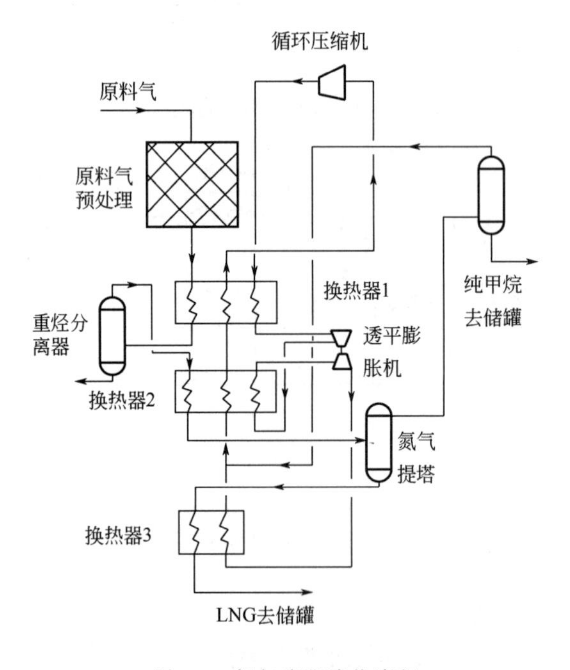

图 1-9　氮气膨胀液化流程

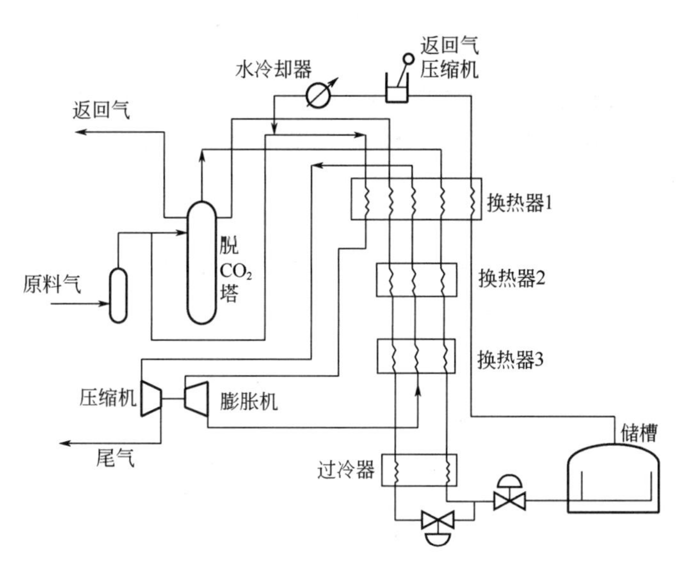

图 1-10　天然气膨胀液化流程

1.4.3　LNG 接收站工艺

LNG 接收站主要由数十个大型 LNG 全包容式储罐、LNG 码头、LNG 卸料臂等组成，是一项投资十分巨大、上下游各环节联系十分紧密的系统工程。LNG 接收站工艺（图 1-11）可分为六个主要系统：LNG 卸料系统、LNG 存储系统、LNG 再气化外输系统、BOG（闪蒸汽）处理系统、防真空补气系统、火炬放空系统。

（1）卸料系统

LNG 运输船到达接收站 LNG 专用码头后，LNG 由运输船上的输送泵经几台液体卸料臂，分别通过支管汇集到卸船总管，并通过卸船总管输送到 LNG 储罐中。LNG 进入储罐后置换出的蒸发气，通过一根气相返回管线，经过气相返回臂，回到 LNG 运输船的 LNG 船舱中，以保持卸船系统的压力平衡。

（2）LNG 储存系统

LNG 储罐是 LNG 储存工艺系统中的核心设备，伴随着材料学和焊接技术的发展，LNG 储罐越来越趋于大型化和多样化方向发展。LNG 储罐属常压、低温大型储罐。按储罐结构形式分有单包容罐、双包容罐、全包容罐及膜式罐等；按储罐设置方式及结构形式可分为地下罐和地上罐。

（3）LNG 再气化外输系统

LNG 经船运至接收站后，均需以气态的方式送给用户。LNG 气化器常用热源有水和燃料两种，水一般指海水、河水和工厂热排水，燃料主要是天然气。接收站工程设三种气化器：浸没燃烧式气化器（SCV）、开架式气化器（ORV）、中间媒体式气化器（IFV）。其中 ORV 在每年海水温度高于 9℃时使用，SCV 则在低于 9℃时使用。

LNG 泵是站内输送 LNG 的关键设备，由于 LNG 温度低、易气化、易燃易爆，因此要求 LNG 泵在低温下轴封可靠；为防止处于气液平衡状态的 LNG 在泵内气化、保持泵内 LNG 与储罐内 LNG 具有相同的温度，LNG 泵被设计成浸没式结构，连同马达一起浸没于装有 LNG 液体的泵内容器中。

（4）BOG 处理系统

由于LNG在储存过程中产生大量的BOG，BOG压缩机用来处理储罐内产生的过量蒸气，维持罐内压力恒定。冷凝器用于将加压 BOG 与从储罐输送的过冷 LNG 混合并使之冷凝，同时起到高压输出泵的入口缓冲罐的作用。按照处理方式不同，分为直接输出法和再冷凝法两种。

BOG 的处理按以下顺序进行：在卸料操作中 BOG 返回船舱，接着进入再冷凝器，之后送往火炬，再通过储罐压力安全阀放空。

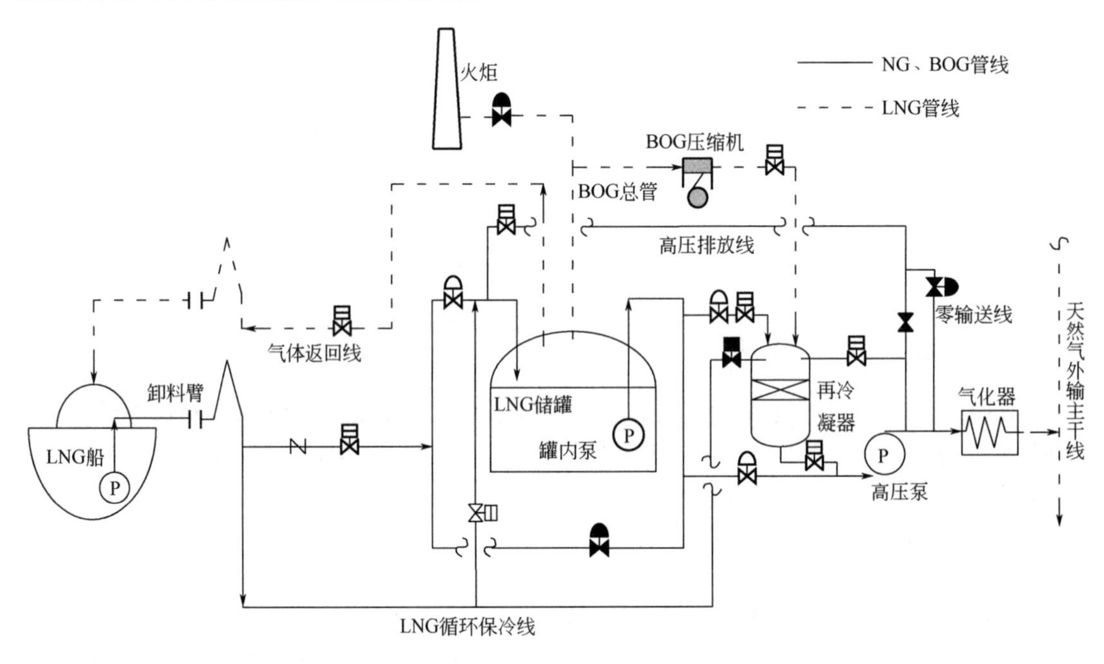

图 1-11　LNG 接收站主工艺流程

（5）防真空补气系统

由于 LNG 储罐承受正压和负压的范围都较为有限，在储罐内压力超过设计正压时，可以通过控制压缩机的关停或调解其排量来保持罐内的压力值；当 LNG 储罐内形成负压时，可由气化器出口管汇处引出的天然气来补充。

（6）火炬放空系统

火炬上游设有火炬分液罐，分液罐外带有电加热器，用于充分气化 BOG 所带有的液体。设置火炬系统的目的是排放正常操作时储罐内压缩机不能处理的低压 BOG 和因事故停产时气化器产生的高压 BOG。

1.4.4　LNG 加气站工艺流程

LNG 加气站主要分为卸车流程、加气流程、储罐调压流程、储罐卸压流程四个流程（图 1-12）。其中卸车流程是由加气站 LNG 泵将 LNG 槽车内 LNG 卸至加气站 LNG 储罐；加气流程是储罐内 LNG 由 LNG 泵抽出，通过 LNG 加气机向汽车加气；储罐调压流程是卸车完毕后，用 LNG 泵从储罐内抽出部分 LNG 通过 LNG 气化器气化后进入储罐，当储罐内压力达到设定值时停止气化；储罐卸压流程是在卸车、加气及加气站的日常运行过程中，当储罐内的压力随 BOG 的产生增大，安全阀打开，释放储罐中的蒸气，降低压力，以保证储罐安全。

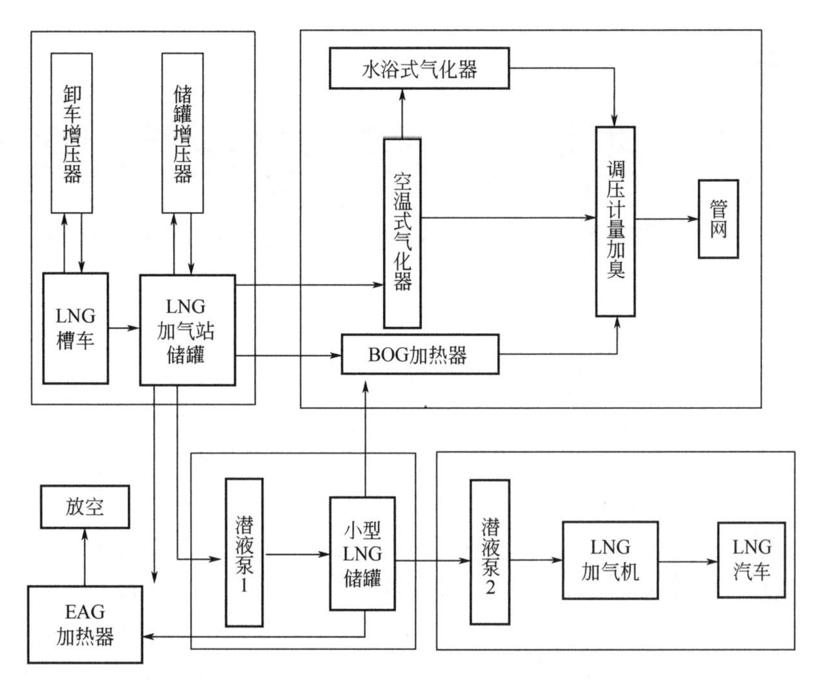

图 1-12　LNG 加气站工艺流程框图

1.5　LNG 主要装备技术

通过对以上 LNG 液化工艺、储运工艺、再气化工艺等过程的简要说明，可以初步掌握 LNG 产业链各工艺过程中主要设备构成及主要功能情况等，如 LNG 液化工艺主要由压缩机、空冷器、低温多股流换热器、膨胀机、节流阀、各种控制阀门等组成。以 MCHE 型混合制冷剂 LNG 液化工艺流程来说，该流程中主要包括大型多股流缠绕管式换热器或多股流板翅式换热器、天然气压缩机混合制冷剂压缩机、四级节流阀、螺旋压缩膨胀制冷机等核心设备，其中，以主液化装备大型 MCHE 型 LNG 多股流缠绕管式主液化装备设计计算难道最大，也是整个工艺流程中的核心设备。

根据目前国内外研究现状，本书主要从以上 5 类 LNG 液化换热装备技术设计计算入手，研究开发 LNG 液化工艺系统、LNG 接收末端工艺系统、LNG 卫星站接收工艺系统等各个系统的核心设备设计计算技术，以期通过研究开发，进而推进 LNG 系列装备产品的国产化进程，为 LNG 各系统装备的整体国产化进程提供便利及可参考的依据。

参考文献

[1] 先智伟，谢箴．世界 LNG 装置现状及发展 [J]．天然气与石油，2005，23（2）：6-9.

[2] 周淑慧，郜婕，杨义，李波．中国 LNG 产业发展现状、问题与市场空间 [J]．国际石油经济，2013，21（6）.

[3] 张守江，兰颖，黄霞．LNG 净化与液化工艺概述 [J]．化工进展，2012，31（增二）：96-99.

[4] 刘名瑞，陈天佐．LNG 接收站及其工艺发展现状 [J]．当代化工，2014，43（6）：1056-1063.

第2章 LNG缠绕管式换热器设计计算

MCHE 型混合制冷剂天然气液化工艺的核心主设备为大型 LNG 多股流缠绕管式主换热装备，主要用于 $100×10^4m^3/d$ 以上大型 LNG 液化系统，是整个 MCHE 型 LNG 液化工艺流程中的核心设备。由于 MCHE 主换热装备内含液化工艺，有 5 种以上混合制冷剂分凝预冷并同时制冷，是一种多股流回热型换热器，也是目前换热器中体制最大、缠绕过程最复杂、设计计算难度最大的换热器之一。MCHE 型缠绕管式换热器管内介质以螺旋方式流动，壳程介质逆流横向交叉通过绕管，换热器层与层之间换热管反向缠绕，管、壳程介质以纯逆流方式进行传热，其结构紧凑、耐高压且密封可靠、热膨胀可自行补偿，易实现大流量、多相流、多股流、大温差低温换热过程，尤其在 LNG 液化领域。本文给出了专用于计算 MCHE 型 LNG 混合制冷剂用多股流缠绕管式主换热器的设计计算方法，供相关行业的同行参考。

2.1 LNG 多股流低温缠绕管式换热器

2.1.1 缠绕管式换热器设计计算路线

2.1.1.1 MCHE 型 LNG 工艺技术介绍

MCHE 型 LNG 核心液化工艺技术，核心设备包括大型缠绕管式换热器、板翅式换热器、大型制冷压缩机、低温 BOG 压缩机、节流减压装置、低温泵、节流阀等，一般随着工艺技术整体打包由跨国公司整体组织提供。LNG 低温液化工艺技术是最核心的工艺技术，技术难度大、设备流程复杂，国际上流行采用混合制冷剂液化技术，由美国液化空气公司提供，是目前国际上最先进的液化工艺技术，涉及复杂的理论计算过程、数值模拟过程、工艺设计过程、实验过程及加工制造过程等，本项目主要针对核心制冷工艺技术的关键设备（低温缠绕管式主换热器）进行研究，突破 LNG 制冷核心技术工艺。液化温度低于-161℃，低温液化工艺复杂，计算、模拟、设计、实验、控制、制造等过程都相对复杂，且需要大型实验测量设备、低温仪器仪表、实验辅助设备等。LNG 低温液化工艺流程如图 2-1 所示。

2.1.1.2 重点内容

重点研究内容主要针对 LNG 核心制冷工艺技术设备进行研究，涉及 LNG 制冷工艺、LNG 主设备（大型 LNG 缠绕管式换热器），这也是 LNG 制冷工艺及装备中最为重要的部分，只要突破 LNG 核心工艺技术，其他部分可通过国际采购的办法加以解决，如大型 LNG 制冷压缩机、FOB 压缩机等。其他部分如天然气预处理工艺、小型 LNG 接收站等技术相对成熟，国内一些主要厂家可以配套完成。

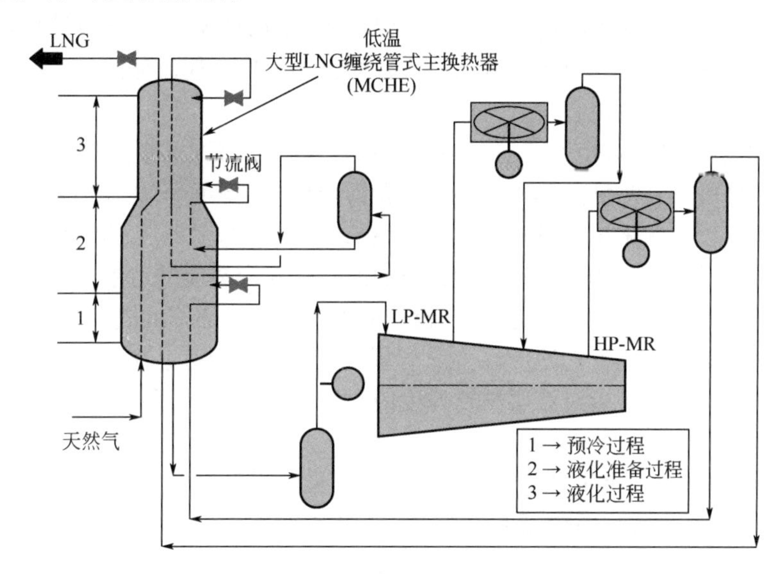

图 2-1　LNG 低温液化工艺流程图

2.1.1.3　具体可实施的技术路线

LNG 缠绕管式主换热器基础研究，形成核心工艺技术及专利技术。

① 缠绕管式换热器内部传热机理研究。

② 多股流传热换热过程中内部管束的布置情况。

③ 建立数值模拟模型并进行流场数值模拟。

④ 建立单元传热模型并进行传热数值模拟。

⑤ 建立系统模型并对简化模型进行传热数值模拟。

⑥ 确定换热器多股流进出口参数。

⑦ 根据计算及数值模拟结果提出系统设计方案并进行设计。

2.1.2　MCHE 型 LNG 液化工艺描述

基础工艺包括两条相同的并行生产线，每条生产线能力为日处理 150 万立方米天然气。LNG 液化工艺系统内两个关键设备就是低温缠绕管式换热器和混合制冷剂压缩机。缠绕管式换热器用作 LNG 液化工艺主设备是其自身的特点决定的：①管内介质以螺旋方式流动，壳程介质逆流横向交叉通过绕管，换热器层与层之间换热管反向缠绕，管、壳程介质以纯逆流方式进行传热，即使在较低的雷诺数下其流动形态也为湍流，换热系数较高；②多种介质共存于一台缠绕管式换热器进行传热时，由于其传热元件为圆管，缠绕管式换热器对不同介质之间的压差和温差限制要求较小，降低了生产装置的操作难度，提高了设备的安全性；③结构相对紧凑、耐高压且密封可靠、热膨胀可自行补偿；④易实现大型 LNG 液化作业。美国空气产品化学工程公司（Air Products）是 LNG 领域 MCHE 最大的供货商，在 1977～2013 年间，加工制造了 120 套 LNG 装置，其液化能力累计达到 4.3×10^8t/a。德国林德（Linde）公司在近 5 年内一共生产了累计金属重量达到 3120t 的多股流缠绕管式换热器应用于 LNG 工厂。

缠绕管式换热器的关键技术主要有：

① 结构　缠绕管式换热器的结构和工艺条件紧密联系在一起，合理分配液化段和过冷

段的热负荷，使液化段和过冷段相对协调；结合特大型换热器的载荷分配以及换热管相对较软的特性，采用足够刚度的中心筒，从设计上保证缠绕的均匀性。组合设计技术的充分应用使“冷塔”结构合理；管壳程及物料进出口位置的合理选择，使流体的分布更均匀；多管板结构的应用使结构进一步优化。

② 材料　由于大型LNG液化工厂的热负荷都是数十乃至数百兆瓦级的，再加上低温要求，目前适用的材料只有两种：奥氏体不锈钢和铝合金。换热面积$2\times10^4m^2$以下的缠绕管式换热器换热管还可以考虑采用薄壁奥氏体不锈钢材料，$2\times10^4m^2$以上的缠绕管式换热器换热管基本采用铝合金材料。全奥氏体不锈钢材料的缠绕管式换热器制造起来相对简单，若换热管采用铝镁合金管则面临着几个问题：a．超长型铝镁合金换热管的国产化；b．换热器其他受压元件的选材及其与换热管的适应性；c．管板的复合技术研究，在常温下成型后复合管板的低温力学性能研究以及管板过渡层材料厚度的研究；d．精密冲压内件的成型技术研究，保证对换热管的零损伤。

设计LNG设施包含两个生产线，每个生产线的设计产量为每小时44.7t液化天然气。制冷工序由一个混合制冷单元（MR系统）实现。MR系统在主低温热交换器（ MCHE）中提供预冷和低温制冷生产LNG。制冷压缩机由变速单元（VOITH 水力联轴器）控制的电动机驱动来增强装置的可操作性及提供满压装置重启的能力。

2.1.2.1　缠绕管式换热器中天然气液化过程

MCHE由三个连贯的管束组成：高温管束、中温管束和低温管束。在加料气离开气体处理单元后，进入MCHE的高温管束中。经过高温管束冷却后以及通过高温的焦耳-汤姆生（JT）阀门膨胀后，然后再经低压混合制冷液体（LPMRL）和高压混合制冷液体（HPMRL）冷却。加料气在进入中温管束之前被冷却到大约-53℃，在高温和中温管束中冷却之后，在中温管束中用低温混合制冷液体（CMRL）冷却加料气，然后再膨胀后通过中温焦耳-汤姆生（JT）阀门。加料气冷却到-120℃，且在离开中温管束之前完全冷凝。液体加料气在低温的焦耳-汤姆生（JT）阀门膨胀之前，在高温、中温和低温管束中冷却，然后进入低温管束中，其中由低温混合制冷蒸气（CMRV）进一步冷却。液体加料气在大约-160℃时离开MCHE。

过冷的液化天然气送入LNG储罐中，此储罐在100mbar（$1bar=10^5Pa$）下操作。储罐中由于罐体蒸发和热泄漏产生的蒸气回收到工艺中进一步再次液化。

2.1.2.2　采用混合制冷剂的制冷系统

使天然气液化的制冷系统由氮气、甲烷、乙烯、丙烷、正丁烷、异丁烷的混合制冷剂（MR）循环制冷提供冷量。调节混合制冷剂配比以向主低温热交换器（MCHE）中提供最佳的冷却和液化工艺。

来自MCHE高温端的蒸气MR首先在低压MR压缩机中压缩且在低压MR压缩机的后冷却器中由环境空气冷却。然后再在低压MR分离器中分离。蒸汽流经高压MR压缩机后进一步压缩，且在高压MR压缩机的后冷却器中由环境空气冷却，然后再在高温高压MR分离器中气液分离。液体流（低压混合制冷液体）来自低压MR分离器中，然后通过MCHE的高温管束进一步冷却。高温高压的MR分离器的蒸气流（低温混合制冷剂）和液体流（高压混合制冷液体）也通过MCHE的高温管束进一步冷却。在低压混合制冷液体和高压混合制冷液体离开高温管束的高温端且在低压高温的JT和高压高温的JT阀门膨胀后，混合进入高温管束的顶部向高温管束提供制冷。

低温混合制冷剂离开高温管束后，送至低温高压MR分离器中。来自低温高压MR分离器（低温混合制冷液体）的液体流，经由MCHE的中温管束过冷后，离开中温管束，再经过中温JT阀门减压。此低压MR液体流进入MCHE，在中温管束中分布向中温管束提供制冷。而来自低温高压MR分离器（低温混合制冷蒸气）的蒸气流在中温和低温的MCHE中液化并过冷。然后离开低温管束，在低温JT阀门减压。此低压MR液体流进入MCHE的低温管束的顶部，在其中分布向MCHE提供低温端制冷。MR通过MCHE的低温、中温和高温的管束提供制冷，在MCHE底部以过热蒸气的形式逃逸出去，收集在低压MR压缩机吸入罐中，在这里蒸气流（馏出的）送入压缩机中等待压缩和循环。

2.1.2.3 工艺流程正常操作和控制描述

LNG液化生产线的操作基于控制混合制冷剂制冷输出，通过调整HP高温JT阀、中温JT阀和低温JT阀的混合制冷剂的流量实施。LNG的产量靠混合制冷剂的输出来维持平衡，用设在MCHE出口LNG管线上的温度控制阀来控制。LNG温度控制阀通过调整主热交换器的天然气流量来设定LNG生产率，设定工艺热负荷值。

混合制冷剂制冷系统的控制包括一个液位控制回路和三个主要的流量控制回路：第一控制回路是LP高温JT阀门，此阀控制低压MR分离器的液位；第二控制回路是HP高温JT阀门，此阀控制到MCHE高温管束的MR液体流；第三控制回路是中温JT阀门，此阀控制到MCHE的中温管束的MR液体流。最后的控制回路是低温JT阀门，此阀控制到MCHE的低温管束的MR蒸气流。

混合制冷剂制冷系统控制用于期望产量下优化MR 压缩机的操作。MCHE内混合制冷剂的组成、高温端温差、低温端温差和中点温度用于工艺调整的一个指导。一旦MR组成建立，对于MR系统上的最大影响是MR液体通过HP高温JT阀门和中温JT阀门的循环量。循环量越大，由系统送出的制冷剂的量也就越大。此制冷剂需要由 LNG 产量来制衡。混合制冷剂蒸气-液体比例的改变以及LNG产量与可用制冷剂的相关比例的改变对LNG的温度相当敏感。如果蒸气相对于液体的量增加，轻组分的浓度也将增加，使得循环混合制冷剂更轻，且能输送更低温的制冷剂以减少LNG的温度。LNG温度过冷是LNG产量相比可用制冷剂低的一个迹象。

在中温管束的出口通过调整MR经由中温JT阀门的液体流量来控制中点温度。经由中温JT阀门流量的增加将使中点温度更低，反之更高。

MR（混合制冷剂）的总组成一般由环境温度和加料气的组成决定。由不同的环境温度或加料气的组成计算MR组成是较好的出发点。MR液体和气体的相对循环量对于MR的总组成在小范围内有一定的影响。对于MR的组成的附加调整可以通过观察MCHE操作中的某些参数来实现。

混合制冷剂中，低温端温差与氮气的含量存在函数关系。过量的氮气将增加温差，且导致电力的浪费。氮气的含量通过调整补充流量来控制。

2.1.2.4 液化天然气（LNG）生产过程

LNG生产过程通过一个能够调节LNG产量的流量控制回路控制。天然气的温度和换热器热端温差能够显示LNG产量是否改变。如果天然气温度太低或者太高，相应的LNG的产量可能增加或减少。如果换热器热端温差太大或太小，相应的LNG的产量可能增加或减少。在MCHE中，进料气体和制冷剂的热平衡确保操作的高效性。

降低产能首先可以通过降低制冷剂压缩机的运转速度实现。降低压缩机的转速可降低每级压缩机产生的压头，降低进入MCHE的混合制冷剂的压力，进而减少系统制冷剂循环量，相应地天然气产品阀开度减小，LNG 流量减少，以此维持进料气和制冷剂之间的负荷平衡。

在长期非满负荷运行时，为了维持装置的高效性，在混合制冷剂分离器中排出轻组分，减少轻组分能够减少制冷剂中的过热蒸汽量，从而减小混合制冷剂压缩机入口和出口的压力。当压缩机温度速率下降时，混合制冷剂的质量流量减少。因此，等比例的减少混合制冷剂的质量流量，相应地 LNG 产能减少，产品阀开度减小，以维持进料气和可用制冷剂的负荷平衡。LNG 产量正比于压缩机的吸入压力，如吸入压力降低 10%，相应的 LNG 减少 10%。

制冷剂储存系统提供的储存容量要能满足补充制冷剂和检修时回路中制冷剂的容量要求。满足工艺要求的制冷剂的组分为：氮气、甲烷、乙烯、丙烷、异丁烷和正丁烷。补充的纯氮气可以由钢瓶供应。甲烷从 BOG 压缩机出口得到。对于乙烯可以考虑用压力钢瓶。对于丙烷、异丁烷和正丁烷，分别储存，并配备输送泵。

在 LNG 液化工艺中，首先除掉天然气中的二氧化碳、水分和汞，再进行 LNG 液化生产，生产后的 LNG 储存在 6 万立方米的低温储罐中。预处理过程会产生大气污染物，特别是二氧化碳和少量的废水。LNG 装置 24h 连续生产，只有在装置设备进行日常维修时才会停车。预计和非预计维修计划的有效准确率要大于 91%。在装置建成后从管线来的第一股气体贯通后，开始生产 LNG，生产过程中第一个先行系统是公用工程系统，其次是制冷压缩过程，然后才是天然气被引入 LNG 液化系统进行液化。

2.1.2.5 原料详述和制冷剂以及天然气产品规格

设计处理的三股来源原料气：1 号原料气为现用气，2 号和 3 号原料气为备用。设计正常产量为 89.40t/h，其中 LNG 槽车的容量为 44.70t/车。针对 1 号原料气，夏季天气条件中设计环境温度为 23.5ºC。在 1 号气与 2 号气供气条件下，工厂操作产能为设计产能的 50%～110%。两股原料气中二氧化碳含量都很低。3 号原料气可按 100%产能操作，但更高的产能（达到设计产能的 110%）需要依据原料气中 CO_2 的含量。对原料气压缩机选择的适宜操作条件和额定产能要求中包括了三条气源的进气条件，原料气压缩机的额定能力也是制约 LNG 产能的一个因素，决定了整个 LNG 工厂具体的耗电量。对每个原料气 100%产能时，应有的进料流量和 LNG 产出率如表 2-1 所列，原料天然气的性质如表 2-2 所列，制冷剂纯度要求如表 2-3 所列，原料 1 号气所对应的主低温换热器入口天然气组成及预期的液化天然气规格如表 2-4 所列。

表 2-1　对每个原料气 100%产能时，应有的进料流量和 LNG 产出率

项目	1 号进料气	2 号进料气	3 号进料气
进料气流量（包括燃料气消耗）/（t/h）	89.70	89.48	98.52
正常 LNG 产率/（t/h）	89.4	91.2	90.0
正常 LNG 产率/（m^3/d）	3000000	3000000	3000000

表 2-2　原料天然气的性质

天然气成分（摩尔分数）	1 号气源/%	2 号气源/%	3 号气源/%
N_2	0.22	0.07	0.133
CO_2	0.075	0.05	3.25
CH_4	99.57	99.79	95.48
C_2H_6	0.071	0.07	0.937

续表

天然气成分（摩尔分数）	1号气源/%	2号气源/%	3号气源/%
C_3H_8	0.0021	0.02	0.118
i-C_4	0.0008	0	0.013
n-C_4	0.0013	0	0.017
neo-C_5	—		
i-C_5	0.0005	0	0.006
n-C_5	0.0003	0	<0.004
C_6	0.0004	0	<0.002
C_7	0.0002		
C_8	0.0010		
C_9	—		
C_{10}	—		
甲基环丙烷	0.0001		
苯	0.0001		$<0.3\times10^{-4}$
环己烷	0.0001		
甲基环己烷	0.0005		
甲苯	0.0004		
对二甲苯	—		
间二甲苯	—		
邻二甲苯			
总硫/（mg/m^3）		4.4	9.36
COS			0.1×10^{-4}
SO_2			

表2-3　制冷剂纯度要求

组分	纯度要求（体积分数）/%	供给形式
氮气	99.6（最小）	来自制氮工艺包管道
甲烷	90	来自BOG
乙烯	90（最小）	钢瓶或卡车
丙烷	90（最小）	开车
异丁烷	90（最小）	卡车
正丁烷	90（最小）	卡车

注：以上所有制冷剂湿气含量都需小于1mL/m^3。

表 2-4　原料 1 号气所对应的主低温换热器入口天然气组成及预期的液化天然气规格

组分	规格
甲烷	> 96%（摩尔分数）
氮	≤ 0.22%（摩尔分数）
二氧化碳	≤0.0100%（摩尔分数）
水	≤0.0002%（摩尔分数）
硫化氢	<4 mg/m³
总硫	<80mg/m³
汞	<0.01μg/kg
高热值	39.7 MJ/m³

2.1.2.6　设计条件以及原料消耗量

用于设计的现场气候条件如表 2-5 所列。制冷剂所需原料的消耗量如表 2-6 所列。

表 2-5　用于设计的现场气候条件

序号	项目	单位	值
1	气温		
	最高气温	℃	39.3
	最低气温	℃	-30.6
	年平均气温	℃	8.5
	最热月的平均气温（7 月）	℃	23.5
	最冷月的平均气温（1 月）	℃	-9.6
	最热月的平均最高气温（7 月）	℃	29.4
	最冷月的平均最低气温（1 月）	℃	-15.1
2	相对湿度		
	最热月的平均相对湿度（7 月，8 月）	%	64
	最冷月的平均相对湿度（12 月，1 月）	%	60
	平均年相对湿度	%	—
	最大相对湿度	%	—
	最小相对湿度	%	—
3	大气压力		
	年平均大气压力	kPa	—
	冬天平均大气压力	kPa	89.86
	夏天平均大气压力	kPa	88.39
4	雨雪		
	年平均降雨雪量	mm	—
	年最大降雨雪量	mm	—
	年最小降雨雪量	mm	—

续表

序号	项目	单位	值
4	日最大降雨雪量	mm	—
	时最大降雨雪量	mm	—
	30min 最大降雨雪量	mm	—
	10min 最大降雨雪量	mm	—
	最大积雪厚度	mm	—
	设计积雪载荷量	N/m^2	—
5	风速，风向		
	年平均风速	m/s	—
	冬季平均风速	m/s	1.8
	夏季平均风速	m/s	1.7
	最大风速	m/s	—
	主要风向	N 11% 冬季	
6	地质情况		
	最大冻结地表厚度	m	1.03
	土壤承重能力	kPa	—
7	地震烈度	度	8
	基本地震加速度值	G	0.2
8	水文		
	百年最大洪水水位标高	m	—
	50 年最大洪水水位标高	m	—
	历年最大洪水水位标高	m	—
9	气候状况（蒸发量）		
	年平均蒸发量	mm	—
	地面最热月平均气温	℃	—
	地面极端气温	℃	—
	年平均雷暴日		—
10	海拔高度	m	1111.5

表 2-6　制冷剂所需原料的消耗量

原料	正常消耗量①/（kg/h）	频率	目的
制冷氮	19.0	间歇	制冷剂补给
制冷甲烷	34.0	间歇	制冷剂补给
制冷乙烯	90.0	间歇	制冷剂补给
制冷丙烯	18.0	间歇	制冷剂补给
制冷异丁烷	61.0	间歇	制冷剂补给
制冷正丁烷	56.0	间歇	制冷剂补给

① 此表不包括最大消耗量/率，基础设计完成后提供最小和最大/极端消耗量。

注：夏季，正常操作工况下制冷剂所需原料的预期消耗量如表中所列。

2.1.3 LNG缠绕管式换热器设计原则

（1）设计风压和抗震设防裂度

$$设计风压：P = C_e C_q Q_s I_w$$

式中 C_e——安装高度，外形系数；

C_q——压力系数；

Q_s——10m 高风压系数；

I_w——重要系数，1.15。

操作状态为100%，事故状态风压为50%。

$$风力：W = PA$$

式中 A——迎风面横截面积。

注：建筑结构的风载/地震载荷根据 GB 50009—2012 和 GB 50011 校核。

抗震设防烈度为8度（GB 定义）。根据 ITB 附录5，相应的峰值加速度为±0.2g 地面运动。对于中国以外设计和制造的设备，建议选用 UBC 标准，并选择等值的抗震设防烈度。可参考 GB 50009—2012《建筑结构荷载规范》及 GB 50011—2010《建筑抗震设计规范（附条文说明）(2016年版)》。

（2）设计雪载

设计雪载取 0.53kN/m^2。

（3）风引起的偏移

当塔的高径比大于15∶1或塔高超过20m时，由风引起的偏移需要进行计算。这种情况下，由风引起的振动也需考虑。最大允许偏移为H/200（m），其中H为塔高。

（4）组合应力计算

计算立式容器组合应力时，在现场安装后进行水压试验，33%的风载需要计入考虑，但在车间进行液压实验时，设计中不考虑立式容器地震载荷，不考虑风载和地震载荷同时作用的情况。

（5）腐蚀裕量

碳钢和低合金钢（5Cr或低于5Cr）最小腐蚀裕量为1.5mm；除铁素体的高合金钢（9Cr或高于9Cr或不含铁）腐蚀裕量为0mm；除管壳式换热器外的与循环冷却水接触的碳钢设备，腐蚀裕量最小取3.0mm；仅地脚螺栓考虑取腐蚀裕量为3.0mm；外部附件，如平台、耳座、管道支撑、鞍座等将不考虑腐蚀裕量；裙座腐蚀裕量取2.0mm。

（6）受压元件

如果压力容器设计温度等于或低于-20℃，选用低温碳钢。

（7）非受压件

支座材料（裙座、鞍座、支腿）；考虑到极端最低气温，推荐裙座、鞍座、支腿材料选用镇静钢。注：①卧式容器的垫板必须使用与容器本体相同的材料；②如果支腿或者支耳带有垫板，则垫板使用与容器本体相同的材料；③假如裙座材料与容器本体材料不同，则裙座的上部由与容器本体同样的材料制成，此段裙座的长度不小于5倍保温厚度，但不大于1000mm。

（8）换热管

换热管的名义厚度将在基础设计阶段说明；换热管必须是无缝管；换热管以及管板焊缝

必须按照管壳式换热器 TEMA 标准以及空冷器 API661 标准执行。

（9）平台空间

对于塔以及立式容器，相同设备的平台间距至少为 8m；平台踏板必须使用热浸锌钢隔板。

（10）吊柱安装

塔盘塔或者填料塔附带起吊能力 500kg 的顶部吊柱；内部装有填料、催化剂或者其他可拆除内件的立式容器必须附带吊柱；对于部分卧式容器以及换热器必须附带吊柱，用于辅助管箱盖的拆除。

（11）管法兰

管法兰必须符合连接到设备管口的工艺管道规范。

（12）人孔

人孔位置：塔顶和塔底独立配置人孔。对于塔的其他部分，人孔按以下条款提供：

① 相邻人孔的间距不大于 8m；

② 人孔尺寸以及人孔按照下列要求。

a．壳体直径大于等于 1000mm：人孔公称直径 20in（1in=25.4mm，余同）；

b．壳体直径大于等于 750mm 小于 1000mm：人孔公称直径 18in；

c．壳体直径小于 750mm：提供 6in 手孔；

d．壳体直径大于等于 3000mm：人孔公称直径 24in。

（13）吊耳

立式容器应提供吊耳。设备吊装重量应包括以下几项：平台以及梯子、管道、保温、塔盘以及其他内件，不包括填料以及催化剂、附件。

（14）换热管与管板的连接

工艺用换热器换热管与管板的连接使用强度焊加贴胀。

2.2 缠绕管式换热器换热工艺计算

2.2.1 换热工艺计算主要内容

对于缠绕管式换热器的工艺设计计算过程主要由以下几部分组成：

① 根据工艺流程图进行混合制冷剂的确定；

② 通过查询程序确定各个制冷剂的性能参数及不同压力状态下各制冷剂的状态；

③ 通过确定的参数进行各级制冷剂分配制冷；

④ 由各级吸放热平衡求出各级制冷剂的质量流量和制冷量；

⑤ 求出换热器对外换热的散热量并进行质量流量校核；

⑥ 确定换热系数、换热面积和所需的缠绕管束个数；

⑦ 对管束进行布置和排列，求出各管束的压力损失；

⑧ 进行外壳（塔）的设计计算并校核验证。

2.2.1.1 混合制冷剂的参数确定

混合制冷剂为以下六种：甲烷（CH_4）、氮气（N_2）、乙烯（C_2H_4）、丙烷（C_3H_8）、正丁烷（n-C_4H_{10}）、异丁烷（i-C_4H_{10}）。通过计算程序可得出六种制冷剂在不同状态下的性能参数，如表 2-7 所列。

表 2-7　混合制冷剂状态参数

名称	临界压力/MPa	临界温度/K	饱和压力/MPa	饱和温度/K
氮气	3.3958	126.19	1.3826	109
甲烷	4.5992	190.56	1.188	153
乙烯	5.0418	282.35	0.95662	220
丙烷	4.2512	369.89	1.2427	309
异丁烷	4.0098	418.09	0.41836	309
正丁烷	4.0051	419.29	0.40786	309

由以上参数可进行制冷剂分配：混合制冷剂经过一储罐后到达中级压缩机，再被空冷器冷却至 309K 后送入气液分离器进行分离。由计算参数及经验可知被液化的制冷剂有正丁烷和异丁烷，之后被所剩四种制冷剂产生的压力驱动进入预冷过程，然后再在一级制冷装备里进行节流制冷。剩余四种制冷剂进入高级压缩机被压缩后进入空冷器冷却至 309K 后进入气液分离器。同理，可分离出液化后制冷剂为丙烷。进入预冷过程同样也在一级制冷装备里通过节流制冷过程进行。剩余三种制冷剂以气态状况进入一级制冷装备中预冷。预冷结束后乙烯被冷却至液体，在二级制冷装备中进一步预冷后节流制冷。氮气和甲烷在二级制冷装备中进行二次预冷进入一级制冷装备中预冷液化后通过节流之后进行制冷，从上到下依次制冷后汇合所有的制冷剂一起从换热器流出并进入储罐，从而完成一次循环。由于压力损失及泄漏损失等原因使制冷剂必须维持一定的补给量，具体补给量见表 2-8。

表 2-8　混合制冷剂补给量

成分	补充量/（kg/h）
氮气	8.6
甲烷	15.35
乙烯	40.35
丙烷	7.87
异丁烷	27.68
正丁烷	25.55

由于缠绕管式换热器的工艺复杂性、多元制冷剂的多样性、液化过程中的多级相变及制冷温度范围宽等多种因素，考虑其在管程中液化后流动并造成压力损失而不能维持总压流动的特点，得出在三级制冷装备过程中，甲烷和氮气两种制冷剂以饱和状态进行节流至壳体进行制冷过程。而温控节流阀在达到 220K、3.527MPa 和 220K、1.3MPa 时打开，进行混合制冷剂节流，丙烷和混合丁烷节流后都是过冷液体，与二级制冷装备下来的甲烷、氮气、乙烯混合后进行制冷。

2.2.1.2　换热工艺基础参数计算过程

以下所有物性参数都来自于制冷通用物性查询软件（REFPROP 8.0）。

（1）天然气的预冷过程

初态：T_1=309K　　　　　　　P_1=6.1MPa

查得：H_1=877.61J/kg

终态：T_2=220K　　　　　　　　P_2=6.1MPa

查得：H_2=605.25J/kg

所以单位质量流量的预冷量为：

$$H=H_2-H_1=605.25\text{kJ/kg}-877.61\text{kJ/kg}=-272.36\text{kJ/kg}$$

天然气的质量流量为：M=46000/3600 =12.78（kg/s）

所以天然气的总的预冷量为：

$$Q=-270.36\text{kJ/kg}\times 12.78\text{kg/s}=-2014.93\text{kW}$$

（2）混合制冷剂在一级制冷装备里的预冷、再冷，天然气的预冷及制冷量

① 氮气的预冷过程

初态：T=309K　　　　　　　　P=1.3826MPa

查得：H_1=317.94kJ/kg

终态：T=220K　　　　　　　　P=1.3826MPa

查得：H_2=222.59kJ/kg

所以单位质量流量的预冷量为：

$$H=H_2-H_1=222.59\text{kJ/kg}-317.94\text{kJ/kg}=-95.35\text{kJ/kg}$$

预冷量为：

$$Q=HM=-95.35\text{kJ/kg}\times 9.06\text{kg/s}=-863.87\text{kW}$$

氮气的制冷过程：

初态：T=221K　　　　　　　　P=0.3MPa

查得：H_1=227.04kJ/kg

终态：T=306K　　　　　　　　P=0.3MPa

查得：H_2=320.16kJ/kg

所以单位质量流量的制冷量为：

$$H=H_2-H_1=320.16\text{kJ/kg}-227.04\text{kJ/kg}=93.12\text{kJ/kg}$$

制冷量为：

$$Q=HM=93.12\ \text{kJ/kg}\times 9.06\ \text{kg/s}=843.67\ \text{kW}$$

② 甲烷的预冷过程

初态：T=309K　　　　　　　　P=1.188MPa

查得：H_1=924.29kJ/kg

终态：T=220K　　　　　　　　P=1.188MPa

查得：H_2=722.13kJ/kg

所以单位质量流量的预冷量为：

$$H=H_2-H_1=722.13\text{kJ/kg}-924.29\text{kJ/kg}=-202.16\text{kJ/kg}$$

预冷量为：

$$Q=HM=-202.16\text{kJ/kg}\times 4.43\text{kg/s}=-895.57\text{kW}$$

③ 甲烷的制冷过程

初态：T=221K　　　　　　　　P=0.3MPa

查得：H_1=737.58kJ/kg

终态：T=306K　　　　　　　　P=0.3MPa

查得：H_2=932.48kJ/kg

$$H=H_2-H_1=932.48\text{kJ/kg}-737.58\text{kJ/kg}=194.9\text{kJ/kg}$$

制冷量为：

$$Q=HM=194.9\text{kJ/kg}\times4.43\text{kg/s}=863.41\text{kW}$$

④ 乙烯的预冷过程

初态：T=309K　　　　　　　　P=0.957MPa

查得：H_1=1031.4kJ/kg

终态：T=220K　　　　　　　　P=0.957MPa

查得：H_2=928.7kJ/kg

所以单位质量流量的预冷量为：

$$H=H_2-H_1=928.7\text{kJ/kg}-1031.4\text{kJ/kg}=-102.7\text{kJ/kg}$$

预冷量为：

$$Q=HM=-102.7\text{kJ/kg}\times14.35\text{kg/s}=-1473.75\text{kW}$$

⑤ 乙烯的制冷过程

初态：T=221K　　　　　　　　P=0.3MPa

查得：H_1=941.75kJ/kg

终态：T=306K　　　　　　　　P=0.3MPa

查得：H_2=1055.6kJ/kg

所以单位质量流量的制冷量为：

$$H=H_2-H_1=1055.6\text{kJ/kg}-941.75\text{kJ/kg}=113.85\text{kJ/kg}$$

制冷量为：

$$Q=HM=113.85\text{kJ/kg}\times14.35\text{ kg/s}=1633.75\text{ kW}$$

⑥ 丙烷的预冷过程

初态：T_1=309K　　　　　　　　P_1=3.527MPa

查得：H_1=295.31kJ/kg

终态：T_2=220K　　　　　　　　P_2=3.527MPa

查得：H_2=78.843kJ/kg

所以单位质量流量的预冷量为：

$$H=H_2-H_1=78.843\text{kJ/kg}-295.31\text{kJ/kg}=-216.47\text{kJ/kg}$$

节流过程属于等焓节流：

查得：T=221.46K

⑦ 丙烷的制冷过程

初态：T_1=221.46K　　　　　　　　P_1=0.3MPa

查得：H_1=78.843kJ/kg

终态：T_2=306K　　　　　　　　P_2=0.3MPa

查得：H_2=643.92kJ/kg

所以单位质量流量的制冷量为：

$$H=H_2-H_1=643.92\text{kJ/kg}-78.843\text{kJ/kg}=565.08\text{kJ/kg}$$

单位净质量流量的制冷量为：

$$\Delta H=565.08\text{kJ/kg}-216.47\text{kJ/kg}=348.61\text{kJ/kg}$$

⑧ 正丁烷的预冷过程

初态：$T_1=309\text{K}$　　　　$P_1=1.3\text{MPa}$

查得：$H_1=286.58\ \text{kJ/kg}$

终态：$T_2=220\text{K}$　　　　$P_2=1.3\text{MPa}$

查得：$H_2=84.75\text{kJ/kg}$

所以单位质量流量的预冷量为：

$$H=H_2-H_1=84.75\text{kJ/kg}-286.58\text{kJ/kg}=-201.83\text{kJ/kg}$$

节流过程属于等焓节流：

查得：$T=220.49\ \text{K}$

⑨ 正丁烷的制冷过程

初态：$T_1=220.49\text{K}$　　　　$P_1=0.3\text{MPa}$

查得：$H_1=84.75\text{kJ/kg}$

终态：$T_2=306\text{K}$　　　　$P_2=0.3\text{MPa}$

查得：$H_2=637.35\text{kJ/kg}$

所以单位质量流量的制冷量为：

$$H=H_2-H_1=637.35\text{kJ/kg}-84.75\text{kJ/kg}=522.60\text{kJ/kg}$$

单位净质量流量的制冷量为：

$$\Delta H=552.60\text{kJ/kg}-201.83\text{kJ/kg}=350.77\text{kJ/kg}$$

⑩ 异丁烷的预冷过程

初态：$T_1=309\text{K}$　　　　$P_1=1.3\text{MPa}$

查得：$H_1=286.81\text{kJ/kg}$

终态：$T_2=220\text{K}$　　　　$P_2=1.3\text{MPa}$

查得：$H_2=86.114\text{kJ/kg}$

所以单位质量流量的预冷量为：

$$H=H_2-H_1=86.114\text{kJ/kg}-286.81\text{kJ/kg}=-200.70\text{kJ/kg}$$

节流过程属于等焓节流：

查得：$T=220.50\text{K}$

⑪ 异丁烷的制冷过程

初态：$T_1=220.50\text{K}$　　　　$P_1=0.3\text{MPa}$

查得：$H_1=86.114\ \text{kJ/kg}$

终态：$T_2=306\text{K}$　　　　$P_2=0.3\text{MPa}$

查得：$H_2=610.34\text{kJ/kg}$

所以单位质量流量的制冷量为：

$$H=H_2-H_1=610.34\text{kJ/kg}-86.114\text{kJ/kg}=524.23\text{kJ/kg}$$

单位净质量流量的制冷量为：

$$\Delta H=524.23\text{kJ/kg}-200.70\text{kJ/kg}=323.53\text{kJ/kg}$$

设丙烷的质量流量为X kg/s，正丁烷、异丁烷的质量流量为Ykg/s、Zkg/s 则：

$$\frac{X/44}{Y/58}=\frac{1.243}{0.337}\text{得:}\frac{0.377}{44}X=\frac{1.243}{58}Y$$

所以，$Y=0.40X$

同理得：

$$\frac{X/44}{Z/58}=\frac{1.243}{0.475}\text{得:}\frac{0.475}{44}X=\frac{1.243}{58}Z$$

所以$Z=0.50X$

二级制冷装备流下来的制冷剂的制冷量为：

$$843.67\text{kW}+863.41\text{kW}+1633.75\text{kW}=3340.83\text{kW}$$

天然气的放热量和所有制冷剂在一级制冷装备里的预冷量之和为：

$$863.87\text{kW}+895.57\text{kW}+1473.75\text{kW}+3480.76\text{kW}=6713.95\text{kW}$$

$$\Delta Q=6713.95\text{kW}-3340.83\text{kW}=3373.12\text{kW}$$

根据一级制冷装备吸热量等于放热量得：

$$348.61X+0.40X\times350.77+0.50X\times323.53=3373.12$$

$$650.683X=3373.12$$

$$X=5.18\text{kg/s}$$

所以：

$$Y=0.40X=0.4\times5.18\text{kg/s}=2.072\text{kg/s}$$

$$Z=0.5X=0.5\times5.18\text{kg/s}=2.59\text{kg/s}$$

（3）混合制冷剂在二级制冷装备的再冷、液化及制冷量

① 乙烯

节流过程：

节流前 T=153K　　　　　　P=2.5706MPa

查得：H=353.8kJ/kg

节流后：H=353.8 kJ/kg　　　　　　P=0.3MPa

节流过程属于等焓节流，所以：

查得：T=151.7K

制冷过程：

初态：T_1=87.9K　　　　　　P_1=0.3MPa

查得：H_1=353.8kJ/kg

终态：T_2=200K　　　　　　P_2=0.3MPa

查得：H_2=941.75kJ/kg

所以单位质量流量的制冷量为：

$$H=H_2-H_1=941.75\text{kJ/kg}-353.8\text{kJ/kg}=587.95\text{kJ/kg}$$

预冷过程：

初态：T_3=220K　　　　　　　　P_3=2.5706MPa

查得：H_3=521.4kJ/kg

终态：T_4=153K　　　　　　　　P_4=2.5706MPa

查得：H_4=353.8kJ/kg

所以单位质量流量的预冷量为：

$$H=H_4-H_3=353.8\text{kJ/kg}-521.4\text{kJ/kg}=-167.6\text{kJ/kg}$$

② 氮气

入口：T=220K　　　　　　　　P=1.3826MPa

查得：H=222.59kJ/kg

出口：T=153K　　　　　　　　P=1.3826MPa

查得：H=147.24kJ/kg

所以预冷量为：

$$Q=(147.24-222.59)\times 9.06=-682.67(\text{kW})$$

制冷过程：

初态：T_1=143K　　　　　　　　P_1=0.3MPa

查得：H_1=156.29kJ/kg

终态：T_2=200K　　　　　　　　P_2=0.3MPa

查得：H_2=227.04kJ/kg

所以制冷量为：

$$Q=(227.04-156.29)\times 9.06=641.00\text{kW}$$

③ 甲烷

入口：T=220K　　　　　　　　P=1.188MPa

查得：H=722.13kJ/kg　　　　　P_3=1.3826MPa

出口：T=153K　　　　　　　　P=1.188MPa

查得：H=556.39kJ/kg

所以预冷量为：

$$Q=(556.39-722.13)\times 4.43=-734.23\text{kW}$$

制冷过程：

初态：T_1=143K　　　　　　　　P_1=0.3MPa

查得：H_1=593.11kJ/kg

终态：T_2=220K　　　　　　　　P_2=0.3MPa

查得：H_2=737.58kJ/kg

所以制冷量为：

$$Q=(737.58-593.11)\times 4.43=640\text{kW}$$

天然气在二级制冷装备的放热过程：

过冷过程：

初态：T_1=220K　　　　　　　　P_1=5.7MPa

查得：H_1=617.7kJ/kg

终态：T_2=153K　　P_2=5.7MPa

查得：H_2=156.22kJ/kg

所以单位质量流量的预冷量为：

$$H=H_2-H_1=156.22\text{kJ/kg}-617.7\text{kJ/kg}=-461.48\text{kJ/kg}$$

天然气的质量流量为：M=(46000kg/h)/(3600s/h)=12.78kg/s

所以天然气的总的预冷量为：

$$Q=-461.48\text{kJ/kg}\times 12.78\text{kg/s}=-5896.69\text{kW}$$

设乙烯的质量流量为 x kg/s

根据一级制冷装备吸热量等于放热量得：

$$587.95x+641.00+640=167.6x+734.23+682.67+5896.69$$

解得：x=14.35kg/s

所以甲烷质量流量为 4.43kg/s，氮气的质量流量为 9.06kg/s，乙烯的质量流量为 14.35kg/s。总的制冷量为 4533.14kW。

（4）混合制冷剂在三级制冷装备中制冷量

① 氮气

节流过程：

节流前 T=109K　　P=1.3826MPa

查得：H=−51.128kJ/kg

节流后：H=−51.128kJ/kg　　P=0.3MPa

节流过程属于等焓节流，所以：

查得：T=87.9K

制冷过程：

初态：T_1=87.9K　　P_1=0.3MPa

差得：H_1=−51.128kJ/kg

终态：T_2=153K　　P_2=0.3MPa

查得：H_2=156.29kJ/kg

所以单位质量流量的制冷量为：

$$H=H_2-H_1=156.29\text{kJ/kg}-(-51.128\text{kJ/kg})=207.418\text{kJ/kg}$$

预冷过程：

初态：T_3=153K　　P_3=1.3826MPa

查得：H_3=147.24kJ/kg

终态：T_4=109K　　P_4=1.3826MPa

查得：H_4=−51.128kJ/kg

所以单位质量流量的预冷量为：

$$H=H_4-H_3=-51.128\text{kJ/kg}-147.24\text{kJ/kg}=-198.368\text{kJ/kg}$$

② 甲烷

节流过程：

节流前 T=109K　　　　　　　　　P=1.3826MPa

查得：H=−7.375kJ/kg

节流后：H=−7.375kJ/kg　　　　　P=0.3MPa

节流过程属于等焓节流，所以：

查得：T−110K

制冷过程：

初态：T_1=110K　　　　　　　　P_1=0.3MPa

查得：H_1=−7.357kJ/kg

终态：T_2=153K　　　　　　　　P_2=0.3MPa

查得：H_2=593.11kJ/kg

所以单位质量流量的制冷量为：

$$H=H_2-H_1=593.11\text{kJ/kg}-(-7.357\text{kJ/kg})=600.467\text{kJ/kg}$$

预冷过程：

初态：T_3=153K　　　　　　　　P_3=1.3826MPa

查得：H_3=154.97kJ/kg

终态：T_4=109K　　　　　　　　P_4=1.3826MPa

查得：H_4=−7.375kJ/kg

所以单位质量流量的预冷量为：

$$H=H_4-H_3=-7.375\text{kJ/kg}-154.97\text{kJ/kg}=-162.35\text{kJ/kg}$$

利用分压求摩尔质量：

气液分离器（V-304）出来后的氮气与甲烷按道尔顿分压定理进行混合得出摩尔质量关系，设甲烷的物质的量为 x mol，质量流量为 16x kg/s，则由道尔顿分压定理：

$$\frac{N_1}{N_2}=\frac{P_1}{P_2} \tag{2-1}$$

所以：$\dfrac{x}{N_2}=\dfrac{1.188}{1.3826}$ 得出：N_2=1.16x

可知氮气的摩尔质量为 1.16x。质量流量为 32.58x kg/s，甲烷的物质的量为 x mol，质量流量为 16x kg/s。

天然气在三级制冷装备的放热过程：

过冷过程：

初态：T_1=153K　　　　　　　　P_1=5.3MPa

查得：H_1=155.99kJ/kg

终态：T_2=109K　　　　　　　　P_2=5.3MPa

查得：H_2=−1.6999kJ/kg

所以天然气单位质量流量的预冷量为：

$$H=H_2-H_1=-1.6999\text{kJ/kg}-155.99\text{kJ/kg}=-157.69\text{kJ/kg}$$

天然气的质量流量为：

$$M=(46000\text{kg/h})/(3600\text{s/h})=12.78\text{kg/s}$$

所以天然气的总的预冷量为：

$$Q=-157.69\text{kJ/kg}\times 12.78\text{kg/s}=-2015.28\text{kW}$$

根据一级制冷装备吸热量等于放热量得：

$$32.58x\ \text{kg/s}\times 157.69\text{kJ/kg}+16x\ \text{kg/s}\times 600.467\ \text{kJ/kg}= 16x\ \text{kg/s}\times 162.35\text{kJ/kg}+32.58x\ \text{kg/s}\times 198.368\ \text{kJ/kg}+2015.28\text{kW} \quad (2\text{-}2)$$

解得：x=0.35mol

所以甲烷质量流量为 5.6kg/s，氮气的质量流量为 11.403kg/s，总的制冷量为 5160.75kW。

2.2.2 缠绕管式换热器的制冷过程温熵图的绘制

所有制冷过程温熵图可利用制冷通用物性查询软件（REFPROP 8.0）绘制。

2.2.2.1 制冷剂在一级制冷装备中的温熵图（T-S图）

制冷剂在一级制冷装备中的温熵图（T-S 图）如图 2-2～图 2-8 所示。

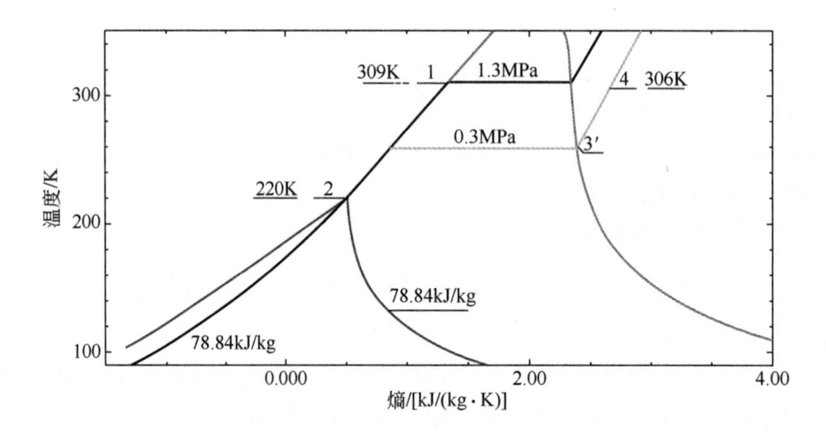

图 2-2 一级丙烷制冷（T-S）图

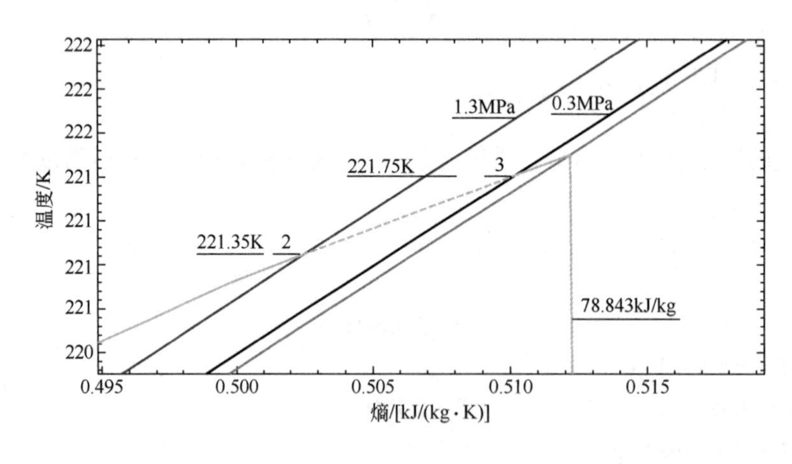

图 2-3 一级丙烷节流图

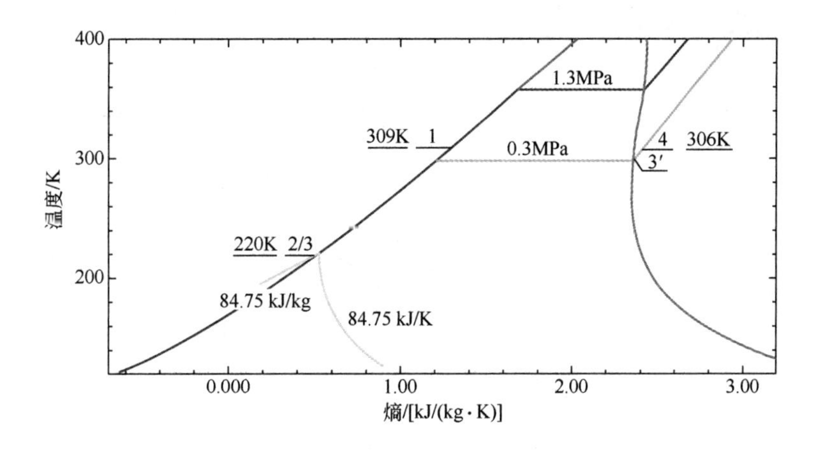

图 2-4　一级正丁烷制冷（T-S）图

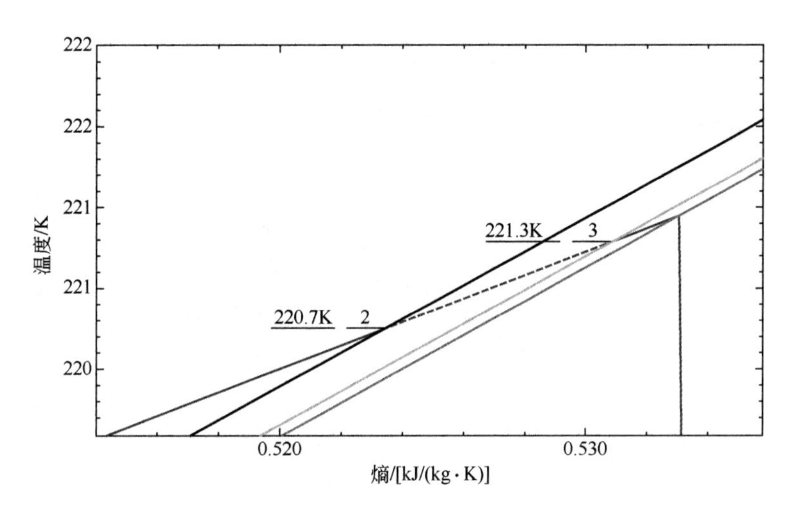

图 2-5　一级正丁烷节流图

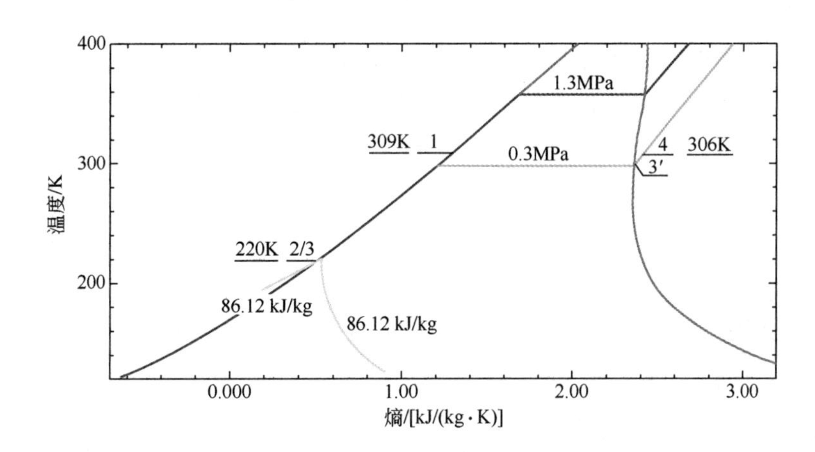

图 2-6　一级异丁烷制冷（T-S）图

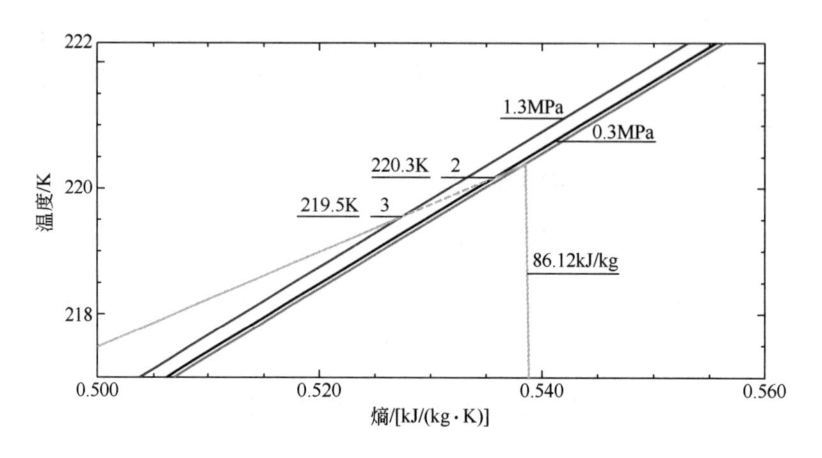

图 2-7　一级异丁烷节流图

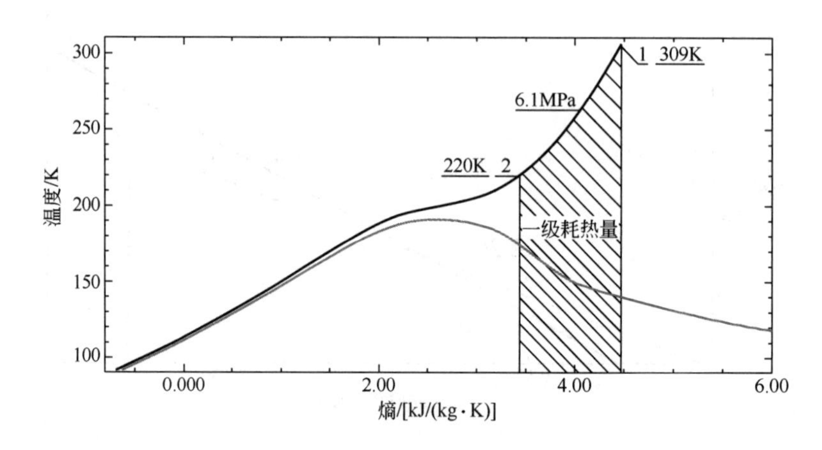

图 2-8　一级天然气预冷过程

2.2.2.2　制冷剂在二级制冷装备中的温熵图（*T-S* 图）

制冷剂在二级制冷装备中的温熵图（*T-S* 图）如图 2-9～图 2-11 所示。

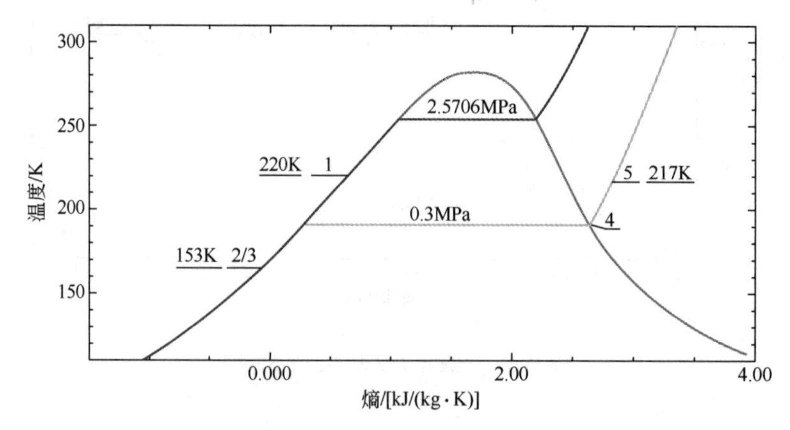

图 2-9　二级乙烯制冷（*T-S*）图

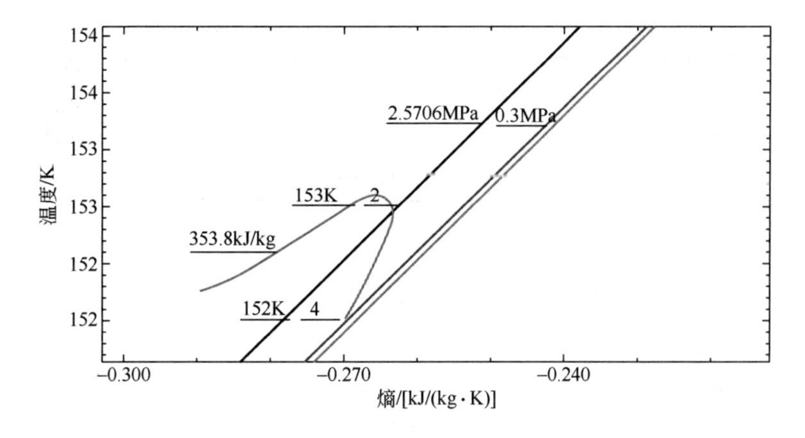

图 2-10　二级乙烯节流图

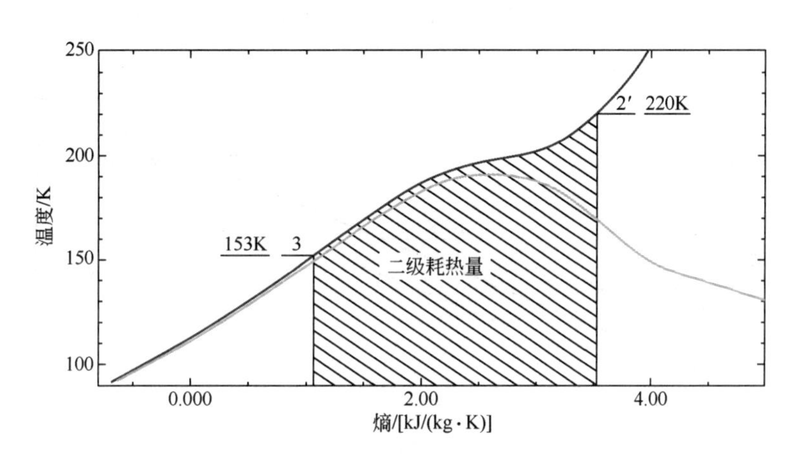

图 2-11　二级天然气耗热量

2.2.2.3　制冷剂在三级制冷装备中的温熵图（T-S 图）

制冷剂在三级制冷装备中的温熵图（T-S 图）如图 2-12～图 2-16 所示。

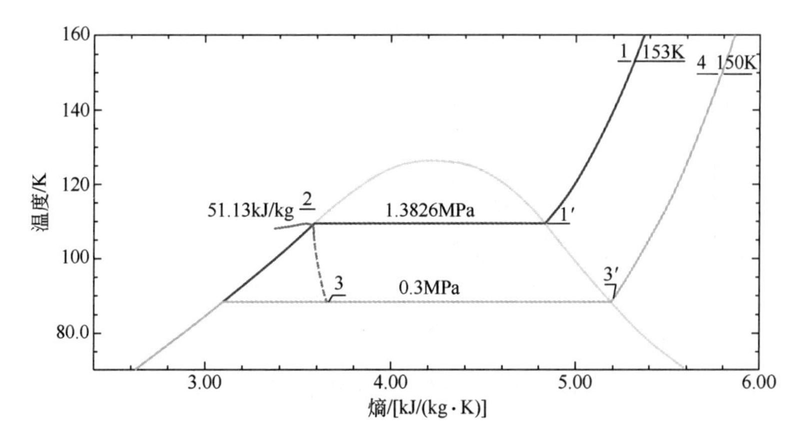

图 2-12　氮气在三级制冷装备中的预冷、节流和制冷全过程图

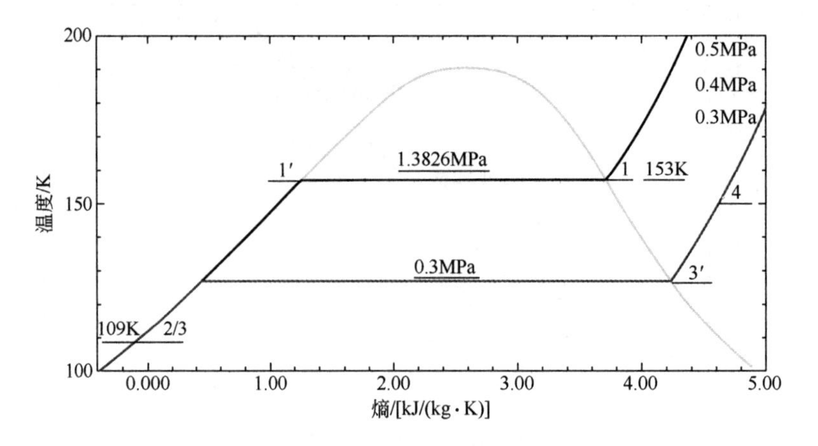

图 2-13　甲烷在三级制冷装备中的预冷和制冷过程图

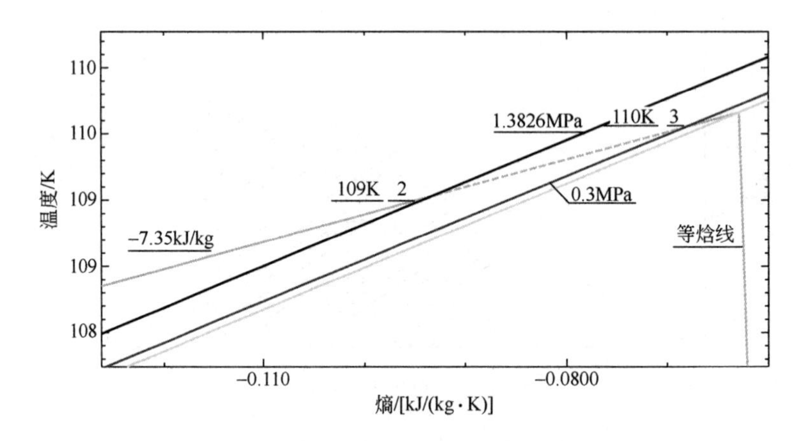

图 2-14　甲烷在三级制冷装备中的节流过程图

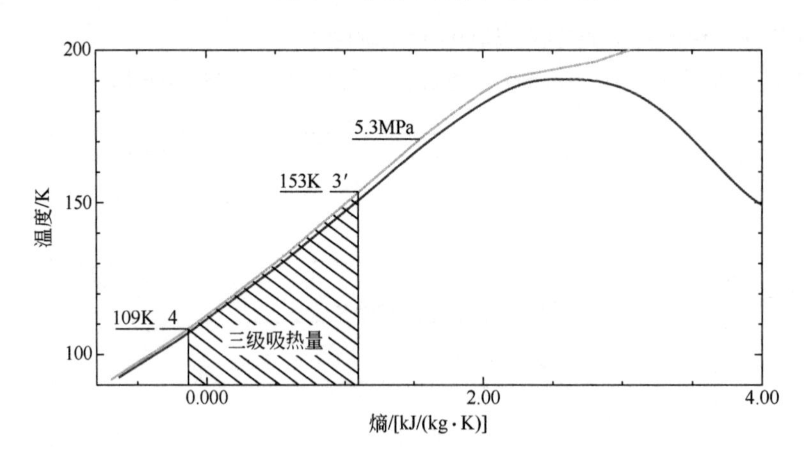

图 2-15　天然气三级放热量过程图

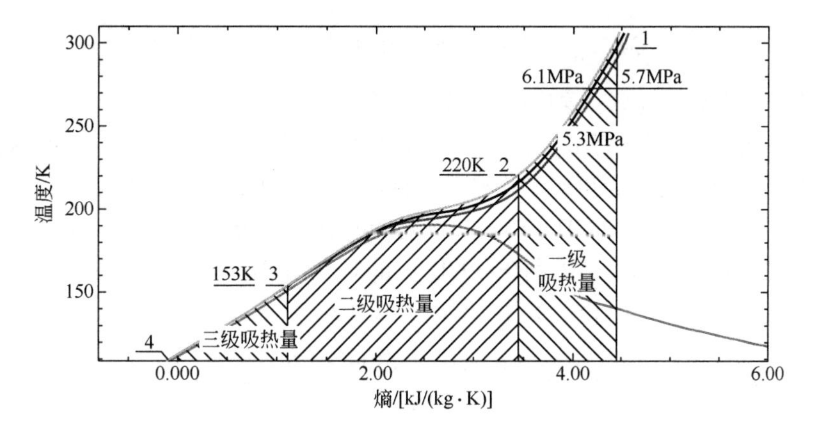

图 2-16　天然气的整个液化流程图

2.2.3　制冷装备通过真空层向外界辐射散热量的计算

2.2.3.1　一级制冷装备通过真空层向外界辐射散热量的计算

已知：塔体内层计算最低温度为 T_1=264K，塔体外层计算最低温度 T_2=309K，中间为真空夹层。根据传热学相关经验可确定两圆筒体两板之间可视为无限大平壁进行计算其辐射换热的散热量。所以，通过查询 GB 150—2011 标准可知内层 0Cr18Ni9 合金钢在 264K 时的对外辐射率为 ε_1=0.18，外层 Q345R 钢在 309K 时的对外辐射率为 ε_2 =0.12。由传热学教材可查出，黑体辐射系数 σ =5.67×10^{-8}W/（m^2 • K^4），所以由无限大平壁计算辐射传热式：

$$q=\frac{\sigma_{\rm b}(T_2^4-T_1^4)}{1/\varepsilon_1+1/\varepsilon_2-1}=\frac{5.67\times10^{-8}\times(309^4-264^4)}{\dfrac{1}{0.18}+\dfrac{1}{0.12}-1}=18.6\text{W}/\text{m}^2 \tag{2-3}$$

一级制冷装备内外层所加面积：$A=3.2\times3.14\times23=231.104\,(\text{m}^2)$

所以总的辐射散热量：$Q=231.102\text{m}^2\times18.4\text{W}/\text{m}^2=4.3\text{kW}$

把辐射传热量要分配给一级制冷装备的三种制冷剂，每种制冷剂增加的制冷量：

$$q_{制冷}=4.3/3=1.43\,(\text{kW})$$

每种制冷剂增加的质量流量计算：

① 丙烷（C_3H_8）质量流量

$$M_{C_3H_8}=1.43\text{ kW}/(565.08\text{ kJ/kg})=0.0025\text{kg/s}$$

② 正丁烷（n-C_4H_{10}）质量流量：

$$M_{n\text{-}C_4H_{10}}=1.43\text{ kW}/(552.6\text{ kJ/kg})=0.0026\text{kg/s}$$

③ 异丁烷（i-C_4H_{10}）质量流量：

$$M_{i\text{-}C_4H_{10}}=1.43\text{ kW}/(524.13\text{ kJ/kg})=0.0027\text{kg/s}$$

再考虑到内外壳体制造过程中的工艺精密性及整个换热器的密封性能，应该有一定的富余制冷量，每种制冷剂的富余量取为 20%，所以，每种制冷剂的质量流量为：

$$M_{C_3H_8}=1.2\times(5.37+0.0025)=6.45(\text{kg/s})$$

$$M_{n\text{-}C_4H_{10}}=1.2\times(1.92+0.0026)=2.3(\text{kg/s})$$

$$M_{i\text{-}C_4H_{10}}=1.2\times(2.58+0.0027)=3.1(\text{kg/s})$$

2.2.3.2 二级制冷装备通过真空层向外界辐射散热量的计算

已知：塔体内层计算最低温度 T_1=186.5K，塔体外层计算最低温度 T_2=309K，中间为真空夹层。根据传热学相关经验可确定两圆筒体两板之间可视为无限大平壁进行计算其辐射换热的散热量。所以，通过查询 GB 150—2011 标准可知内层 0Cr18Ni9 合金钢在 109K 时的对外辐射率为 ε_1=0.18，外层 Q345R 钢在 309K 时的对外辐射率 ε_2=0.12。由传热学教材可查出黑体辐射系数 σ=5.67×10^{-8}W/(m^2 • K^4)，所以由式（2-3）：

$$q=\frac{\sigma_b(T_2^4-T_1^4)}{1/\varepsilon_1+1/\varepsilon_2-1}=\frac{5.67\times10^{-8}\times(309^4-186.5^4)}{1/0.18+1/0.12-1}=34.38(\text{W/m}^2)$$

二级换热设备内外层所加面积：$A=3.2\times3.14\times14.4=144.69(\text{m}^2)$

所以总的辐射散热量：$Q=144.69\text{m}^2\times34.38\text{ W/m}^2=4.97\text{ kW}$

再考虑到内外壳体制造过程中的工艺精密性及其整个换热器的密封性能，应该有一定的富余制冷量，间接计算得出甲烷的质量流量 5.316 kg/s，氮气的质量流量 10.872 kg/s，乙烯的质量流量 17.22kg/s。

2.2.3.3 三级制冷设备通过真空层向外界辐射散热量的计算

已知：塔体内层计算最低温度为 T_1=109K，塔体外层计算最低温度 T_2=306K，中间为真空夹层。根据传热学相关经验可确定两圆筒体两板之间可视为无限大平壁进行计算其辐射换热的散热量。所以，通过查询 GB 150—2011 标准可知内层选用的 0Cr18Ni9 合金钢在 109K 时的对外辐射率为 ε_1=0.18，外层选用的 Q345R 钢在 309K 时的对外辐射率为 ε_2=0.12。可查得黑体辐射系数 σ=5.67×10^{-8} W/(m^2 • K^4)所以由无限大平壁计算辐射传热式：

$$q=\frac{\sigma_b(T_2^4-T_1^4)}{1/\varepsilon_1+1/\varepsilon_2-1}=\frac{5.67\times10^{-8}\times(306^4-109^4)}{1/0.18+1/0.12-1}=38.84(\text{W/m}^2)$$

三级换热设备内外层所加面积：$A=2.6\times3.14\times16.5=134.706(\text{m}^2)$

所以总的辐射散热量：$Q=134.706\text{ m}^2\times38.84\text{ W/m}^2=5.23\text{ kW}$

再考虑到内外壳体制造过程中的工艺精密性及整个换热器的密封性能，应该有一定的富余制冷量，间接计算得出甲烷和氮气的质量流量分别为 5.316kg/s 和 10.872kg/s。

2.2.4 一级制冷装备传热及管束结构参数计算过程

2.2.4.1 一级壳侧界膜热导率 h_0 计算过程

（1）缠绕管束形式

流道构成缠绕式热交换器中，传热管在圆筒芯周围介于隔板中间呈螺旋状依次缠绕几层，形成圆筒状盘管而构成流道。传热管的缠绕角和纵向间距沿整个热交换器通常是均匀的。另外，各圆筒状盘管由很多管道构成。要使内侧盘管层和外侧盘管层中的缠绕角、传热管长和纵向间距不变，就应与盘管螺旋直径成比例且增加构成盘管层的传热管数。盘管层的缠绕角，通常从内侧盘管层向左缠、向右缠、向左缠……相互交替。由这样构成的盘管层所组成的管束，其管外侧（壳侧）流道形式，因圆周方向的位置不同而变化。如果令所有盘管层中传热管纵向间距相等，则传热管的倾斜角度（盘管缠绕角度）当然也相等，盘管螺旋直径大的外侧盘管与内侧盘管相比，每圈的当量管长都大。随着圆周角 ζ 增加，较快地达到同样的高度。因此，如果按圆周方向的位置考虑相邻两个盘管，则传热管的排列（图 2-17）分为直列、不规则错列、规则错列。

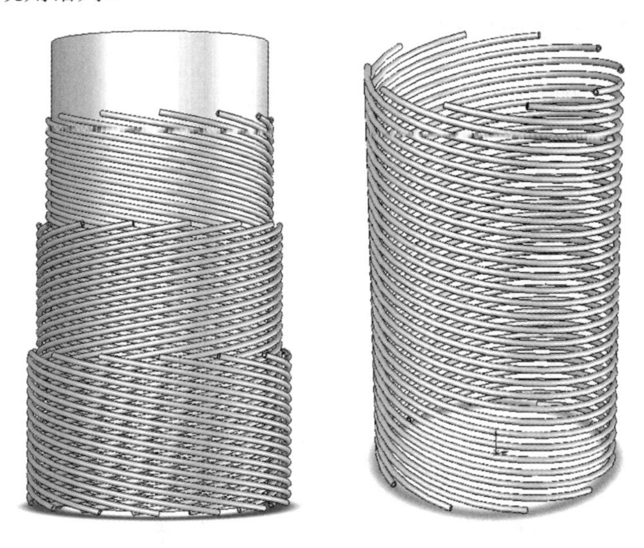

图 2-17　管道布置图

这样，缠绕管式热交换器的壳侧流道构成，就变成管子布置为直列、错列组合排列的管外流动的流道构成。盘管层组成的管束如图 2-18 所示，传热管布置（图 2-18 断面）如图 2-19 所示。

图 2-18　盘管层组成的管束

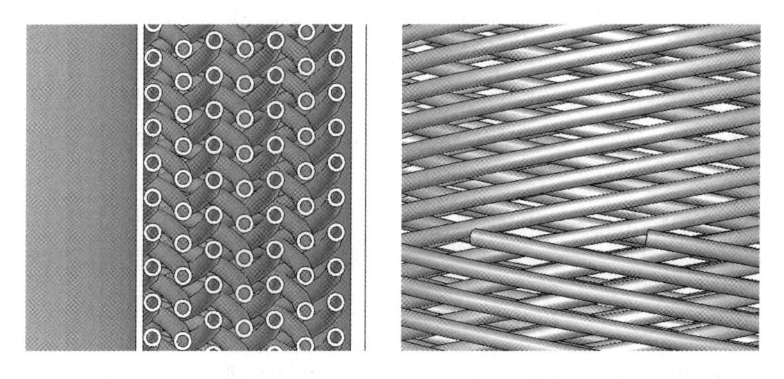

图 2-19　传热管布置（图 2-18 断面）

（2）吉利（Gilli）计算公式

吉利从流体与直管群错流流动时的界膜热导率推算出流体在由盘管层组成的管束的管外侧与管群错流流动时的界膜热导率，提出下式：

$$\frac{h_0 D_0}{\lambda}=0.338\overline{F}_{a,eff} F_i F_n \left(\frac{G_{eff} D_0}{\mu}\right)^{0.61} \left(\frac{C\mu}{\lambda}\right)^{0.333} \quad (2\text{-}4)$$

适用范围：

$$\frac{G_{eff} D_0}{\mu}=2000\sim10^6 \quad (2\text{-}5)$$

$$\frac{C\mu}{\lambda}=0.1\sim10 \quad (2\text{-}6)$$

式中 D_0——传热管外径，m；

h_0——管外侧界膜热导率，W/（m·K）；

λ——管外侧流体热导率，W/（m·K）；

μ——管外侧流体的黏度，kg/（m·s）；

C——管外侧流体的比热容，kW/（kg·K）；

G_{eff}——有效质量速度；

$\overline{F}_{a,eff}$——管排列修正系数；

F_n——管排数修正系数；

F_i——传热管倾斜（传热管盘管缠绕角）修正系数。

对于缠绕管式换热器的绕管缠绕角依据国外的经验及缠绕过程的方便程度，选用缠绕角为30°，由于左右交替缠绕，所以取β为0°，则$\varphi=\beta+\alpha=30°$。

$$\begin{aligned} F_i &= (\cos\beta)^{-0.61}\left[\left(1-\frac{\phi}{90}\right)\cos\phi+\frac{\phi}{100}\sin\phi\right]^{\phi/235} \\ &= (\cos0°)^{-0.61}\left[\left(1-\frac{30}{90}\right)\cos30°+\frac{30}{100}\sin30°\right]^{30/235}=0.96 \end{aligned} \quad (2\text{-}7)$$

式中 ϕ——流体实际流动方向和与传热管垂直轴之间的夹角，（°）。

β如图2-20所示，在盘管的中心线方向O-A流动的流体，与倾斜角（盘管的缠绕角）ε的传热管碰撞，实际的流动方向为O-F方向，β表示这个偏角，用式（2-8）计算：

$$\beta=\varepsilon\left(1-\frac{\varepsilon}{90}\right)(1-K^{0.25}) \quad (2\text{-}8)$$

式中 K——盘管层织成的管束的特性数，缠绕管式换热器，左缠和右缠盘管层交补布置时，K=1，因此，β=0，在仅有左缠或右缠中任何一个缠绕方向盘管组成热交换器中，K=0；

ε——盘管的缠绕角传热管的倾斜角，（°）。

管排数修正系数

$$F_n=1-\frac{0.558}{n}+\frac{0.316}{n^2}-\frac{0.112}{n^3} \quad (2\text{-}9)$$

n是流动方向的管排数。必须注意的是，n是一条直线上的管排数。例如，图2-21所示的错列布置，当在直管群布置时，通常取2行的管排数为管排数，定义n'=6，可是，在这里定义的n是1行的管排数，此时，$n=0.5n'=3$。另外，由于$n>10$时，可以认为$F_n=1$，所以在实际的缠绕管式热交换器中，不需要这个修正系数。

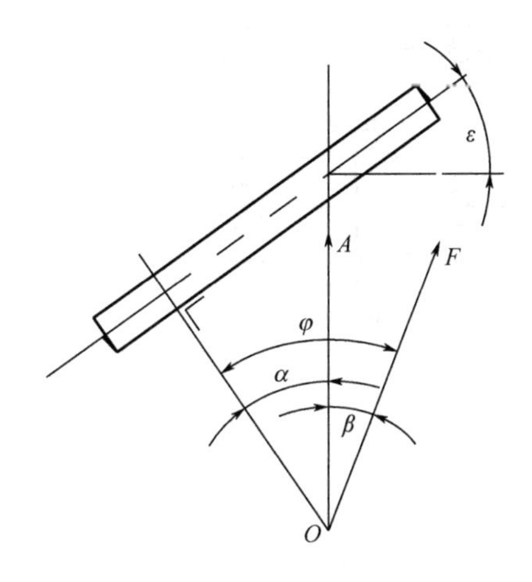

图2-20　与倾斜管错流流动

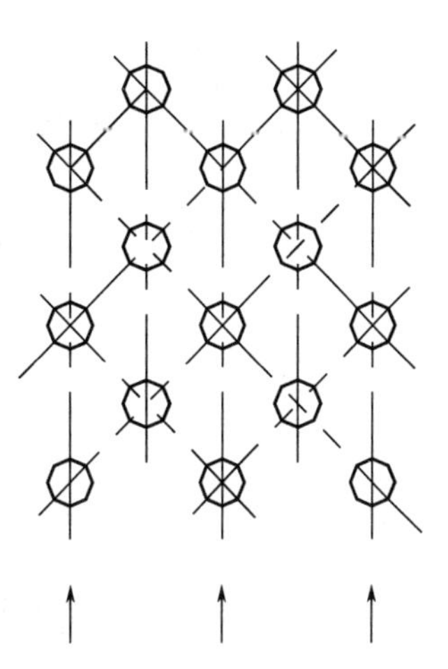

图2-21　流体流动方向

在由盘管层组成的管束中，如前所述，直列和错列布置混合构成流道，可是对于直列和错列场合，可以从格里米森（Grimison）提出的管子排列修正系数，如下推算。

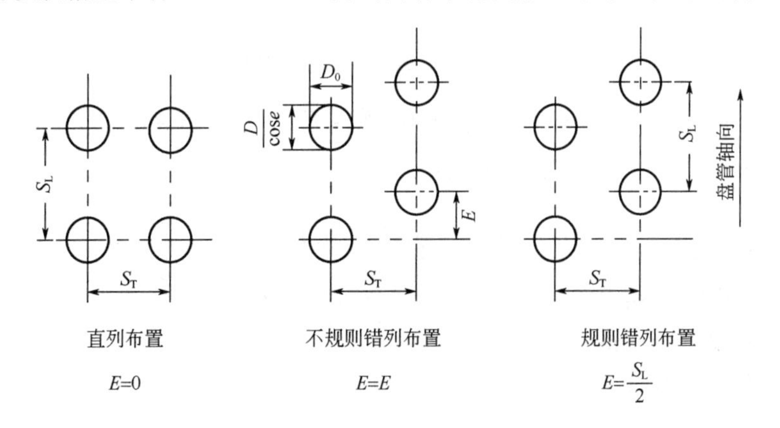

图2-22　由盘管层组成的管束中的流道构成

由盘管层组成的管束中的流道构成可以用图2-22表示。图中，E从O（直列）到$S_L/2$（规则错列）连续地变化。E大于0、小于$S_L/2$，范围（不规则错列）内的修正系数$F_{a,eff}$应该成为图2-23所示的流动方向布置间距为E的规则错列布置时的修正系数$F_{a,1}$和图2-23所示的流动方向的布置间距为（S_L-E）的规则错列布置时的修正系数$F_{a,2}$的函数。当E=0时为直列布置，$F_{a,eff}=F_{a,1}$；当$E=S_L/2$时为规则错列布置，$F_{a,eff}=F_{a,1}=F_{a,2}$。因此，如果假定$F_{a,eff}$用圆周角$\zeta$的一次函数表示，则

$$F_{a,eff}=\left(1-\frac{2\eta}{S_L}\right)F_{a,1}+\frac{2\eta}{S_L}EF_{a,2} \tag{2-10}$$

由以上分析及布置管的位置的可行性可取S_T=22.2mm，S_L=17.2mm。所以可知E=11.1，根据工程项目规定选取管外径为17.2mm，壁厚2mm。

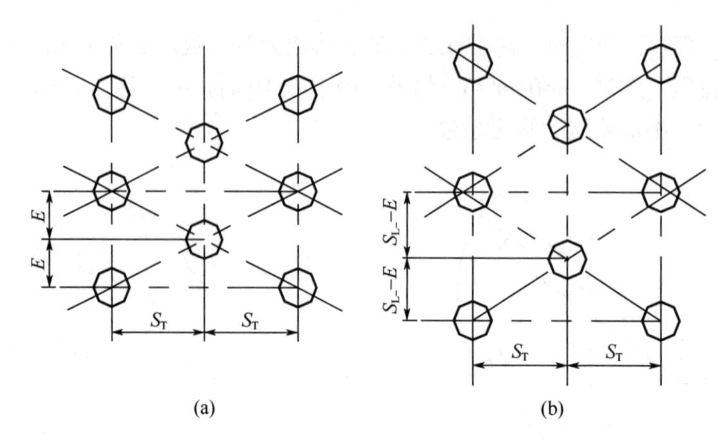

图 2-23　流动方向布置间距

如果令：

$$a_1 = S_T / D_0 = 22.2 / 17.2 = 1.29$$

$$a_2 = S_L / D_0 / \cos\varepsilon = 17.2 / 17.2 / \sqrt{3} / 2 = 0.866$$

$$e = E / D_0 / \cos\varepsilon = 11.1 / 17.2 / \sqrt{3} / 2 = 0.56$$

则管子布置修正系数

$$\overline{F}_{a.eff} = (F_{a.eff} + F_{a.staggerd})/2 \tag{2-11}$$

通过查表计算得 $F_{a.staggerd}$=3.2，$F_{a.eff}$=1.4，所以 $\overline{F}_{a.eff}$=(3.2+1.4)/2=2.3

吉利用式（2-12）表示有效流道断面积：

$$A_{c.eff} = \frac{\pi}{4}(D_s^2 - D_c^2)\overline{r}_{eff} \tag{2-12}$$

式中　D_s——壳内径，m；

D_c——芯圆直径，m；

$\overline{r}_{eff}$——有效面积比。

当 $a_2 \leqslant \sqrt{4a_1+1}$ 时

$$a_2=0.866 \leqslant \sqrt{4\times1.29+1}=2.48$$

所以选用如下公式：

$$\overline{r}_{eff} = \frac{a_1}{a_2}\left[\ln\frac{a_2+2K_1}{2K_1} - 2\eta\ln\frac{a_2+2K_1}{2(a_2+K_1)}\right] + \frac{1}{a_1}\left[K_1\times\left(\frac{1}{2}-\eta\right) + 2\eta K_2 + \frac{4\times\eta}{3\times a_2^2}\left(a_1^3+K_2^2\right) - 1\right] \tag{2-13}$$

式中

$$K_1 = \sqrt{a_1^2 + (a_2^2/4)} + \sqrt{1.29^2 + (1.12^2/4)} = 1.4$$

$$K_2 = \sqrt{a_1^2 + a_2^2} + \sqrt{1.29^2 + 1.12^2} = 1.7$$

所以由以上数据式（2-13）得：

$$\overline{r}_{\text{eff}}=\frac{1.29}{1.12}\left[\ln\frac{1.12+2\times1.4}{2\times1.4}-2\times0.3\times\ln\frac{1.12+2\times1.4}{2(1.12+1.4)}\right]+$$
$$\frac{1}{1.29}\left[1.4\times\left(\frac{1}{2}-0.3\right)+2\times0.3\times1.7+\frac{4\times0.3}{3\times1.12^2}\times(1.29^3+1.7^3)-1\right]=2.698$$

由式（2-12）得

$$A_{\text{c.eff}}=\frac{\pi}{4}(D_s^2-D_c^2)\overline{r}_{\text{eff}}=\frac{3.14}{4}\times(2.6^2-1^2)\times2.689\ =12.159\ \text{m}^2$$

有效质量速度 $G_{\text{c.eff}}$ ［kg/（m^2 • s）］可以用式（2-14）表示

$$G_{\text{c.eff}}=\frac{W_s}{A_{\text{c.eff}}} \tag{2-14}$$

根据前面计算得出壳程制冷剂总质量：

$$W_s=5.316\text{kg/s}+10.872\text{kg/s}+14.35\text{kg/s}+6.45\text{kg/s}+2.3\text{kg/s}+3.1\text{kg/s}=42.388\text{kg/s}$$

所以得：

$$G_{\text{c.eff}}=\frac{W_s}{A_{\text{c.eff}}}=\frac{42.388}{12.159}=3.486[\text{kg}/(\text{m}^2\cdot\text{s})]$$

$\frac{G_{\text{eff}}D_0}{\mu}=\frac{3.486\times1.3}{99.6\times10^{-6}}=4.5\times10^5<1\times10^6$，满足使用范围。

$\frac{C\mu}{\lambda}=\frac{1.4899\times10^3\times10.15\times10^{-6}}{23.6\times10^{-3}}=0.636$，$0.1<0.636<10$ 满足使用范围。

式中　λ——管外侧流体的热导率，W/（m • K）；

μ——管外侧流体的黏度，Pa • s；

C——管外侧流体的比热容，kJ/（kg • K）。

$$\frac{h_0D_0}{\lambda}=0.338\overline{F}_{\text{a, eff}}F_iF_n\left(\frac{G_{\text{eff}}D_0}{\mu}\right)^{0.61}\left(\frac{C\mu}{\lambda}\right)^{0.333} \tag{2-15}$$

将数值代入得管外侧界膜热导率

$$h_0=0.338\times2.3\times0.96\times1\times(4.3\times10^5)^{0.61}\times(0.636)^{0.333}\times\frac{40.5\times10^{-3}}{13.2\times10^{-3}}=5379.77[\text{W}/(\text{m}^2\cdot\text{K})]$$

注：由于管外流体均属于混合体，并且在整个壳体里出现相变，所以以上参数通过Originlab程序进行模拟拟合得出一个具有代表性的混合参数，误差比较小，在允许的范围内。

2.2.4.2　一级管侧界膜热导率 h_i 的计算过程

施密特提出下式作为盘管内流动流体的界膜热导率 h_0。从层流向紊流过渡的临界雷诺数

$$\begin{aligned}(Re)_c&=2300\times[1+8.6(D_i/D_c)^{0.45}]\\&=2300\times[1+8.6(0.0132/1)^{0.45}]=5121.53\end{aligned} \tag{2-16}$$

（1）天然气管道内界膜热导率 h_{i}

对于天然气管道求其管内雷诺数：

$$Re=\frac{\rho\mu_{\mathrm{o}}d}{\mu_{\mathrm{i}}}=\frac{41.64\times0.0152\times12}{12.15\times10^{-6}}=6.25\times10^{5} \tag{2-17}$$

式中 μ_{o}——管外侧流体的黏度，Pa·s；

μ_{i}——管内侧流体的黏度，kg/Pam·s；

ρ——管内侧流体的密度，kg/m^3。

d——管内流体的流速，m/s。

普朗特数：

$$Pr=\frac{C\mu_{\mathrm{i}}}{\lambda}=\frac{3.54\times10^{3}\times12.15\times10^{-6}}{39.21\times10^{-3}}=1.097 \tag{2-18}$$

式中 μ_{i}——管内侧流体的黏度，Pa·s；

λ——管内侧流体的热导率，W/（m·K）；

C——管内侧流体的比热容，J/（kg·K）。

所以

$$Pr^{0.333}=\left(\frac{3.54\times10^{3}\times12.15\times10^{-6}}{39.21\times10^{-6}}\right)^{0.333}=1.03$$

由于 $22000<Re=9.733\times10^{4}<1500000$，所以选用公式

$$\begin{aligned}h_{\mathrm{i}}&=0.023\left[1+3.6\left(1-\frac{D_{\mathrm{i}}}{D_{\mathrm{c}}}\right)\left(\frac{D_{\mathrm{i}}}{D_{\mathrm{c}}}\right)^{0.8}\right]\left(\frac{D_{\mathrm{i}}G_{\mathrm{i}}}{\mu}\right)^{0.8}\left(\frac{C\mu_{\mathrm{i}}}{k}\right)^{1/3}\left(\frac{k}{D_{\mathrm{i}}}\right)\\&=0.023\times\left[1+3.6\left(1-\frac{0.0172}{1.3}\right)\times\left(\frac{0.0172}{1.3}\right)^{0.8}\right]\times97330^{0.8}\times1.03\times\frac{0.02921}{0.0172}\\&=437.65[\mathrm{W}/(\mathrm{m}^2\cdot\mathrm{K})]\end{aligned} \tag{2-19}$$

（2）氮气、甲烷、乙烯三无混合制冷剂侧管道内界膜热导率 h_{i}

对于混合制冷剂管道求其管内雷诺数及普朗特数，氮气、甲烷、乙烯（N_2、CH_4、C_2H_4）混合制冷剂管道内雷诺数

$$Re=\frac{\rho\mu_{\mathrm{o}}l}{\mu_{\mathrm{i}}}=\frac{207.95\times12.15\times0.0152}{29.49\times10^{-6}}=1.3\times10^{6}$$

$$Pr^{0.333}=\left(\frac{C\mu_{\mathrm{i}}}{\lambda}\right)^{0.333}=\left(\frac{1.84\times10^{3}\times47.1\times10^{-6}}{51.55\times10^{-3}}\right)^{0.333}=1.01$$

由于 $22000<Re=1.3\times10^{6}<1500000$，所以选用公式

$$\begin{aligned}h_{\mathrm{i}}&=0.023\times\left[1+3.6\left(1-\frac{D_{\mathrm{i}}}{D_{\mathrm{c}}}\right)\left(\frac{D_{\mathrm{i}}}{D_{\mathrm{c}}}\right)^{0.8}\right]\left(\frac{D_{\mathrm{i}}G_{\mathrm{i}}}{\mu_{\mathrm{i}}}\right)^{0.8}\left(\frac{C\mu_{\mathrm{i}}}{k}\right)^{1/3}\frac{k}{D_{\mathrm{i}}}\\&=0.023\times\left[1+3.6\times\left(1-\frac{0.0172}{1.3}\right)\times\left(\frac{0.0172}{1.3}\right)^{0.8}\right]\times(1.3\times10^{6})^{0.8}\times1.01\times\frac{0.05155}{0.0152}\\&=6816.32[\mathrm{W}/(\mathrm{m}^2\cdot\mathrm{K})]\end{aligned}$$

（3）丙烷制冷剂侧管道内界膜热导率 h_i

丙烷（C_3H_8）制冷剂在管道内雷诺数及普朗特数：

$$Re=\frac{\rho\mu_o l}{\mu_i}=\frac{545.75\times12\times0.0152}{143.55\times10^{-6}}=6.9\times10^5$$

$$Pr^{0.333}=\left(\frac{C\mu_i}{\lambda}\right)^{0.333}=\left(\frac{2.4103\times10^3\times143.55\times10^{-6}}{113.35\times10^{-3}}\right)^{0.333}=1.45$$

由于 $22000<Re=1.16\times10^6<1500000$，所以选用公式：

$$h_i=0.023\left[1+3.6\left(1-\frac{D_i}{D_c}\right)\left(\frac{D_i}{D_c}\right)^{0.8}\right]\left(\frac{D_iG_i}{\mu_i}\right)^{0.8}\left(\frac{C\mu_i}{\lambda}\right)^{1/3}\frac{\lambda}{D_i}$$

$$=0.023\left[1+3.6\left(1-\frac{0.0172}{1.3}\right)\left(\frac{0.0172}{1.3}\right)^{0.8}\right](1.16\times10^6)^{0.8}\times1.45\times\frac{0.11335}{0.0152}$$

$$=1942.69[\mathrm{W/(m^2\cdot K)}]$$

（4）正丁烷、异丁烷制冷剂侧管道内界膜热导率 h_i

正丁烷、异丁烷（$n\text{-}C_4H_{10},i\text{-}C_4H_{10}$）混合制冷剂在管道内

$$Re=\frac{\rho\mu_o l}{\mu_i}=\frac{600.8\times2\times0.0152}{224.97\times10^{-6}}=8.1\times10^4$$

$$Pr^{0.333}=\left(\frac{C\mu_i}{\lambda}\right)^{0.333}=\left(\frac{2.2485\times10^3\times224.97\times10^{-6}}{110.2\times10^{-3}}\right)^{0.333}=1.66$$

由于 $22000<Re=8.1\times10^4<1500000$，所以选用公式：

$$h_i=0.023\left[1+3.6\left(1-\frac{D_i}{D_c}\right)\left(\frac{D_i}{D_c}\right)^{0.8}\right]\left(\frac{D_iG_i}{\mu_i}\right)^{0.8}\left(\frac{C\mu_i}{\lambda}\right)^{1/3}\frac{\lambda}{D_i}$$

$$=0.023\left[1+3.6\times\left(1-\frac{0.0172}{1.3}\right)\times\left(\frac{0.0172}{1.3}\right)^{0.8}\right]\times(8.1\times10^4)^{0.8}\times1.66\times\frac{0.1102}{0.0152}$$

$$=2599.70[\mathrm{W/(m^2\cdot K)}]$$

金属管热阻：

$$\frac{t_s}{k_w}=\frac{(D_o-D_i)/2}{k_w}=\frac{(17.2-13.2)/2}{54000}=0.37\times10^{-4} \tag{2-20}$$

式中　t_s——传热管的壁厚，m；

k_w——传热管材质的热导率，W/(m・K)。

污垢系数：查容器设计手册得知制冷剂的污垢系数为0.0002；壳侧的污垢系数为0.0002。

总传热系数：

$$\frac{1}{K}=\frac{1}{h_0}+r_0+\frac{t_s}{k_w}+r_i\frac{D_0}{D_i}+\frac{1}{h_i}\frac{D_0}{D_i} \tag{2-21}$$

（5）天然气侧总换热系数、换热面积及管长计算

天然气总传热系数

$$\frac{1}{K_1}=\frac{1}{3925.87}+2\times10^{-4}+0.37\times10^{-4}+2\times10^{-4}\times\frac{15.2\times10^{-3}}{13.2\times10^{-3}}+\frac{1}{2468.5}\times\frac{15.2\times10^{-3}}{13.2\times10^{-3}}$$
$$=2.55\times10^{-4}+2\times10^{-4}+0.37\times10^{-4}+2.3\times10^{-4}+4.659\times10^{-4}$$

所以 $K_1=841.75\ \mathrm{W/(m^2\cdot K)}$

由换热公式

$$Q=KA\Delta t \tag{2-22}$$

式中 K ——总传热系数，$\mathrm{W/(m^2\cdot K)}$；

A ——总传热面积，$\mathrm{m^2}$；

Δt ——传热温差，℃。

传热温差计算（利用对数平均温差法计算）：

天然气冷却采用的是逆流换热，则

$$\Delta t=\frac{\Delta t_{max}-\Delta t_{min}}{\ln\frac{\Delta t_{max}}{\Delta t_{min}}} \tag{2-23}$$

式中 $\Delta t_{max}=|309-306|=3(℃)$；$\Delta t_{min}=|221-220|=1(℃)$。

所以 $\Delta t=\frac{|309-303|-|221-220|}{\ln 3}=1.82\,(℃)$

天然气侧换热面积：$A_1=\frac{Q}{K\Delta t}=\frac{3480.156\times10^3}{841.75\times1.82}=2271.66\,(\mathrm{m^2})$

由公式 $A=\pi DL$ 可计算出总管长：$L=\frac{A_1}{\pi D}=\frac{2271.66}{3.14\times0.0172}=42061.55\,(\mathrm{m})$

（6）氮气、甲烷、乙烯混合制冷剂侧总换热系数、换热面积及管长计算

同理可得混合制冷剂氮气、甲烷、乙烯（N_2、CH_4、C_2H_4）混合气侧换热系数：

$$\frac{1}{K_1}=\frac{1}{3925.87}+2\times10^{-4}+0.37\times10^{-4}+2\times10^{-4}\times\frac{15.2\times10^{-3}}{13.2\times10^{-3}}+\frac{1}{1216.38}\times\frac{15.2\times10^{-3}}{13.2\times10^{-3}}$$
$$=2.55\times10^{-4}+2\times10^{-4}+0.37\times10^{-4}+2.3\times10^{-4}+9.45\times10^{-4}$$

所以 $K_1=599.88\ \mathrm{W/(m^2\cdot K)}$。

氮气、甲烷、乙烯（N_2、CH_4、C_2H_4）换热面积：$A_1=\frac{Q}{K\Delta t}=\frac{3239.16\times10^3}{599.88\times1.82}=2966.86\,(\mathrm{m^2})$；

由式 $A=\pi DL$ 可计算三元混合制冷剂总管长：$L=\frac{A_1}{\pi D}=\frac{2966.86}{3.14\times0.0172}=54933.71\,(\mathrm{m})$。

（7）丙烷制冷剂侧总换热系数、换热面积及管长计算

同理，可得制冷剂丙烷（C_3H_8）侧换热系数：

$$\frac{1}{K_1}=\frac{1}{3925.87}+2\times10^{-4}+0.37\times10^{-4}+2\times10^{-4}\times\frac{15.2\times10^{-3}}{13.2\times10^{-3}}+\frac{1}{3492.22}\times\frac{15.2\times10^{-3}}{13.2\times10^{-3}}$$
$$=2.55\times10^{-4}+2\times10^{-4}+0.37\times10^{-4}+2.3\times10^{-4}+3.29\times10^{-4}$$

所以$K_1 = 951.47$ W/（m^2 • K）。

丙烷侧换热面积：$A_1 = \dfrac{Q}{K\Delta t} = \dfrac{1162.43\times10^3}{951.47\times1.82} = 671.27\,(m^2)$；

由公式A=πDL可计算丙烷所需总管长：$L = \dfrac{A_1}{\pi D} = \dfrac{671.27}{3.14\times0.0172} = 12429.08\,(m)$。

（8）正丁烷、异丁烷混合制冷剂侧总换热系数、换热面积及管长计算

同理可得混合制冷剂正丁烷、异丁烷（n-C_4H_{10}、i-C_4H_{10}）侧换热系数

$$\frac{1}{K_1} = \frac{1}{3925.87} + 2\times10^{-4} + 0.37\times10^{-4} + 2\times10^{-4}\times\frac{15.2\times10^{-3}}{13.2\times10^{-3}} + \frac{1}{2924.17}\times\frac{15.2\times10^{-3}}{13.2\times10^{-3}}$$

$$= 2.55\times10^{-4} + 2\times10^{-4} + 0.37\times10^{-4} + 2.3\times10^{-4} + 3.93\times10^{-4}$$

所以$K_1 = 896.86$ W/(m^2 • K)。

正丁烷、异丁烷（n-C_4H_{10}、i-C_4H_{10}）侧换热面积：$A_1 = \dfrac{Q}{K\Delta t} = \dfrac{906.17\times10^3}{896.86\times1.82} = 555.12\,(m^2)$；

由公式A=πDL计算正丁烷、异丁烷总管长：$L = \dfrac{A_1}{\pi D} = \dfrac{555.12}{3.14\times0.0172} = 10278.48\,(m)$。

由以上计算过程，可得出一级换热设备的总管长：

$$L = 42061.55 + 54933.71 + 12429.08 + 10278.48 = 119702.82(m)$$

2.2.4.3　一级制冷设备总管束计算

外筒直径为 2.6m，中心筒外径为 1m，内外筒间距为 0.5m，层间距为 5mm，缠绕管为$\phi17.2mm\times2$，总圈数，由计算得N_2、CH_4、C_2H_4所用管道为 36 圈。

第一圈缠绕管束：$N_1 = \dfrac{\pi D_1}{d} = \dfrac{3.14\times1000}{22.2} \approx 141$（根）（$d$包括管径和管间距，管间距取 5mm）

由等差数列得：

$$N_{36} = N_1 + (n-1)D = 141 + 35\times6 = 351\text{（根）} \tag{2-24}$$

由此可知总的根数：

$$N = \frac{n\left(N_1 + N_{36}\right)}{2} = 8856\text{（根）} \tag{2-25}$$

每根长：$L = \dfrac{148034.55}{8856} = 16.72\,(m)$

从第一层开始以$\zeta = 30°$缠绕，则简捷计算得出一根管束可缠绕圈数：

$n = \dfrac{16.72}{3.6} = 4.64$(圈)；所以可知道中心筒高度：$H = 4.64\times1.8 = 8.35\,(m)$。

考虑到缠绕的复杂性及缠绕方式等因素，应该将缠绕圈数圆整，所以缠绕圈数为 5 圈，每根长为$L = 5\times3.6 = 18\,(m)$，中心筒高度为$H = 9$ m。经圆整后的混合制冷剂正丁烷、异丁烷（n-C_4H_{10},i-C_4H_{10}）根数为$N = 571$根，丙烷（C_3H_8）根数为$N = 691$根，氮气、甲烷、乙烯（N_2、CH_4、C_2H_4）根数为$N = 3052$根，天然气的根数为$N = 3911$根。总根数为$N = 8225$根。为使匹配整个设备，应整合根数$8856 - 8225 = 631$(根)，按换热量分配 631 根管子，则混合制冷剂正丁烷、异丁烷（n-C_4H_{10},i-C_4H_{10}）总根数为$571 + 52 = 623$(根)，丙烷（C_3H_8）根数为$691 + 53 = 744$(根)，氮气、甲烷、乙烯（N_2、CH_4、C_2H_4）根数为$3052 + 263 = 3315$(根)，天然气总根数为$3911 + 263 = 4174$(根)。管排数分布如下：混合制冷剂正丁烷、异丁

烷（n-C_4H_{10}、i-C_4H_{10}）根数为$N=571$根，总共有36层，每层17根，多出11根；（C_3H_8）根数为$N=691$根，总共有36层，每层20根，多出24根，氮气、甲烷、乙烯（N_2、CH_4、C_2H_4）根数为$3052+263=3315$(根)，共36层，取第一层混合制冷剂管束50根，以3为公差进行等差排列，则第36层应排155根，总共排了3690根，少了375根。天然气总共4174根，共36层，第一层派54根，以6为公差进行等差排列，则第36层应排159根，总共排了3834根，多了340根，将混合制冷剂正丁烷、异丁烷、天然气多出来的24+11+340=375(根)补充到氮气、甲烷、乙烯的排列差数上。这样就完成一级制冷设备所有的管道排列。

2.2.4.4　一级压力损失计算

（1）壳侧压力损失计算

Gilli从与直管群错流流动时的压力损失值推算同盘管层组成的管束错流流动的流体压力损失计算公式

$$\Delta P_s = 0.334\overline{f}_{eff} C_i C_n \frac{nG_{eff}^2}{2g_c\rho} \tag{2-26}$$

式中　ρ——壳侧流体的密度，kg/m^3；

ΔP_s——壳侧压力损失，Pa；

n——流动方向的管排数（每一根传热管的缠绕数）。

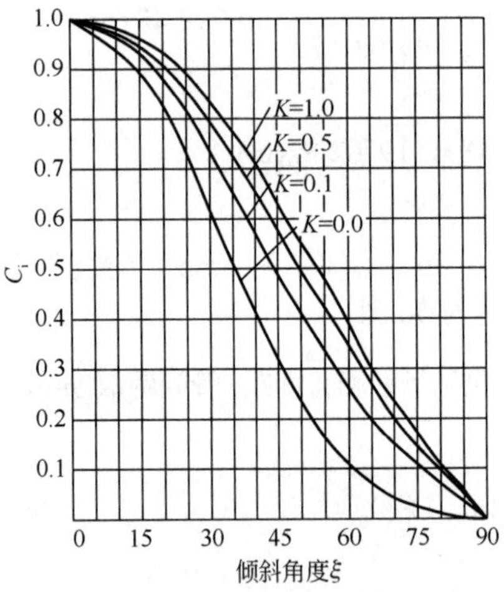

传热管倾斜（传热管盘管的缠绕角）修正系数为C_i：

$$C_i=\left[\cos\beta\right]^{-1.8}\left[\cos\phi\right]^{1.355} \tag{2-27}$$

代入数据和K=1查图2-24得：$C_i=0.822$

图2-24　倾斜角度ξ和倾斜摩擦损失修正系数C_i之间的关系

管排数修正系数C_n：

$$C_n = 1+\frac{0.375}{n} \tag{2-28}$$

$$=1+0.375/5=1.075$$

$\overline{f}_{eff}$经查表可得$\overline{f}_{eff}=3.58$

代入式（2-26）后，$\Delta P_s = 0.334\times3.58\times0.822\times1.023\times\dfrac{5\times0.95}{2\times9.8\times142}=0.017(\text{Pa})$

（2）管侧压力损失计算

计算公式：

$$\Delta P_t = \frac{f_i G_i^{\,2}}{2g_c\rho}\frac{Y}{D_i} \tag{2-29}$$

式中　ΔP_t——管内侧压力损失，Pa；

ρ——管内侧流体的密度，kg/m^3；

Y——传热管长，m；

g_c——重力换算系数，1.27×10^8；

f_i——摩擦系数。

从层流向紊流过渡的临界雷诺数：

$$\begin{aligned}(Re)_c &= 2300\left[1+8.6\left(D_i/D_c\right)^{0.45}\right] \\ &= 2300\left[1+8.6\left(0.0132/1\right)^{0.45}\right] \\ &= 5121.53\end{aligned} \tag{2-30}$$

由于 $22000 < Re = 6.25\times10^5 < 1500000$，对于天然气管道，选用式（2-31）：

$$\begin{aligned}f_i &= \left[1+0.083\left(1+\frac{D_i}{D_c}\right)\left(\frac{D_i}{D_c}\right)^{0.53}(D_iG_i/\mu)^{0.25}\right]\times\frac{0.3164}{(D_iG_i/\mu)^{0.25}} \\ &= (1+0.0839\times0.0946\times28.12)\times\frac{0.3164}{(6.25\times10^5)^{0.25}} \\ &= (1+0.0839\times0.0946\times28.12)\times0.0112 \\ &= 0.038\end{aligned} \tag{2-31}$$

因此，由式（2-29）可得天然气管道的压力损失 $\Delta P_t = 22442.3\ \text{Pa}$。

对于混合制冷剂氮气、甲烷、乙烯（N_2、CH_4、C_2H_4）管道，按式（2-31）计算，

$$f_i = \left[1+0.083\left(1+\frac{D_i}{D_c}\right)\left(\frac{D_i}{D_c}\right)^{0.53}(D_iG_i/\mu)^{0.25}\right]\times\frac{0.3164}{(D_iG_i/\mu)^{0.25}}$$

$$= (1+0.0839\times0.0946\times33.77)\times\frac{0.3164}{33.77} = 1.268\times\frac{0.3164}{33.77} = 0.012$$

因此混合制冷剂管道的压力损失

$$\Delta P_t = \frac{0.012\times27.84^2}{2\times9.8\times116.92}\times\frac{54933.66}{0.0152} = 14667.6\ \text{Pa}$$

对于制冷剂丙烷（C_3H_8）管道，按式（2-31）计算得

$$f_i = \left[1+0.083\left(1+\frac{D_i}{D_c}\right)\left(\frac{D_i}{D_c}\right)^{0.53}(D_iG_i/\mu)^{0.25}\right]\times\frac{0.3164}{(D_iG_i/\mu)^{0.25}}$$

$$= \left[1+0.083\left(1+\frac{15.2\times10^{-3}}{1.3}\right)\times\left(\frac{15.2\times10^{-3}}{1.3}\right)^{0.53}\times(1.16\times10^5)^{0.25}\right]\times\frac{0.3164}{(1.16\times10^5)^{0.25}}$$

$$= 1.268\times\frac{0.3164}{18.46} = 0.02$$

因此丙烷管道的压力损失

$$\Delta P_t = \frac{0.02\times5.37^2}{2\times9.8\times539.9}\times\frac{12429.2}{0.0152} = 44.56\ (\text{Pa})$$

对于混合制冷剂正丁烷、异丁烷（$n\text{-}C_4H_{10}$、$i\text{-}C_4H_{10}$）管道，按式（2-31）计算得

$$f_i = \left[1+0.083\left(1+\frac{D_i}{D_c}\right)\left(\frac{D_i}{D_c}\right)^{0.53}(D_iG_i/\mu)^{0.25}\right]\times\frac{0.3164}{(D_iG_i/\mu)^{0.25}}$$

$$=\left[1+0.083\left(1+\frac{15.2\times10^{-3}}{1.3}\right)\times\left(\frac{15.2\times10^{-3}}{1.3}\right)^{0.53}\times(8.1\times10^{4})^{0.25}\right]\times\frac{0.3164}{(8.1\times10^{4})^{0.25}}$$

$$=1.268\times\frac{0.3164}{16.87}=0.021$$

因此正丁烷、异丁烷管道的压力损失

$$\Delta P_{\mathrm{t}}=\frac{0.021\times4.52^{2}}{2\times9.8\times627.13}\times\frac{10278.43}{0.0152}=23.6\ (\mathrm{Pa})$$

从以上计算过程可以看出液化天然气和混合制冷剂在管道内流动时，如果只考虑单相，流动过程将会有很少一部分的压力损失，对于高压管道流动的流体可认为这些压降是静压的波动减少量，对于动压没任何影响，所以得出速度不需要校正的结论。但是对于有相变过程的流动，会出现很大的压力损失，这部分损失必须考虑，不能认为只是静压变化，还有一部分是动压的变化量，这将很大程度上影响管内流体的流动速度，所以这部分必须得返回去校核流体流速使其符合流体相变过程的流速变化规律，而天然气和混合制冷剂在一级制冷设备中没有相变过程，所以不需要速度的校正。

2.2.5 二级制冷装备传热及管束结构参数计算过程

2.2.5.1 二级壳侧界膜热导率 h_0 计算过程

按照一级壳侧界膜热导率计算方法及式（2-15）求得二级壳侧

$$\frac{h_0D_0}{\lambda}=0.338\overline{F}_{\mathrm{a,eff}}F_{\mathrm{i}}F_{\mathrm{n}}\left(\frac{G_{\mathrm{eff}}D_0}{\mu}\right)^{0.61}\left(\frac{C\mu}{\lambda}\right)^{0.333}$$

$$h_0=0.338\times2.3\times0.96\times1\times1126.14^{0.61}\times1.01^{0.333}\times\frac{51.55\times10^{-3}}{13.2\times10^{-3}}=212.56\ [\mathrm{W/(m^2\cdot K)}]$$

2.2.5.2 二级管侧界膜热导率 h_{i} 的计算过程

按照一级管侧界膜热导率计算方法及式（2-19）求得二级天然气管侧：

$$h_{\mathrm{i}}=0.023\left[1+3.6\left(1-\frac{D_{\mathrm{i}}}{D_{\mathrm{c}}}\right)\left(\frac{D_{\mathrm{i}}}{D_{\mathrm{c}}}\right)^{0.8}\right]\left(\frac{D_{\mathrm{i}}G_{\mathrm{i}}}{\mu}\right)^{0.8}\left(\frac{C\mu}{\lambda}\right)^{\frac{1}{3}}\frac{\lambda}{D_{\mathrm{i}}}$$

$$=0.023\left[1+3.6\times\left(1-\frac{0.0132}{1.5}\right)\times\left(\frac{0.0132}{1.5}\right)^{0.8}\right]\times100000^{0.8}\times1.01^{\frac{1}{3}}\times\frac{0.05155}{0.0132}$$

$$=974.13\ [\mathrm{W/(m^2\cdot K)}]$$

按照一级管侧界膜热导率计算方法及式（2-19）求得二级氮气与甲烷混合制冷剂管侧：

$$h_{\mathrm{i}}=0.023\left[1+3.6\left(1-\frac{D_{\mathrm{i}}}{D_{\mathrm{c}}}\right)\left(\frac{D_{\mathrm{i}}}{D_{\mathrm{c}}}\right)^{0.8}\right]\left(\frac{D_{\mathrm{i}}G_{\mathrm{i}}}{\mu}\right)^{0.8}\left(\frac{C\mu}{\lambda}\right)^{\frac{1}{3}}\left(\frac{\lambda}{D_{\mathrm{i}}}\right)$$

$$=0.023\left[1+3.6\times\left(1-\frac{0.0132}{1.5}\right)\times\left(\frac{0.0132}{1.5}\right)^{0.8}\right]\times769500^{0.8}\times1.026^{\frac{1}{3}}\times\frac{0.127}{0.0132}$$

$$=12343.26\ [\mathrm{W/(m^2\cdot K)}]$$

按照一级管侧界膜热导率计算方法，及式（2-19）求得二级乙烯制冷剂管侧：

$$h_{\mathrm{i}}=0.023\left[1+3.6\left(1-\frac{D_{\mathrm{i}}}{D_{\mathrm{c}}}\right)\left(\frac{D_{\mathrm{i}}}{D_{\mathrm{c}}}\right)^{0.8}\right]\left(\frac{D_{\mathrm{i}}G_{\mathrm{i}}}{\mu}\right)^{0.8}\left(\frac{C\mu}{\lambda}\right)^{\frac{1}{3}}\left(\frac{\lambda}{D_{\mathrm{i}}}\right)$$

$$=0.023\left[1+3.6\left(1-\frac{0.0132}{1.5}\right)\times\left(\frac{0.0132}{1.5}\right)^{0.8}\right]113877^{0.8}\times1.026^{\frac{1}{3}}\times\frac{0.127}{0.0132}=2676.77[\mathrm{W}/(\mathrm{m}^2\bullet\mathrm{K})]$$

2.2.5.3　二级换热器所需要的绕管个数计算

（1）传热管数及管长计算

天然气采用逆流换热冷却，按式（2-23）计算

$$\Delta t=\frac{\Delta t_{\max}-\Delta t_{\min}}{\ln\dfrac{\Delta t_{\max}}{\Delta t_{\min}}}$$

式中　$\Delta t_{\max}=|220-217|=3$ ℃；

$\Delta t_{\min}=|153-154|=1$ ℃。

通过计算得 $\Delta t=1.82$ ℃。

天然气的换热面积：$A_1=\dfrac{Q}{K\Delta t}=\dfrac{5896690}{1127.3\times1.82}=2874.07\ (\mathrm{m}^2)$

由公式 $A=\pi DL$ 可计算出天然气总管长：$L=\dfrac{A}{\pi D}=\dfrac{2874.07}{3.14\times0.0172}=53215.63(\mathrm{m})$

同理，按式（2-23）计算可得乙烯制冷剂相关数据：

式中　$\Delta t_{\max}=|220-217|=3$ ℃；

$\Delta t_{\min}=|153-154|=1$ ℃。

所以 $\Delta t=1.82$ ℃。

得制冷剂乙烯的换热面积：$A_2=\dfrac{Q}{K\Delta t}=\dfrac{2405060}{934.6\times1.82}=1431.93(\mathrm{m}^2)$

由公式 $A=\pi DL$ 可计算出总管长：$L=\dfrac{A}{\pi D}=\dfrac{1431.93}{3.14\times0.0172}=26513.29(\mathrm{m})$

同理，按式（2-23）计算可得氮气-甲烷混合制冷剂相关数据：

式中　$\Delta t_{\max}=|220-217|=3$ ℃；

$\Delta t_{\min}=|153-154|=1$ ℃。

所以 $\Delta t=1.82$ ℃。

得制冷剂氮气和甲烷的换热面积：$A_2=\dfrac{Q}{K\Delta t}=\dfrac{1420200}{775.8\times1.82}=1005.84\ (\mathrm{m}^2)$

由公式 $A=\pi DL$ 可计算出总管长：$L=\dfrac{A}{\pi D}=\dfrac{1005.84}{3.14\times0.0172}=18623.91\ (\mathrm{m})$

所以可计算出二级换热设备的总管长：$L=53215.63+26513.29+18623.91=98352.83\ (\mathrm{m})$。

（2）二级制冷总管束计算

管束排列过程中，内外筒间距为 0.5m，层间距为 5mm，所以总圈数为 36 圈，第一圈缠

绕管束：

$$N_1=\frac{\pi D_1}{d}=\frac{3.14\times1000}{22.2}=141\,(根)$$（d 包括管径和管间距，管间距取 5mm）

由式（2-24）计算等差数列得：$N_{36}=N_1+(n-1)D=141+(36-1)\times6=351\,(根)$；

由式（2-25）计算可知总根数为：$N=\dfrac{n(N_1+N_{36})}{2}=8856\,(根)$；

每根管长为：$L=\dfrac{98352.83}{8856}=11.11\,(\mathrm{m})$。

从第一层开始以$\zeta=30^\circ$缠绕，则简捷计算得出一根管束可缠绕圈数：$n=\dfrac{11.11}{3.6}=3.09\,(圈)$；

所以可知道中心筒高度为：$H=3.09\times1.8=5.56(\mathrm{m})$。

2.2.5.4　二级管束的布置及排列

考虑到缠绕的复杂性及缠绕方式等因素，应该将缠绕圈数圆整，所以缠绕圈数为 4 圈，每根长度为$L=4\times3.6=14.4\,(\mathrm{m})$，中心筒高度为$H=5.56\,\mathrm{m}$。经圆整后的混合制冷剂根数为$N=3094$根，天然气的根数为$N=2956\,(根)$。总根数为$N=6065$根。为使匹配整个设备，应整合根数$8856-6050=2806\,(根)$，按换热量分配 2806 根管子，则混合制冷剂总根数为$3094+1406=4500$根，天然气总根数为$2956+1400=4356\,(根)$。

管排数分布如下：氮气和甲烷总共有 1973 根，取第一层混合制冷剂氮气和甲烷的管束为 30 根，以 1 为公差进行等差排列，则第 36 层应排 65 根，总共排了 1710 根，多余了 263 根。乙烯总共有 2527 根，取第一层混合制冷剂乙烯的管束为 35 根，以 2 为公差进行等差排列，则第 36 层应排 105 根，总共排了 2520 根，多余了 7 根。则混合制冷剂共多出了 270 根。天然气总共 4356 根，共 36 层，第一层排 76 根，以 3 为公差进行等差排列，则第 36 层应排 181 根，总共排了 4626 根，少了 270 根，将混合制冷剂多出来的 270 根补充到天然气的排列差数上。这样就完成二级制冷设备所有的管道排列。

2.2.5.5　二级压力损失计算

（1）壳侧压力损失

按式（2-26）计算壳侧压力损失：

$$\Delta P_{\mathrm{s}}=0.334\overline{f}_{\mathrm{eff}}C_{\mathrm{i}}C_{\mathrm{n}}\frac{nG_{\mathrm{eff}}^2}{2g_{\mathrm{c}}\rho}=0.334\times3.58\times0.822\times1.054\times\frac{7\times0.95}{2\times9.8\times223.4}=1.57\times10^{-3}\,(\mathrm{Pa})$$

（2）管侧压力损失

按式（2-31）、式（2-29）计算管侧压力损失：

a．天然气管道压力损失

$$f_{\mathrm{i}}=\left[1+0.083\left(1+\frac{D_{\mathrm{i}}}{D_{\mathrm{c}}}\right)\left(\frac{D_{\mathrm{i}}}{D_{\mathrm{c}}}\right)^{0.53}(D_{\mathrm{i}}G_{\mathrm{i}}/\mu)^{0.25}\right]\times\frac{0.3164}{(D_{\mathrm{i}}G_{\mathrm{i}}/\mu)^{0.25}}$$

$$=(1+0.0839\times0.0946\times31.29)\times\frac{0.3164}{31.29}=0.013$$

$$\Delta P_{\mathrm{t}}=\frac{f_{\mathrm{i}}G_{\mathrm{i}}^2}{2g_{\mathrm{c}}\rho}\frac{Y}{D_{\mathrm{i}}}=\frac{0.013\times12.78^2}{2\times9.8\times218.36}\times\frac{53215.64}{0.0152}=1736.89\,(\mathrm{Pa})$$

b．氮气和甲烷混合制冷剂管道压力损失

$$f_i=\left[1+0.083\left(1+\frac{D_i}{D_c}\right)\left(\frac{D_i}{D_c}\right)^{0.53}\left(D_iG_i/\mu\right)^{0.25}\right]\times\frac{0.3164}{\left(D_iG_i/\mu\right)^{0.25}}$$

$$=(1+0.0839\times0.0946\times29.62)\times\frac{0.3164}{29.62}=0.013$$

$$\Delta P_t=\frac{f_iG_i^2}{2g_c\rho}\frac{Y}{D_i}=\frac{0.02\times13.49^2}{2\times9.8\times553.99}\times\frac{58725.68}{0.0152}=7099.92\ (\text{Pa})$$

c．乙烯管道压力损失

$$f_i=\left[1+0.083\left(1+\frac{D_i}{D_c}\right)\left(\frac{D_i}{D_c}\right)^{0.53}\left(D_iG_i/\mu\right)^{0.25}\right]\times\frac{0.3164}{\left(D_iG_i/\mu\right)^{0.25}}$$

$$=(1+0.0839\times0.0946\times18.37)\times\frac{0.3164}{18.37}=0.02$$

$$\Delta P_t=\frac{f_iG_i^2}{2g_c\rho}\frac{Y}{D_i}=\frac{0.02\times14.35^2}{2\times9.8\times541.58}\times\frac{25932.3}{0.0152}=661.93(\text{Pa})$$

2.2.6 三级制冷装备传热及管束结构参数计算过程

2.2.6.1 三级壳侧界膜热导率 h_0 计算过程

按照一级壳侧界膜热导率计算方法及式（2-15）求得三级壳侧：

$$\frac{h_0D_0}{\lambda}=0.338\overline{F}_{a,\text{eff}}F_iF_n\left(\frac{G_{\text{eff}}D_0}{\mu}\right)^{0.61}\left(\frac{C\mu}{\lambda}\right)^{0.333}$$

$$h_0=0.338\times2.3\times0.96\times1\times(32000)^{0.61}\times(3.445)^{0.333}\times\frac{57.53\times10^{-3}}{13.2\times10^{-3}}=691.95[\text{W}/(\text{m}^2\cdot\text{K})]$$

2.2.6.2 三级管侧界膜热导率 h_i 的计算过程

按照一级管侧界膜热导率计算方法及式（2-19）求得二级天然气管侧：

$$h_i=0.023\left[1+3.6\left(1-\frac{D_i}{D_c}\right)\left(\frac{D_i}{D_c}\right)^{0.8}\right]\left(\frac{D_iG_i}{\mu}\right)^{0.8}\left(\frac{C\mu}{\lambda}\right)^{\frac{1}{3}}\left(\frac{\lambda}{D_i}\right)$$

$$=0.023\times\left[1+3.6\times\left(1-\frac{0.0172}{1.3}\right)\times\left(\frac{0.0172}{1.3}\right)^{0.8}\right]\times97330^{0.8}\times2.06^{\frac{1}{3}}\times\frac{0.15727}{0.0172}$$

$$=2910.19[\text{W}/(\text{m}^2\cdot\text{K})]$$

按照一级管侧界膜热导率计算方法及式（2-19）求得三级氮气与甲烷混合制冷剂管侧：

$$h_i=0.023\left[1+3.6\left(1-\frac{D_i}{D_c}\right)\left(\frac{D_i}{D_c}\right)^{0.8}\right]\left(\frac{D_iG_i}{\mu}\right)^{0.8}\left(\frac{C\mu}{\lambda}\right)^{\frac{1}{3}}\left(\frac{\lambda}{D_i}\right)$$

$$=0.023\times\left[1+3.6\times\left(1-\frac{0.0172}{1.3}\right)\times\left(\frac{0.0172}{1.3}\right)^{0.8}\right]\times142687.9^{0.8}\times1.39^{\frac{1}{3}}\times\frac{0.05753}{0.0152}$$

$$=1435.07[\text{W}/(\text{m}^2\cdot\text{K})]$$

2.2.6.3　三级换热器所需要的绕管个数计算

（1）传热管数及管长计算

天然气采用逆流换热冷却，按式（2-23）计算

$$\Delta t=\frac{\Delta t_{\max}-\Delta t_{\min}}{\ln\dfrac{\Delta t_{\max}}{\Delta t_{\min}}}$$

式中　$\Delta t_{\max}=109-105.8=3.2\ (\mathrm{K})$；

$\Delta t_{\min}=153-152=1\ (\mathrm{K})$；

所以 $\Delta t=\dfrac{3.2-1}{\ln 3.2}=1.8\ (\mathrm{K})$。

注：甲烷等焓节流后的温度为 109.46K，氮气节流后的温度为 87.9K，在进入壳体过程中，液氮将甲烷冷却一定温度，由 Originlab 程序进行模拟拟合得出最终温度为 105.8K。

天然气侧换热面积：$A_1=\dfrac{Q}{K\Delta t}=\dfrac{2014930}{433.65\times1.8}=2581.36\ (\mathrm{m^2})$

由公式 $A=\pi DL$ 可计算出总管长：$L=\dfrac{A_1}{\pi D}=\dfrac{2581.36}{3.14\times0.0172}=47795.88(\mathrm{m})$

同理，按式（2-23）计算可得氮气、甲烷混合制冷剂相关数据：

式中　$\Delta t_{\max}=109.4-105.8=3.6\ (\mathrm{K})$；

$\Delta t_{\min}=153.2-152=1.2\ (\mathrm{K})$；

所以 $\Delta t=\dfrac{3.6-1.2}{\ln 3}=2.1\ (\mathrm{K})$。

得氮气、甲烷混合制冷剂侧换热面积：$A_2=\dfrac{Q}{K\Delta t}=\dfrac{2516340}{401.6\times2.1}=2983.71\ (\mathrm{m^2})$

由公式 A=πDL 可计算出总管长：$L=\dfrac{A_2}{\pi D}=\dfrac{2983.71}{3.14\times0.0172}=55245.7\ (\mathrm{m})$

所以可计算出三级换热设备的总管长：$L=55245.7+47270.6=102516.3\ (\mathrm{m})$

（2）三级制冷总管束计算

管束排列过程中，内外筒间距为 0.5m，层间距为 5mm，所以总圈数为 $N=500/22.2=22$ (圈)，第一圈缠绕管束：

$$N_1=\frac{\pi D_1}{d}=\frac{3.14\times1000}{22.2}=141\ (根)$$；（d 包括管径和管间距，管间距取 5mm）

由式（2-24）计算等差数列得：$N_{36}=N_1+(n-1)D=141+126=267$ (根)；

由式（2-25）计算可知总根数为：$N=\dfrac{n(N_1+N_{36})}{2}=4488$ (根)；

每根管长为：$L=\dfrac{101014.11}{4488}=22.51\ (\mathrm{m})$。

从第一层开始以 $\zeta=30^\circ$ 缠绕，则简捷计算得出一根管束可缠绕圈数：$n=\dfrac{22.51}{3.6}=6.25$ (圈)；

所以可知道中心筒高度为：$H=6.25\times1.8=11.25(\mathrm{m})$。

2.2.6.4　三级管束的布置及排列

考虑到缠绕的复杂性及缠绕方式等因素，应该将缠绕圈数圆整，所以缠绕圈数为 7 圈，

每根长为 $L=7\times3.6=25.2\,(\mathrm{m})$，中心筒高度为 $H=12.6\,\mathrm{m}$。经圆整后的混合制冷剂根数为 $N=2330$ 根，天然气的根数为 $N=1876$ 根。总根数为 $N=4206$ 根。为使匹配整个设备，应整合根数 $4488-4206=282$ (根)，按换热量分配 282 根，则混合制冷剂总根数为 $2330+161=2491$(根)，天然气总根数 $1876+121=1997$ (根)。

管排数分布如下：取第一层混合制冷剂管束 83 根，以 3 为公差进行等差排列，则第 22 层应排 143 根，总共排了 2453 根，多余了 38 根。天然气总共 1997 根，共 22 层，第一层派 61 根，以 3 为公差进行等差排列，则第 22 层应排 124 根，总共排了 2035 根，少了 38 根，将混合制冷剂多出来的 38 根补充到天然气的排列差数上，这样可完成三级制冷所有管道排列。

2.2.6.5 三级压力损失计算

（1）壳侧压力损失

按式（2-26）计算壳侧压力损失：

$$\Delta P_{\mathrm{s}}=0.334\overline{f}_{\mathrm{eff}}C_{\mathrm{i}}C_{\mathrm{n}}\frac{nG_{\mathrm{eff}}^{2}}{2g_{\mathrm{c}}\rho}=0.334\times3.58\times0.822\times1.054\times\frac{7\times0.95}{2\times9.8\times223.4}=1.57\times10^{-3}\,(\mathrm{Pa})$$

（2）管侧压力损失

按式（2-31）、式（2-29）计算管侧压力损失。

① 天然气管道压力损失

$$f_{\mathrm{i}}=\left[1+0.083\left(1+\frac{D_{\mathrm{i}}}{D_{\mathrm{c}}}\right)\left(\frac{D_{\mathrm{i}}}{D_{\mathrm{c}}}\right)^{0.53}\left(D_{\mathrm{i}}G_{\mathrm{i}}/\mu\right)^{0.25}\right]\times\frac{0.3164}{\left(D_{\mathrm{i}}G_{\mathrm{i}}/\mu\right)^{0.25}}$$

$$=(1+0.083\times0.0946\times17.66)\times\frac{0.3164}{17.66}=0.02$$

$$\Delta P_{\mathrm{t}}=\frac{f_{\mathrm{i}}G_{\mathrm{i}}^{2}}{2g_{\mathrm{c}}\rho}\frac{Y}{D_{\mathrm{i}}}=\frac{0.02\times12.78^{2}}{2\times9.8\times396.2}\times\frac{47270.6}{0.0152}=1308.2\,(\mathrm{Pa})$$

② 氮气和甲烷混合制冷剂管道压力损失

$$f_{\mathrm{i}}=\left[1+0.083\left(1+\frac{D_{\mathrm{i}}}{D_{\mathrm{c}}}\right)\left(\frac{D_{\mathrm{i}}}{D_{\mathrm{c}}}\right)^{0.53}\left(D_{\mathrm{i}}G_{\mathrm{i}}/\mu\right)^{0.25}\right]\times\frac{0.3164}{\left(D_{\mathrm{i}}G_{\mathrm{i}}/\mu\right)^{0.25}}$$

$$=(1+0.083\times0.0946\times11.02)\times\frac{0.3164}{11.02}=0.031$$

$$\Delta P_{\mathrm{t}}=\frac{f_{\mathrm{i}}G_{\mathrm{i}}^{2}}{2g_{\mathrm{c}}\rho}\frac{Y}{D_{\mathrm{i}}}=\frac{0.02\times13.49^{2}}{2\times9.8\times553.99}\times\frac{58725.68}{0.0152}=2007.7\,(\mathrm{Pa})$$

从以上计算过程可以看出，液化天然气和混合制冷剂在管道内流动时，如果只考虑单相流动，流动过程压力损失将会很小。对于在高压管道内流动的流体，可认为这些压降是静压的波动减少量，对于动压没任何影响，所以管内外速度不需要矫正。但是相变过程中会出现很大的压力损失，这部分损失必须考虑，不能认为只是静压或动压的变化，且对管内流体的流动速度影响很大，必须返回校核流体流速，以使其符合流体相变过程的流速变化规律。

2.3 缠绕管式换热器结构设计计算

2.3.1 内筒的强度设计计算

2.3.1.1 一级、二级内筒强度计算

一级制冷 长度：9000mm 内直径：2600mm 中心筒直径：1000mm

二级制冷 长度：8000mm 内直径：2600mm 中心筒直径：1000mm

内压下圆筒校核如表 2-9 所列。

表 2-9 内压下圆筒校核

内压下圆筒计算校核			
计算条件			筒体简图
计算压力 P_c	0.30	MPa	
设计温度 t	-120.00	℃	
内径 D_i	2600.00	mm	
材料	0Cr18Ni9 （板材）		
试验温度许用应力$[\sigma]$	137.00	MPa	
设计温度许用应力$[\sigma]^t$	137.00	MPa	
试验温度下屈服点σ_s	205.00	MPa	
钢板负偏差 C_1	0.80	mm	
腐蚀裕量 C_2	3.00	mm	
焊接接头系数ϕ	0.85		
厚度及质量计算			
计算厚度	$\delta=\dfrac{P_c D_i}{2[\sigma]^t\phi-P_c}=\dfrac{0.3\times2600}{2\times137\times0.85-0.3}=3.35$	mm	
设计厚度	$\delta=3.35+3=6.35$	mm	
有效厚度	$d_e=d_n-C_1-C_2=4.20$	mm	
名义厚度	$d_n=6.35+0.8=7.15$ 圆整后 8.00	mm	
质量	10290.43	kg	
压力试验时应力校核			
压力试验类型	液压试验		
试验压力值	$P_T=1.25P[\sigma]/[\sigma]^t=0.3750$	MPa	
压力试验允许通过的应力水平$[\sigma]_T$	$[\sigma]_T\leqslant0.90\sigma_s=184.50$	MPa	
试验压力下圆筒的应力	$\sigma_T\dfrac{P_T(D_i+\delta_e)}{2\delta_e\phi}=136.78$	MPa	
校核条件	$\sigma_T\leqslant[\sigma]_T$		
校核结果	合格		

续表

压力及应力计算		
最大允许工作压力	$[P_w]=\dfrac{2[\sigma]^t\phi\delta_e}{KD_i+0.5\delta_e}=0.37562$	MPa
设计温度下计算应力	$\sigma_t=\dfrac{P_c(D_i+\delta_e)}{2\delta_e}=93.01$	MPa
$[\sigma]^t\phi$	116.45	MPa
校核条件	$[\sigma]^t\phi\geqslant\sigma$	
结论	合格	

2.3.1.2　三级内筒强度计算

三级制冷：长度：12000mm　　内直径：2000mm　　中心筒直径：1000mm

内压上圆筒校核如表 2-10 所列。

表 2-10　内压上圆筒校核

内压上圆筒校核			
计算条件			筒体简图
计算压力 P_c	0.30	MPa	
设计温度 t	-164.00	℃	
内径 D_i	2000.00	mm	
材料	0Cr18Ni9　（板材）		
试验温度许用应力 $[\sigma]$	137.00	MPa	
设计温度许用应力 $[\sigma]^t$	137.00	MPa	
试验温度下屈服点 σ_s	205.00	MPa	
钢板负偏差 C_1	0.60	mm	
腐蚀裕量 C_2	3.00	mm	
焊接接头系数 ϕ	0.85		
厚度及质量计算			
计算厚度	$\delta=\dfrac{P_cD_i}{2[\sigma]^t\phi-P_c}=2.58$	mm	
设计厚度	$\delta=2.58+3=5.58$	mm	
有效厚度	$d_e=d_n-C_1-C_2=7-3-0.6=3.40$	mm	
名义厚度	$d_n=5.58+0.6=6.18$ 圆整后 7.00	mm	
质量	4157.50	kg	
压力试验时应力校核			
压力试验类型	液压试验		
试验压力值	$P_T=1.25P[\sigma]/[\sigma]^t=0.3750$	MPa	
压力试验允许通过的应力水平$[\sigma]_T$	$[\sigma]_T\leqslant0.90\sigma_s=184.50$	MPa	

续表

试验压力下圆筒的应力	$\sigma_{\mathrm{T}}\frac{P_{\mathrm{T}}(D_{\mathrm{i}}+\delta_{\mathrm{e}})}{2\delta_{\mathrm{e}}\phi}=129.98$	MPa
校核条件	$\sigma_{\mathrm{T}}\leqslant[\sigma]_{\mathrm{T}}$	
校核结果	合格	
压力及应力计算		
最大允许工作压力	$[P_{\mathrm{w}}]=\frac{2[\sigma]^{\mathrm{t}}\phi\delta_{\mathrm{e}}}{KD_{\mathrm{i}}+0.5\delta_{\mathrm{e}}}=0.39526$	MPa
设计温度下计算应力	$\sigma_{\mathrm{t}}=\frac{P_{\mathrm{c}}(D_{\mathrm{i}}+\delta_{\mathrm{e}})}{2\delta_{\mathrm{e}}}=88.39$	MPa
$[\sigma]^{\mathrm{t}}\phi$	116.45	MPa
校核条件	$[\sigma]^{\mathrm{t}}\phi\geqslant\sigma^{\mathrm{t}}$	
结论	合格	

2.3.1.3 内筒上封头强度计算

材料：0Cr18Ni9

公称直径：2000mm　　曲面高度：500mm　　直边高度：40mm

内表面积：4.4930m^2　　容积：1.1257 m^3　　质量：257.59kg

内压椭圆封头校核见表 2-11。

表 2-11　内压椭圆封头校核

内压椭圆封头校核			
计算条件			椭圆封头简图
计算压力 P_{c}	0.30	MPa	
设计温度 t	−164.00	℃	
内径 D_{i}	2000.00	mm	
曲面高度 h_{i}	500.00	mm	
材料	0Cr18Ni9　（板材）		
设计温度许用应力$[\sigma]^{\mathrm{t}}$	137.00	MPa	
试验温度许用应力$[\sigma]$	137.00	MPa	
钢板负偏差 C_1	0.80	mm	
腐蚀裕量 C_2	3.00	mm	
焊接接头系数 ϕ	0.85		
厚度及质量计算			
形状系数	$K=\frac{1}{6}\left[2+\left(\frac{D_{\mathrm{i}}}{2h_{\mathrm{i}}}\right)^2\right]=1.000$		
计算厚度	$\delta=\frac{KP_{\mathrm{c}}D_{\mathrm{i}}}{2[\sigma]^{\mathrm{t}}\phi-0.5P_{\mathrm{c}}}=2.58$	mm	

续表

有效厚度	$\delta_e = \delta_n - C_1 - C_2 = 4.20$	mm
最小厚度	$\delta_{min} = 3.00$	mm
名义厚度	$\delta_n = 8.00$ $\delta_h = 8.00$	mm
结论	满足最小厚度要求	
质量	275.59	kg
压力计算		
最大允许工作压力	$[P_w] = \dfrac{2[\sigma]^t \phi \delta_e}{KD_i + 0.5\delta_e} = 0.48858$	MPa
结论	合格	

2.3.1.4　内筒下封头强度计算

材料：0Cr18Ni9

公称直径：2600mm　　曲面高度：650mm　　直边高度：40mm

内表面积：7.6545m²　　容积：2.5131m³　　质量：705.49kg

内压椭圆下封头校核如表 2-12 所示。

表 2-12　内压椭圆下封头校核

内压椭圆下封头校核			
计算条件			椭圆封头简图
计算压力 P_c	0.30	MPa	
设计温度 t	-120.00	℃	
内径 D_i	2600.00	mm	
曲面高度 h_i	650.00	mm	
材料	0Cr18Ni9　（板材）		
设计温度许用应力$[\sigma]^t$	137.00	MPa	
试验温度许用应力$[\sigma]$	137.00	MPa	
钢板负偏差 C_1	0.80	mm	
腐蚀裕量 C_2	3.00	mm	
焊接接头系数 ϕ	0.85		
厚度及质量计算			
形状系数	$K = \dfrac{1}{6}\left[2 + \left(\dfrac{D_i}{2h_i}\right)^2\right] = 1.000$		
计算厚度	$\delta = \dfrac{KP_c D_i}{2[\sigma]^t \phi - 0.5P_c} = 3.35$	mm	
有效厚度	$\delta_e = \delta_n - C_1 - C_2 = 8.20$	mm	
最小厚度	$\delta_{min} = 3.90$	mm	
名义厚度	$\delta_n = 12.00$	mm	

续表

结论	满足最小厚度要求	
质量	705.47	kg
压力计算		
最大允许工作压力	$[P_w]=\dfrac{2[\sigma]^t\phi\delta_e}{KD_i+0.5\delta_e}=0.73337$	MPa
结论	合格	

2.3.2 换热管规格及选型

换热管的规格为ϕ17.2×2，材料选为 0Gr18Ni9 合金钢。

2.3.2.1 换热管的排列方式

换热管在管板上的排列有正三角形排列、正方形排列和正方形错列三种排列方式（图 2-25）。各种排列方式都有其各自的特点。①正三角形排列：排列紧凑，管外流体湍流程度高。②正方形排列：易清洗，但传热效果较差。③正方形错列：可以提高传热系数。

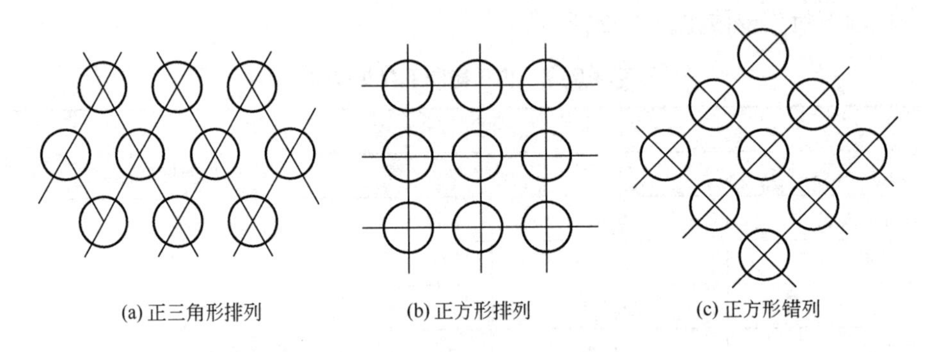

图 2-25 换热管的排列方式

在此选择正方形排列，主要是考虑这种排列便于进行机械清洗。

查 GB 151—2014 可知，换热管的中心距 S=17.2mm，分程隔板槽两侧相邻管的中心距为 22.2mm；同时，由于换热管管间需要进行机械清洗，故相邻两管间的净空距离（S-d）不宜小于 6mm。

2.3.2.2 布管限定圆 D_L

布管限定圆 D_L 为管束最外层换热管中心圆直径，其由下式确定：

$$D_L = D_i - (b_1 + b_2 + b)$$

查 GB 151—2014 可知，$b=5$，$b_1=3$，$b_n=12$，故$b_2=b_n+1.5=13.5$，则对于一级二级由此可确定出布管限定圆 D_L 为：

$$D_L = 2600-(3+5+13.5)=2578.5\,(\text{mm})$$

同理可计算出三级换热设备的布管限定圆 D_L 为：

$$D_L = 2000-(3+5+13.5)=1978.5\,(\text{mm})$$

2.3.2.3 换热管与管板的连接

换热管与管板的连接方式有强度焊接、强度胀接以及胀焊并用。

强度胀接主要适用于设计压力≤4.0MPa；设计温度≤300℃；操作中无剧烈振动、无过大的温度波动及无明显应力腐蚀等场合。

除了有较大振动及有缝隙腐蚀的场合，强度焊接只要材料可焊性好，它可用于其他任何场合。

胀焊并用主要用于密封性能要求较高；承受振动和疲劳载荷；有缝隙腐蚀；需采用复合管板等的场合。

在此，根据设计压力、设计温度及操作状况选择换热管与管板的连接方式为强度焊接。这是因为强度焊接加工简单、焊接结构强度高、抗拉脱力强，在高温高压下也能保证连接处的密封性能和抗拉脱能力。

2.3.3 管板设计

管板是换热器最重要的零部件之一，用来排布换热管，将管程和壳程的流体分隔开来，避免冷、热流体混合，并同时受管程、壳程压力和温度的作用。由于流体只具有轻微的腐蚀性，故采用工程上常用的16MnR整体管板。

管板与壳体连接形式分为两类，一是不可拆的，如固定管板式，管板与壳体使用焊接连接。二是可拆式，如U形管，浮头及填料函式管板式换热器。根据设计要求，由于缠绕管式换热器要求管束能够稳定的固定在中心筒与外壳体之间，因而换热器固定端的管板采用不可拆式连接方式，即把管板焊接在中心筒体和外壳体之间。

换热管外伸长度如表2-13和表2-14所列。

表2-13 换热管外伸长度　　单位：mm

换热管外径 d	16～25
伸出长度	3
槽深 K	0.5

表2-14 换热管外伸长度　　单位：mm

换热管规格	外径×壁厚：17.2×2
换热管最小伸出长度	$L_1=1.5$，$L_2=2.5$
槽深 K	2

2.3.4 法兰与垫片

换热器中的法兰包括管箱法兰、壳体法兰、外头盖法兰、外头盖侧法兰以及接管法兰。垫片则包括了管箱垫片和外头盖垫片。

2.3.4.1 固定端的壳体法兰、管箱法兰与管箱垫片

（1）查JB/T 4700—2000压力容器法兰可选固定端的壳体法兰和管箱法兰为乙型对焊法兰，凹凸密封面，材料为锻件09mMnNiD，其具体尺寸如图2-26、图2-27和表2-15所示。

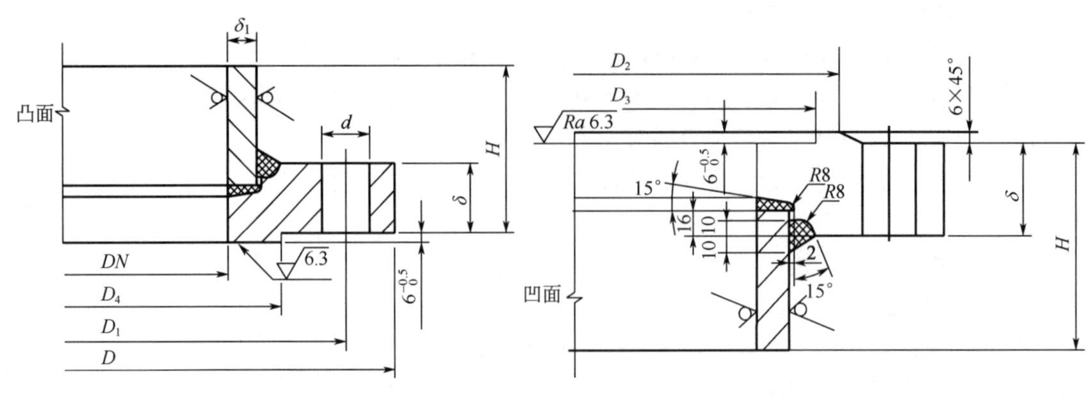

图 2-26　乙型对焊法兰凸密封面

图 2-27　乙型对焊法兰凹凸密封面

表 2-15　*DN*2800 乙型对焊法兰尺寸

DN/mm	法兰/mm											螺柱	
	D	D_1	D_2	D_3	D_4	δ	H	δ_1	a	a_1	d	规格	数量
2800	2960	2915	2876	2856	2853	102	350	16	21	18	27	M24	80

（2）此时查 JB/T 4700—2000 压力容器法兰，根据设计温度可选择垫片型式为金属包垫片，材料为 0Cr18Ni9，其尺寸如图 2-28 和表 2-16 所示。

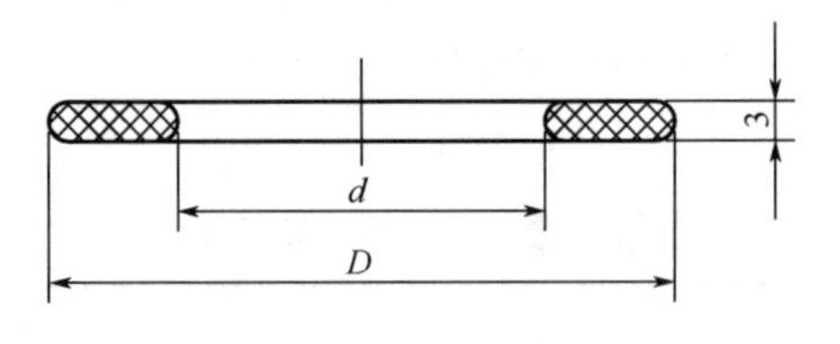

图 2-28　垫片型式

表 2-16　管箱垫片尺寸

PN/MPa	*DN*/mm	外径 *D*/mm	内径 *d*/mm	垫片厚度/mm	反包厚度 *L*/mm
0.25	2800	2960	2600	3	4

2.3.4.2　外壳三级侧法兰

法兰材料均同下壳体法兰，凹密封面，查 JB/T 4700—2000 压力容器法兰可知其具体尺寸如表 2-17 所示。

表 2-17　三级乙型法兰尺寸

DN/mm	法兰/mm											螺柱	
	D	D_1	D_2	D_3	D_4	Δ	H	δ	δ_1/mm	a_1/mm	d/mm	规格	数量
2200	2360	2315	2276	2256	2253	90	340	16	21	18	27	M24	64

此时查 JB/T 4700—2000 压力容器法兰，根据设计温度可选择垫片型式为金属包垫片，材料为 0Cr18Ni9，其尺寸如图 2-29 和表 2-18 所示。

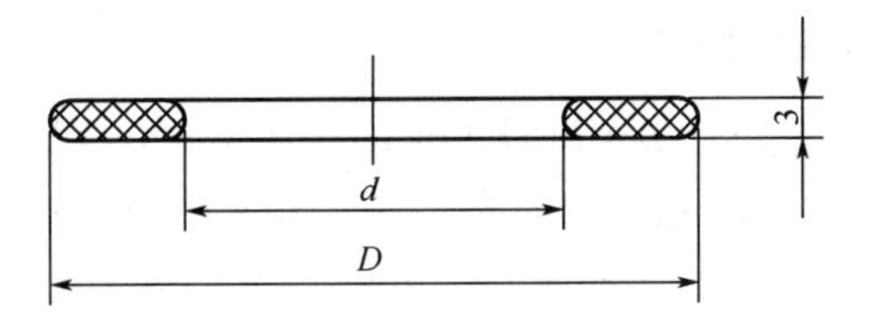

图 2-29　垫片型式

表 2-18　管箱垫片尺寸

PN/MPa	DN/mm	外径 D/mm	内径 d/mm	垫片厚度/mm	反包厚度 L/mm
0.25	2200	2160	2000	3	4

2.3.4.3　接管法兰型式与尺寸

接管与壳体、管箱壳体（包括封头）连接的形式，可采用插入式焊接结构，一般接管不能凸出壳体内表面。接管外伸长度可根据下表数据选取，选取外伸长度为 150 mm。$PN \leqslant$ 4.0MPa 的接管伸出长度如表 2-19 所列。

表 2-19　$PN \leqslant 4.0$**MPa 的接管伸出长度**　　单位：mm

DN/δ	0～50
70	150
100	150

（1）管箱三级氮气、甲烷接管及法兰

由热流体参数 $Q = 17.22\,\text{kg/s}$，$\rho = 297\,\text{kg/m}^3$，取 v=1.5m/s，可得接管直径 $d = \sqrt{4Q/\rho\pi v}$ = 221.9 mm，取接管伸出长度 150 mm，即需要两个 ϕ250mm×250mm 的接管法兰。

（2）管箱一级氮气、甲烷、乙烯接管及法兰

由热流体参数 $Q = 21.4\,\text{kg/s}$，$\rho = 207.95\,\text{kg/m}^3$，取 $v = 2\,\text{m/s}$，可得接管直径 $d = \sqrt{4Q/\rho\pi v}$ = 256mm，取接管伸出长度 150mm，即需要两个 ϕ300mm×300mm 的接管法兰。

（3）管箱一级丙烷接管及法兰

由热流体参数 $Q = 6.45\,\text{kg/s}$，$\rho = 545.75\,\text{kg/m}^3$，取 v=2m/s，可得接管直径 $d = \sqrt{4Q/\rho\pi v}$ = 86mm。取接管伸出长度 150mm，即需要两个 ϕ100mm×100mm 的接管法兰。

（4）管箱一级混合丁烷接管及法兰

由热流体参数 $Q = 5.4\,\text{kg/s}$，$\rho = 41.64\,\text{kg/m}^3$，取 v=12m/s，可得接管直径 $d = \sqrt{4Q/\rho\pi v}$ = 117mm，取接管伸出长度 150mm，即需要两个 ϕ125mm×125mm 的接管法兰。

（5）管箱天然气接管及法兰

由热流体参数 $Q = 12.78\,\text{kg/s}$，$\rho = 256\,\text{kg/m}^3$，取 v=6m/s，可得接管直径 $d = \sqrt{4Q/\rho\pi v}$ = 102.9 mm，取接管伸出长度 150 mm，即需要两个 ϕ125mm×125mm 的接管法兰。

（6）管箱二级乙烯接管及法兰

由热流体参数 $Q = 14.35\,\text{kg/s}$，$\rho = 538.315\,\text{kg/m}^3$，取 v=2m/s，可得接管直径 $d = \sqrt{4Q/\rho\pi v}$ = 130 mm。取接管伸出长度 150mm，即需要两个 ϕ150mm×150mm 的接管法兰。

（7）壳箱混合制冷剂接管及法兰

由冷流体参数 $Q=37.71\,kg/s$，$\rho=145\,kg/m^3$，取 v=8m/s，可得接管直径 $d=\sqrt{4Q/\rho\pi v}=203.5\,mm$，取接管伸出长度 150mm，即需要一个 ϕ250mm×250mm 的接管法兰。

根据接管的公称直径、公称压力可查 HG 20592～20635—2009 钢制管法兰、垫片、紧固件，选择带颈对焊钢制管法兰，选用凹凸密封面，其具体尺寸如图 2-30 所示（单位为 mm）。

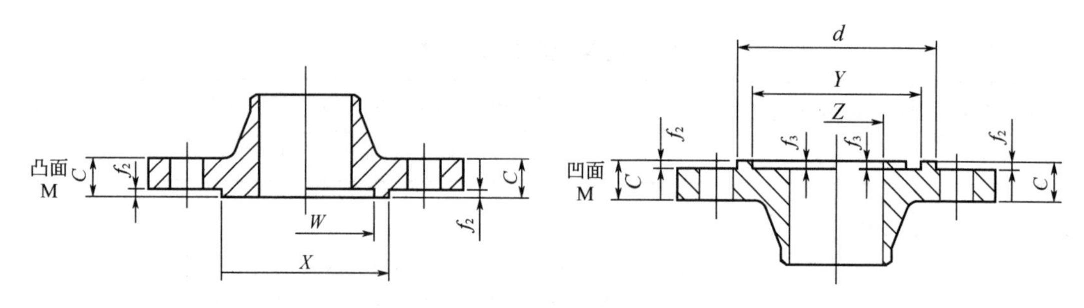

图 2-30　带颈对焊钢制法兰

由以上计算可以从 HG 20592～20635—2009 查出所有接管法兰的标准尺寸，根据以往的实际经验可得出这些法兰不需要进行强度计算与校核就能满足实际应用，所以其具体尺寸列于表 2-20。

表 2-20　法兰标准尺寸　　单位：mm

公称直径 DN	d	f_1	f_2	f_3	W	X	Y	Z
100	148	2	5.0	4.5	129	149	150	128
125	178	2	5.0	4.5	155	175	176	154
150	202	2	5.0	4.5	183	203	204	182
200	258	2	5.0	4.5	239	259	260	238
250	312	2	5.0	4.5	292	312	313	291
300	365	2	5.0	4.5	343	363	364	342

2.3.5　保温层及保温材料选择

根据设计温度选保温层材料为脲甲醛泡沫塑料，其物性参数如表 2-21 所列。

表 2-21　保温层物性参数

密度 /（kg/m³）	热导率 /[kcal/(m·h·℃)]	吸水率/%	抗压强度 /（kg/m³）	适用温度 /℃
13～20	0.0119～0.026	12	0.25～0.5	-190～+500

2.3.6　开孔补强计算

开孔之后，除削弱器壁的强度外，在壳体和接管的连接处，因结构的连接性被破坏，会产生很高的局部应力，会给换热器的安全操作带来隐患。因此，此时应进行开孔补强的计算。由于管程与壳程出入口公称直径均为 150mm，按照厚度系列，可选接管的规格为 ϕ159mm×8mm，接管的材料选为 20 号钢以及 SL9N60 钢。

2.3.6.1 天然气管道开孔补强

（1）补强及补强方法判别

① 补强判别 根据 GB 150—2011，允许不另行补强的最大接管外径是ϕ89mm，天然气的进口管内径由$\rho VA = G$得

$$D = \sqrt{\frac{G \times 4}{\pi \rho V}} = \sqrt{\frac{12.78 \times 4}{3.14 \times 41.64 \times 12}} = 0.18\ (\text{m})$$

考虑到有壁厚，本开孔内壁外径为 187.6mm，开孔外壁外径为 184.6 mm，因此需要另行考虑其补强。

② 开孔内壁直径 $d_1 = d_i + 2C = 180 + 2 \times 3.8 = 187.6(\text{mm}) < \frac{D_i}{2} = 1300\ \text{mm}$

开口外壁直径 $d_2 = d_i + 2C = 180 + 2 \times 2.3 = 184.6(\text{mm}) < \frac{D_i}{2} = 1300\text{mm}$

满足等面积法开孔补强计算的适用条件，故可用等面积法进行开孔补强计算。

（2）开孔所需补强面积计算

内壁强度削弱系数

$$f_r = \frac{[\sigma]^t}{\sigma_s} = \frac{137}{205} = 0.668$$

内壁接管有效厚度

$$\delta_e = \delta_n - C = 8 - 3.8 = 4.2\ \text{mm}$$

内壁开孔所需补强面积

$$\begin{aligned} A &= d_1 \delta + 2\delta\delta_e(1 - f_r) \\ &= 187.6 \times 6.35 + 2 \times 6.35 \times 4.2 \times (1 - 0.668) \\ &= 1208.96(\text{mm}^2) \end{aligned}$$

外壁强度削弱系数

$$f_r = \frac{[\sigma]^t}{\sigma_s} = \frac{137}{205} = 0.668$$

外壁接管有效厚度

$$\delta_e = \delta_n - C = 8 - 3.8 = 4.2\ (\text{mm})$$

外壁开孔所需补强面积

$$\begin{aligned} A &= d_2 \delta + 2\delta\delta_e(1 - f_r) \\ &= 184.6 \times 19.6 + 2 \times 19.6 \times 20.70 \times (1 - 0.668) \\ &= 3887.56(\text{mm}^2) \end{aligned}$$

（3）有效补强范围

① 内壁补强

a．有效宽度 B

$$B = \max \begin{Bmatrix} 2d_1 = 2 \times 187.6 = 375.2(\text{mm}) \\ d_1 + 2\delta_n + 2\delta = 187.6 + 2 \times 8 + 2 \times 6.35 = 216.3(\text{mm}) \end{Bmatrix} = 375.2\ \text{mm}$$

b. 有效高度

外侧有效高度 h_1

$$h_1 = \min\begin{cases}\sqrt{d_1\delta_n} = \sqrt{187.6\times 8} = 38.7(\text{mm}) \\ \text{实际外伸长度} = 150\text{mm}\end{cases} = 38.7\text{ mm}$$

内侧有效高度 h_2

$$h_2 = \min\begin{cases}\sqrt{d_1\delta_n} = \sqrt{187.6\times 8} = 38.7(\text{mm}) \\ \text{实际内伸长度} = 0\text{mm}\end{cases} = 0\text{ mm}$$

② 外壁补强

a. 有效宽度 B

$$B = \max\begin{cases}2d_2 = 2\times 184.6 = 369.2(\text{mm}) \\ d_2 + 2\delta_n + 2\delta = 184.6 + 2\times 23 + 2\times 19.6 = 269.8(\text{mm})\end{cases} = 369.2\text{ mm}$$

b. 有效高度

外侧有效高度 h_1

$$h_1 = \min\begin{cases}\sqrt{d_2\delta_n} = \sqrt{184.6\times 23} = 65.2(\text{mm}) \\ \text{实际外伸长度} = 150\text{mm}\end{cases} = 65.2\text{ mm}$$

内侧有效高度 h_2

$$h_2 = \min\begin{cases}\sqrt{d_2\delta_n} = \sqrt{184.6\times 23} = 65.2(\text{mm}) \\ \text{实际内伸长度} = 0\text{mm}\end{cases} = 0\text{ mm}$$

（4）有效补强面积

① 内壁补强

a. 壳体多余金属面积

壳体有效厚度：

$$\delta_e = \delta_n - C = 8 - 3.8 = 4.2\ (\text{mm})$$

则多余金属面积 A_1

$$\begin{aligned}A_1 &= (B-d)(\delta_e-\delta) - 2\delta_e(\delta_e-\delta)(1-f_r) \\ &= (375.2-187.6)\times(4.2-3.35) - 2\times 4.2\times(4.2-3.35)\times(1-0.668) \\ &= 158.9(\text{mm}^2)\end{aligned}$$

b. 接管多余金属面积

接管计算厚度

$$\delta_t = \frac{P_c d_i}{2[\sigma]_n^t\phi - P_c} = \frac{0.3\times 2600}{2\times 137\times 0.85 - 0.3} = 3.35\ (\text{mm})$$

接管多余金属面积 A_2

$$\begin{aligned}A_2 = A_{2h} &= 2h_1(\delta_e-\delta_t)f_r + 2h_2(\delta_e - C_2)f_r \\ &= 2\times 38.7\times(4.2-3.35)\times 0.668 + 0 \\ &= 43.94(\text{mm}^2)\end{aligned}$$

c．接管区焊缝面积（焊脚取为6mm）

$$A_3 = 2\times\frac{1}{2}\times 6\times 6 = 36\ (\text{mm}^2)$$

d．有效补强面积

$$A_e = A_1 + A_2 + A_3 = 158.9 + 43.94 + 36 = 238.84\ (\text{mm}^2)$$

e．另需补强面积

$$A_4 = A-(A_1 + A_2 + A_3) = 1208.96 - 238.84 = 970.1\ (\text{mm}^2)$$

拟采用补强圈补强。根据接管公称直径 $DN200$，参照 JB/T 4736—2002 补强圈标准选取补强圈的外径 $D_2 = 400$ mm，内径 $D_1 = 187.6$ mm（选用 E 型坡口）。因为 $B = 375.2 < D_2$，则补强圈在有效补强范围内。

补强圈的厚度

$$\delta_h = \frac{A_{h_4}}{D_2 - D_1} = \frac{970.5}{400-187.6} = 4.57\ (\text{mm})$$

考虑钢板负偏差并经圆整，取壳体和管箱上补强圈的名义厚度为7 mm，即 $\delta_h' = 7$ mm。

② 外壁补强

a．壳体多余金属面积

壳体有效厚度

$$\delta_e = \delta_n - C = 23 - 2.3 = 20.7\ (\text{mm})$$

则多余的金属面积 A_1

$$\begin{aligned}A_1 &= (B-d)(\delta_e-\delta)-2\delta_e(\delta_e-\delta)(1-f_r)\\ &= (369.2-184.6)\times(20.7-19.6)-2\times 20.7\times(20.7-19.6)\times(1-0.668)\\ &= 187.94(\text{mm}^2)\end{aligned}$$

b．接管多余金属面积

接管计算厚度 δ_t 由外压圆筒的计算方法查图得 $\delta_t = 19.6$。

接管多余金属面积 A_2

$$\begin{aligned}A_2 = A_{2h} &= 2h_1(\delta_e-\delta_t)f_r + 2h_2(\delta_e - C_2)f_r\\ &= 2\times 65.2\times(20.7-19.6)\times 0.668 + 0\\ &= 95.82(\text{mm}^2)\end{aligned}$$

c．接管区焊缝面积（焊脚取为6mm）

$$A_3 = 2\times\frac{1}{2}\times 6\times 6 = 36\ (\text{mm}^2)$$

d．有效补强面积

$$A_e = A_1 + A_2 + A_3 = 187.94 + 95.82 + 36 = 319.76\ (\text{mm}^2)$$

e．另需补强面积

$$A_4 = A-(A_1 + A_2 + A_3) = 3871.33 - 319.76 = 3551.57\ (\text{mm}^2)$$

拟采用补强圈补强。根据接管公称直径 $DN200$，参照 JB/T 4736—2002 补强圈标准选取补强圈的外径 $D_2 = 400\text{ mm}$，内径 $D_1 = 184.6\text{ mm}$（选用 E 型坡口）。因为 $B = 369.2 < D_2$，则补强圈在有效补强范围内。

补强圈厚度

$$\delta_h = \frac{A_{h_4}}{D_2 - D_1} = \frac{3547.8}{400 - 184.6} = 16.47\ (\text{mm})$$

考虑钢板负偏差并经圆整，取壳体和管箱上补强圈的名义厚度为 19 mm，即 $\delta_h' = 19\text{ mm}$。

2.3.6.2 氮气、甲烷、乙烯管道开孔补强

（1）补强及补强方法判别

① 补强判别

根据 GB 150—2011，允许不另行补强的最大接管外径是 $\phi 89\text{ mm}$，氮气（N_2）、甲烷（CH_4）、乙烯（C_2H_4）的进口管内径由 $\rho VA = G$ 得

$$D = \sqrt{\frac{4G}{\pi \rho V}} = \sqrt{\frac{21.4 \times 4}{3.14 \times 207.95 \times 12}} = 0.105\ (\text{m})$$

考虑到有壁厚，本开孔内壁外径为 111.6 mm，开孔外壁外径为 109.6mm，因此需要另行考虑其补强。

② 开孔直径

开孔内壁直径

$$d = d_i + 2C = 105 + 2 \times 3.8 = 112.6(\text{mm}) < \frac{D_i}{2} = 1300\text{ mm}$$

开口外壁直径

$$d = d_i + 2C = 105 + 2 \times 2.3 = 109.6(\text{mm}) < \frac{D_i}{2} = 1300\text{ mm}$$

满足等面积法开孔补强计算的适用条件，故可用等面积法进行开孔补强计算。

（2）开孔所需补强面积计算

内壁强度削弱系数

$$f_r = \frac{[\sigma]^t}{\sigma_s} = \frac{137}{205} = 0.668$$

内壁接管有效厚度

$$\delta_e = \delta_n - C = 8 - 3.8 = 4.2\ (\text{mm})$$

内壁开孔所需补强面积

$$\begin{aligned} A &= d\delta + 2\delta\delta_e(1 - f_r) \\ &= 112.6 \times 6.35 + 2 \times 6.35 \times 4.2 \times (1 - 0.668) \\ &= 732.72(\text{mm}^2) \end{aligned}$$

外壁强度削弱系数

$$f_r = \frac{[\sigma]^t}{\sigma_s} = \frac{137}{205} = 0.668$$

外壁接管有效厚度

$$\delta_e = \delta_n - C = 8 - 3.8 = 4.2\ (\text{mm})$$

外壁开孔所需补强面积

$$\begin{aligned} A &= d\delta + 2\delta\delta_e(1 - f_r) \\ &= 109.6 \times 19.6 + 2 \times 19.6 \times 20.70 \times (1 - 0.668) \\ &= 2417.6(\text{mm}^2) \end{aligned}$$

（3）有效补强范围

① 内壁补强

a. 有效宽度 B

$$B = \max\begin{Bmatrix} 2d = 2 \times 112.6 = 225.2(\text{mm}) \\ d + 2\delta_n + 2\delta = 112.6 + 2 \times 8 + 2 \times 6.35 = 141.3(\text{mm}) \end{Bmatrix} = 225.2\,\text{mm}$$

b. 有效高度

外侧有效高度 h_1

$$h_1 = \min\begin{Bmatrix} \sqrt{d\delta_n} = \sqrt{112.6 \times 8} = 30(\text{mm}) \\ \text{实际外伸长度} = 150\text{mm} \end{Bmatrix} = 30\,\text{mm}$$

内侧有效高度 h_2

$$h_2 = \min\begin{Bmatrix} \sqrt{d\delta_n} = \sqrt{112.6 \times 8} = 30(\text{mm}) \\ \text{实际内伸长度} = 0\text{mm} \end{Bmatrix} = 0\,\text{mm}$$

② 外壁补强

a. 有效宽度 B

$$B = \max\begin{Bmatrix} 2d = 2 \times 109.6 = 219.2(\text{mm}) \\ d + 2\delta_n + 2\delta = 109.6 + 2 \times 23 + 2 \times 19.6 = 194.8(\text{mm}) \end{Bmatrix} = 219.2\,\text{mm}$$

b. 有效高度

外侧有效高度 h_1

$$h_1 = \min\begin{Bmatrix} \sqrt{d\delta_n} = \sqrt{109.6 \times 23} = 50.2(\text{mm}) \\ \text{实际外伸长度} = 150\text{mm} \end{Bmatrix} = 50.2\,\text{mm}$$

内侧有效高度 h_2

$$h_2 = \min\begin{Bmatrix} \sqrt{d\delta_n} = \sqrt{109.6 \times 23} = 50.2(\text{mm}) \\ \text{实际内伸长度} = 0\text{mm} \end{Bmatrix} = 0\,\text{mm}$$

（4）有效补强面积

① 内壁补强

a. 壳体多余金属面积

壳体有效厚度

$$\delta_e = \delta_n - C = 8 - 3.8 = 4.2\ (\text{mm})$$

则多余的金属面积 A_1

$$\begin{aligned}A_1 &= (B-d)(\delta_e-\delta)-2\delta_e(\delta_e-\delta)(1-f_r)\\&=(225.2-112.6)\times(4.2-3.35)-2\times4.2\times(4.2-3.35)\times(1-0.668)\\&=93.34(\text{mm}^2)\end{aligned}$$

b．接管多余金属面积

接管计算厚度

$$\delta_t=\frac{P_c d_i}{2[\sigma]_n^t\phi-P_c}=\frac{0.3\times2600}{2\times137\times0.85-0.3}=3.35\ (\text{mm})$$

接管多余金属面积 A_2

$$\begin{aligned}A_2 = A_{2h} &= 2h_1(\delta_e-\delta_t)f_r+2h_2(\delta_e-C_2)f_r\\&=2\times30\times(4.2-3.35)\times0.668+0\\&=34.1(\text{mm}^2)\end{aligned}$$

c．接管区焊缝面积（焊脚取为 6 mm）

$$A_3=2\times\frac{1}{2}\times6\times6=36\ (\text{mm}^2)$$

d．有效补强面积

$$A_e=A_1+A_2+A_3=93.34+34.1+36=163.44\ (\text{mm}^2)$$

e．另需补强面积

$$A_4=A-(A_1+A_2+A_3)=731.65-163.44=568.21\ (\text{mm}^2)$$

拟采用补强圈补强。根据接管公称直径 DN125，参照 JB/T 4736—2002 补强圈标准选取补强圈的外径 $D_2=250$ mm，内径 $D_1=112.6$ mm（选用 E 型坡口）。因为 $B=225.2<D_2$，则补强圈在有效补强范围内。

补强圈的厚度

$$\delta_h=\frac{A_4}{D_2-D_1}=\frac{568.21}{250-112.6}=4.14\ (\text{mm})$$

考虑钢板负偏差并经圆整，取壳体和管箱上补强圈的名义厚度为 7 mm，即 $\delta_h'=7$ mm。

② 外壁补强

a．壳体多余金属面积

壳体有效厚度

$$\delta_e=\delta_n-C=23-2.3=20.7\ (\text{mm})$$

则多余的金属面积 A_1

$$\begin{aligned}A_1 &= (B-d)(\delta_e-\delta)-2\delta_e(\delta_e-\delta)(1-f_r)\\&=(219.2-109.6)\times(20.7-19.6)-2\times20.7\times(20.7-19.6)\times(1-0.668)\\&=105.44(\text{mm}^2)\end{aligned}$$

b．接管多余金属面积

接管计算厚度

δ_t由外压圆筒的计算方法查图得$\delta_t = 19.6$，接管多余金属面积A_2

$$
\begin{aligned}
A_2 = A_{2h} &= 2h_1(\delta_e - \delta_t)f_r + 2h_2(\delta_e - C_2)f_r \\
&= 2 \times 50.2 \times (20.7 - 19.6) \times 0.668 + 0 \\
&= 73.77(mm^2)
\end{aligned}
$$

c．接管区焊缝面积（焊脚取为6mm）

$$A_3 = 2 \times \frac{1}{2} \times 6 \times 6 = 36\ (mm^2)$$

d．有效补强面积

$$A_e = A_1 + A_2 + A_3 = 105.44 + 73.77 + 36 = 215.21\ (mm^2)$$

e．另需补强面积

$$A_4 = A - (A_1 + A_2 + A_3) = 2274.74 - 215.21 = 2059.53\ (mm^2)$$

拟采用补强圈补强。根据接管公称直径$DN125$，参照JB/T 4736—2002补强圈标准选取补强圈的外径$D_2 = 250$ mm，内径$D_1 = 109.6$ mm（选用E型坡口）。因为$B = 219.2 < D_2$，则补强圈在有效补强范围内。

补强圈的厚度

$$\delta_h = \frac{A_4}{D_2 - D_1} = \frac{2059.53}{250 - 109.6} = 14.67\ (mm)$$

考虑钢板负偏差并经圆整，取壳体和管箱上补强圈的名义厚度为20 mm，即$\delta_h' = 20$ mm。

2.3.6.3　丙烷管道开孔补强

（1）补强及补强方法判别

① 补强判别　根据GB 150—2011，允许不另行补强的最大接管外径是$\phi 89$mm，丙烷（C_3H_8）的进口管内径由$\rho VA = G$得

$$D = \sqrt{\frac{4G}{\pi \rho V}} = \sqrt{\frac{6.45 \times 4}{3.14 \times 143.55 \times 2}} = 0.17\ (m)$$

考虑到有壁厚，本开孔内壁外径为177.6 mm，开孔外壁外径为174.6 mm，因此需要另行考虑其补强。

② 开孔直径

开孔内壁直径　$d = d_i + 2C = 170 + 2 \times 3.8 = 177.6(mm) < D_i/2 = 1300\ mm$

开口外壁直径　$d = d_i + 2C = 170 + 2 \times 2.3 = 174.6(mm) < D_i/2 = 1300mm\,(x - \mu)/\sigma$

满足等面积法开孔补强计算的适用条件，故可用等面积法进行开孔补强计算。

（2）开孔所需补强面积计算

内壁强度削弱系数

$$f_r = \frac{[\sigma]^t}{\sigma_s} = \frac{137}{205} = 0.668$$

内壁接管有效厚度

$$\delta_e = \delta_n - C = 8 - 3.8 = 4.2\ (mm)$$

内壁开孔所需补强面积

$$\begin{aligned}A&=d\delta+2\delta\delta_{\mathrm{e}}(1-f_{\mathrm{r}})\\&=177.6\times6.35+2\times6.35\times4.2\times(1-0.668)\\&=1110.06(\mathrm{mm}^2)\end{aligned}$$

外壁强度削弱系数

$$f_{\mathrm{r}}=\frac{[\sigma]^{\mathrm{t}}}{\sigma_{\mathrm{s}}}=\frac{181}{325}=0.560$$

外壁接管有效厚度

$$\delta_{\mathrm{e}}=\delta_{\mathrm{n}}-C=8-3.8=4.2\ (\mathrm{mm})$$

外壁开孔所需补强面积

$$\begin{aligned}A&=d\delta+2\delta\delta_{\mathrm{e}}(1-f_{\mathrm{r}})\\&=174.6\times19.6+2\times19.6\times20.70\times(1-0.560)\\&=3779.2(\mathrm{mm}^2)\end{aligned}$$

（3）有效补强范围

① 内壁补强

a．有效宽度 B

$$B=\max\left\{\begin{array}{l}2d=2\times177.6=355.2(\mathrm{mm})\\d+2\delta_{\mathrm{n}}+2\delta=177.6+2\times8+2\times6.35=206.3(\mathrm{mm})\end{array}\right\}=355.2\ \mathrm{mm}$$

b．有效高度

外侧有效高度 h_1

$$h_1=\min\left\{\begin{array}{l}\sqrt{d\delta_{\mathrm{n}}}=\sqrt{177.6\times8}=38.7(\mathrm{mm})\\\text{实际外伸长度}=150\mathrm{mm}\end{array}\right\}=38.7\ \mathrm{mm}$$

内侧有效高度 h_2

$$h_2=\min\left\{\begin{array}{l}\sqrt{d\delta_{\mathrm{n}}}=\sqrt{177.6\times8}=38.7(\mathrm{mm})\\\text{实际内伸长度}=0\mathrm{mm}\end{array}\right\}=0\ \mathrm{mm}$$

② 外壁补强

a．有效宽度 B

$$B=\max\left\{\begin{array}{l}2d=2\times174.6=349.2(\mathrm{mm})\\d+2\delta_{\mathrm{n}}+2\delta=174.6+2\times23+2\times19.6=259.8(\mathrm{mm})\end{array}\right\}=349.2\ \mathrm{mm}$$

b．有效高度

外侧有效高度 h_1

$$h_1=\min\left\{\begin{array}{l}\sqrt{d\delta_{\mathrm{n}}}=\sqrt{174.6\times23}=63.4(\mathrm{mm})\\\text{实际外伸长度}=150\mathrm{mm}\end{array}\right\}=63.4\ \mathrm{mm}$$

内侧有效高度 h_2

$$h_2 = \min\left\{\begin{array}{l}\sqrt{d\delta_n} = \sqrt{174.6\times 23} = 63.4(\text{mm}) \\ \text{实际内伸长度} = 0\ \ \text{mm}\end{array}\right\} = 0\text{ mm}$$

（4）有效补强面积

① 内壁补强

a．壳体多余金属面积

壳体有效厚度

$$\delta_e = \delta_n - C = 8 - 3.8 = 4.2\ (\text{mm})$$

则多余的金属面积 A_1

$$\begin{aligned} A_1 &= (B-d)(\delta_e - \delta) - 2\delta_e(\delta_e - \delta)(1 - f_r) \\ &= (355.2 - 177.6)\times(4.2 - 3.35) - 2\times 4.2\times(4.2 - 3.35)\times(1 - 0.668) \\ &= 148.59(\text{mm}^2) \end{aligned}$$

b．接管多余金属面积

接管计算厚度

$$\delta_t = \frac{P_c d_i}{2[\sigma]_n^t \phi - P_c} = \frac{0.3\times 2600}{2\times 137\times 0.85 - 0.3} = 3.35\ (\text{mm})$$

接管多余金属面积 A_2

$$\begin{aligned} A_2 = A_{2h} &= 2h_1(\delta_e - \delta_t)f_r + 2h_2(\delta_e - C_2)f_r \\ &= 2\times 38.7\times(4.2 - 3.35)\times 0.668 + 0 \\ &= 43.95(\text{mm}^2) \end{aligned}$$

c．接管区焊缝面积（焊脚取为 6mm）

$$A_3 = 2\times\frac{1}{2}\times 6\times 6 = 36\ (\text{mm}^2)$$

d．有效补强面积

$$A_e = A_1 + A_2 + A_3 = 148.59 + 43.95 + 36 = 228.54\ (\text{mm}^2)$$

e．另需补强面积

$$A_4 = A - (A_1 + A_2 + A_3) = 1144.52 - 228.54 = 915.98\ (\text{mm}^2)$$

拟采用补强圈补强。根据接管公称直径 $DN200$，参照 JB/T 4736—2002 补强圈标准选取补强圈的外径 $D_2 = 400$ mm，内径 $D_1 = 177.6$ mm（选用 E 型坡口）。因为 $B = 355.2 < D_2$，则补强圈在有效补强范围内。

补强圈的厚度

$$\delta_h = \frac{A_{h_4}}{D_2 - D_1} = \frac{915.98}{400 - 177.6} = 4.12\ (\text{mm})$$

考虑钢板负偏差并经圆整，取壳体和管箱上补强圈的名义厚度为 7 mm，即 $\delta_h' = 7$ mm。

② 外壁补强

a．壳体多余金属面积

壳体有效厚度

$$\delta_e = \delta_n - C = 23 - 2.3 = 20.7\ (mm)$$

则多余的金属面积 A_1

$$\begin{aligned} A_1 &= (B-d)(\delta_e - \delta) - 2\delta_e(\delta_e - \delta)(1 - f_r) \\ &= (349.2 - 174.6) \times (20.7 - 19.6) - 2 \times 20.7 \times (20.7 - 19.6) \times (1 - 0.56) \\ &= 172.02 (mm^2) \end{aligned}$$

b．接管多余金属面积

接管计算厚度

δ_t 由外压圆筒的计算方法查图得 $\delta_t = 19.6$。

接管多余金属面积 A_2

$$\begin{aligned} A_2 = A_{2h} &= 2h_1(\delta_e - \delta_t) f_r + 2h_2(\delta_e - C_2) f_r \\ &= 2 \times 63.4 \times (20.7 - 19.6) \times 0.56 + 0 \\ &= 78.1 (mm^2) \end{aligned}$$

c．接管区焊缝面积（焊脚取为 6mm）

$$A_3 = 2 \times \frac{1}{2} \times 6 \times 6 = 36\ (mm^2)$$

d．有效补强面积

$$A_e = A_1 + A_2 + A_3 = 172.02 + 78.1 + 36 = 286.12\ (mm^2)$$

e．另需补强面积

$$A_4 = A - (A_1 + A_2 + A_3) = 3779.2 - 286.13 = 3493.07\ (mm^2)$$

拟采用补强圈补强

根据接管公称直径 $DN200$，参照 JB/T 4736—2002 补强圈标准选取补强圈的外径 $D_2 = 400$ mm，内径 $D_1 = 174.6$ mm（选用 E 型坡口）。因为 $B = 349.2 > D_2$，则补强圈在有效补强范围内。

补强圈的厚度为

$$\delta_h = \frac{A_{h_4}}{D_2 - D_1} = \frac{3493.07}{400 - 174.6} = 15.50\ (mm^2)$$

考虑钢板负偏差并经圆整，取壳体和管箱上补强圈的名义厚度为 18 mm，即 $\delta_h' = 18$ mm。

2.3.6.4　正丁烷－异丁烷管道开孔补强

（1）补强及补强方法判别

① 补强判别　根据 GB 150—2011，允许不另行补强的最大接管外径是 $\phi 89$ mm，正丁烷、异丁烷（$n\text{-}C_4H_{10}$、$i\text{-}C_4H_{10}$）的进口管内径由 $\rho VA = G$ 得

$$D = \sqrt{\frac{4G}{\pi \rho V}} = \sqrt{\frac{5.4 \times 4}{3.14 \times 224.97 \times 2}} = 0.124\ (m)$$

考虑到有壁厚，本开孔内壁外径为 131.6 mm，开孔外壁外径为 128.6mm，因此需要另行考虑其补强。

② 开孔直径

开孔内壁直径

$$d = d_i + 2C = 124 + 2 \times 3.8 = 131.6(\text{mm}) < \frac{D_i}{2} = 1300\text{mm}$$

开口外壁直径

$$d = d_i + 2C = 124 + 2 \times 2.3 = 128.6(\text{mm}) < \frac{D_i}{2} = 1300\text{ mm}$$

满足等面积法开孔补强计算的适用条件，故可用等面积法进行开孔补强计算。

（2）开孔所需补强面积计算

内壁强度削弱系数

$$f_r = \frac{[\sigma]^t}{\sigma_s} = \frac{137}{205} = 0.668$$

内壁接管有效厚度

$$\delta_e = \delta_n - C = 8 - 3.8 = 4.2\text{ (mm)}$$

内壁开孔所需补强面积按下式计算

$$\begin{aligned} A &= d\delta + 2\delta\delta_e(1 - f_r) \\ &= 131.6 \times 6.35 + 2 \times 6.35 \times 4.2 \times (1 - 0.668) \\ &= 853.6(\text{mm}^2) \end{aligned}$$

外壁强度削弱系数

$$f_r = \frac{[\sigma]^t}{\sigma_s} = \frac{181}{325} = 0.560$$

外壁接管有效厚度

$$\delta_e = \delta_n - C = 8 - 3.8 = 4.2\text{ (mm)}$$

外壁开孔所需补强面积按下式计算

$$\begin{aligned} A &= d\delta + 2\delta\delta_e(1 - f_r) \\ &= 128.6 \times 19.6 + 2 \times 19.6 \times 20.70 \times (1 - 0.560) \\ &= 2877.59(\text{mm}^2) \end{aligned}$$

（3）有效补强范围

① 内壁补强

a．有效宽度 B

$$B = \max\begin{Bmatrix} 2d = 2 \times 131.6 = 263.2(\text{mm}) \\ d + 2\delta_n + 2\delta = 131.6 + 2 \times 8 + 2 \times 6.35 = 160.3(\text{mm}) \end{Bmatrix} = 263.2\text{ mm}$$

b．有效高度

外侧有效高度 h_1

$$h_1 = \min\begin{Bmatrix} \sqrt{d\delta_n} = \sqrt{131.6 \times 8} = 32.45(\text{mm}) \\ \text{实际外伸长度} = 150\text{ mm} \end{Bmatrix} = 32.45\text{ mm}$$

内侧有效高度 h_2

$$h_2 = \min\begin{Bmatrix} \sqrt{d\delta_\mathrm{n}} = \sqrt{131.6\times 8} = 32.45(\mathrm{mm}) \\ \text{实际内伸长度} = 0\mathrm{mm} \end{Bmatrix} = 0\ \mathrm{mm}$$

② 外壁补强

a．有效宽度 B

$$B = \max\begin{Bmatrix} 2d = 2\times 128.6 = 257.2(\mathrm{mm}) \\ d + 2\delta_\mathrm{n} + 2\delta = 128.6 + 2\times 23 + 2\times 19.6 = 213.8(\mathrm{mm}) \end{Bmatrix} = 257.2\ \mathrm{mm}$$

b．有效高度

外侧有效高度 h_1

$$h_1 = \min\begin{Bmatrix} \sqrt{d\delta_\mathrm{n}} = \sqrt{128.6\times 23} = 54.38(\mathrm{mm}) \\ \text{实际外伸长度} = 150\mathrm{mm} \end{Bmatrix} = 54.38\ \mathrm{mm}$$

内侧有效高度 h_2

$$h_2 = \min\begin{Bmatrix} \sqrt{d\delta_\mathrm{n}} = \sqrt{128.6\times 23} = 54.38(\mathrm{mm}) \\ \text{实际内伸长度} = 0\mathrm{mm} \end{Bmatrix} = 0\ \mathrm{mm}$$

（4）有效补强面积

① 内壁补强

a．壳体多余金属面积

壳体有效厚度

$$\delta_\mathrm{e} = \delta_\mathrm{n} - C = 8 - 3.8 = 4.2\ (\mathrm{mm})$$

则多余的金属面积 A_1

$$\begin{aligned} A_1 &= (B-d)(\delta_\mathrm{e}-\delta) - 2\delta_\mathrm{e}(\delta_\mathrm{e}-\delta)(1-f_\mathrm{r}) \\ &= (263.2-131.6)\times(4.2-3.35) - 2\times 4.2\times(4.2-3.35)\times(1-0.668) \\ &= 109.49(\mathrm{mm}) \end{aligned}$$

b．接管多余金属面积

接管计算厚度

$$\delta_\mathrm{t} = \frac{P_\mathrm{c} d_\mathrm{i}}{2[\sigma]_\mathrm{n}^\mathrm{t}\phi - P_\mathrm{c}} = \frac{0.3\times 2600}{2\times 137\times 0.85 - 0.3} = 3.35\ (\mathrm{mm})$$

接管多余金属面积 A_2

$$\begin{aligned} A_2 &= A_{2\mathrm{h}} = 2h_1(\delta_\mathrm{e}-\delta_\mathrm{t})f_\mathrm{r} + 2h_2(\delta_\mathrm{e}-C_2)f_\mathrm{r} \\ &= 2\times 32.45\times(4.2-3.35)\times 0.668 + 0 = 36.85(\mathrm{mm}^2) \end{aligned}$$

c．接管区焊缝面积（焊脚取为 6mm）

$$A_3 = 2\times\frac{1}{2}\times 6\times 6 = 36\ (\mathrm{mm}^2)$$

d．有效补强面积

$$A_\mathrm{e} = A_1 + A_2 + A_3 = 109.49 + 36.85 + 36 = 182.34\ (\mathrm{mm}^2)$$

e．另需补强面积

$$A_4 = A - (A_1 + A_2 + A_3) = 852.3 - 182.34 = 669.96\ (\text{mm}^2)$$

拟采用补强圈补强。根据接管公称直径 $DN150$，参照 JB/T 4736—2002 补强圈标准选取补强圈的外径 $D_2 = 300\ \text{mm}$，内径 $D_1 = 131.6\ \text{mm}$（选用 E 型坡口）。因为 $B = 263.2 < D_2$，则补强圈在有效补强范围内。

补强圈的厚度

$$\delta_{\text{h}} = \frac{A_{\text{h}_4}}{D_2 - D_1} = \frac{669.96}{300 - 131.6} = 3.98\ (\text{mm})$$

考虑钢板负偏差并经圆整，取壳体和管箱上补强圈的名义厚度为 7 mm，即 $\delta_{\text{h}}' = 7\ \text{mm}$。

② 外壁补强

a．壳体多余金属面积

壳体有效厚度

$$\delta_{\text{e}} = \delta_{\text{n}} - C = 23 - 2.3 = 20.7\ (\text{mm})$$

则多余的金属面积 A_1

$$\begin{aligned} A_1 &= (B-d)(\delta_{\text{e}} - \delta) - 2\delta_{\text{e}}(\delta_{\text{e}} - \delta)(1 - f_{\text{r}}) \\ &= (257.2 - 128.6) \times (20.7 - 19.6) - 2 \times 20.7 \times (20.7 - 19.6) \times (1 - 0.56) \\ &= 121.42 (\text{mm}) \end{aligned}$$

b．接管多余金属面积

接管计算厚度

δ_{t} 由外压圆筒的计算方法查图得 $\delta_{\text{t}} = 19.6$

接管多余金属面积 A_2

$$\begin{aligned} A_2 = A_{2\text{h}} &= 2h_1(\delta_{\text{e}} - \delta_{\text{t}})f_{\text{r}} + 2h_2(\delta_{\text{e}} - C_2)f_{\text{r}} \\ &= 2 \times 54.38 \times (20.7 - 19.6) \times 0.56 + 0 = 67.00 (\text{mm}^2) \end{aligned}$$

c．接管区焊缝面积（焊脚取为 6 mm）

$$A_3 = 2 \times \frac{1}{2} \times 6 \times 6 = 36\ (\text{mm}^2)$$

d．有效补强面积

$$A_{\text{e}} = A_1 + A_2 + A_3 = 121.42 + 67 + 36 = 224.42\ (\text{mm}^2)$$

e．另需补强面积

$$A_4 = A - (A_1 + A_2 + A_3) = 2877.59 - 224.42 = 2653.17\ (\text{mm}^2)$$

拟采用补强圈补强。根据接管公称直径 $DN150$，参照 JB/T 4736—2002 补强圈标准选取补强圈的外径 $D_2 = 300\ \text{mm}$，内径 $D_1 = 128.6\ \text{mm}$（选用 E 型坡口）。因为 $B = 257.2 < D_2$，则补强圈在有效补强范围内。

补强圈的厚度

$$\delta_{\text{h}} = \frac{A_{\text{h}_4}}{D_2 - D_1} = \frac{2653.17}{300 - 128.6} = 15.48\ (\text{mm})$$

考虑钢板负偏差并经圆整，取壳体和管箱上补强圈的名义厚度为18mm，即 $\delta_h' = 18$ mm。

2.3.7 中心筒的强度校核

缠绕管式换热器的中心筒主要用于对缠绕管束起一个支撑作用，是换热器的一个很重要的组成部分，其结构设计计算将直接影响到换热器的制造、加工、运输等过程。由前面计算过程可知，中心筒体选用0Cr18Ni9低温合金管材，中心筒要具备一定的弯曲强度才能保证中心筒体能够承受所缠绕管束和自身的重量所造成的弯曲载荷，这就使得中心筒体必须具备一定的厚度才能具有较高的弯曲应力，所以对中心筒要进行强度校核。对于实心轴和空心轴的选取可以通过材料力学的论证计算得出结论：对于不考虑弯矩情况下的实心轴和空心轴，具有同等大小弯曲强度，实心轴比空心轴具有更大的质量，这使得换热器的自身载荷较大，不利于管束的缠绕以及自身的加工与运输等，所以选用空心中心筒比较合理、经济。

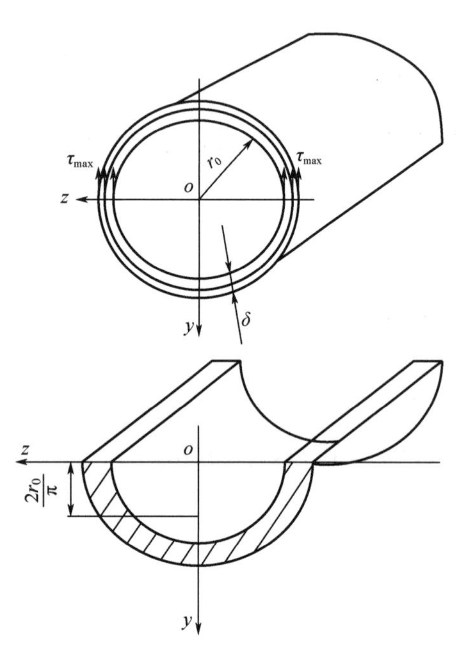

图2-31 横截面上切应力的特征图

薄壁环形截面梁在竖直平面内弯曲时，其横截面上切应力的特征如图2-31所示。由于 $\delta \ll r_0$，故认为切应力 τ 的大小和方向沿壁厚 δ 无变化；由于梁的内外壁无切应力，故根据切应力互等定理知，横截面上切应力的方向与圆周相切；根据与 y 轴对称关系知：横截面上与 y 轴相交的各点处切应力为0；y 轴两侧各点处切应力其大小及指向均与 y 轴对称。

最大切应力 τ_{max} 在中性轴 z 上，而截面上的最大切应力

$$\tau_{max} = \frac{F_s S_z}{I_z(2\delta)} \tag{2-32}$$

$$S_z = \pi r_0 \delta \frac{2r_0}{\pi} = 2r_0\delta \tag{2-33}$$

$$I_z = \pi\delta r_0^3 \tag{2-34}$$

$$\tau_{max} = \frac{FS_z}{I_z(2\delta)} = 2\frac{F_s}{A} \tag{2-35}$$

$$A = 2\pi\delta_r \tag{2-36}$$

2.3.7.1 一级制冷装备中心筒强度校核

简捷计算过程如下：对于一级换热设备的中心筒体主要承受缠绕管束的质量负荷，由结构计算过程可得出缠绕管束总重量。

$$F_s = 8856 \times 18 \times 0.845 \times 9.8 = 1320057.6\ (\text{N})$$

式中，总管数为8856；每根管束长为18m；单位长度的质量为0.845kg/m。

先选取壁厚 δ=10mm，中心筒体外径为1000mm，则内径为990mm；所以 $A = 2 \times 3.14 \times 10 \times 990 = 0.062172\ (\text{m}^2)$；则

$$\tau_{max}=2\times\frac{1320057.6}{0.062172}=42.5\ (\text{MPa})$$

经查询 GB 1220—2007 标准可知，0Cr18Ni9 合金钢的弯曲许用应力$[\tau]=70\ \text{MPa}$；考虑到中心筒体的自身也具有一定的重量，所以$\tau_{max}<[\tau]$，满足材料允许的弯曲强度范围，由此可得出选用的壁厚δ=10 mm 是合理的。其内径为 990 mm。

2.3.7.2　二级制冷装备中心筒强度校核

简捷计算过程如下：对于二级换热设备的中心筒体主要承受缠绕管束的质量负荷，由结构计算过程可得出缠绕管束总重量：

$$F_s=8856\times14.4\times0.845\times9.8=1056046.12\ (\text{N})$$

式中，总管数为 8856；每根管束长为 14.4 m；单位长度的质量为 0.845kg/m。

先选取壁厚δ=10mm，中心筒体外径为 1000 mm，则内径为 990 mm；所以$A=2\times3.14\times10\times990=0.062172\ (\text{m}^2)$；则

$$\tau_{max}=2\times\frac{1056046.12}{0.062172}=34.0\ (\text{MPa})$$

经查询 GB 1220—2007 标准可知 0Cr18Ni9 合金钢的弯曲许用应力$[\tau]=70\ \text{MPa}$，在考虑到中心筒体的自身也具有一定的重量，所以$\tau_{max}<[\tau]$，满足材料允许的弯曲强度范围，由此可得出选用的壁厚$\delta=10\ \text{mm}$是合理的。其内径为 990mm。

2.3.7.3　三级制冷装备中心筒强度校核

简捷计算过程如下：对于三级换热设备的中心筒体主要承受缠绕管束的质量负荷，由结构计算过程可得出缠绕管束总重量：

$$F_s=4206\times25.2\times0.845=878608.75\ (\text{N})$$

式中，总管数为 4206；每根管束长为 25.2m；单位长度的质量为 0.845kg/m。

先选取壁厚$\delta=10\ \text{mm}$，中心筒体外径为 1000mm，则内径为 990mm；所以$A=2\times3.14\times10\times990=0.062172\ (\text{m}^2)$则

$$\tau_{max}=2\times\frac{878608.75}{0.062172}=28.26\ (\text{MPa})$$

经查询 GB 1220—2007 标准可知 0Cr18Ni9 合金钢的弯曲许用应力$[\tau]=70\ \text{MPa}$；在考虑到中心筒体的自身也具有一定的重量，所以$\tau_{max}<[\tau]$，满足材料允许的弯曲强度范围，由此可得出选用的壁厚$\delta=10\ \text{mm}$是合理的。其内径为 990mm。

2.4　塔的强度设计

2.4.1　塔壳（外筒）的强度计算

2.4.1.1　一级、二级制冷外压圆筒强度计算

一级：9100mm　　内直径：2800mm

二级：8000mm　　内直径：2800mm

外压圆筒计算长度 L

一、二级 $L_1 = 9100 + 8000 + 700 \times 2/3 = 17566.67(\text{mm})$

三级 $L_2 = 12100 + 550 \times 2/3 = 12466.67(\text{mm})$

外压下圆筒校核如表 2-22 所列，外压下圆筒加强圈校核如表 2-23 所示。

表 2-22　外压下圆筒校核

外压下圆筒校核			
计算条件			简　　图
计算压力 P_c	−0.10	MPa	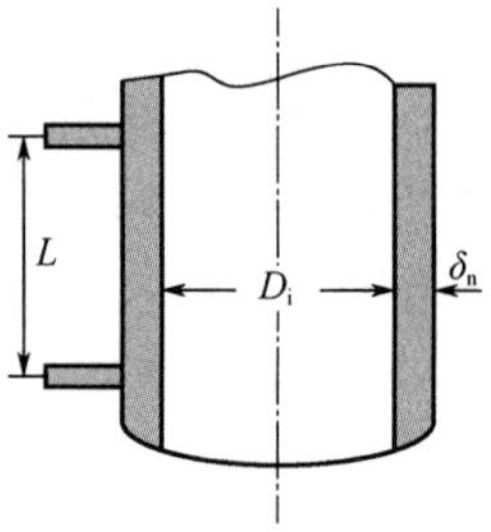
设计温度 t	30.00	℃	
内径 D_i	2800.00	mm	
材料	Q345R（板材）		
试验温度许用应力$[\sigma]$	181.00	MPa	
设计温度许用应力$[\sigma]^t$	181.00	MPa	
试验温度下屈服点σ_s	325.00	MPa	
钢板负偏差 C_1	0.30	mm	
腐蚀裕量 C_2	2.00	mm	
焊接接头系数ϕ	0.85		
压力试验时应力校核			
压力试验类型	液压试验		
试验压力值	$P_T = 1.25P_c = 0.1250$	MPa	
压力试验允许通过的应力水平$[\sigma]_T$	$[\sigma]_T \leqslant 0.90\sigma_s = 292.50$	MPa	
试验压力下圆筒的应力	$\sigma_T = \dfrac{p_T(D_i + \delta_e)}{2\delta_e\phi} = 10.02$	MPa	
校核条件	$\sigma_T \leqslant [\sigma]_T$		
校核结果	合格		
厚度计算			
计算厚度	$\delta = 19.60$	mm	
有效厚度	$\delta_e = \delta_n - C_1 - C_2 = 20.70$	mm	
名义厚度	$\delta_n = 23.00$	mm	
外压计算长度 L	$L = 17566.60$	mm	
筒体外径 D_o	$D_o = D_i + 2\delta_n = 2846.00$	mm	
L/D_o	6.17		
D_o/d_e	137.49		
A 值	$A = 0.0001186$		
B 值	$B = 15.77$		
许用外压	$[P] = \dfrac{B}{D_o/\delta_e} = 0.11468$	MPa	
结论	合格		
质量	27220.40	kg	

表 2-23　外压下圆筒加强圈校核

加强圈计算		
加强圈类型	扁钢	
加强圈规格	−150×14	
L_s	$L_s=9416.60$	mm
加强圈面积 A_s	$A_s=1900.00$	mm^2
B 值	$B=\dfrac{P_c D_o}{\delta_e+A_s/L_s}=13.60$	
A 值	A=0.0001023	
加强圈惯性矩 I_x	1750000.00	mm^4
所需惯性矩 I	$I=\dfrac{D_o^2 L_s(\delta_e+A_s/L_s)}{10.9}A=14984138.00$	mm^4
有效惯性矩 I_s	15220350.00	mm^4
结论	合格	

2.4.1.2　三级制冷外压圆筒强度计算

三级：12100mm　　内直径：2200mm

外压上圆筒校核如表 2-24 所列，外压上圆筒加强圈校核如表 2-25 所列。

表 2-24　外压上圆筒校核

外压上圆筒校核			
计算条件			简图
计算压力 P_c	-0.10	MPa	
设计温度 t	30.00	℃	
内径 D_i	2200.00	mm	
材料	Q345R　（板材）		
试验温度许用应力[σ]	181.00	MPa	
设计温度许用应力[σ]^t	181.00	MPa	
试验温度下屈服点σ_s	325.00	MPa	
钢板负偏差 C_1	0.30	mm	
腐蚀裕量 C_2	2.00	mm	
焊接接头系数ϕ	0.85		
压力试验时应力校核			
压力试验类型	液压试验		
试验压力值	$P_T=1.25\quad P_c=0.1250$		MPa
压力试验允许通过的应力水平[σ]$_T$	$[\sigma]_T\leqslant 0.9\sigma_s=292.5$		MPa
试验压力下圆筒的应力	$\sigma_T=\dfrac{P_T(D_i+\delta_e)}{2\delta_e\phi}=10.38$		MPa

续表

校核条件	$[\sigma]\leqslant[\sigma]_T$	
校核结果	合格	
厚度计算		
计算厚度	$d=14.70$	mm
有效厚度	$d_e=d_n-C_1-C_2=15.70$	mm
名义厚度	$d_n=18.00$	mm
外压计算长度 L	$L=12466.60$	mm
筒体外径 D_o	$D_o=D_i+2d_n=2236.00$	mm
L/D_o	5.58	
D_o/d_e	142.42	
A 值	$A=0.0001265$	
B 值	$B=16.81$	
许用外压力	$[P]=\dfrac{B}{K_1D_o/\delta_e}=0.11806$	MPa
结论	合格	
质量	11814.71	kg

表 2-25 外压上圆筒加强圈校核

加强圈计算		
加强圈类型	扁钢	
加强圈规格	-120×16	
L_s	$L_s=9416.60$	mm
加强圈面积 A_s	$A_s=1900.00$	mm^2
B 值	$B=\dfrac{P_cD_o}{\delta_e+A_s/L_s}=14.06$	
A 值	$A=0.0001058$	
加强圈惯性矩 I_x	1750000.00	mm^4
所需惯性矩 I	$I=\dfrac{D_o^2L_s(\delta_e+A_s/L_s)}{10.9}A=7266788.00$	mm^4
有效惯性矩 I_s	7917811.00	mm^4
结论	合格	

2.4.1.3 外压圆筒上封头设计

公称直径：2200mm　　曲面高度：550mm　　直边高度：40mm

内表面积：5.5229m^2　　容　　积：1.5459m^3　　质　　量：424.21kg

外压椭圆上封头校核如表 2-26 所列。

表 2-26 外压椭圆上封头校核

外压椭圆上封头校核			
计算条件			椭圆封头简图
计算压力 P_c	−0.10	MPa	
设计温度 t	30.00	℃	
内径 D_i	2200.00	mm	
曲面高度 h_i	550.00	mm	
材料	Q345R （板材）		
试验温度许用应力[σ]	189.00	MPa	
设计温度许用应力$[\sigma]^t$	181.00	MPa	
钢板负偏差 C_1	0.30	mm	
腐蚀裕量 C_2	3.00	mm	
焊接接头系数ϕ	0.85		
厚度计算			
计算厚度	$d = 4.87$	mm	
有效厚度	$d_e = d_n - C_1 - C_2 = 14.70$	mm	
名义厚度	$d_n = 18.00$	mm	
外径 D_o	$D_o = D_i + 2d_n = 2236.00$	mm	
系数 K_1	$K_1 = 0.8928$		
A 值	$A = \dfrac{0.125}{K_1 D_o / \delta_e} = 0.0009278$		
B 值	$B = 122.92$		
质量	770.28	kg	
压力计算			
许用外压力	$[P] = \dfrac{B}{K_1 D_o / \delta_e} = 0.91233$	MPa	
结论	合格		

2.4.1.4 外压圆筒下封头强度计算

公称直径：2800mm　　曲面高度：700mm　　直边高度：40mm

内表面积：8.8503m^2　　容　积：3.1198m^3　　质　量：814.98kg

外压椭圆下封头校核如表 2-27 所列。

表 2-27　外压椭圆下封头校核

外压椭圆下封头校核			
计算条件			椭圆封头简图
计算压力 P_c	-0.10	MPa	
设计温度 t	30.00	℃	
内径 D_i	2800.00	mm	
曲面高度 h_i	700.00	mm	
材料	Q345R　（板材）		
试验温度许用应力$[\sigma]$	189.00	MPa	
设计温度许用应力$[\sigma]^t$	181.00	MPa	
钢板负偏差 C_1	0.30	mm	
腐蚀裕量 C_2	3.00	mm	
焊接接头系数 ϕ	0.85		
厚度计算			
计算厚度	$d=6.20$		mm
有效厚度	$d_e=d_n-C_1-C_2=14.70$		mm
名义厚度	$d_n=18.00$		mm
外径 D_o	$D_o=D_i+2d_n=2836.00$		mm
系数 K_1	$K_1=0.8937$		
A 值	$A=\dfrac{0.125}{K_1D_o/\delta_e}=0.0007290$		
B 值	$B=96.59$		
质量	1228.82		kg
压力计算			
许用外压力	$[P]=\dfrac{B}{K_1D_o/\delta_e}=0.56333$		MPa
结论	合格		

2.4.2　塔的质量载荷计算

（1）塔壳（包含内筒）和裙座的质量

塔壳总长度为 29.2m，裙座高为 2.8m。

圆筒壳、裙座质量：

$$m_{01}=\frac{\pi}{4}\{[(2.846^2-2.8^2)\times19.9]+[(2.236^2-2.2^2)\times12.1]\}\times7.85\times10^3=43756.1\,(\mathrm{kg})$$

人孔、法兰、接管附属件质量 $m_a=10939\,\mathrm{kg}$。

（2）内构件质量

包括内管道质量、内中心筒质量、天然气总质量、制冷剂总质量、内筒质量。管径 17.2mm，厚度 2.3 mm，单位长度质量 0.845 kg/m。

内管道质量$=0.845L=0.845\times510105.6=431039.2\,(\mathrm{kg})$

中心筒总长 29000mm，分为一级、二级、三级 3 段长度分别计算，厚度为 10mm，计算长度 1680mm，许用外压力 0.3MPa，水压试验值 0.375MPa，圆筒应力 35.09 MPa。

中心筒质量$=\frac{\pi}{4}\times(1.0^2-0.98^2)\times29\times7.86\times10^3=9026.4\ (\text{kg})$

天然气质量$=12.78\text{kg}/\text{s}\times1\ \text{s}=12.78(\text{kg})$

制冷剂质量$=37.71\text{kg}/\text{s}\times1\ \text{s}=37.71(\text{kg})$

内筒质量$=\frac{\pi}{4}\{[(2.616^2-2.6^2)\times17.0]+[(2.014^2-2.0^2)\times12.0]\}\times7.86\times10^3=12914.7\ (\text{kg})$

总内构件质量：

$$m_{02}=431039.2+9026.4+12.78+37.71+12914.7=453030.79\ (\text{kg})$$

（3）保温材料质量

$$m_{03}=0\,\text{kg}$$

（4）平台、扶梯质量

（笼式扶梯单位质量 40kg/m^3）塔体每 10m 安装一层操作平台，共 3 层，平台宽 1m，单位质量 150kg/m^3，包角 360° 塔体厚度附加量 3mm，裙座厚度附加量 2 mm。

$$m_{04}=40\times32+\frac{\pi}{4}\times(4.846^2-2.846^2)\times150\times3\times\frac{360^\circ}{360^\circ}=6714.4\ (\text{kg})$$

（5）物料质量

$$m_{051}=\frac{\pi}{4}\times0.36^2\times9\times215.97=197.75\ (\text{kg})$$

$$m_{052}=\frac{\pi}{4}\times0.36^2\times8\times98.9=80.5\ (\text{kg})$$

$$m_{053}=\frac{\pi}{4}\times0.11^2\times12\times111.71=12.7\ (\text{kg})$$

$$m_{05}=197.75+80.5+12.7=290.95\ (\text{kg})$$

压力试验时质量$m_w=290.95\ \text{kg}$。

（6）全塔操作质量

$$\begin{aligned}m_0&=m_{01}+m_{02}+m_{03}+m_{04}+m_{05}+m_a\\&=43756.1+453030.79+0+6714.4+290.95+10939\\&=514731.24(\text{kg})\end{aligned}$$

（7）全塔最大质量

$$\begin{aligned}m_{max}&=m_{01}+m_{02}+m_{03}+m_{04}+m_a+m_w\\&=43756.1+453030.79+0+6714.4+290.98+10939\\&=514731.27(\text{kg})\end{aligned}$$

（8）全塔最小质量

$$\begin{aligned}m_{min}&=m_{01}+0.2m_{02}+m_{03}+m_{04}+m_a\\&=43756.1+0.2\times453030.79+0+6714.4+10939\\&=152015.66(\text{kg})\end{aligned}$$

部分部件质量可参考表 2-28 进行估算。

表 2-28 塔设备有关部件的质量

名称	单位质量	名称	单位质量
笼式扶梯	40kg/m	钢制平台	150 kg/m^2

将全塔分成 8 段，每段质量列于表 2-29。

表 2-29　塔器质量计算　　单位：mg

塔段号	1	2	3	4	5	6	7	8	总和
$m_{01}+m_a$	6648.892	6648.892	6648.892	6648.892	6648.892	6648.892	7396.874	7396.874	54687.09749
m_{02}	56622.53	56622.53	56622.53	56622.53	56622.53	56622.53	56622.53	56622.53	452980.208
m_{03}	0	0	0	0	0	0	0	0	
m_{04}	160	160	1971.46	160	1971.46	160	160	1971.46	
m_{05}	61.916	61.916	61.916	26.83	26.83	26.83	6.35	6.35	
m_w	61.916	61.916	61.916	26.83	26.83	26.83	6.35	6.35	
m_0	63493.33	63493.33	65304.79	63458.25	65269.71	63458.25	64185.75	65997.21	
m_{max}	63493.33	63493.33	65304.79	63458.25	65269.71	63458.25	64185.75	65997.21	
m_{min}	18133.4	18133.4	19944.86	18133.4	19944.86	18133.4	18881.38	20692.84	

2.4.3　塔的自振周期计算

按不同截面惯性矩将全塔分为 3 段，塔器质量计算结果列于表 2-30。

表 2-30　塔器自振周期计算

<table>
<tr><td>塔段号</td><td>1</td><td>2</td><td>3</td><td>4</td><td>5</td><td>6</td><td>7</td><td>8</td></tr>
<tr><td>各段重心距地面高度 h_i /mm</td><td>2000</td><td>6000</td><td>10000</td><td>14000</td><td>18000</td><td>22000</td><td>26000</td><td>30000</td></tr>
<tr><td>各段操作质量 m_i /kg</td><td>63493.33</td><td>63493.33</td><td>65304.79</td><td>63458.25</td><td>65269.71</td><td>63458.25</td><td>64185.75</td><td>65997.21</td></tr>
<tr><td>h_i/H</td><td>0.0625</td><td>0.1875</td><td>0.3125</td><td>0.4375</td><td>0.5625</td><td>0.6875</td><td>0.8125</td><td>0.9375</td></tr>
<tr><td>$(h_i/H)^3$</td><td>0.000244</td><td>0.00659</td><td>0.031</td><td>0.084</td><td>0.178</td><td>0.352</td><td>0.536</td><td>0.824</td></tr>
<tr><td>$m_i(h_i/H)^3$</td><td>15.49237</td><td>418.4211</td><td>2024.449</td><td>5330.493</td><td>11618.01</td><td>22337.3</td><td>34403.56</td><td>54381.7</td></tr>
<tr><td>$\Sigma m_i(h_i/H)^3$</td><td colspan="8">130529.429</td></tr>
<tr><td>塔段号</td><td colspan="2">1</td><td colspan="2">2</td><td colspan="2">3</td><td colspan="2">备注</td></tr>
<tr><td>塔顶距 i 截面底部高度 H_i /mm</td><td colspan="2">32000</td><td colspan="2">29200</td><td colspan="2">12000</td><td colspan="2">E=207000</td></tr>
<tr><td>I_i /mm^4</td><td colspan="2">1.76×10^{11}</td><td colspan="2">1.76×10^{11}</td><td colspan="2">6.42×10^{10}</td><td colspan="2">总和</td></tr>
<tr><td>H_i^3/I_i</td><td colspan="2">186.36</td><td colspan="2">141.47</td><td colspan="2">26.94</td><td colspan="2">354.77</td></tr>
<tr><td>H_i^3/I_i-1</td><td colspan="2">—</td><td colspan="2">141.47</td><td colspan="2">9.83</td><td colspan="2">151.3</td></tr>
<tr><td>T_i</td><td colspan="8">$T_1=114.8\sqrt{\sum_{i=1}^{10} m_i\left(\frac{h_i}{H}\right)^3\left(\sum_{i=1}^{3}\frac{H_i^3}{E_iI_i}-\sum_{i=2}^{3}\frac{H_i^3}{E_iI_{i-1}}\right)\times10^{-3}}=1.297\ (\mathrm{s})$</td></tr>
<tr><td>I_i</td><td colspan="8">$I_i=\pi(D_i+\delta_{ei})^3\delta_{ei}/8$</td></tr>
</table>

2.4.4　地震载荷和地震弯矩的计算

将塔沿高度方向分成 8 段，视每段高度之间的质量为作用在该段高度 1/2 处的集中质量，各段集中质量对该截面所引起的水平地震力和地震弯矩列于表 2-31。

表 2-31 地震载荷和地震弯矩的计算

塔段号	1	2	3	4	5	6	7	8	备注
操作质量 m_i	63493.33358	63493.33358	65304.79358	63458.24758	65269.70758	63458.24758	64185.75	65997.21	A=1182329457864.69
m_i 点距地面高 h_i	2000	6000	10000	14000	18000	22000	26000	30000	
$h_i^{1.5}$	89442.72	464758	1000000	1656502.34	2414953.42	3263127.3	4192374.03	5196152.42	B=4220066498520290000.00
$m_i h_i^{1.5}$	5679016457	29509034728	65304793581	1.05119E+11	1.57623E+11	2.07072E+11	2.6909E+11	3.42932E+11	
$m_i h_i^3$	5.07947E+14	1.37146E+16	6.53048E+16	1.74129E+17	3.80653E+17	6.75703E+17	1.1281E+18	1.78192E+18	$A/B=0.267\times10^{-6}$
$\eta = h_k^{1.5} A / B$	0.023881206	0.124090386	0.267	0.442286125	0.644792563	0.871254989	1.11936387	1.387372696	
C_z	0.5								
α_1	$\alpha_1 = (T_g - T)^{0.9}\alpha_{max} = (0.55/1.29)^{0.9} \times 0.45 = 0.208$ （Ⅱ类场地土且远震）								
m_k	63493.33358	63493.33358	65304.79358	63458.24758	65269.70758	63458.24758	64185.75	65997.21	
$F_{k_1} = C_z \alpha_1 \eta_{k_1} m_k g$	1545.410304	8030.187388	17771.15838	28605.58309	42893.46215	56349.85045	73226.6757	93320.73154	F_V0-0=112908.07
$m_i h_i$	126986667.2	380960001.5	653047935.8	888415466.1	1174854736	1396081447	1668829500	1979916300	8269092054
F_V	1733.904933	5201.714799	8916.865548	12130.62752	16041.73469	19062.41467	22786.5788	27034.229	
$F_k h_i$	3090820.608	48181124.33	177711583.8	400478163.3	772082318.7	1239696710	1903893568	2799621946	7344756234

塔段号	1	2	3	4	5	6	7	8	备注
0—0 截面地震弯矩	$M_{e1}^{0-0} = \sum Fkh_i = 9.175 \times 10^9$ N·mm								
Ⅰ—Ⅰ截面地震弯矩	1931762.88	50188671.18	199925531.8	464840725.3	911486070.7	1479183574	2288333615	3382876518	8778766469
Ⅱ—Ⅱ截面地震弯矩		32120749.55	159940425.4	400478163.3	814975780.8	1352396411	2123573595	3172904872	8056389997
Ⅲ—Ⅲ截面地震弯矩							567506737	1189839327	1757346064

2.4.4.1 地震载荷

（1）水平地震力

任意高度 h_k 处的集中质量 m_k 引起的基本振型水平地震力按下式计算。

$$F_{k_1} = C_z \alpha_1 \eta_{k_1} m_k g \tag{2-37}$$

式中 F_{k_1} ——集中质量 m_k 引起的基本振型水平地震力，N；

C_z ——综合影响系数，取 C_z=0.5；

m_k ——距地面 h_k 处的集中质量，kg；

α_1 ——对应于塔器基本自振周期 T_1 的地震影响系数 α 值；

α ——地震影响系数，按 $\alpha = (T_g / T)^{0.9} \alpha_{max}$ 计算；

α_{max} ——地震影响系数的最大值，见表 2-32。

T_g ——各类场地土的特征周期，见表 2-33。

表 2-32 地震影响系数

设计烈度	7	8	9
α_{max}	0.23	0.45	0.90

$$\eta_{k_1} = \frac{h_k^{1.5} \sum_{i=1}^{n} m_i h_i^{1.5}}{\sum_{i=1}^{n} m_i h_i^3} \tag{2-38}$$

式中 η_{k_1} ——基本振型参与系数。

表 2-33 各类场地土的特征周期

场地土	近震	远震
Ⅰ	0.2	0.25
Ⅱ	0.3	0.40
Ⅲ	0.4	0.55
Ⅳ	0.65	0.85

（2）垂直地震力

设防烈度为 8 度或 9 度区的塔器应考虑上下两个方向垂直地震力的作用。塔器底截面处的垂直地震力按下式计算：

$$F_V^{0-0} = \alpha_{vmax} m_{eq} g \tag{2-39}$$

式中 α_{vmax} ——垂直地震影响系数最大值，取 $\alpha_{vmax} = 0.65\alpha_{max}$；

m_{eq} ——塔器的当量质量，取 $m_{eq} = 0.75m_0$，kg。

任意质量 i 处垂直地震力按下式计算

$$F_V^{1-1} = \frac{m_i h_i}{\sum_{k=1}^{n} m_k h_k} F_V^{0-0} \quad (i = 1, 2, \cdots, n) \tag{2-40}$$

2.4.4.2 地震弯矩

塔器任意计算截面 1—1 的基本振型地震弯矩按下式计算：

$$M_{E1}^{1-1} = \sum_{k=1}^{n} F_{k_1} (h_k - h) \tag{2-41}$$

式中　M_{E1}^{1-1}——任意计算截面 1—1 的基本振型地震弯矩，N·mm。

当塔器 $H/D>15$，或高度大于等于 20 时，还需考虑高振型的影响，在进行稳定或其他验算时，地震弯矩按 NB/T 47041—2014 附录 A 计算，也可按下式计算

$$M_{\mathrm{E}}^{1-1}=1.25M_{\mathrm{E1}}^{1-1} \tag{2-42}$$

垂直地震力计算

$$F_{\mathrm{V}}^{0-0}=\alpha_{\mathrm{vmax}}m_{\mathrm{eq}}g=0.64\times0.45\times0.75\times514680.9\times9.8=1.11\times10^{6}$$

$$F_{\mathrm{V}}^{1-1}=\frac{m_i h_i}{\sum\limits_{K=1}^{n}m_{\mathrm{k}}h_{\mathrm{k}}}F_{\mathrm{V}}^{0-0}(i=1,2,\cdots,n)$$

$$F_{\mathrm{V}}^{1-1}=\frac{63493.33\times1000}{8.27\times10^{9}}\times1.11\times10^{6}=8522.1$$

$$F_{\mathrm{V}}^{2-2}=\frac{126986.7\times2800}{8.27\times10^{9}}\times1.11\times10^{6}=47723.66$$

2.4.5 风载荷和风弯矩计算

2.4.5.1 水平风力的计算

两相邻计算截面间的水平风力按下式计算：

$$P_i=K_1K_{2i}q_0f_il_iD_{ei}\times10^{-6} \tag{2-43}$$

式中　P_i——塔器各计算段的水平风力，N；

f_i——风压高度变化系数，按 NB/T 47041—2014 中表 10 查取（内插法）；

K_1——体形系数，取 0.7；

D_{ei}——塔器各计算段的有效直径，mm；

l_i——第 i 计算段长度，mm；

q_0——基本风压值，按照 GB 50009—2012 中附录 E.5 查取 $650\mathrm{N/m^2}$。

当笼式扶梯与塔顶管线布置成 180° 时：

$$D_{ei}=D_{\mathrm{o}}+2\delta_{si}+K_3+K_4+d_{\mathrm{o}}+2\delta_{\mathrm{ps}} \tag{2-44}$$

式中　D_{o}——塔器各计算段的外径，mm；

δ_{ps}——管线保温层厚度，mm；

δ_{si}——圆筒的保温层或防火层厚度，mm；

d_{o}——塔顶管线外径，mm；

K_3——笼式扶梯当量宽度，取 400mm；

K_4——操作平台当量宽度按下式计算：$K_4=2\Sigma A/l_{\mathrm{o}}$。

当塔高 $H>20\mathrm{m}$ 时，K_{2i} 按下式计算。

$$K_{2i}=1+\frac{\xi\nu_i\phi_{zi}}{f_i} \tag{2-45}$$

式中　ξ——脉动增大系数，按照 NB/T 47041—2014 中表 11 查取；

ν_i——第 i 段脉动影响系数，按照 NB/T 47041—2014 中表 12 查取；

ϕ_{zi} ——第 i 段振型系数，按照 NB/T 47041—2014 中表 13 查取。

2.4.5.2 风弯矩的计算

塔器任意计算截面 1—1 处的风弯矩按下式计算：

$$M_{\mathrm{w}}^{1-1}=P_i\frac{l_i}{2}+P_{i+1}\left(l_i+\frac{l_{i+1}}{2}\right)+P_{i+2}\left(l_i+l_{i+1}+\frac{l_{i+2}}{2}\right)+\cdots \tag{2-46}$$

塔器底截面 0—0 处风弯矩按下式计算：

$$M_{\mathrm{w}}^{0-0}=P_1\frac{l_1}{2}+P_2\left(l_1+\frac{l_2}{2}\right)+P_3\left(l_1+l_2+\frac{l_3}{2}\right)+\cdots$$

结果列于表 2-34。

基底 0—0 截面的风弯矩：

$$M_{\mathrm{w}}^{0-0}=P_1\frac{l_1}{2}+P_2\left(l_1+\frac{l_2}{2}\right)+\cdots+P_7\left(l_1+l_2+l_3+l_4+l_5+l_6+\frac{l_7}{2}\right)=3.27\times10^9\ (\mathrm{N\cdot mm})$$

1—1 截面的风弯矩：

$$M_{\mathrm{w}}^{1-1}=\frac{2800-1000}{2800}P_1\frac{l_1}{2}+P_2\left(l_1+\frac{l_2}{2}\right)+\cdots+P_7\left(l_2+l_3+l_4+l_5+l_6+\frac{l_7}{2}\right)=3.11\times10^9\ (\mathrm{N\cdot mm})$$

2—2 截面的风弯矩：

$$M_{\mathrm{w}}^{2-2}=P_2\frac{l_2}{2}+P_3\left(l_2+\frac{l_3}{2}\right)+\cdots+P_7\left(l_3+l_4+l_5+l_6+\frac{l_7}{2}\right)=2.53\times10^9\ (\mathrm{N\cdot mm})$$

3—3 截面的风弯矩：

$$M_{\mathrm{w}}^{3-3}=P_3\frac{l_3}{2}+P_4\left(l_3+\frac{l_4}{2}\right)+\cdots+P_7\left(l_3+l_4+l_5+l_6+\frac{l_7}{2}\right)=1.83\times10^9\ (\mathrm{N\cdot mm})$$

2.4.6 计算各截面的最大弯矩

（1）塔底 0—0 截面

$$M_{\max}^{0-0}=\begin{cases}M_{\mathrm{w}}^{0-0}=3.27\times10^9\ (\mathrm{N\cdot mm})\\ M_{\mathrm{E}}^{0-0}+0.25M_{\mathrm{w}}^{0-0}=9.99\times10^9\ (\mathrm{N\cdot mm})\end{cases}$$

取其中最大值。

$$故\ M_{\max}^{0-0}=9.99\times10^9\ (\mathrm{N\cdot mm})$$

（2）Ⅰ—Ⅰ截面

$$M_{\max}^{\mathrm{I-I}}=\begin{cases}M_{\mathrm{w}}^{\mathrm{I-I}}=3.12\times10^9\ (\mathrm{N\cdot mm})\\ M_{\mathrm{E}}^{\mathrm{I-I}}+0.25M_{\mathrm{w}}^{\mathrm{I-I}}=9.56\times10^9\ (\mathrm{N\cdot mm})\end{cases}$$

取其中最大值。

$$M_{\max}^{\mathrm{I-I}}=9.56\times10^9\ (\mathrm{N\cdot mm})$$

（3）Ⅱ—Ⅱ截面

$$M_{\max}^{\mathrm{II-II}}=\begin{cases}M_{\mathrm{w}}^{\mathrm{II-II}}=2.53\times10^9\ (\mathrm{N\cdot mm})\\ M_{\mathrm{E}}^{\mathrm{II-II}}+0.25M_{\mathrm{w}}^{\mathrm{II-II}}=8.68\times10^9\ (\mathrm{N\cdot mm})\end{cases}$$

表 2-34 水平风力和风弯矩的计算

塔段号 i	1	2	3	4	5	6	7	备注
塔段长度/m	0~5	5~10	10~15	15~20	20~25	25~30	30~32	
q_0/(N/m^2)	650							
K_1	0.7							
ξ（B 类）	2.53							
v_i（B 类）	0.72	0.72	0.79	0.79	0.85	0.85	0.85	
ϕ_{zi}	0.04	0.13	0.276	0.486	0.69	0.902	1	
f_i（B 类）	0.8	1	1.14	1.25	1.33	1.42	1.448	
$K_{2i}=1+\zeta v_i \phi_{zi}/f_i$	1.09108	1.236808	1.483895789	1.77709456	2.115672932	2.366021831	2.485151934	
l_i/mm	5000	5000	5000	5000	5000	5000	5000	
K_3	400							
K_4	984.78							
D_{ei}	4544.78	4544.78	4544.78	4544.78	4544.78	3944.78	3944.78	
$P_i = K_1 K_{2i} q_0 f_i l_i D_{ei} \times 10^{-6}$/N	9024.867784	12787.8211	17490.51189	22967.55772	29093.39724	30151.6637	32294.28664	
M_w^{0-0}	22562169.46	95908658.22	218631398.6	401932260.1	654601437.9	829170751.8	1049564316	3272370991.81
M_w^{I-I}	11603401.44	83120837.13	201140886.7	378964702.4	625508040.7	799019088.1	1017270029	3116626985.51
M_w^{II-II}		31969552.74	131178839.1	287094471.5	509134451.7	678412433.3	888092882.6	2525882630.94
$M_w^{III-III}$			43726279.72	172256682.9	363667465.5	527654114.8	726621449.4	1833925992.26

取其中最大值。

$$M_{max}^{Ⅱ-Ⅱ}=8.68\times10^{9}\ (\text{N}\cdot\text{mm})$$

（4）Ⅲ—Ⅲ截面

$$M_{max}^{Ⅲ-Ⅲ}=\begin{cases}M_{w}^{Ⅲ-Ⅲ}=1.83\times10^{9}\ (\text{N}\cdot\text{mm})\\M_{E}^{Ⅲ-Ⅲ}+0.25M_{w}^{Ⅲ-Ⅲ}=2.2\times10^{9}\ (\text{N}\cdot\text{mm})\end{cases}$$

取其中最大值。

$$M_{max}^{Ⅲ-Ⅲ}=2.2\times10^{9}\ (\text{N}\cdot\text{mm})$$

2.4.7 塔壳稳定校核

圆筒任意计算截面Ⅰ—Ⅰ处的轴向应力分别按下式计算。

（1）由内压或外压引起的轴向应力$\sigma_1=\dfrac{pD_i}{4\delta_{ei}}$，式中设计压力$p$取绝对值。

（2）操作或非操作时重力及垂直地震力引起的轴向应力

$$\sigma_2=\frac{m_0^{Ⅰ-Ⅰ}g\pm F_V^{Ⅰ-Ⅰ}}{\pi D_i\delta_{ei}} \tag{2-47}$$

式中，$F_V^{Ⅰ-Ⅰ}$仅在最大弯矩为地震弯矩参与组合时的垂直地震力。

（3）弯矩引起的轴向应力

$$\sigma_3=\frac{4M_{max}^{Ⅰ-Ⅰ}}{\pi D_i^2\delta_{ei}} \tag{2-48}$$

（4）圆筒稳定校核

圆筒许用轴向压应力

$$[\sigma]_{cr}=\begin{cases}KB\\K[\sigma]^t\end{cases} \tag{2-49}$$

取其中较小值；

式中　K——载荷组合系数，$K=1.2$；

最大组合压应力按下式计算

对内压塔器：

$$\sigma_2+\sigma_3\leqslant[\sigma]_{cr} \tag{2-50}$$

对外压塔器：

$$\sigma_1+\sigma_2+\sigma_3\leqslant[\sigma]_{cr}$$

（5）圆筒拉应力校核

对内压塔器：

$$\sigma_1-\sigma_2+\sigma_3\leqslant K[\sigma]^t\phi$$

对外压塔器：

$$-\sigma_2+\sigma_3 \leqslant K[\sigma]^{t}\phi$$

验算塔壳各计算截面的稳定或强度，结果列于表 2-35。

表 2-35　塔壳各计算截面的稳定或强度

计算截面		Ⅰ—Ⅰ	Ⅱ—Ⅱ	Ⅲ—Ⅲ
塔壳有效厚度 δ_{ei} /mm		23	23	18
计算截面以上操作质量 m_0 /kg		514660.6235	451167.2899	193641.2076
计算截面横截面积 $\pi D_i\delta_{ei}$ /mm²		202216	202216	124344
计算截面断面系数 $(\pi/4D_i^2\delta_{ei})$ /mm³		141551200	141551200	68389200
最大弯矩 M_{max} /N·mm		9.70×10^9	8.73×10^9	2.24×10^9
允许轴向压应力 $[\sigma]_{cr}$ （取小值）/MPa	$1.2B$			
	$1.2[\sigma]^t$	217.2	217.2	217.2
操作时引起的轴向应力 $\sigma_1=pD_i/4\delta_{ei}$ /MPa		9.130434783	9.130434783	9.166666667
m_0 引起的轴向应力 $\sigma_2=m_0g/\pi D_i\delta_{ei}$ /MPa		24.94201305	21.86493374	15.26156336
M_{max} 引起的轴向应力 $\sigma_3=4M_{max}/\pi D_i^2\delta_{ei}$ /MPa		68.52644132	61.67379718	32.75370965
轴向压应力 $\sigma_c=\sigma_2+\sigma_3$ /MPa		93.46845436	83.53873092	48.01527301
轴向拉应力 $\sigma_t=\sigma_1-\sigma_2+\sigma_3$ /MPa		52.71486305	48.93929823	26.65881296
$\sigma_e\leqslant[\sigma]_{cr}$				
$\sigma_t\leqslant1.2\varphi[\sigma]^t$		52.71≤184.62	48.94≤184.62	26.66≤184.62

2.4.8　裙座稳定计算

2.4.8.1　裙座壳轴向应力校核

裙座壳底截面的组合应力按下式计算：

$$\frac{1}{\cos\beta}\left(\frac{M_{max}^{0-0}}{Z_{sb}}+\frac{m_0g+F_V^{0-0}}{A_{sb}}\right)\leqslant\begin{cases}KB\cos^2\beta\\K[\sigma]_s^t\end{cases}\tag{2-51}$$

$$\frac{1}{\cos\beta}\left(\frac{0.3M_W^{0-0}+M_e}{Z_{sb}}+\frac{m_{max}g}{A_{sb}}\right)\leqslant\begin{cases}KB\cos^2\beta\\0.9K\sigma_s\end{cases}$$

式中　A_{sb} ——裙座圆筒或锥壳的底部截面积，mm²，$A_{sb}=\pi D_{is}\delta_{is}$；

D_{is} ——裙座壳底部内直径，mm；

Z_{sb} ——裙座圆筒或锥壳底部截面系数，mm³，$Z_{sb}=\frac{\pi}{4}\times\frac{D_{is}^2\times\delta_{es}}{\cos\beta}$；

K ——载荷组合系数，取 $K=1.2$。

0—0 截面

$$\frac{1}{\cos\beta}\left(\frac{M_{max}^{0-0}}{Z_{sb}}+\frac{m_0g}{A_{sb}}\right)\leqslant\begin{cases}KB\cos^2\beta\\K[\sigma]_s^t\end{cases}$$

$$A_{sb}=\pi D_{is}\delta_{is}=3.14\times3400\times21=224196\,(\text{mm}^2)$$

$$\frac{1}{\cos\beta}\left(\frac{0.3M_{\mathrm{W}}^{0-0}+M_{\mathrm{e}}}{Z_{\mathrm{sb}}}+\frac{m_{\max}g}{A_{\mathrm{sb}}}\right)\leqslant\begin{cases}KB\cos^{2}\beta\\0.9K\sigma_{\mathrm{s}}\end{cases}$$

其中，锥体半顶角：

$$\beta=\arctan\frac{(3400-2800)\times0.5}{2800-40}=6.19803(^{\circ})$$

系数：

$$A=\frac{0.094\delta_{\mathrm{e}}}{r_{\mathrm{i}}}=\frac{0.094\times21}{1411.5}=1.4\times10^{-3}=0.0014$$

查 GB 150—2014 中 6.2 节，图 6-5 得到 $B=155$，则

$$KB\cos^{2}\beta=1.2\times155\times0.988=183.77\ (\mathrm{MPa})$$

$$K[\sigma]_{\mathrm{s}}^{\mathrm{t}}=1.2\times181=217.2\ (\mathrm{MPa})$$

$$0.9K\sigma_{\mathrm{s}}=0.9\times1.2\times325=351\ (\mathrm{MPa})$$

$$Z_{\mathrm{sb}}=\frac{\frac{\pi}{4}D_{\mathrm{is}}^{2}\delta_{\mathrm{es}}}{\cos\beta}=\frac{\frac{\pi}{4}\times3400^{2}\times21}{\cos6.19803^{\circ}}=1.92\times10^{8}\ (\mathrm{mm}^{3})$$

$$A_{\mathrm{sb}}=\pi D_{\mathrm{is}}\delta_{\mathrm{is}}=3.14\times3400\times21=224196\ (\mathrm{mm}^{2})$$

$$\frac{1}{\cos6.19803^{\circ}}\left(\frac{9.99\times10^{9}}{1.92\times10^{8}}+\frac{514680.96\times9.8+1.11\times10^{6}}{224196}\right)=79.95<KB\cos^{2}\beta<K[\sigma]_{\mathrm{s}}^{\mathrm{t}}$$

$$\frac{1}{\cos6.19803^{\circ}}\left(\frac{0.3\times3.27\times10^{9}}{1.92\times10^{8}}+\frac{514680.96\times9.8}{224196}\right)=27.66<KB\cos^{2}\beta<K[\sigma]_{\mathrm{s}}^{\mathrm{t}}$$

2.4.8.2 裙座壳检查孔或较大管线引出孔 h-h 截面处组合应力

$$\frac{1}{\cos\beta}\left(\frac{M_{\max}^{\mathrm{h-h}}}{Z_{\mathrm{sm}}}+\frac{m_{0}^{\mathrm{h-h}}g+F_{\mathrm{V}}^{\mathrm{h-h}}}{A_{\mathrm{sm}}}\right)\leqslant\begin{cases}KB\cos^{2}\beta\\K[\sigma]_{\mathrm{s}}^{\mathrm{t}}\end{cases}\tag{2-52}$$

$$\frac{1}{\cos\beta}\left(\frac{0.3M_{\mathrm{W}}^{\mathrm{h-h}}+M_{\mathrm{e}}}{Z_{\mathrm{sm}}}+\frac{m_{\max}^{\mathrm{h-h}}g}{A_{\mathrm{sm}}}\right)\leqslant\begin{cases}KB\cos^{2}\beta\\0.9K\sigma_{\mathrm{s}}\end{cases}$$

式中 A_{sm} ——h—h 截面处裙座壳的截面积，mm^2，$A_{\mathrm{sm}}=\pi D_{\mathrm{im}}\delta_{\mathrm{es}}-\Sigma[(b_{\mathrm{m}}+2\delta_{\mathrm{m}})\delta_{\mathrm{es}}-A_{\mathrm{m}}]$，$A_{\mathrm{m}}=2l_{\mathrm{m}}\delta_{\mathrm{m}}$；

b_{m} ——h—h 截面处水平方向的最大宽度，mm；

D_{im} ——h—h 截面处裙座壳的内直径，mm；

$F_{\mathrm{V}}^{\mathrm{h-h}}$ ——h—h 截面处的垂直地震力；

l_{m} ——检查孔或较大管线引出孔加强管长度，mm；

$M_{\max}^{\mathrm{h-h}}$ ——h—h 截面处的最大弯矩，N·mm；

$M_{\mathrm{W}}^{\mathrm{h-h}}$ ——h—h 截面处的风弯矩，N·mm；

$m_{\max}^{\mathrm{h-h}}$ ——h—h 截面以上塔器压力试验时的质量，kg；

m_0^{h-h} ——h—h 截面以上塔器的操作质量，kg；

Z_{sm} ——h—h 截面处的裙座壳的截面系数，mm^3，$Z_{sm}=\dfrac{\pi}{4}D_{im}^2\delta_{es}-\Sigma\left(b_m D_{im}\,\delta_{es}/2-Z_m\right)$，

$Z_m=2\delta_{es}l_m\sqrt{\left(D_{im}/2\right)^2-\left(b_m/2\right)^2}$ 。

Ⅰ—Ⅰ截面

已知条件：$l_m=130\,\text{mm}$，$b_m=1100\,\text{mm}$，$\delta_m=21\,\text{mm}$

计算得：

$$A_m=2l_m\delta_m=2\times130\times21=5460\,(\text{mm}^2)$$

$$A_{sm}=\pi D_{im}\delta_{es}-\Sigma\left[(b_m+2\delta_m)\delta_{es}-A_m\right]=3.14\times2754\times21-\left[(1100+2\times21)\times21-5460\right]$$
$$=144554.76\,(\text{mm}^2)$$

$$Z_m=2\delta_{es}l_m\sqrt{\left(D_{im}/2\right)^2-\left(b_m/2\right)^2}=2\times21\times130\times\sqrt{\left(2754/2\right)^2-\left(1100/2\right)^2}=20178.3\,(\text{mm}^3)$$

$$Z_{sm}=\frac{\pi}{4}D_{im}^2\delta_{es}-\Sigma\left(b_m D_{im}\frac{\delta_{es}}{2}-Z_m\right)$$
$$=\frac{\pi}{4}\times(2754)^2\times21-2\times\left(1100\times2754\times11.5-20178.3\right)=6.14\times10^7\,(\text{mm}^3)$$

$$\frac{1}{\cos6.19803^\circ}\left(\frac{9.70\times10^9}{6.14\times10^7}+\frac{63493.3\times9.8+8522.1}{144554.76}\right)=163.3\leqslant\begin{cases}KB\cos^2\beta\\K[\sigma]_s^t\end{cases}$$

$$\frac{1}{\cos6.19803^\circ}\left(\frac{0.3\times9.70\times10^9}{6.14\times10^7}+\frac{63493.3\times9.8}{144554.76}\right)=52.0\leqslant\begin{cases}KB\cos^2\beta\\0.9K\sigma_s\end{cases}$$

校验合格。

2.4.9 地脚螺栓座计算

2.4.9.1 基础环设计

（1）基础环内外径计算

基础环外径：$D_{ob}=S_{is}+(160/400)=3650\,(\text{mm})$

基础环内径：$D_{ib}=D_{is}-(160/400)=3200\,(\text{mm})$

（2）基础环厚度计算

有筋板时的基础环厚度：$\delta_b=\sqrt{6M_s/[\sigma]_b}$

混凝土基础上的最大压应力（下式中取最大值）

$$\sigma_{bmax}=\begin{cases}\dfrac{M_{max}^{0-0}}{Z_b}+\dfrac{m_0g+F_V^{0-0}}{A_b}=\dfrac{9.175\times10^9}{2.11\times10^9}+\dfrac{514680.69\times9.8}{2.31\times10^6}=6.53\\[2ex]\dfrac{0.3M_w^{0-0}}{Z_b}+\dfrac{M_{max}g}{A_b}=\dfrac{0.3\times3.27\times10^9}{2.11\times10^9}+\dfrac{514680.69\times9.81}{2.31\times10^6}=2.648\end{cases}$$

取最大值 6.53。

按 JB 4710—2005 中表 6-7（矩形板力矩计算表）计算得到 M_x、M_y 单位 N·mm/mm（内插法）。

M_s 为计算力矩，取矩形板 x、y 轴的弯矩 M_x、M_y 中绝对值较大者。

计算得：

$$b/l=(3650-3442)/(2\times100)=1.04$$

$$M_x=-0.103756\sigma_{\rm bmax}b^2=0.103756\times6.53\times208^2=29310.8$$

$$M_y=0.1011\sigma_{\rm bmax}l^2=0.1011\times6.53\times200^2=26407.3$$

得到 $M_s=29310.8$

$$\delta_{\rm b}=\sqrt{6M_{\rm s}/[\sigma]_{\rm b}}=\sqrt{6\times29310.8/140}=35.44\ ({\rm mm})$$

取 $\delta_{\rm b}=40$ mm。

2.4.9.2　地脚螺栓

地脚螺栓承受的最大拉应力按下式计算：

取其中较大值，$\sigma_{\rm B}=\begin{cases}\dfrac{M_{\rm w}^{0-0}}{Z_{\rm b}}-\dfrac{m_{\min}g}{A_{\rm b}}\\[2ex]\dfrac{M_{\rm E}^{0-0}+0.25M_{\rm w}^{0-0}}{Z_{\rm b}}-\dfrac{m_0g-F_{\rm V}^{0-0}}{A_{\rm b}}\end{cases}$

（1）$\dfrac{M_{\rm W}^{0-0}}{Z_{\rm b}}-\dfrac{m_{\min}g}{A_{\rm b}}=\dfrac{3.27\times10^9}{2.11\times10^9}-\dfrac{152005.54\times9.8}{2.31\times10^6}=0.905\ ({\rm MPa})$

（2）$\dfrac{M_{\rm E}^{0-0}+0.25M_{\rm W}^{0-0}}{Z_{\rm b}}-\dfrac{m_0g-F_{\rm V}^{0-0}}{A_{\rm b}}\sum_{i=1}^{n}X_i^2=$

$$\frac{9.175\times10^9+0.25\times3.27\times10^9}{2.11\times10^9}-\frac{514680.69\times9.8-1.11\times10^6}{2.31\times10^6}=3.04\ ({\rm MPa})$$

取 $\sigma_{\rm B}=3.04$ MPa；材料 Q235-A；$[\sigma]_{\rm bt}=147$ (MPa)

式中　$\sigma_{\rm B}$ ——地脚螺栓承受的最大拉应力，MPa；

　　$A_{\rm b}$ ——基础环面积，mm^2。

$$A_{\rm b}=\frac{\pi}{4}(D_{\rm ob}^2-D_{\rm ib}^2)=\frac{3.14}{4}\times(3650^2-3200^2)=2.31\times10^6\ ({\rm mm}^2)$$

基础环截面系数：

$$Z_{\rm b}=\frac{\pi(D_{\rm ob}^4-D_i^4)}{32D_{\rm ob}}=\frac{\pi}{32}\times\frac{3650^4-3200^4}{3650}=2.11\times10^9\ ({\rm mm}^3)$$

因为 $\sigma_{\rm B}>0$，故此塔设备必须安装地脚螺栓。

$$d_1=\sqrt{\frac{4\sigma_{\rm B}A_{\rm b}}{\pi n[\sigma]_{\rm bt}}}+C_2=\sqrt{\frac{4\times3.04\times2.31\times10^6}{3.14\times147\times28}}+3=49.61\ ({\rm mm})$$

式中　d_1 ——地脚螺栓螺纹小径，mm；

　　C_2 ——地脚螺栓腐蚀裕量，mm，取 3mm；

n ——地脚螺栓个数，一般取 4 的倍数。

$$[\sigma]_{bt} = 147\,\text{MPa}$$

取地脚螺栓为 M56。故选用 28 个 M56 的地脚螺栓，满足要求。

2.4.9.3 筋板

筋板的压应力按下式计算：

$$\sigma_G = \frac{F}{n_1 \delta_G l_2}$$

式中 σ_G ——筋板的压应力，MPa；

F ——一个地脚螺栓承受的最大压力，N，$F = \sigma_B A_b / n$；

n_1 ——对应一个地脚螺栓的筋板个数；

l_2 ——筋板宽度，mm；

δ_G ——筋板厚度，mm。

筋板的许用应力按下式计算：

当 $\lambda \leqslant \lambda_c$ 时，

$$[\sigma]_c = \left[1 - 0.4(\lambda / \lambda_c)^2\right][\sigma]_G \big/ v$$

式中：$[\sigma]_c$ ——筋板的许用压应力，MPa；

λ ——细长比，且不大于 250，$\lambda = \dfrac{0.5 l_k}{i}$；

i ——惯性半径，对长方形截面的筋板取 0.289 σ_G，mm；

l_k——筋板长度，mm；

λ_c ——临界细长比，$\lambda_c = \sqrt{\pi^2 E \big/ 0.6[\sigma]_G}$；

E ——筋板材料的弹性模量，MPa；

$[\sigma]_G$ ——筋板材料的许用应力。

计算过程：一个地脚螺栓所承受的最大拉力：

$$F = \sigma_B A_b \big/ n = 3.04 \times 2.31 \times 10^6 / 28 = 2.5 \times 10^5\,(\text{N})$$

结构中参数：$l_k = 350\,\text{mm}$，$l_3 = 190\,\text{mm}$，$l_2 = 155\,\text{mm}$，$\delta_G = 16\,\text{mm}$

筋板的压应力：

$$\sigma_G = \frac{F}{n_1 \delta_G l_2} = \frac{2.5 \times 10^5}{2 \times 16 \times 160} = 48.83$$

筋板的细长比：

$$\lambda = \frac{0.5 l_k}{i} = \frac{0.5 \times 350}{0.289 \times 16} = 37.85$$

临界细长比：

$$\lambda_c = \sqrt{\frac{\pi^2 E}{0.6[\sigma]_G}} = \sqrt{\frac{3.14^2 \times 2.1 \times 10^5}{0.6 \times 140}} = 157.08$$

许用应力：

$$[\sigma]_c=\frac{\left[1-0.4\left(\lambda/\lambda_c\right)^2\right][\sigma]_G}{v}=\frac{\left[1-0.4\left(37.85/157.08\right)^2\right]\times 140}{1.539}=88.88\,(\mathrm{MPa})$$

其中

$$v=1.5+\frac{2}{3}\left(\frac{\lambda}{\lambda_c}\right)^2=1.5+\frac{2}{3}\times\left(\frac{37.85}{157.08}\right)^2=1.539$$

得到$\sigma_G\leqslant[\sigma]_c$。

2.4.9.4　盖板

环形盖板的最大应力按照下式计算（有垫板时）：

$$\sigma_z=\frac{3Fl_3}{4\left(l_2-d_3\right)\delta_c^2+4\left(l_4-d_2\right)\delta_z^2}$$

式中　σ_z ——盖板的最大应力，MPa；

d_2 ——垫板上地脚螺栓孔直径，mm；

d_3 ——盖板上地脚螺栓孔直径，mm；

l_2 ——筋板宽度，mm；

l_3 ——筋板内侧间距，mm；

l_4 ——垫板宽度，mm；

δ_c ——盖板厚度，mm；

δ_z ——垫板厚度，mm。

$l_2=155\,\mathrm{mm}$，$d_3=60\,\mathrm{mm}$，$l_4=1100\,\mathrm{mm}$，$d_2=52\,\mathrm{mm}$，$l_3=190\,\mathrm{mm}$，$\delta_c=\delta_G=42\,\mathrm{mm}$。

$$\sigma_z=\frac{3\times 2.5\times 10^5\times 190}{4(155-60)\times 42^2+4(110-52)\times 42^2}=131.99\,(\mathrm{MPa})$$

$$\sigma_z\leqslant[\sigma]_s=140\,(\mathrm{MPa})$$

2.4.10　裙座与塔壳对接连接焊缝的验算

对接焊缝 J—J 截面处的拉应力按下式计算：

$$\frac{4M_{max}^{J-J}}{\pi D_{it}^2\delta_{es}}-\frac{m_0^{J-J}g-F_V^{J-J}}{\pi D_{it}\delta_{es}}\leqslant 0.6K[\sigma]_w^t$$

式中　D_{it} ——裙座顶截面的内直径，mm。

计算结果：$M_{max}^{J-J}=M_{max}^{II-II}$，$m_0^{J-J}=m_0^{II-II}$

$$D_{it}=2811.5\,\mathrm{mm},\quad \delta_{es}=23\,\mathrm{mm}$$

所以，计算上式得

$$\frac{4\times 8.73\times 10^9}{3.14\times(2811.5)^2\times 23}-\frac{126986.7\times 9.8-47723.66}{3.14\times 2811.5\times 23}=5.89(\mathrm{MPa})\leqslant 0.6\times 1.2\times 181=130.32\,(\mathrm{MPa})$$

焊缝验算合格。

2.4.11 设计总汇

将设计计算参数汇总如表 2-36 所列。

表 2-36 设计参数汇总表

内筒上封头壁厚	8 mm	裙座焊缝强度	62.229 MPa
内筒下封头壁厚	12 mm	内筒上筒壁厚	7 mm
塔器的操作质量	514680.69 kg	内筒下筒壁厚	8 mm
塔器的最大质量	514680.69 kg	外筒上筒壁厚	18 mm
塔器的最小质量	152005.54 kg	外筒下筒壁厚	23 mm
风载荷 0—0 截面的弯矩	3.27×10^9 N·mm	外筒上封头壁厚	18 mm
风载荷 1—1 截面的弯矩	3.11×10^9 N·mm	外筒下封头壁厚	18 mm
风载荷 2—2 截面的弯矩	2.53×10^9 N·mm	风载荷 3—3 截面的弯矩	1.83×10^9 N·mm
塔的自振周期 T_1	1.297s		
地震载荷 0—0 截面的弯矩	9.179×10^9 N·mm	基础环外径 D_{ob}	3650 mm
地震载荷 1—1 截面的弯矩	8.77×10^9 N·mm	基础环内径 D_{io}	3200 mm
地震载荷 2—2 截面的弯矩	8.05×10^9 N·mm	混凝土基础强度：正常操作	3.7554 MPa
塔底危险截面 2—2 的轴向应力	83.54 MPa	基础环厚度设计	35.44 mm
塔底 2—2 截面上的轴向拉应力	48.94 MPa	地脚螺栓承受的最大拉应力	3.04 MPa
裙座底部 1—1 截面的轴向拉应力	52.71 MPa	地脚螺栓直径	M56
裙座检查孔 1—1 截面的轴向压应力	93.46 MPa		

2.4.12 塔器设计主要符号说明

A_{sm}——裙座人孔处截面的面积，mm^2；

Z_{sm}——裙座人孔处截面的抗弯截面系数，mm^3；

D_{is}——裙座壳底部内直径，mm；

δ_{es}——裙座壳有效壁厚，mm；

D_{im}——裙座人孔截面处裙座壳的内直径，mm；

b_m——裙座人孔截面处水平方向的最大宽度，mm；

l_m——人孔或较大管线引出孔加强管的长度，mm；

S_m——人孔或较大管线引出孔加强管的厚度，mm；

D_{ei}——塔计算段的有效直径，mm；

D_{ib}——基础环内直径，mm；

D_{ob}——基础环外直径，mm；

D_{os}——裙座大端外直径，mm；

E——设计温度下材料的弹性模量，MPa；

f_i——风压高度变化系数；

H——塔的总高度，mm；

h_{it}——塔第 i 段顶截面距地面的高度，m；

M_E^{i-i}——塔第 i—i 截面处的地震弯矩，N•mm；

M_E^{i-i}——塔第 i—i 截面处的最大弯矩，N•mm；

M_E^{i-i}——塔第 i—i 截面处的风弯矩，N•mm；

m_{max}——塔的最大质量，kg；

m_{min}——塔的最小质量，kg；

m_0——塔的操作质量，kg；

m_0^{i-i}——计算截面以上的操作质量，kg；

p_c——计算压力，MPa；

P_i——塔 i—i 计算段的水平风力，MPa；

q_0——基本风压值，N/m^2；

T_1——塔的基本自振周期，s；

α_1——对应 T_1 的地震影响系数;

α_{max}——地震影响系数的最大值;

δ_{ps}——管线保温层厚度，mm；

δ_{si}——塔第 i 段保温层厚度，mm；

ζ——脉动增大系数;

ν_i——脉动影响系数;

σ_1——由计算压力引起的轴向应力，MPa；

σ_2——由重力引起的轴向应力，MPa；

$[\sigma]^t$——设计温度下筒体材料的许用应力，MPa；

$[\sigma]_{er}$——设计温度下材料的许用轴向压应力，MPa；

$[\sigma]_s^t$——设计温度下裙座材料的许用应力，MPa；

ϕ_{zi}——振型系数。

2.5 本章小结

以每天 200 万立方米混合制冷剂天然气液化流程用 LNG 低温缠绕管式主换热器设计为主，主要内容为换热器的工艺计算、换热器的结构与强度设计计算。其中，工艺计算主要是确定混合制冷剂的配比、各级制冷装备所需制冷量的平衡计算、换热系数、换热面积和所需的缠绕管束个数、压力降计算等；而结构与强度设计主要包括管板厚度计算、换热管的分布、管板与法兰及换热管的连接、开孔补强计算以及各种零部件的材料选择，塔的机械设计计算等。在设计过程中，采用较新的国家标准，做到既满足设计要求，又使结构优化，降低成本，以提高经济效益为主，力争使产品符合生产实际需要，适应激烈的市场竞争。LNG 缠绕管式换热器设计属于制冷压力容器设计的范畴。

参考文献

[1] GB 150—1998，钢制压力容器 [S].

[2] GB 151—1999，管壳式换热器 [S].

[3] JB 4710—1992，钢制塔式容器 [S].

[4] JB/T 4737—1995，椭圆形封头 [S].

[5] GB/T 3280—1992，不锈钢冷轧钢板 [S].

[6] GB 18442—2001，低温绝热压力容器 [S].

[7] JIS G3127—1990，低温压力容器用镍钢板 [S].

[8] 钱颂文. 换热器手册 [M]. 北京：化学工业出版社，2002.

[9] HG/T 20581～20585—2011，钢制化工容器材料选用规定 [S].

[10] 吴业正，等. 制冷与低温技术原理 [M]. 北京：高等教育出版社，2004.

[11] 严启森，石文星，田长青. 空气调节用制冷技术 [M]. 北京：中国建筑工业出版社，2010.

[12] JB/T 4736—2002，补强圈 [S].

[13] JB/T 4715—1992，固定管板式换热器型式与基本参数 [S].

[14] ASTM A333/A333M—2010，低温设备用无缝和焊接钢管的标准规范 [S].

[15] 刁玉玮，王立业，喻建良. 化工设备机械基础（第六版）[M]. 大连：大连理工大学出版社，2009.

[16] 崔鹏，魏凤玉. 化工原理. 第2版 [M]. 合肥：合肥工业大学出版社，2007.

[17] GB/T 16938—1997，紧固件 螺栓、螺钉、螺柱和螺母通用技术条件 [S].

[18] HG/T 21631—1990，钢制有缝对焊管件 [S].

[19] 化工设备设计全书编辑委员会，路秀林，王者相. 塔设备 [M]. 北京：化学工业出版社，2004.

[20] SH 3098—2000，石油化工塔器设计规范 [S].

[21] 张贤安，陈永东，王健良. 缠绕管式换热器的工程应用 [J]. 大氮肥，2004，27（01）：9-11.

[22] 都跃良，陈永东，张贤安，等. 大型多股流缠绕管式换热器的制造 [J]. 压力容器，2004，21（06）：26-29.

[23] 刘福生，康平. 塔器设计中裙座及地脚螺栓材料选用 [J]. 石油化工设备，2005，34（06）：76-77.

[24] 阚红元. 绕管式换热器的设计 [J]. 大氮肥，2008，31（03）：145-148.

[25] 张周卫，汪雅红. 缠绕管式换热器 [M]. 兰州：兰州大学出版社，2014.

[26] 张周卫，李连波，李军，等. 缠绕管式换热器设计计算软件 [Z]. 北京：中国版权保护中心，201310358118. 7，2013-02-19.

[27]（日）尾花英朗著，徐忠权. 热交换器设计手册 [M]. 北京：石油工业出版社，1982.

[28] 张周卫，薛佳幸，汪雅红，等. 缠绕管式换热器的研究与开发 [J]. 机械设计与制造，2015，（9），12-17.

[29] 张周卫，薛佳幸，汪雅红. LNG系列缠绕管式换热器的研究与开发 [J]. 石油机械，2015，43（4），118-123.

[30] 张周卫，汪雅红，张小卫，等. LNG低温液化混合制冷剂多股流螺旋缠绕管式主换热装备. 中国：201110381579.7 [P]，2012-07-11.

[31] 张周卫，汪雅红，张小卫，等. LNG低温液化一级制冷四股流螺旋缠绕管式换热装备. 中国：201110379518.7 [P]，2012-05-16.

[32] 张周卫，汪雅红，张小卫，等. LNG低温液化二级制冷三股流螺旋缠绕管式换热装备. 中国：201110376419.3 [P]，2012-07-04.

[33] 张周卫，汪雅红，张小卫，等. LNG低温液化三级制冷螺旋缠绕管式换热装备. 中国：201110373110.9 [P]，2012-07-04.

[34] 张周卫，汪雅红，张小卫，等. 一种带真空绝热的双股流低温螺旋缠绕管式换热器. 中国：2011103156319 [P]，2012-05-16.

[35] 张周卫，汪雅红，张小卫，等. 一种带真空绝热的单股流低温螺旋缠绕管式换热器. 中国：2011103111939 [P]，2012-07-11.

[36] 张周卫，汪雅红，张小卫，等. 双股流螺旋缠绕管式换热器设计计算方法. 中国：201210303321.X [P]，2013-01-02.

[37] 张周卫，汪雅红，张小卫，等. 单股流螺旋缠绕管式换热器设计计算方法. 中国：201210297815.1 [P]，2012-12-05.

[38] Zhang Zhou-wei，Wang Ya-hong，Xue Jia-xing. Research and Develop on Series of LNG Coil-wound Heat Exchanger [J]. Applied

Mechanics and Materials，2015，1070-1072：1774-1779.
[39] Zhang Zhou-wei，Xue Jia-xing，Wang Ya-hong. Calculation and design method study of the coil-wound heat exchanger [J]. Advanced Materials Research，2014，1008-1009： 850-860.
[40] 张周卫，李跃，汪雅红，等. 恒壁温工况下螺旋管内流体强化传热数值模拟研究 [J]. 制冷与空调，2016，16（2），43-48.
[41] 李跃，张周卫，郭舜之，等. 恒壁温矩形截面螺旋管传热与阻力特性模拟 [J]. 燃气与热力，2016，36（11），34-40.
[42] 张周卫，薛佳幸，汪雅红. 双股流低温缠绕管式换热器设计计算方法研究 [J]. 低温工程，2014（6），17-23.
[43] Xue Jia-xing，Zhang Zhou-wei，Wang Ya-hong. Research on Double-stream Coil-wound Heat Exchanger [J]. Applied Mechanics and Materials，2014，672-674： 1485-1495.
[44] Zhang Zhou-wei，Wang Ya-hong，Xue Jia-xing. Research on cryogenic characteristics in spatial cold-shield system [J]. Advanced Materials Research，2014，1008-1009 ： 873-885.
[45] 张周卫，厉彦忠，汪雅红，等. 空间低红外辐射液氮冷屏低温特性研究 [J]. 机械工程学报，2010，46（2）：111-118.
[46] 张周卫，汪雅红. 空间低温制冷技术 [M]. 兰州：兰州大学出版社，2014-3.
[47] 李跃，汪雅红，李河，等. 两种不同截面螺旋管压力损失的比较研究 [J]. 通用机械，2015，（9），94-97.
[48] 李跃，张周卫，汪雅红，等. 一种新的评价螺旋管综合性能的方法 [J]. 机械，2016，43（2），8-12.
[49] 张周卫，薛佳幸，汪雅红. 双股流低温缠绕管式换热器设计计算方法研究 [J]. 低温工程，2014（6），17-23.
[50] 张周卫，汪雅红，薛佳幸，等. 低温甲醇用系列缠绕管式换热器的研究与开发 [J]. 化工机械，2014，41（6），705-711.
[51] 张周卫，汪雅红，张小卫，等. 低温甲醇一甲醇缠绕管式换热器设计计算方法：中国，201210519544.X [P]，2013-03-27.
[52] 张周卫，汪雅红，张小卫，等. 低温循环甲醇冷却器用缠绕管式换热器. 中国：201210548454.3 [P]，2013-03-20.
[53] 张周卫，汪雅红，张小卫，等. 未变换气冷却器用低温缠绕管式换热器. 中国：201210569754.X [P]，2013-04-03.
[54] 张周卫，汪雅红，张小卫，等. 变换气冷却器用低温缠绕管式换热器. 中国：201310000047.3 [P]，2013-04-10.
[55] 张周卫，汪雅红，张小卫，等. 原料气冷却器用三股流低温缠绕管式换热器. 中国：201310034723.9 [P]，2013-04-24.
[56] 张周卫，张国珍，周文和，等. 双压控制减压节流阀的数值模拟及实验研究 [J]. 机械工程学报，2010，46（22），130-135.
[57] 张周卫，汪雅红，张小卫，等. LNG 截止阀. 中国：2014100537774 [P]，2014-02-18.
[58] 张周卫，汪雅红，张小卫，等. LNG 闸阀. 中国：2014100577593 [P]，2014-02-20.
[59] 张周卫，汪雅红，张小卫，等. LNG 蝶阀. 中国：2014100675187 [P]，2014-02-27.
[60] 张周卫，汪雅红，张小卫，等. LNG 球阀. 中国：2014100607461 [P]，2014-02-24.
[61] 张周卫，汪雅红，张小卫，等. LNG 止回阀. 中国：2014100712608 [P]，2014-03-01.
[62] 赵想平，汪雅红，张小卫，等. LNG 低温过程控制安全阀. 中国：2011103027816 [P]，2013-10-30.

第3章 LNG板翅式换热器设计计算

LNG 板翅式换热器（PFHE）主要用于 $30\times10^4m^3/d$ 以上大型 LNG 液化系统，是该系统中的核心设备，一般达到 $60\times10^4m^3/d$ 以上时，采用并联两套的模块化办法，实行 LNG 系统的大型化。基于板翅式换热器的 LNG 液化工艺也是目前非常流行的中小型 LNG 液化系统的主液化工艺，由于采用多级混合制冷剂制冷工艺，LNG 板翅式换热器设计计算复杂，工艺流程及流程参数，尤其混合制冷剂配比及复合制冷系统工艺计算难度很大，LNG 板翅式换热器难以设计计算。本文根据在研 LNG 项目开发情况，给出了 LNG 混合制冷剂多股流板翅式换热器的设计计算模型。

3.1 板翅式换热器简介

3.1.1 板翅式换热器国内外发展

3.1.1.1 板翅式换热器国外发展概况

20 世纪 60 年代后，美国海军研究署和美国原子能委员会共同研制铝制板翅式换热器并促进了板翅式换热器在低温领域的发展。日本神户制钢所在 60 年代先后从美英等国引进技术设备，并对生产工具、预热温度、炉温控制、钎剂配方、防腐蚀等方面进行了系统研究，在技术研究及实验研究方面获得了实际经验之后，开始批量生产板翅式换热器。除美国、英国、日本以外，德国、法国、比利时、捷克等欧洲主要工业化国家对板翅式换热器同样进行了深入的研究开发。以德国 Linde 公司为例，目前生产的大型板翅式换热器已广泛应用于空分、LNG 等低温领域，而且在世界范围内的占比很大。国外生产的大型板翅式换热器一般为石油化工装备配套产品，且工作压力及尺寸规格随工艺流程越来越大。未来板翅式换热器的发展将更趋向于石油化工、制冷及低温领域，如 LNG 等。

3.1.1.2 板翅式换热器国内发展概况

我国早在 20 世纪 60 年代就开始生产用于航空冷却的板翅式换热器，由于采用空气炉钎焊生产工艺，所以只能生产小型板翅式换热器。40 多年来，我国板翅式换热器技术取得了显著的进步。1983 年杭氧和开空两厂开发出了大型中压板翅式换热器，使我国的板翅式换热器的技术水平达到了一个新的高度。1991 年杭氧引进美国 SW 公司大型真空钎炉和板翅式换热器的制造技术，并于 1993 年成功开发了 8.0MPa 石油化工用高压铝制板翅式换热器，从而使我国的板翅式换热器走向了国际市场。近年来，由于铝合金钎焊技术的不断发展与完善，促使板翅式换热器朝着系列化、标准化、专业化和大型化发展。

3.1.2 板翅式换热器的构造及工作原理

（1）基本单元

隔板、翅片及封条构成了板翅式换热器的基本单元。冷热流体在相邻的基本单元体的流道中流动，通过翅片及将翅片连接在一起的隔板进行热交换，且结构基本单元体即是热交换基本单元。将许多个这样的单元体根据流体流动方式布置叠置后钎焊成一体，可组成板翅式换热器的板束部分。一般情况下，从板束强度、绝热效果和制造工艺等要求出发，板束顶部和底部留有若干假翅片层，又称强度层或工艺层。在板束两端配置适当的流体出入口，即可组成板翅式换热器。

（2）翅片作用和形式

翅片是板翅式换热器的基本单元，冷热流体之间的热交换大部分通过翅片，小部分直接通过隔板来进行，正常设计中，翅片传热面积为换热器总面积的60%～80%，翅片与隔板之间的连接均为完整的钎焊，因此大部分热量传给翅片，通过隔板并由翅片传给冷流体。由于翅片传热不像隔板那样直接传热，故翅片又有“二次表面之称”。二次传热面一般比一次传热面效率低，但是没有这些翅片就形成了最基本的平板式换热。翅片除了承担主要的传热以外，还起着隔板之间的加强作用。尽管翅片和隔板材料都很薄，但由此构成的单元体强度很高，能承受很高的压力。

（3）封条

封条的作用是使流体在单元体的流动中不向外流动，它的结构形式很多，常用的有燕尾形、燕尾槽形和矩形三种。

（4）导流片和封头

为了均匀地把流体引导到各个翅片中或汇集到封头中，一般在翅片的两端都设有导流片，导流片也对较薄的翅片起保护作用，它的结构与多孔翅片相似。封头的作用是集聚流体，使板束与工艺管道连接起来。由于翅片的特殊结构，使流体在流道中形成强烈的湍动，使传热边界层不断被破坏，有效降低了热阻，提高了传热效率；结构紧凑，单位体积的传热面积通常比列管式换热器大5倍以上，最大可达几十倍；体积小、轻巧牢固、适用性大、经济性好。

3.1.3 基于PFHE的LNG液化系统

PFHE型LNG液化系统由三个连贯的PFHE板束组成，包括高温板束、中温板束和低温板束。原料气离开气体预处理单元后，首先进入PFHE高温板束，经混合制冷剂冷却至-53℃后，离开高温板束并进入中温板束。原料气在中温板束中被冷却至-120℃且在离开中温板束之前完全冷凝。最后进入低温板束，并被低温板束中低温混合制冷剂过冷，并在-163℃时离开PFHE。过冷的LNG被送入LNG储罐中储存，产生的BOG蒸汽回收到工艺中再次循环液化。

3.1.4 基于板翅式换热器的混合制冷剂制冷系统

LNG制冷系统的制冷剂由氮气、甲烷、乙烯、丙烷及丁烷的混合物组成，通过混合制冷剂制冷循环向PFHE提供制冷量并液化天然气。来自PFHE高温端的混合制冷剂蒸汽在压缩机中压缩且在压缩机的后冷却器中由环境空气冷却，再在气液分离器中相相分离，蒸汽流过高压压缩机进一步压缩，然后再在高压压缩机后冷却器中由环境空气冷却，在高温高压气液分离器中相相分离。低压混合制冷剂来自低压气液分离器，然后通过 PFHE高温板束进一步冷却。高温高压的混合制冷剂也通过 PFHE高温板束进一步冷却，然后分别通过高压和低压节流阀节流，节流后混合并进入高温板束提供制冷量。

低温制冷剂从高温板束出来之后，进入气液分离器，分离出的液体经过 PFHE 中温板束冷却，离开中温板束后，再经中温节流阀节流，节流后进入中温板束并提供制冷量。从低温高压气液分离器中出来的混合制冷剂蒸汽流在中温和低温 PFHE 板束中液化并过冷，然后离开低温板束，再经低温节流阀节流，进入低温板束为 PFHE 低温板束提供制冷量。混合制冷剂通过 PFHE 的高温、中温、低温板束并提供制冷量之后，过热蒸汽被收集在压缩机吸入罐中，然后再次压缩循环。

3.1.5 液化天然气工艺流程操作及控制

LNG 液化生产线的操作是基于控制混合制冷剂系统制冷输出，分别调整通过高温、中温、低温 JT 阀的混合制冷剂流量。LNG 的产量靠混合制冷剂的制冷剂输出来维持平衡，用设在 LNG 管线上的温控阀来控制。

混合制冷剂系统的控制包括一个液位控制回路和三个流量控制回路：一个控制回路是 LP 高温 JT 阀，此阀控制低压混合制冷剂分离器的液位；第二控制回路是 HP 高温 JT 阀，此阀门控制进入 PFHE 高温板束的混合制冷剂流量；第三控制回路是中温 JT 阀，此阀门控制到 PFHE 的中温板束的混合制冷剂液体流。最后的控制回路是低温 JT 阀，此阀控制流至 PFHE 的低温板束的混合制冷剂蒸汽流。

混合制冷剂制冷系统控制主要针对期望产能下能否优化混合制冷剂压缩机的操作。PFHE 上混合制冷剂组分、高温端温差、低温端温差和中点温度等指标是工艺技术的关键部分，可用于指导调整制冷工艺。一旦混合制冷剂配比确定，对于系统的最大影响是通过 HP 高温 JT 阀和中温 JT 阀的混合制冷剂循环量，循环量越大，由系统输出的制冷量也就越大。混合制冷剂与 LNG 产能相互平衡，混合制冷剂蒸汽与液体比例的改变以及 LNG 产量与可用制冷剂的比例的改变对 LNG 温度相当敏感。如果制冷剂蒸汽相对液体的量增加，轻组分的浓度也将增加，使得循环混合制冷剂更轻，且能输送更低温的制冷剂以降低 LNG 的温度。

混合制冷剂中低温端温差与氮气的含量存在着函数关系。过量的氮气将会使温差变大，且导致电力的浪费。氮气的含量通过调整补充流量来控制。

3.2 板翅式换热器的工艺计算

3.2.1 板翅式换热器的工艺设计过程

板翅式换热器的工艺设计步骤主要有以下几部分。

① 根据液化天然气工艺流程，确定各级制冷剂；

② 确定各个制冷剂在不同压力和温度下的物性参数；

③ 根据各个制冷剂物性参数确定各级所需制冷剂种类；

④ 根据各级制冷剂吸收放出热量平衡得出各级制冷剂的质量流量；

⑤ 确定换热系数和换热面积一级板束的排列；

⑥ 求出各级板束压力降。

3.2.2 混合制冷剂参数确定

通过查阅相关资料和国内外对板翅式换热器的设计，确定出本设计所需的制冷剂分别为氮气（N_2）、甲烷（CH_4）、乙烯（C_2H_4）、丙烷（C_3H_8）、正丁烷（n-C_4H_{10}）、异丁烷（i-C_4H_{10}），各个制冷剂的参数都由 REFPROP 8.0 软件查得，具体参数如表 3-1 所列。

表 3-1　混合制冷剂参数

名称	临界压力/MPa	临界温度/K	饱和压力/MPa	饱和温度/K
氮气	3.3958	126.19	1.3826	109
甲烷	4.5992	190.56	1.188	153
乙烯	5.0418	282.35	0.95662	220
丙烷	4.2512	369.89	1.2472	309
正丁烷	4.0051	419.29	0.40786	309
异丁烷	4.0098	418.09	0.41836	309

3.2.3　基于板翅式换热器的 LNG 液化流程

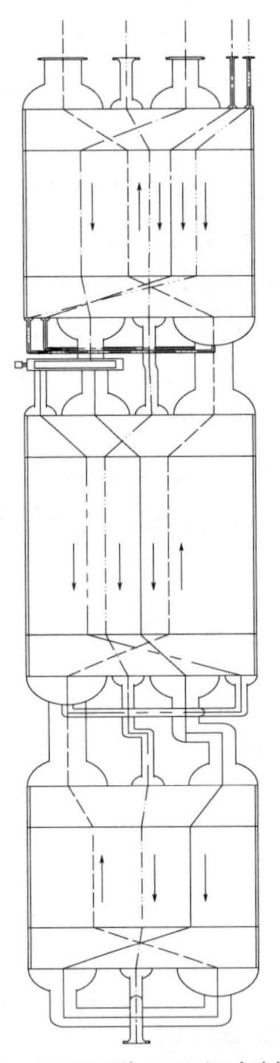

图 3-1　PFHE 型 LNG 混合制冷剂液化系统流程图

—— - - ——乙烯制冷剂；————混合制冷剂；
——·——·——丙烷制冷剂；—·—·—·—天然气；
—·——·——氮气-甲烷-乙烯制冷剂；
————氮气-甲烷制冷剂；
—··—··—正丁烷-异丁烷制冷剂

LNG 液化系统流程如图 3-1 所示。一级换热器应用 C_3H_8、C_4H_{10}-i-C_4H_{10} 制冷剂及 LNG 二级出口 0.3MPa、-63℃的 N_2-CH_4-C_2H_4 在一级五股流板翅式换热器内将 36℃、6.1MPa 天然气冷却至-53℃以便进入二级预冷段；应用一级板翅式换热器首先过冷 C_3H_8、C_4H_{10}-i-C_4H_{10}，再节流至混合一级制冷剂侧与一级 N_2-CH_4-C_2H_4 混合后预冷一级天然气侧、一级 N_2-CH_4-C_2H_4 侧、过冷一级 C_3H_8 侧及一级 C_4H_{10}-i-C_4H_{10} 侧，达到一级天然气预冷、N_2-CH_4-C_2H_4 预冷及 C_3H_8、C_4H_{10}-i-C_4H_{10} 节流前过冷目的。

二级换热器应用 C_2H_4 制冷剂及 LNG 三级出口 0.3MPa、-130℃的 N_2-CH_4 混合制冷剂在二级四股流板翅式换热器内将 5.8MPa、-53℃天然气冷却至-120℃并液化，以便进入三级过冷段；应用二级换热器首先过冷二级 C_2H_4 制冷剂，再节流至二级混合制冷剂侧与来自三级的 N_2-CH_4 混合后预冷-53℃二级天然气侧、二级 N_2-CH_4 侧、二级 C_2H_4 侧，达到二级天然气预冷、二级 N_2-CH_4 预冷及 C_2H_4 节流前过冷目的。

三级换热器应用 N_2-CH_4 混合制冷剂在三股流板翅式换热器内将 6.0MPa、-120℃天然气冷却至-164℃并液化，以便 LNG 过冷贮存及方便运输；应用三级换热器首先预冷并液化非共沸 N_2-CH_4 混合制冷剂，N_2-CH_4 液化后再节流至三级混合制冷剂侧冷却来自二级的出口温度为-120℃的天然气、N_2-CH_4 混合制冷剂，使三级天然气侧

天然气及三级 N_2-CH_4 侧混合制冷剂均被液化，达到混合制冷剂节流前预冷及天然气低温液化目的。

3.2.4 LNG工艺计算过程

3.2.4.1 一级设备预冷制冷过程

已知两物理量通过查温熵图可得出另一物理量。

（1）天然气的预冷过程计算

初态：T_1=309K，P=6.1MPa，查图得 H_1=877.61kJ/kg

终态：T_2=220K，P=6.1MPa，查图得 H_2=607.25kJ/kg

单位质量流量的预冷量：

$$H=H_2-H_1=607.25\text{kJ/kg}-877.61\text{kJ/kg}=-270.36\text{kJ/kg}$$

天然气的质量流量：

$$M=18000/3600=5(\text{kg/s})$$

天然气的总预冷量为：

$$Q=-270.36\text{kJ/kg}\times 5\text{kg/s}=-1351.8\text{kJ/s}$$

（2）混合制冷剂在一级制冷装备里的预冷、再冷，天然气的预冷及制冷量的计算

① 氮气的预冷过程

初态：T=309K，P=1.3826MPa，查图得 H_1=317.95kJ/kg

终态：T=220K，P=1.3826MPa，查图得 H_2=222.59kJ/kg

单位质量流量的预冷量：

$$H=H_2-H_1=222.59\text{kJ/kg}-317.95\text{kJ/kg}=-95.36\text{kJ/kg}$$

② 氮气的制冷过程

初态：T=221K，P=0.3MPa，查图得 H_1=227.04kJ/kg

终态：T=306K，P=0.3MPa，查图得 H_2=320.16kJ/kg

单位质量流量的制冷量为：

$$H=H_2-H_1=320.16\text{kJ/kg}-227.04\text{kJ/kg}=93.12\text{kJ/kg}$$

③ 甲烷的预冷过程

初态：T=309K，P=1.188MPa，查图得 H_1=924.29kJ/kg

终态：T=220K，P=1.188MPa，查图得 H_2=722.13kJ/kg

单位质量流量的预冷量为：

$$H=H_2-H_1=722.13\text{kJ/kg}-924.29\text{kJ/kg}=-202.16\text{kJ/kg}$$

④ 甲烷的制冷过程

初态：T=221K，P=0.3MPa，查图得 H_1=737.58kJ/kg

终态：T=306K，P=0.3MPa，查图得 H_2=932.07kJ/kg

单位质量流量的制冷量为：

$$H=H_2-H_1=932.07\text{kJ/kg}-737.58\text{kJ/kg}=194.49\text{kJ/kg}$$

⑤ 乙烯的预冷过程

初态：T=309K，P=0.957MPa，查图得 H_1=1031.4kJ/kg

终态：T=220K，P=0.957MPa，查图得 H_2=928.7kJ/kg

单位质量流量的预冷量为：

$$H=H_2-H_1=928.7\text{kJ/kg}-1031.4\text{kJ/kg}=-102.7\text{kJ/kg}$$

⑥ 乙烯的制冷过程

初态：T=221K，P=0.3MPa，查图得 H_1=941.75kJ/kg

终态：T=306K，P=0.3MPa，查图得 H_2=1055.6kJ/kg

单位质量流量的制冷量为：

$$H=H_2-H_1=1055.6\text{kJ/kg}-941.75\text{kJ/kg}=113.85\text{kJ/kg}$$

⑦ 丙烷的预冷过程

初态：T=309K，P=3.527MPa，查图得 H_1=295.31kJ/kg

终态：T=220K，P=3.527MPa，查图得 H_2=78.843kJ/kg

单位质量流量的预冷量为：

$$H=H_2-H_1=78.843\text{kJ/kg}-295.31\text{kJ/kg}=-216.467\text{kJ/kg}$$

节流过程属于等焓过程，则：

节流前：T=220K，P=3.527MPa，查图得 H=78.843kJ/kg

节流后：H=78.843kJ/kg，P=0.3MPa，查图得 T=221.46K

⑧ 丙烷的制冷过程

初态：T=221.46K，P=0.3MPa，查图得 H_1=78.843kJ/kg

终态：T=306K，P=0.3MPa，查图得 H_2=643.925kJ/kg

单位质量流量的制冷量为：

$$H=H_2-H_1=643.925\text{kJ/kg}-78.843\text{kJ/kg}=565.082\text{kJ/kg}$$

单位净制冷量为：

$$\Delta H=565.082\text{kJ/kg}-216.467\text{kJ/kg}=348.61\text{kJ/kg}$$

⑨ 正丁烷的预冷过程

初态：T=309K，P=1.3MPa，查图得 H_1=286.58kJ/kg

终态：T=220K，P=1.3MPa，查图得 H_2=84.5kJ/kg

单位质量流量的预冷量为：

$$H=H_2-H_1=84.5\text{kJ/kg}-286.58\text{kJ/kg}=-202.08\text{kJ/kg}$$

节流过程属于等焓过程，则：

节流前：T=220K，P=1.3MPa，查图得 H=84.75kJ/kg

节流后：H=84.75kJ/kg，P=0.3MPa，查图得 T=220.49K

⑩ 正丁烷的制冷过程

初态：T=220.49K，P=0.3MPa，查图得 H_1=84.75kJ/kg

终态：T=306K，P=0.3MPa，查图得 H_2=607.35kJ/kg

单位质量流量的制冷量为：

$$H=H_2-H_1=607.35\text{kJ/kg}-84.75\text{kJ/kg}=522.6\text{kJ/kg}$$

单位净制冷量为：

$$\Delta H=522.6\text{kJ/kg}-202.08\text{kJ/kg}=350.52\text{kJ/kg}$$

⑪ 异丁烷的预冷过程

初态：T=309K，P=1.3MPa，查图得 H_1=286.81kJ/kg

终态：T=220K，P=1.3MPa，查图得 H_2=86.14kJ/kg

单位质量流量的预冷量为：

$$H=H_2-H_1=86.14\text{kJ/kg}-286.81\text{kJ/kg}=-200.67\text{kJ/kg}$$

节流过程属于等焓过程，则：

节流前：T=220K，P=1.3MPa，查图得 H=86.114kJ/kg

节流后：H=86.114kJ/kg，P=0.3MPa，查图得 T=220.50K

⑫ 异丁烷的制冷过程

初态：T=220.50K，P=0.3MPa，查图得 H_1=86.114kJ/kg

终态：T=306K，P=0.3MPa，查图得 H_2=610.244kJ/kg

单位质量流量的制冷量为：

$$H=H_2-H_1=610.244\text{kJ/kg}-86.114\text{kJ/kg}=524.13\text{kJ/kg}$$

单位净制冷量为：

$$\Delta H=524.13\text{kJ/kg}-200.67\text{kJ/kg}=323.46\text{kJ/kg}$$

3.2.4.2 二级设备预冷制冷过程

（1）混合制冷剂在二级制冷装备的再冷、液化及制冷量的计算

① 乙烯的预冷过程

初态：T_3=220K，P=2.5706MPa，查图得 H_3=521.4kJ/kg

终态：T_4=153K，P=2.5706MPa，查图得 H_4=353.8kJ/kg

单位质量流量预冷量为：

$$H=H_4-H_3=353.8\text{kJ/kg}-521.4\text{kJ/kg}=-167.6\text{kJ/kg}$$

节流过程属于等焓过程，则：

节流前：T=153K，P=2.5706MPa，查图得 H=353.8kJ/kg

节流后：H=353.8kJ/kg，P=0.3MPa，查图得 T=151.7K

② 乙烯的制冷过程

初态：T_1=151.7K，P=0.3MPa，查图得 H_1=353.8kJ/kg

终态：T_2=200K，P=0.3MPa，查图得 H_2=941.75kJ/kg

单位质量流量的制冷量为：

$$H=H_1-H_2=941.75\text{kJ/kg}-353.8\text{kJ/kg}=587.95\text{kJ/kg}$$

③ 氮气预冷过程

入口：T=220K，P=1.3826MPa，查图得 H=222.59kJ/kg

出口：T=153K，P=1.3826MPa，查图得 H=147.24kJ/kg

单位质量预冷量为：

$$\Delta H=147.24\text{kJ/kg}-222.59\text{kJ/kg}=-75.35\text{kJ/kg}$$

④ 氮气制冷过程

初态：T_1=153K，P=0.3MPa，查图得 H_1=156.29kJ/kg

终态：T_2=200K，P=0.3MPa，查图得 H_2=227.04kJ/kg

单位质量流量制冷量为：

$$\Delta H=H_2-H_1=227.04\text{kJ/kg}-156.29\text{kJ/kg}=70.75\text{kJ/kg}$$

⑤ 甲烷预冷过程

入口：T=220K，P=1.188MPa，查图得 H=722.13kJ/kg

出口：T=153K，P=1.188MPa，查图得 H=556.39kJ/kg

单位质量预冷量为：

$$\Delta H=556.39\text{kJ/kg}-722.13\text{kJ/kg}=-165.74\text{kJ/kg}$$

⑥ 甲烷制冷过程

初态：T_1=153K，P=0.3MPa，查图得 H_1=593.11kJ/kg

终态：T_2=220K，P=0.3MPa，查图得 H_2=707.25kJ/kg

单位质量流量制冷量为：

$$\Delta H=H_2-H_1=707.25\text{kJ/kg}-593.11\text{kJ/kg}=114.14\text{kJ/kg}$$

（2）天然气在二级制冷装置的放热量

过冷过程

初态：T_1=220K，P=5.7MPa，查图得 H_1=617.7kJ/kg

终态：T_2=153K，P=5.7MPa，查图得 H_2=156.22kJ/kg

单位质量流量预冷量为：

$$\Delta H=H_2-H_1=156.22\text{kJ/kg}-617.7\text{kJ/kg}=-461.48\text{kJ/kg}$$

天然气的总预冷量为：

$$Q=-461.48\text{kJ/kg}\times5\text{kg/s}=-2307.4\text{kJ/s}$$

3.2.4.3 三级设备预冷制冷过程

（1）混合制冷剂在三级制冷装置中制冷量的计算

① 氮气制冷过程

节流过程属于等焓过程，则：

节流前：T=109K，P=1.3826MPa，查图得 H=−51.128kJ/kg

节流后：H=−51.128kJ/kg，P=0.3MPa，查图得 T=87.9K

初态：T_1=87.9K，P=0.3MPa，查图得 H_1=−51.128kJ/kg

终态：T_2=153K，P=0.3MPa，查图得 H_2=156.29kJ/kg

单位质量流量的制冷量为：

$$H=H_1-H_2=156.29\text{kJ/kg}-(-51.128\text{kJ/kg})=207.418\text{kJ/kg}$$

② 氮气预冷过程

初态：T_3=153K，P=1.3826MPa，查图得 H_3=147.24kJ/kg

终态：T_4=109K，P=1.3826MPa，查图得 H_4=−51.128kJ/kg

单位质量流量预冷量为：

$$H=H_4-H_3=-51.128\text{kJ/kg}-147.24\text{kJ/kg}=-198.368\text{kJ/kg}$$

③ 甲烷制冷过程

初态：T_1=110K，P=0.3MPa，查图得 H_1=−7.357kJ/kg

终态：T_2=153K，P=0.3MPa，查图得 H_2=593.11kJ/kg

单位质量流量的制冷量为：

$$H=H_1-H_2=593.11\text{kJ/kg}-(-7.357\text{kJ/kg})=600.467\text{kJ/kg}$$

节流过程属于等焓过程，则：

节流前：T=109K，P=1.3826MPa，查图得 H=−7.375kJ/kg

节流后：H=−7.375kJ/kg，P=0.3MPa，查图得 T=110K

④ 甲烷预冷过程

初态：T_3=153K，P=1.3826MPa，查图得 H_3=154.97kJ/kg

终态：T_4=109K，P=1.3826MPa，查图得 H_4=−7.357kJ/kg

单位质量流量预冷量为：

$$H=H_4-H_3=-7.357\text{kJ/kg}-154.97\text{kJ/kg}=-162.327\text{kJ/kg}$$

（2）天然气在三级制冷装置的放热量

过冷过程

初态：T_1=153K，P=5.3MPa，查图得 H_1=205.7181kJ/kg

终态：T_2=109K，P=5.3MPa，查图得 H_2=−1.6999kJ/kg

单位质量流量预冷量为：

$$\Delta H=H_2-H_1=-1.6999\text{kJ/kg}-205.7181\text{kJ/kg}=-207.418\text{kJ/kg}$$

天然气的总预冷量为：

$$Q=-207.418\text{kJ/kg}\times 5\text{kg/s}=-1037.09\text{kJ/s}$$

3.2.4.4 制冷剂各组分的质量流量

（1）三级换热器

根据道尔顿分压定理，得出氮气与甲烷混合后的摩尔质量关系；设甲烷的摩尔质量为 x mol，质量流量为 16x kg/s，则由道尔顿分压定理得：

$$\frac{N_1}{N_2}=\frac{P_1}{P_2} \tag{3-1}$$

$$\frac{x}{N_2}=\frac{1.18}{1.382};\quad N_2=1.16x$$

可得出氮气的摩尔质量为 1.16x，质量流量为 32.58x(kg/s)。

根据三级制冷装置吸热量等于放热量得：

$$32.58x\times 207.418+16x\times 600.467=$$
$$16x\times 162.327+32.58\times 198.368+1037.09$$

解得，x=0.142mol，所以甲烷的质量流量为 2.272kg/s；氮气的质量流量为 4.626kg/s；总的制冷量为 2323.851kW。

（2）二级换热器

根据二级制冷装置中吸热量等于放热量得（设乙烯的质量流量为 X kg/s）：

$$587.95X+144.14\times 2.272+70.75\times 4.626=167.6X+165.74\times 2.272+75.35\times 4.626+2307.4$$

解得 X=5.657kg/s，所以乙烯的质量流量为 5.657kg/s；总的制冷量为 3980.644kW。

（3）一级换热器

设丙烷的质量流量为 X kg/s；正丁烷、异丁烷的质量流量为 Y kg/s， Z kg/s：

$$\frac{X/44}{Y/58}=\frac{1.243}{0.337}\text{；}\quad \frac{0.377}{44}X=\frac{1.243}{58}Y\text{；}\quad Y=0.357X$$

同理得：

$$\frac{X/44}{Z/58}=\frac{1.243}{0.475}\text{；}\quad Z=0.504X$$

一级制冷装置流出的制冷剂的制冷量为：

$$93.12\times4.626+194.49\times2.272+113.8\times5.657=1516.421(\text{kW})$$

天然气的放热量为：

$$95.36\times4.626+202.16\times2.272+102.7\times5.657=2518.217(\text{kW})$$

所有制冷剂在一级制冷装置中的预冷量之和为：

$$\Delta Q=2518.217-1516.421=1001.796(\text{kW})$$

根据一级制冷装置吸热量等于放热量得：

$$348.61X+0.357X\times350.52+0.504X\times323.63=1001.796(\text{kW})$$

解得 $X=1.573\text{kg/s}$，所以：

$$Y=0.357X;\quad X=0.562\text{kg/s}$$

$$Z=0.504X;\quad X=0.792\text{kg/s}$$

丙烷的质量流量为 1.573kg/s; 正丁烷的质量流量为 0.562kg/s; 异丁烷的质量流量为 0.792kg/s。

现将以上计算数据统计于表 3-2～表 3-8 中。

表 3-2　一级设备各个制冷剂单位质量预冷和制冷量

成分	单位预冷量/（kJ/kg）	单位制冷量/（kJ/kg）	单位净制冷量/（kJ/kg）
天然气	−270.36		
氮气	−95.36	93.12	
甲烷	−202.16	194.49	
乙烯	−102.7	113.85	
丙烷	−216.457	568.082	352.625
正丁烷	−202.08	522.6	350.52
异丁烷	−200.67	524.13	323.46

表 3-3　二级设备各个制冷剂单位质量预冷和制冷量

成分	单位预冷量/（kJ/kg）	单位制冷量/（kJ/kg）	单位净制冷量/（kJ/kg）
乙烯	−167.6	587.95	
氮气	−75.35	70.75	
甲烷	−165.74	114.14	
天然气	−461.48		

表 3-4　三级设备各个制冷剂单位质量预冷和制冷量

成分	单位预冷量/（kJ/kg）	单位制冷量/（kJ/kg）	单位净制冷量/（kJ/kg）
氮气	−198.368	207.418	
甲烷	−162.327	600.467	
天然气	−207.418		

表 3-5　各个制冷剂质量流量

成分	氮气	甲烷	乙烯	丙烷	正丁烷	异丁烷
流量/（kg/s）	4.626	2.272	5.657	1.573	0.562	0.792

表 3-6　一级设备各个制冷剂预冷和制冷量

成分	预冷量/（kJ/s）	制冷量/（kJ/s）	净制冷量/（kJ/s）
天然气	−1351.8		
氮气	−441.135	430.773	
甲烷	−459.307	441.881	
乙烯	−580.97	643.776	
丙烷	−344.6	904.39	559.79
正丁烷	−114.78	296.84	182.06
异丁烷	−155.72	406.72	251

表 3-7　二级设备各个制冷剂预冷和制冷量

成分	预冷量/（kJ/s）	制冷量/（kJ/s）	净制冷量/（kJ/s）
乙烯	−948.11	3326.03	
氮气	−348.569	327.289	
甲烷	−376.56	259.326	
天然气	−2307.4		

表 3-8　三级设备各个制冷剂预冷和制冷量

成分	预冷量/（kJ/s）	制冷量/（kJ/s）	净制冷量/（kJ/s）
氮气	−917.65	959.516	
甲烷	−368.807	1364.26	
天然气	−1037.09		

一级制冷天然气吸收的热量为：

$$Q=-1351.8(\mathrm{kW})$$

一级预冷氮气、甲烷、乙烯吸收的热量为：

$$Q=-441.135+(-459.307)+(-580.97)=-1481.412(\mathrm{kW})$$

一级预冷丙烷吸收的热量为：

$$Q=-344.6(\mathrm{kW})$$

一级预冷正丁烷、异丁烷吸收的热量为：

$$Q=-114.78+(-155.72)=-270.5(\mathrm{kW})$$

一级制冷中氮气、甲烷、乙烯放出的冷量为：

$$Q=430.773+441.881+643.776=1516.43(\mathrm{kW})$$

一级制冷中丙烷放出的冷量为：

$$Q=904.39(\mathrm{kW})$$

一级制冷中正丁烷、异丁烷放出的冷量为：

$$Q=296.84+406.72=703.56(\mathrm{kW})$$

二级制冷天然气吸收的热量为：

$$Q=-2307.4(\mathrm{kW})$$

二级预冷氮气、甲烷、吸收的热量为：

$$Q=-348.569+(-376.57)=-725.139(\mathrm{kW})$$

二级预冷乙烯吸收的热量为：

$$Q=-948.11(\mathrm{kW})$$

二级制冷中氮气、甲烷、放出的冷量为：

$$Q=327.289+259.326=586.615(\mathrm{kW})$$

二级制冷中乙烯放出的冷量为：

$$Q=3326.03(\mathrm{kW})$$

三级制冷天然气吸收的热量为：

$$Q=-1037.09(\mathrm{kW})$$

三级预冷氮气和甲烷吸收的热量为：

$$Q=-917.65+(-368.807)=-1286.46(\mathrm{kW})$$

三级预冷氮气和甲烷放出的冷量为：

$$Q=959.516+1364.24=2323.756(\mathrm{kW})$$

多股流板翅式换热器一、二、三级翅片剖面局部如图 3-2～图 3-4 所示。

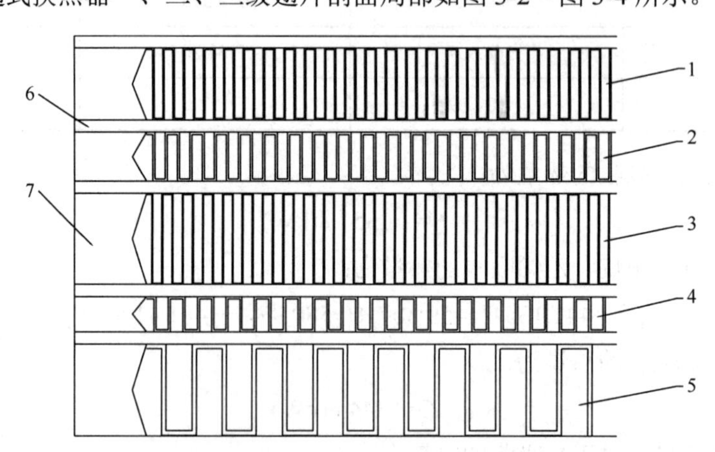

图 3-2　多股流板翅式换热器一级翅片剖面局部图

1—混合制冷剂侧翅片；2—天然气侧翅片；3—氮气、甲烷、乙烯侧翅片；

4—丁烷、异丁烷侧翅片；5—丙烷侧翅片；6—隔板；7—封条

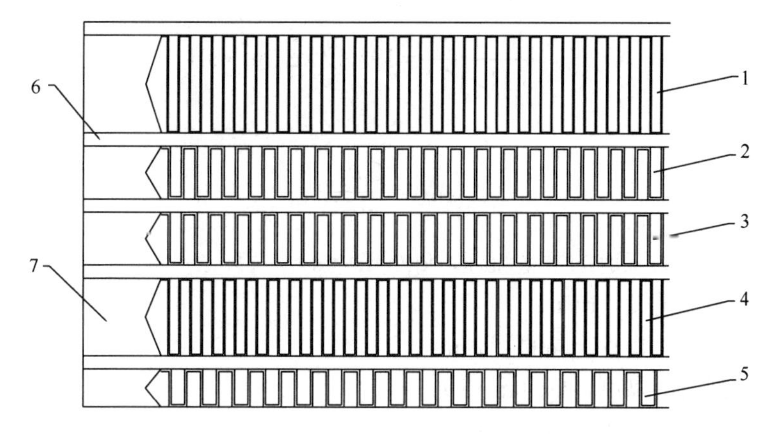

图 3-3　多股流板翅式换热器二级翅片剖面局部图

1—混合制冷剂侧翅片；2，3—天然气侧翅片；4—氮气、甲烷侧翅片；

5—乙烯侧翅片；6—隔板；7—封条

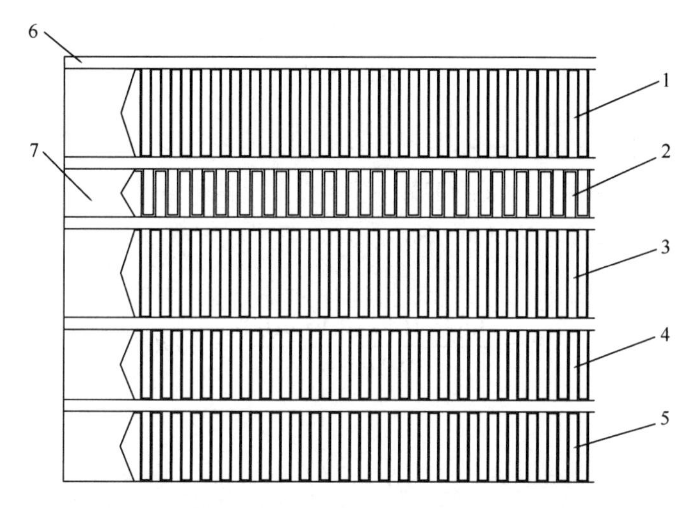

图 3-4　多股流板翅式换热器三级翅片剖面局部图

1，3—混合制冷剂侧翅片；2—天然气侧翅片；4—氮气、甲烷侧翅片；

5—氮气、甲烷侧翅片；6—隔板；7—封条

3.2.5　板翅式换热器传热系数、传热面积计算及板束排列及压力降计算

3.2.5.1　一级换热器流体参数计算（单层通道）

（1）对于天然气侧板翅之间的常数计算

天然气侧流道的质量流速：

$$G_{\mathrm{i}} = \frac{W}{f_{\mathrm{i}}} \tag{3-2}$$

式中　G_{i} ——天然气侧流道的质量流速，kg/（m^2 • s）；

W ——各股流的质量流量，kg/s；

f_{i} ——单层通道 1m 宽度上的截面积，m^2。

即：

$$G_i = \frac{1}{5.11 \times 10^{-3}} = 195.69[\mathrm{kg/(m^2 \cdot s)}]$$

雷诺数：

$$Re = \frac{G_i d_e}{\mu g} \tag{3-3}$$

式中　G_i ——天然气侧流道的质量流速，kg/（$\mathrm{m^2}$·s）；

g ——重力加速度，$\mathrm{m/s^2}$；

d_e ——天然气侧翅片当量直径，m；

μ ——天然气的黏度，kg/（m·s）。

即：

$$Re = \frac{195.69 \times 2.28 \times 10^{-3}}{12.15 \times 10^{-6} \times 9.81} = 3743$$

普朗特数：

$$Pr = \frac{C\mu}{\lambda} \tag{3-4}$$

式中　μ ——流体的黏度，kg/（m·s）；

C ——流体的比热容，J/（kg·K）；

λ ——流体的热导率，W/（m·K）。

计算得：

$$Pr = \frac{3.54 \times 10^3 \times 12.15 \times 10^{-6}}{39.21 \times 10^{-3}} = 1.096$$

斯坦登数 St：

$$St = \frac{j}{Pr^{\frac{2}{3}}} \tag{3-5}$$

式中　j——传热因子，查图可得其数值为 0.005。

传热系数 α：

$$\alpha = 3600 St C G_i \tag{3-6}$$

其中：

$$St = \frac{0.05}{1.096^{\frac{2}{3}}} = 0.047$$

即：

$$\alpha = \frac{3600 \times 0.0047 \times 3.54 \times 195.69}{4.184} = 2801[\mathrm{kcal/(m^2 \cdot h \cdot ℃)}]$$

天然气侧的 P 值：

$$P = \sqrt{\frac{2\alpha}{\lambda\delta}} \tag{3-7}$$

式中　α ——天然气侧流体传热系数；

λ ——翅片材料热导率；

δ ——翅厚。

即：

$$P=\sqrt{\frac{2\times 2801}{155\times 3\times 10^{-4}}}=347$$

天然气侧：

$$b=h/2$$

式中　h——天然气板侧翅高。

即：

$$b=3.25\times 10^{-3}$$

查双曲函数表可知：

$$\tan h(pb)=0.81$$

天然气侧翅片一次面传热效率：

$$\eta_f=\frac{\tan h(pb)}{pb}=0.72 \qquad (3\text{-}8)$$

天然气侧翅片总传热效率：

$$\eta_0=1-\frac{F_2}{F_0}(1-\eta_f)=0.772 \qquad (3\text{-}9)$$

式中　F_2——天然气侧翅片二次传热面积；

F_0——天然气侧翅片总传热面积。

（2）对于氮气、甲烷、乙烯侧板翅之间的常数计算

氮气、甲烷、乙烯流道的质量流速：

$$G_{\mathrm{i}}=\frac{2.511}{0.01058}=237.33[\mathrm{kg/(m^2\cdot s)}]$$

雷诺数：

$$Re=\frac{237.33\times 2.26\times 10^{-3}}{29.49\times 10^{-6}\times 9.81}=1854$$

普朗特数：

$$Pr=\frac{1.84\times 10^{3}\times 29.49\times 10^{-6}}{51.55\times 10^{-3}}=1.05$$

斯坦登数（查图得传热因子为0.0047）：

$$St=\frac{0.0047}{1.05^{\frac{2}{3}}}=0.00445$$

传热系数：

$$\alpha = \frac{3600 \times 0.00445 \times 1.84 \times 237.33}{4.184} = 1709.6[\text{kcal/(m}^2 \cdot \text{h} \cdot ℃)]$$

氮气、甲烷、乙烯侧的 P 值：

$$P = \sqrt{\frac{2 \times 1709.6}{155 \times 1.5 \times 10^{-4}}} = 383.49$$

氮气、甲烷、乙烯侧：

$$b = h / 2$$

式中　h——氮气、甲烷、乙烯板侧翅高。

即：

$$b = 6 \times 10^{-3}$$

查双曲函数表可知：

$$\tan h(pb) = 0.9801$$

氮气、甲烷、乙烯侧翅片一次面传热效率：

$$\eta_f = \frac{\tan h(pb)}{pb} = 0.43$$

氮气、甲烷、乙烯侧翅片总传热效率：

$$\eta_0 = 1 - \frac{F_2}{F_0}(1 - \eta_f) = 0.49$$

（3）对于丙烷侧板翅之间的常数计算

丙烷制冷剂在板翅中的雷诺数及普朗特数：

$$Re = \frac{545.75 \times 0.0597 \times 5.47 \times 10^{-3}}{143.55 \times 10^{-6}} = 1242$$

普朗特数：

$$Pr = \frac{2.4103 \times 10^3 \times 143.55 \times 10^{-6}}{113.35 \times 10^{-3}} = 3.05$$

斯坦登数（查图得传热因子为0.0055）：

$$St = \frac{0.0055}{3.05^{\frac{2}{3}}} = 0.00262$$

传热系数：

$$\alpha = 739.88\ \text{kcal/(m}^2 \cdot \text{h} \cdot ℃)$$

丙烷侧的 P 值：

$$P = \sqrt{\frac{2 \times 739.88}{155 \times 6 \times 10^{-4}}} = 126.14$$

丙烷侧：

$$b = h / 2$$

式中　h——丙烷板侧翅高。

即：

$$b=6\times10^{-3}$$

查双曲函数表可知：

$$\tan h(pb)-0.624$$

丙烷侧翅片一次面传热效率：

$$\eta_f=\frac{\tan h(pb)}{pb}=0.84$$

丙烷侧翅片总传热效率：

$$\eta_0=1-\frac{F_2}{F_0}(1-\eta_f)=0.88$$

（4）对于丁烷、异丁烷侧板翅之间的常数计算

雷诺数：

$$Re=\frac{600.8\times0.12\times2.45\times10^{-3}}{224.97\times10^{-6}}=785$$

普朗特数：

$$Pr=\frac{2.2485\times10^{3}\times224.97\times10^{-6}}{110.2\times10^{-3}}=4.998$$

斯坦登数（查图得传热因子为 0.007）：

$$St=\frac{0.007}{4.998^{\frac{2}{3}}}=0.0024$$

传热系数：

$$\alpha=1396.26\text{kcal/(m}^2\cdot\text{h}\cdot℃)$$

丁烷、异丁烷侧的 P 值：

$$P=\sqrt{\frac{2\times1396.26}{155\times3\times10^{-4}}}=245.06$$

丁烷、异丁烷侧：

$$b=h/2$$

式中　h——丁烷、异丁烷侧板侧翅高。

即：

$$b=6\times10^{-3}$$

查双曲函数表可知：

$$\tan h(pb)=0.519$$

丁烷、异丁烷侧翅片一次面传热效率：

$$\eta_f=\frac{\tan h(pb)}{pb}=0.9$$

丁烷、异丁烷侧翅片总传热效率：

$$\eta_0 = 1 - \frac{F_2}{F_0}(1 - \eta_f) = 0.93$$

（5）对于氮气、甲烷、乙烯、丙烷、正丁烷、异丁烷侧板翅之间的常数计算各股流道的质量流速：

$$G_i = \frac{4.097}{0.00821} = 499\ [\text{kg/(m}^2 \cdot \text{s)}]$$

雷诺数：

$$Re = \frac{499 \times 2.58 \times 10^{-3}}{11.09 \times 10^{-6} \times 9.81} = 11836$$

普朗特数：

$$Pr = \frac{1.4592 \times 10^3 \times 11.09 \times 10^{-6}}{48.48 \times 10^{-3}} = 0.33$$

斯坦登数（查图得传热因子为0.0045）：

$$St = \frac{0.0045}{0.33^{\frac{2}{3}}} = 0.00649$$

传热系数：

$$\alpha = 4066.03\ \text{kcal/(m}^2 \cdot \text{h} \cdot ℃)$$

氮气、甲烷、乙烯、丙烷、正丁烷、异丁烷侧的 P 值：

$$P = \sqrt{\frac{2 \times 4066.03}{155 \times 2 \times 10^{-4}}} = 512.18$$

氮气、甲烷、乙烯、丙烷、正丁烷、异丁烷侧：

$$b = h / 2$$

式中　h——氮气、甲烷、乙烯、丙烷、正丁烷、异丁烷侧板侧翅高。

即：

$$b = 6 \times 10^{-3}$$

查双曲函数表可知：

$$\cos h(pb) = 5.7235$$

$$\tan h(pb) = 0.9846$$

氮气、甲烷、乙烯、丙烷、正丁烷、异丁烷侧翅片一次面传热效率：

$$\eta_1 = \frac{1}{2}\left[1 + \frac{1}{\cos h(pb)}\right] = 0.59$$

氮气、甲烷、乙烯、丙烷、正丁烷、异丁烷侧翅片二次面传热效率：

$$\eta_2 = \frac{\tan h(pb)}{pb} = 0.41$$

氮气、甲烷、乙烯、丙烷、正丁烷、异丁烷侧翅片总传热效率：

$$\eta_0 = \frac{F_1\eta_1 + F_2\eta_2}{F_0} = 0.435$$

3.2.5.2　一级板翅式换热器传热面积计算

（1）混合制冷剂侧与天然气侧换热面积的计算

① 混合制冷剂侧与天然气侧总传热系数的计算

以混合制冷剂侧传热面积为基准的总传热系数：

$$K_c = \frac{1}{\frac{1}{\alpha_h\eta_{0h}}\frac{F_{oc}}{F_{oh}} + \frac{1}{\alpha_c\eta_{0c}}} \quad (3\text{-}10)$$

式中　α_h ——天然气侧传热系数；

η_{0h} ——天然气侧总传热效率；

F_{oc} ——混合制冷剂侧单位面积的翅片的总传热面积；

F_{oh} ——天然气侧单位面积的翅片的总传热面积；

α_c ——混合制冷剂侧传热系数。

即：

$$K_c = \frac{1}{\frac{1}{2801\times0.772}\times\frac{12.7}{8.94} + \frac{1}{4066.03\times0.435}} = 818.33[\text{kcal}/(\text{m}^2\cdot\text{h}\cdot℃)]$$

以天然气侧传热面积为基准的总传热系数：

$$K_h = \frac{1}{\frac{1}{\alpha_h\eta_{0h}}\times\frac{F_{oh}}{F_{oc}} + \frac{1}{\alpha_c\eta_{0c}}} \quad (3\text{-}11)$$

即：

$$K_h = \frac{1}{\frac{1}{2801\times0.772} + \frac{8.94}{12.7}\times\frac{1}{4066.03\times0.435}} = 1162.2[\text{kcal}/(\text{m}^2\cdot\text{h}\cdot℃)]$$

② 对数平均温差的计算：

$$\Delta t_m = \frac{(36-33)-[-52-(-53)]}{\ln\frac{36-33}{-52-(-53)}} = 1.82(℃)$$

③ 传热面积计算

混合侧传热面积：

$$A = \frac{Q}{K_c\Delta t} = \frac{(1351.5/4.184)\times3600}{818.33\times1.82} = 781(\text{m}^2)$$

经过初步计算，确定板翅式换热器的宽度定为 3 m，则混合侧板束长度为：

$$l = \frac{A}{fnb} \quad (3\text{-}12)$$

式中　f ——混合侧单位面积翅片的总传热面积；

n ——流道数，根据初步计算，每组流道数为 5；

b ——板翅式换热器宽。

即：

$$l=\frac{781}{12.7\times5\times3}=4.1(\text{m})$$

天然气侧传热面积：

$$A=\frac{Q}{K_{\text{h}}\Delta t}$$

即：

$$A=\frac{3600}{1162.2\times1.82}\times\frac{1351.5}{4.184}=550(\text{m}^2)$$

天然气侧板束长度：

$$l=\frac{A}{fnb}$$

即：

$$l=\frac{550}{8.94\times5\times3}=4.1(\text{m})$$

（2）混合制冷剂侧与氮气、甲烷、乙烯侧换热面积的计算

① 混合制冷剂侧与氮气、甲烷、乙烯侧总传热系数的计算

以混合制冷剂侧传热面积为基准的总传热系数：

$$K_{\text{c}}=\frac{1}{\dfrac{1}{1709.6\times0.49}\times\dfrac{12.7}{18.7}+\dfrac{1}{4066.03\times0.435}}=726[\text{kcal}/(\text{m}^2\bullet\text{h}\bullet{}^\circ\text{C})]$$

以氮气、甲烷、乙烯侧传热面积为基准的总传热系数：

$$K_{\text{h}}=\frac{1}{\dfrac{1}{1709.6\times0.49}+\dfrac{18.7}{12.7}\times\dfrac{1}{4066.03\times0.435}}=493.6[\text{kcal}/(\text{m}^2\bullet\text{h}\bullet{}^\circ\text{C})]$$

② 对数平均温差的计算

$$\Delta t_{\text{m}}=\frac{(36-33)-[-52-(-53)]}{\ln\dfrac{36-33}{-52-(-53)}}=1.82({}^\circ\text{C})$$

③ 传热面积计算

混合侧传热面积：

$$A=\frac{\dfrac{1481.4}{4.184}\times3600}{726\times1.82}=965(\text{m}^2)$$

经过初步计算，确定板翅式换热器的宽度定为 3 m，则混合侧板束长度为：

$$l=\frac{965}{12.7\times5\times3}=5.06(\text{m})$$

氮气、甲烷、乙烯侧传热面积：

$$A=\frac{\frac{1481.4}{4.184}\times 3600}{493.6\times 1.82}=1418.85(\text{m}^2)$$

氮气、甲烷、乙烯侧板束长度：

$$l=\frac{A}{fnb}=\frac{1418.85}{18.7\times 5\times 3}=5.06(\text{m})$$

（3）混合制冷剂侧与丁烷、异丁烷侧换热面积的计算

① 混合制冷剂侧与丁烷、异丁烷侧总传热系数的计算

以混合制冷剂侧传热面积为基准的总传热系数：

$$K_\text{c}=\frac{1}{\frac{1}{1396\times 0.93}\times\frac{12.7}{6.1}+\frac{1}{4066.03\times 0.435}}=461[\text{kcal/(m}^2\cdot\text{h}\cdot℃)]$$

以丁烷、异丁烷侧传热面积为基准的总传热系数：

$$K_\text{h}=\frac{1}{\frac{1}{1396\times 0.93}+\frac{6.1}{12.7}\times\frac{1}{4066.03\times 0.435}}=959[\text{kcal/(m}^2\cdot\text{h}\cdot℃)]$$

② 对数平均温差的计算

$$\Delta t_\text{m}=\frac{(36-33)-\left[-52-(-53)\right]}{\ln\frac{36-33}{-52-(-53)}}=1.82(℃)$$

③ 传热面积计算

混合侧传热面积：

$$A=\frac{\frac{270.5}{4.184}\times 3600}{461\times 1.82}=277.4(\text{m}^2)$$

经过初步计算，确定板翅式换热器的宽度定为 3 m，则混合侧板束长度为：

$$l=\frac{277.4}{12.7\times 5\times 3}=1.5(\text{m})$$

丁烷、异丁烷侧传热面积：

$$A=\frac{\frac{270.5}{4.184}\times 3600}{959\times 1.82}=133.35(\text{m}^2)$$

丁烷、异丁烷侧板束长度：

$$l=\frac{133.35}{6.1\times 5\times 3}=1.46(\text{m})$$

（4）混合制冷剂侧与丙烷侧换热面积的计算

① 混合制冷剂侧与丙烷测总传热系数的计算

以混合制冷剂侧传热面积为基准的总传热系数：

$$K_c=\frac{1}{\frac{1}{739.88\times 0.886}\times\frac{12.7}{6.6}+\frac{1}{4066.03\times 0.435}}=285.9[\text{kcal}/(\text{m}^2\cdot\text{h}\cdot℃)]$$

以丙烷侧传热面积为基准的总传热系数：

$$K_h=\frac{1}{\frac{1}{739.88\times 0.8868}+\frac{6.6}{12.7}\times\frac{1}{4066.03\times 0.435}}=546[\text{kcal}/(\text{m}^2\cdot\text{h}\cdot℃)]$$

② 对数平均温差的计算

$$\Delta t_m=\frac{(36-33)-[-52-(-53)]}{\ln\frac{36-33}{-52-(-53)}}=1.82(℃)$$

③ 传热面积计算

混合侧传热面积：

$$A=\frac{\frac{344.6}{4.184}\times 3600}{285\times 1.82}=571.6(\text{m}^2)$$

经过初步计算，确定板翅式换热器的宽度定为 3 m；

则混合侧板束长度为：

$$l=\frac{571.6}{12.7\times 5\times 3}=3.0(\text{m})$$

丙烷侧传热面积：

$$A=\frac{\frac{344.6}{4.184}\times 3600}{546\times 1.82}=3(\text{m}^2)$$

丙烷侧板束长度：

$$l=\frac{298.4}{6.6\times 5\times 3}=3(\text{m})$$

综上所述，一级板束长度为 5.1 m。

3.2.5.3 一级板侧的排列及组数

一级换热器每组板侧排列如表 3-9 所列，一级包括 50 组，每组之间采用钎焊连接。

表 3-9 物质相对位置

①	②	③	④	⑤
混合制冷剂	天然气	N_2-CH_4-C_2H_4	C_4H_{10}-i-C_4H_{10}	C_3H_8

3.2.5.4 一级压力损失计算

为了简化板翅式换热器阻力计算，可以把板翅式换热器分成三部分，如图 3-5 所示分别为换热器入口管、出口管和换热器中心部分。

换热器中心入口的压力损失，即导流片的出口到换热器中心的截面积变化而引起的压力降。计算公式如下：

$$\Delta P_1 = \frac{G^2}{2g_c\rho_1}(1-\sigma^2) + K_c\frac{G^2}{2g_c\rho_1} \tag{3-13}$$

式中　ΔP_1——入口处压力降，Pa；

G——流体在板束中的质量流速，kg/（m^2·s）；

g_c——重力换算系数，1.27×10^8；

ρ_1——流体入口密度，kg/m^3；

σ——板束通道截面积与集气管最大截面积之比；

K_c——收缩阻力系数（由王松汉，《板翅式换热器》中图4-2～图4-5查得）。

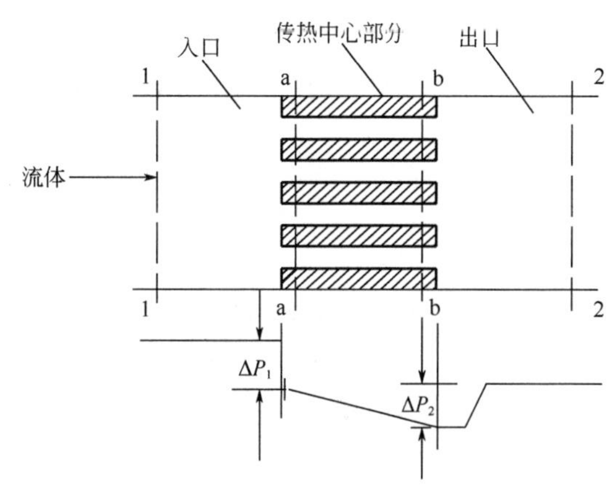

图3-5　压力降图

换热器中心部分出口的压力降，由换热器中心部分到导流片入口截面积发生变化引起的压力降；计算公式如下：

$$\Delta P_2 = \frac{G^2}{2g_c\rho_2}(1-\sigma^2) - K_e\frac{G^2}{2g_c\rho_2} \tag{3-14}$$

式中　ΔP_2——出口处压力降，Pa；

ρ_2——流体出口密度，kg/m^3；

K_e——扩大阻力系数（由王松汉，《板翅式换热器》中图4-2～图4-5查得）。

换热器中心部分的压力降主要由传热面形状的改变而产生的摩擦阻力和阻力组成，将这两部分阻力综合考虑，可以看作是作用于总摩擦面积A上的等效剪切力。即换热器中心部分压力降可用以下公式计算：

$$\Delta P_3 = \frac{4fl}{D_e}\frac{G^2}{2g_c\rho_{av}} \tag{3-15}$$

式中　ΔP_3——换热器中心部分压力降，Pa；

f——摩擦系数（由王松汉，《板翅式换热器》中图2-22查得）；

l——换热器中心部分长度，m；

D_e——翅片当量直径，m；

ρ_{av}——进出口流体平均密度，kg/m^3。

所以流体经过板翅式换热器的总压力降可表示为：

$$\Delta P = \frac{G^2}{2g_c\rho_1}\left[\left(K_c+1-\sigma^2\right)+2\left(\frac{\rho_1}{\rho_2}-1\right)+\frac{4fl}{D_e}\frac{\rho_1}{\rho_{av}}-(1-\sigma^2-K_e)\frac{\rho_1}{\rho_2}\right] \tag{3-16}$$

$$\sigma = \frac{f_a}{A_{fa}}；\quad f_a = \frac{x(L-\delta)L_w n}{x+\delta}；\quad A_{fa} = (L+\delta_s)L_w N_t$$

式中　δ_s——板翅式换热器翅片隔板厚度，m；

L——翅片高度，m；

L_w——有效宽度，m；

N_t——冷热交换总层数。

（1）天然气板侧压力损失的计算

$$\Delta P=\frac{G^2}{2g_c\rho_1}\left[(K_c+1-\sigma^2)+2\left(\frac{\rho_1}{\rho_2}-1\right)+\frac{4fl}{D_e}\frac{\rho_1}{\rho_{av}}-(1-\sigma^2-K_e)\frac{\rho_1}{\rho_2}\right]$$

$$f_a=\frac{x(L-\delta)L_w n}{x+\delta}=\frac{(1.7-0.3)\times10^{-3}\times(6.5-0.3)\times10^{-3}\times3\times5}{1.7\times10^{-3}}=0.075$$

$$A_{fa}=(L+\delta_s)L_w N_t=(6.5+1.7)\times10^{-3}\times3\times10=0.246$$

$$\sigma=\frac{f_a}{A_{fa}}=0.305\text{；}\quad K_c=0.49\text{；}\quad K_e=0.44$$

则：

$$\Delta P=\frac{(195.69\times3600)^2}{2\times1.27\times10^8\times41.64}\left[(0.49+1-0.305^2)+2\times\left(\frac{41.64}{82.49}-1\right)+\frac{4\times0.012\times5.1}{2.28\times10^{-3}}\right.$$
$$\left.\frac{41.64}{62.065}-(1-0.305^2-0.44)\times\frac{41.64}{82.49}\right]=33184.5(\text{Pa})$$

（2）丙烷侧压力损失的计算

$$\Delta P=\frac{(195.69\times3600)^2}{2\times1.27\times10^8\times41.64}\left[(0.49+1-0.305^2)+2\times\left(\frac{41.64}{82.49}-1\right)+\left(\frac{4\times0.012\times5.1}{2.28\times10^{-3}}\right)\times\frac{41.64}{62.065}-\right.$$
$$\left.(1-0.305^2-0.44)\times\frac{41.64}{82.49}\right]=33184.5(\text{Pa})$$

$$f_a=\frac{x(L-\delta)L_w n}{x+\delta}=\frac{(4.2-0.6)\times10^{-3}\times(12-0.6)\times10^{-3}\times3\times5}{4.2\times10^{-3}}=0.146$$

$$A_{fa}=(L+\delta_s)L_w N_t=(12+2)\times10^{-3}\times3\times10=0.42$$

$$\sigma=\frac{f_a}{A_{fa}}=0.35\text{；}\quad K_e=0.14\text{；}\quad K_c=1.14$$

则：$$\Delta P=\frac{(32.549\times3600)^2}{2\times1.27\times10^8\times482.98}\left[(1.14+1-0.35^2)+2\times\left(\frac{482.98}{596.88}-1\right)+\frac{4\times0.019\times5.1}{5.47\times10^{-3}}\right.$$
$$\left.\frac{482.98}{539.93}-(1-0.35^2-0.14)\times\frac{482.98}{596.88}\right]=73.5(\text{Pa})$$

（3）正丁烷和异丁烷侧压力损失的计算

$$\Delta P=\frac{G^2}{2g_c\rho_1}\left[(K_c+1-\sigma^2)+2\left(\frac{\rho_1}{\rho_2}-1\right)+\frac{4fl}{D_e}\frac{\rho_1}{\rho_{av}}-(1-\sigma^2-K_e)\frac{\rho_1}{\rho_2}\right]$$

$$f_a=\frac{x(L-\delta)L_w n}{x+\delta}=\frac{(2-0.3)\times10^{-3}\times(4.7-0.3)\times10^{-3}\times3\times5}{2\times10^{-3}}=0.0561$$

$$A_{fa}=(L+\delta_s)L_w N_t=(4.7+2)\times10^{-3}\times3\times10=0.147$$

$$\sigma=\frac{f_a}{A_{fa}}=0.382\text{；}\quad K_c=1.12\text{；}\quad K_e=0.07$$

则：$$\Delta P=\frac{(71.872\times 3600)^2}{2\times 1.27\times 10^8\times 548.41}\times\left[(1.12+1-0.382^2)+2\left(\frac{548.41}{645.54}-1\right)+\frac{4\times 0.027\times 5.1}{2.45\times 10^{-3}}\times\frac{548.41}{596.98}-(1-0.382^2-0.07)\times\frac{548.41}{645.54}\right]=996(\text{Pa})$$

（4）混合制冷剂侧压力损失的计算

$$\Delta P=\frac{G^2}{2g_c\rho_1}\left[(K_c+1-\sigma^2)+2\left(\frac{\rho_1}{\rho_2}-1\right)+\frac{4fl}{D_e}\frac{\rho_1}{\rho_{av}}-(1-\sigma^2-K_e)\frac{\rho_1}{\rho_2}\right]$$

$$f_a=\frac{x(L-\delta)L_w n}{x+\delta}=\frac{(1.7-0.2)\times 10^{-3}\times(9.5-0.2)\times 10^{-3}\times 3\times 5}{1.7\times 10^{-3}}=0.123$$

$$A_{fa}=(L+\delta_s)L_w N_t=(9.5+2)\times 10^{-3}\times 3\times 10=0.345$$

$$\sigma=\frac{f_a}{A_{fa}}=0.357\text{；}\quad K_c=0.46\text{；}\quad K_e=0.41$$

则：$$\Delta P=\frac{(499\times 3600)^2}{2\times 1.27\times 10^8\times 4.7824}\times\left[(0.46+1-0.357^2)+2\left(\frac{4.7824}{3.3574}-1\right)+\frac{4\times 0.09\times 5.1}{2.58\times 10^{-3}}\frac{4.7824}{4.07}-(1-0.357^2-0.41)\times\frac{4.7824}{3.3574}\right]=0.2(\text{MPa})$$

（5）氮气、甲烷、乙烯侧压力损失的计算：

$$\Delta P=\frac{G^2}{2g_c\rho_1}\left[(K_c+1-\sigma^2)+2\left(\frac{\rho_1}{\rho_2}-1\right)+\frac{4fl}{D_e}\frac{\rho_1}{\rho_{av}}-(1-\sigma^2-K_e)\frac{\rho_1}{\rho_2}\right]$$

$$f_a=\frac{x(L-\delta)L_w n}{x+\delta}=\frac{(1.4-0.15)\times 10^{-3}\times(12-0.15)\times 10^{-3}\times 3\times 5}{1.4\times 10^{-3}}=0.1587$$

$$A_{fa}=(L+\delta_s)L_w N_t=(12+2)\times 10^{-3}\times 3\times 10=0.42$$

$$\sigma=\frac{f_a}{A_{fa}}=0.3779\text{；}\quad K_c=0.52\text{；}\quad K_e=0.32$$

则：$$\Delta P=\frac{(237.33\times 3600)^2}{2\times 1.27\times 10^8\times 36.537}\times\left[(0.52+1-0.3779^2)+2\times\left(\frac{36.537}{72.489}-1\right)+\frac{4\times 0.016\times 5.1}{2.26\times 10^{-3}}\frac{36.537}{54.513}-(1-0.3779^2-0.32)\times\frac{36.537}{72.489}\right]=7625.9(\text{Pa})$$

3.2.5.5　二级换热器流体参数计算（单层通道）

（1）对于天然气侧板翅之间的常数计算：

各股流道的质量流速：

$$G_i=\frac{0.5}{5.11\times 10^{-3}}=97.8[\text{kg}/(\text{m}^2\cdot\text{s})]$$

雷诺数：

$$Re=\frac{97.8\times 2.28\times 10^{-3}}{24.49\times 10^{-6}\times 9.81}=1050$$

普朗特数：

$$Pr = \frac{1.84 \times 10^3 \times 29.49 \times 10^{-6}}{51.55 \times 10^{-3}} = 1.05$$

斯坦登数（查图得传热因子为 0.006）：

$$St = \frac{0.006}{1.05^{\frac{2}{3}}} = 0.00581$$

传热系数：

$$\alpha = \frac{3600 \times 0.00581 \times 1.84 \times 97.8}{4.184} = 1000[\text{kcal/(m}^2 \cdot \text{h} \cdot ℃)]$$

天然气侧的 P 值：

$$P = \sqrt{\frac{2 \times 1000}{155 \times 3 \times 10^{-4}}} = 207.4$$

天然气侧：

$$b = h$$

式中　h——天然气板侧翅高。

即：

$$b = 6.5 \times 10^{-3}$$

查双曲函数表可知：

$$\tan h(pb) = 0.874$$

天然气侧翅片一次面传热效率：

$$\eta_f = \frac{\tan h(pb)}{pb} = 0.65$$

天然气侧翅片总传热效率：

$$\eta_0 = 1 - \frac{F_2}{F_0}(1 - \eta_f) = 0.71$$

（2）对于氮气、甲烷侧板翅之间的常数计算

各股流道的质量流速：

$$G_i = \frac{1.38}{0.00821} = 168.1\ \text{kg/(m}^2 \cdot \text{s)}$$

雷诺数：

$$Re = \frac{168.1 \times 2.58 \times 10^{-3}}{11.52 \times 10^{-6} \times 9.81} = 3837.65$$

普朗特数：

$$Pr = \frac{2.086 \times 10^3 \times 11.52 \times 10^{-6}}{22.23 \times 10^{-3}} = 1.08$$

斯坦登数（查图得传热因子为 0.004）：

$$St=\frac{0.004}{1.08^{\frac{2}{3}}}=0.0038$$

传热系数：

$$\alpha=\frac{3600\times0.0038\times2.086\times168.1}{4.184}=1146.5[\text{kcal/(m}^2\cdot\text{h}\cdot℃)]$$

氮气、甲烷侧的 P 值：

$$P=\sqrt{\frac{2\times1146.5}{155\times2\times10^{-4}}}=272$$

氮气、甲烷侧：

$$b=\frac{h_1+h_2+h_3}{2}$$

式中　h_1 ——天然气板侧翅高；

h_2 ——氮气、甲烷侧翅高；

h_3 ——乙烯侧翅高。

即：

$$b=\frac{6.5+9.5+4.7}{2}=10.35\times10^{-3}(\text{m})$$

查双曲函数表可知：

$$\tan h(pb)=0.9926$$

氮气、甲烷侧翅片一次面传热效率：

$$\eta_f=\frac{\tan h(pb)}{pb}=0.36$$

氮气、甲烷侧翅片总传热效率：

$$\eta_0=1-\frac{F_2}{F_0}(1-\eta_f)=0.45$$

（3）对于乙烯侧板翅之间的常数计算

各股流道的质量流速：

$$G_i=\frac{1.1314}{0.00374}=302.5[\text{kg/(m}^2\cdot\text{s)}]$$

雷诺数：

$$Re=\frac{302.5\times2.45\times10^{-3}}{143\times10^{-6}\times9.81}=528.3$$

普朗特数：

$$Pr=\frac{2.588\times10^3\times143\times10^{-6}}{127\times10^{-3}}=2.91$$

斯坦登数（查图得传热因子为 0.009）：

$$St=\frac{0.009}{2.91^{\frac{2}{3}}}=0.00442$$

传热系数：

$$\alpha=\frac{3600\times0.00442\times2.588\times302.5}{4.184}=2977[\text{kcal/(m}^2\cdot\text{h}\cdot℃)]$$

乙烯侧的 P 值：

$$P=\sqrt{\frac{2\times2977}{155\times3\times10^{-4}}}=357.8$$

乙烯侧：

$$b=h$$

式中　h——乙烯侧翅高。

即：

$$b=4.7\times10^{-3}\ \text{m}$$

查双曲函数表可知

$$\tan h(pb)=0.9329$$

乙烯侧翅片一次面传热效率：

$$\eta_f=\frac{\tan h(pb)}{pb}=0.56$$

乙烯侧翅片总传热效率：

$$\eta_0=1-\frac{F_2}{F_0}(1-\eta_f)=0.69$$

（4）对于氮气、甲烷、乙烯侧板翅之间的常数计算

各股流道的质量流速：

$$G_i=\frac{2.5114}{0.01058}=237.37[\text{kg/(m}^2\cdot\text{s)}]$$

雷诺数：

$$Re=\frac{237.37\times2.26\times10^{-3}}{7.9157\times10^{-6}\times9.81}=6908$$

普朗特数：

$$Pr=\frac{1.3868\times10^3\times8.2242\times10^{-6}}{19.197\times10^{-3}}=0.594$$

斯坦登数（查图得传热因子为0.0036）：

$$St=\frac{0.0036}{0.594^{2/3}}=0.00537$$

传热系数：

$$\alpha=\frac{3600\times0.00537\times1.3868\times237.37}{4.184}=1521[\mathrm{kcal/(m^2\cdot h\cdot ℃)}]$$

氮气、甲烷、乙烯侧的 P 值：

$$P=\sqrt{\frac{2\times1521}{155\times1.5\times10^{-4}}}=361.7$$

氮气、甲烷、乙烯侧：

$$b=h/2$$

式中　h——氮气、甲烷、乙烯侧板侧翅高。

即：

$$b=6\times10^{-3}$$

查双曲函数表可知：

$$\cos h(pb)=4.4362$$

$$\tan h(pb)=0.9743$$

氮气、甲烷、乙烯侧翅片一次面传热效率：

$$\eta_1=\frac{1}{2}\left[1+\frac{1}{\cos h(pb)}\right]=0.613$$

氮气、甲烷、乙烯侧翅片二次面传热效率：

$$\eta_2=\frac{\tan h(pb)}{pb}=0.45$$

氮气、甲烷、乙烯侧翅片总传热效率：

$$\eta_0=\frac{F_1\eta_1+F_2\eta_2}{F_0}=0.47$$

3.2.5.6　二级板翅式换热器传热面积计算

（1）混合制冷剂侧与天然气侧换热面积的计算

① 混合制冷剂侧与天然气侧总传热系数的计算

以混合制冷剂侧传热面积为基准的总传热系数：

$$K_\mathrm{c}=\frac{1}{\frac{1}{\alpha_\mathrm{h}\eta_{0\mathrm{h}}}\frac{F_\mathrm{oc}}{F_\mathrm{oh}}+\frac{1}{\alpha_\mathrm{c}\eta_{0\mathrm{c}}}}=\frac{1}{\frac{1}{1000\times0.71}\times\frac{18.7}{8.94}+\frac{1}{1521\times0.47}}=217[\mathrm{kcal/(m^2\cdot h\cdot ℃)}]$$

以天然气侧传热面积为基准的总传热系数：

$$K_\mathrm{h}=\frac{1}{\frac{1}{\alpha_\mathrm{h}\eta_{0\mathrm{h}}}+\frac{F_\mathrm{oh}}{F_\mathrm{oc}}\frac{1}{\alpha_\mathrm{c}\eta_{0\mathrm{c}}}}=\frac{1}{\frac{1}{1000\times0.71}+\frac{8.94}{18.7}\times\frac{1}{1379.6\times0.66}}=458.7[\mathrm{kcal/(m^2\cdot h\cdot ℃)}]$$

② 对数平均温差的计算

$$\Delta t_\mathrm{m}=\frac{(36-33)-[-52-(-53)]}{\ln\frac{36-33}{-52-(-53)}}=1.82(℃)$$

③ 传热面积计算

混合侧传热面积：

$$A=\frac{Q}{K_c\Delta t}=\frac{\dfrac{2307}{2\times4.184}\times3600}{271\times1.82}=2012(\mathrm{m}^2)$$

经过初步计算，确定板翅式换热器的宽度定为 3 m；则混合侧板束长度为：

$$l=\frac{A}{fnb}$$

式中　n——流道数，根据初步计算，每组流道数为 10。

则：

$$l=\frac{2012}{18.7\times5\times3}=7.2(\mathrm{m})$$

天然气侧传热面积：

$$A=\frac{Q}{K_h\Delta t}=\frac{\dfrac{2307}{2\times4.184}\times3600}{458.7\times1.82}=1188.8(\mathrm{m}^2)$$

天然气侧板束长度：

$$l=\frac{A}{fnb}=\frac{1188.8}{8.94\times10\times3}=4.43(\mathrm{m})$$

（2）混合制冷剂侧与氮气、甲烷侧换热面积的计算

① 混合制冷剂侧与氮气、甲烷侧总传热系数的计算

以混合制冷剂侧传热面积为基准的总传热系数：

$$K_c=\frac{1}{\dfrac{1}{\alpha_h\eta_{0h}}\dfrac{F_{oc}}{F_{oh}}+\dfrac{1}{\alpha_c\eta_{0c}}}=\frac{1}{\dfrac{1}{1146.5\times0.45}\times\dfrac{18.7}{12.7}+\dfrac{1}{1521\times0.47}}=235.3[\mathrm{kcal/(m^2\cdot h\cdot ℃)}]$$

以氮气、甲烷侧传热面积为基准的总传热系数：

$$K_h=\frac{1}{\dfrac{1}{\alpha_h\eta_{0h}}+\dfrac{F_{oh}}{F_{oc}}\dfrac{1}{\alpha_c\eta_{0c}}}=\frac{1}{\dfrac{1}{1521\times0.47}\times\dfrac{12.7}{18.7}+\dfrac{1}{1146.5\times0.45}}=346[\mathrm{kcal/(m^2\cdot h\cdot ℃)}]$$

② 对数平均温差的计算

$$\Delta t_m=\frac{(36-33)-[-52-(-53)]}{\ln\dfrac{36-33}{-52-(-53)}}=1.82(℃)$$

③ 传热面积计算

混合侧传热面积：

$$A=\frac{Q}{K_c\Delta t}=\frac{\dfrac{725.13}{4.184}\times3600}{235.3\times1.82}=1457(\mathrm{m}^2)$$

经过初步计算，确定板翅式换热器的宽度定为3m，则混合侧板束长度为：

$$l=\frac{A}{fnb}=\frac{1457}{18.7\times5\times3}=5.19(\text{m})$$

氮气、甲烷侧传热面积：

$$A=\frac{Q}{K_{\text{h}}\Delta t}=\frac{\dfrac{725.13}{4.184}\times3600}{346\times1.82}=991(\text{m}^2)$$

氮气、甲烷侧板束长度：

$$l=\frac{A}{fnb}=\frac{991}{12.7\times5\times3}=5.2(\text{m})$$

（3）混合制冷剂侧与乙烯侧换热面积的计算

① 混合制冷剂侧与乙烯侧总传热系数的计算

以混合制冷剂侧传热面积为基准的总传热系数：

$$K_{\text{c}}=\frac{1}{\dfrac{1}{\alpha_{\text{h}}\eta_{0\text{h}}}\dfrac{F_{\text{oc}}}{F_{\text{oh}}}+\dfrac{1}{\alpha_{\text{c}}\eta_{0\text{c}}}}=\frac{1}{\dfrac{1}{2977\times0.69}\times\dfrac{18.7}{6.1}+\dfrac{1}{1521\times0.47}}=346[\text{kcal}/(\text{m}^2\bullet\text{h}\bullet℃)]$$

以乙烯侧传热面积为基准的总传热系数：

$$K_{\text{h}}=\frac{1}{\dfrac{1}{\alpha_{\text{h}}\eta_{0\text{h}}}+\dfrac{F_{\text{oh}}}{F_{\text{oc}}}\dfrac{1}{\alpha_{\text{c}}\eta_{0\text{c}}}}=\frac{1}{\dfrac{1}{2977\times0.69}+\dfrac{6.1}{18.7}\times\dfrac{1}{1521\times0.47}}=1060[\text{kcal}/(\text{m}^2\bullet\text{h}\bullet℃)]$$

② 对数平均温差的计算

$$\Delta t_{\text{m}}=\frac{(36-33)-\left[-52-(-53)\right]}{\ln\dfrac{36-33}{-52-(-53)}}=1.82(℃)$$

③ 传热面积计算

混合侧传热面积：

$$A=\frac{Q}{K_{\text{c}}\Delta t}=\frac{\dfrac{948.11}{4.184}\times3600}{346\times1.82}=1295(\text{m}^2)$$

经过初步计算，确定板翅式换热器的宽度定为3m，则混合侧板束长度为：

$$l=\frac{A}{fnb}=\frac{1295}{18.7\times5\times3}=4.6(\text{m})$$

乙烯侧传热面积：

$$A=\frac{Q}{K_{\text{h}}\Delta t}=\frac{\dfrac{948.11}{4.184}\times3600}{1060\times1.82}=423(\text{m}^2)$$

乙烯侧板束长度：

$$l=\frac{A}{fnb}=\frac{423}{6.1\times5\times3}=4.62(\text{m})$$

综上所述，二级板束长度为 7.2 m。

3.2.5.7　二级板侧的排列及组数

二级换热器每组板侧排列如表 3-10 所列，二级包括 50 组，每组之间采用钎焊连接。

表 3-10　物质相对位置

①	②	③	④	⑤
混合制冷剂	天然气	天然气	N_2-CH_4	C_2H_4

3.2.5.8　二级压力损失的计算

（1）天然气侧压力损失的计算

$$\Delta P=\frac{G^2}{2g_c\rho_1}\left[(K_c+1-\sigma^2)+2\left(\frac{\rho_1}{\rho_2}-1\right)+\frac{4fl}{D_e}\frac{\rho_1}{\rho_{av}}-(1-\sigma^2-K_e)\frac{\rho_1}{\rho_2}\right]$$

$$f_a=\frac{x(L-\delta)L_w n}{x+\delta}=\frac{(1.7-0.3)\times10^{-3}\times(6.5-0.3)\times10^{-3}\times3\times10}{1.7\times10^{-3}}=0.15$$

$$A_{fa}=(L+\delta_s)L_w N_t=(6.5+2)\times10^{-3}\times3\times15=0.3825$$

$$\sigma=\frac{f_a}{A_{fa}}=0.39;\quad K_c=1.13;\quad K_e=0.05$$

则：

$$\Delta P=\frac{(97.8\times3600)^2}{2\times1.27\times10^8\times73.688}\times\left[(1.13+1-0.39^2)+2\times\left(\frac{73.668}{362.55}-1\right)+\frac{4\times0.015\times7.2}{2.28\times10^{-3}}\times\frac{73.668}{218.11}-\right.$$
$$\left.(1-0.39^2-0.05)\times\frac{73.668}{362.55}\right]=4252(\text{Pa})$$

（2）乙烯侧压力损失的计算

$$\Delta P=\frac{G^2}{2g_c\rho_1}\left[(K_c+1-\sigma^2)+2\left(\frac{\rho_1}{\rho_2}-1\right)+\frac{4fl}{D_e}\frac{\rho_1}{\rho_{av}}-(1-\sigma^2-K_e)\frac{\rho_1}{\rho_2}\right]$$

$$f_a=\frac{x(L-\delta)L_w n}{x+\delta}=\frac{(2-0.3)\times10^{-3}\times(4.7-0.3)\times10^{-3}\times3\times5}{2.0\times10^{-3}}=0.056$$

$$A_{fa}=(L+\delta_s)L_w N_t=(4.7+2)\times10^{-3}\times3\times10=0.2$$

$$\sigma=\frac{f_a}{A_{fa}}=0.28;\quad K_c=1.15;\quad K_e=0.3$$

则：$$\Delta P=\frac{(302.5\times3600)^2}{2\times1.27\times10^8\times490.56}\times\left[(1.15+1-0.28^2)+2\times\left(\frac{490.56}{592.59}-1\right)+\frac{4\times0.04\times7.2}{2.45\times10^{-3}}\times\right.$$
$$\left.\frac{490.56}{541.58}-(1-0.28^2-0.3)\times\frac{490.56}{592.59}\right]=40661(\text{Pa})$$

（3）混合制冷剂侧压力损失的计算

$$\Delta P=\frac{G^2}{2g_c\rho_1}\left[(K_c+1-\sigma^2)+2\left(\frac{\rho_1}{\rho_2}-1\right)+\frac{4fl}{D_e}\frac{\rho_1}{\rho_{av}}-(1-\sigma^2-K_e)\frac{\rho_1}{\rho_2}\right]$$

$$f_a=\frac{x(L-\delta)L_w n}{x+\delta}=\frac{(1.4-0.15)\times10^{-3}\times(12-0.15)\times10^{-3}\times3\times5}{1.4\times10^{-3}}=0.1587$$

$$A_{fa}=(L+\delta_s)L_w N_t=(12+2)\times10^{-3}\times3\times10=0.42$$

$$\sigma=\frac{f_a}{A_{fa}}=0.378;\quad K_c=0.46;\quad K_e=0.31$$

则：

$$\Delta P=\frac{(237.37\times3600)^2}{2\times1.27\times10^8\times9.6838}\times\left[(0.46+1-0.378^2)+2\times\left(\frac{9.6838}{4.1316}-1\right)+\frac{4\times0.0098\times7.2}{2.26\times10^{-3}}\times\frac{9.6838}{6.9}-\right.$$

$$\left.(1-0.378^2-0.31)\times\frac{9.6838}{4.1316}\right]=52602(\text{Pa})$$

（4）氮气、甲烷侧压力损失的计算

$$\Delta P=\frac{G^2}{2g_c\rho_1}\left[(K_c+1-\sigma^2)+2\left(\frac{\rho_1}{\rho_2}-1\right)+\frac{4fl}{D_e}\frac{\rho_1}{\rho_{av}}-(1-\sigma^2-K_e)\frac{\rho_1}{\rho_2}\right]$$

$$f_a=\frac{x(L-\delta)L_w n}{x+\delta}=\frac{(1.7-0.2)\times10^{-3}\times(9.5-0.2)\times10^{-3}\times3\times5}{1.7\times10^{-3}}=0.123$$

$$A_{fa}=(L+\delta_s)L_w N_t=(9.5+2)\times10^{-3}\times3\times10=0.345$$

$$\sigma=\frac{f_a}{A_{fa}}=0.357;\quad K_c=0.49;\quad K_e=0.36$$

则：

$$\Delta P=\frac{(237.37\times3600)^2}{2\times1.27\times10^8\times33.964}\times\left[(0.49+1-0.357^2)+2\times\left(\frac{33.964}{62.942}-1\right)+\frac{4\times0.012\times7.2}{2.58\times10^{-3}}\times\right.$$

$$\left.\frac{33.964}{48.453}-(1-0.357^2-0.36)\times\frac{33.964}{62.942}\right]=7962.65(\text{Pa})$$

3.2.5.9　三级换热器流体参数计算（单层通道）

（1）对于天然气侧板翅之间的常数计算

各股流道的质量流速：

$$G_i=\frac{1}{5.11\times10^{-3}}=195.7[\text{kg}/(\text{m}^2\cdot\text{s})]$$

雷诺数：

$$Re=\frac{195.7\times2.28\times10^{-3}}{89.54\times10^{-6}\times9.81}=508$$

普朗特数：

$$Pr = \frac{3.619 \times 10^3 \times 89.54 \times 10^{-6}}{157.27 \times 10^{-3}} = 2.06$$

斯坦登数（查图得传热因子为0.009）：

$$St = \frac{0.009}{2.06^{2/3}} = 0.004369$$

传热系数：

$$\alpha = \frac{3600 \times 0.004369 \times 3.619 \times 195.7}{4.184} = 2662.4[\text{kcal/(m}^2 \cdot \text{h} \cdot ℃)]$$

天然气侧的 P 值：

$$P = \sqrt{\frac{2 \times 2662.4}{155 \times 3 \times 10^{-4}}} = 338.4$$

天然气侧：

$$b = h$$

式中　h——天然气板侧翅高。

$$b = 6.5 \times 10^{-3}$$

查双曲函数表可知：

$$\tan h(pb) = 0.8005$$

天然气侧翅片一次面传热效率：

$$\eta_f = \frac{\tan h(pb)}{pb} = 0.732$$

天然气侧翅片总传热效率：

$$\eta_0 = 1 - \frac{F_2}{F_0}(1 - \eta_f) = 0.78$$

（2）对于氮气、甲烷侧板翅之间的一常数计算

各股流道的质量流速：

$$G_i = \frac{0.69}{0.00821} = 84.05[\text{kg/(m}^2 \cdot \text{s})]$$

雷诺数：

$$Re = \frac{84.05 \times 2.58 \times 10^{-3}}{47.1 \times 10^{-6} \times 9.81} = 469$$

普朗特数：

$$Pr = \frac{2.2 \times 10^3 \times 47.1 \times 10^{-6}}{74.5 \times 10^{-3}} = 1.35$$

斯坦登数（查图得传热因子为0.0095）：

$$St = \frac{0.0095}{1.35^{\frac{2}{3}}} = 0.007$$

传热系数

$$\alpha = \frac{3600 \times 0.007 \times 2.2 \times 84.05}{4.184} = 1119.6[\text{kcal}/(\text{m}^2 \cdot \text{h} \cdot ℃)]$$

氮气、甲烷侧的 P 值：

$$P = \sqrt{\frac{2 \times 1119.6}{155 \times 2 \times 10^{-4}}} = 268.8$$

氮气、甲烷侧

$$b = h$$

式中　h——氮气、甲烷侧翅高。

即：

$$b = 9.5 \times 10^{-3}$$

查双曲函数表可知：

$$\tan h(pb) = 0.9879$$

氮气、甲烷侧翅片一次面传热效率：

$$\eta_f = \frac{\tan h(pb)}{pb} = 0.39$$

氮气、甲烷侧翅片总传热效率：

$$\eta_0 = 1 - \frac{F_2}{F_0}(1 - \eta_f) = 0.48$$

（3）对于混合制冷剂侧板翅之间的常数计算

各股流道的质量流速：

$$G_i = \frac{0.69}{0.01058} = 68.6[\text{kg}/(\text{m}^2 \cdot \text{s})]$$

雷诺数：

$$Re = \frac{68.6 \times 2.26 \times 10^{-3}}{47.1 \times 10^{-6} \times 9.81} = 335.5$$

普朗特数：

$$Pr = \frac{2.2 \times 10^3 \times 47.1 \times 10^{-6}}{74.5 \times 10^{-3}} = 1.35$$

斯坦登数（查图得传热因子为 0.01）：

$$St = \frac{0.01}{1.35^{\frac{2}{3}}} = 0.0074$$

传热系数：

$$\alpha = 3600 St C G_i$$

混合制冷剂侧的 P 值：

$$P=\sqrt{\frac{2\times 962}{155\times 1.5\times 10^{-4}}}=288$$

混合制冷剂侧：

$$b=h/2$$

式中　h——混合制冷剂侧板侧翅高。

即：

$$b=6\times 10^{-3}$$

查双曲函数表可知：

$$\cos h(pb)=2.909$$

$$\tan h(pb)=0.9391$$

混合制冷剂侧翅片一次面传热效率：

$$\eta_1=\frac{1}{2}\left[1+\frac{1}{\cos h(pb)}\right]=0.67$$

混合制冷剂侧翅片二次面传热效率：

$$\eta_2=\frac{\tan h(pb)}{pb}=0.685$$

混合制冷剂侧翅片总传热效率：

$$\eta_0=\frac{F_1\eta_1+F_2\eta_2}{F_0}=0.68$$

3.2.5.10　三级板翅式换热器传热面积计算

（1）混合制冷剂侧与天然气侧换热面积的计算

① 混合制冷剂侧与天然气侧总传热系数的计算

以混合制冷剂侧传热面积为基准的总传热系数：

$$K_c=\frac{1}{\frac{1}{\alpha_h\eta_{0h}}\frac{F_{oc}}{F_{oh}}+\frac{1}{\alpha_c\eta_{0c}}}=\frac{1}{\frac{1}{2662.4\times 0.78}\times\frac{18.7}{8.94}+\frac{1}{962\times 0.68}}=394[\mathrm{kcal/(m^2\cdot h\cdot ℃)}]$$

以天然气侧传热面积为基准的总传热系数：

$$K_h=\frac{1}{\frac{1}{\alpha_h\eta_{0h}}+\frac{F_{oh}}{F_{oc}}\frac{1}{\alpha_c\eta_{0c}}}=\frac{1}{\frac{1}{2662.4\times 0.78}+\frac{8.94}{18.7}\times\frac{1}{962\times 0.68}}=825[\mathrm{kcal/(m^2\cdot h\cdot ℃)}]$$

② 对数平均温差的计算

$$\Delta t_m=\frac{(109-105.8)-(153-152)}{\ln\frac{3.2}{1}}=1.8(℃)$$

③ 传热面积计算

混合侧传热面积：

$$A=\frac{Q}{K\Delta t}=\frac{\frac{1037.09}{4.184}\times 3600}{394\times 2.1}=1078(\mathrm{m}^2)$$

经过初步计算，确定板翅式换热器的宽度定为 3 m；则混合侧板束长度为：

$$l=\frac{A}{fnb}=\frac{1078}{18.7\times 10\times 3}=1.92(\mathrm{m})$$

天然气侧传热面积：

$$A=\frac{Q}{K\Delta t}=\frac{\frac{1037.09}{4.184}\times 3600}{825\times 1.82}=594.3(\mathrm{m}^2)$$

经过优化设计，取每组流道数为 5；则天然气侧板束长度：

$$l=\frac{A}{fnb}=\frac{594.3}{8.94\times 5\times 3}=4.43(\mathrm{m})$$

（2）混合制冷剂侧与氮气、甲烷侧换热面积的计算

① 混合制冷剂侧与氮气、甲烷侧总传热系数的计算

以混合制冷剂侧传热面积为基准的总传热系数：

$$K_{\mathrm{c}}=\frac{1}{\frac{1}{\alpha_{\mathrm{h}}\eta_{0\mathrm{h}}}\frac{F_{\mathrm{oc}}}{F_{\mathrm{oh}}}+\frac{1}{\alpha_{\mathrm{c}}\eta_{0\mathrm{c}}}}=\frac{1}{\frac{1}{1119.6\times 0.48}\times\frac{18.7}{12.7}+\frac{1}{962\times 0.68}}=260[\mathrm{kcal/(m^2\cdot h\cdot ℃)}]$$

以氮气、甲烷侧传热面积为基准的总传热系数：

$$K_{\mathrm{h}}=\frac{1}{\frac{1}{\alpha_{\mathrm{h}}\eta_{0\mathrm{h}}}+\frac{F_{\mathrm{oh}}}{F_{\mathrm{oc}}}\frac{1}{\alpha_{\mathrm{c}}\eta_{0\mathrm{c}}}}=\frac{1}{\frac{1}{962\times 0.68}\times\frac{12.7}{18.7}+\frac{1}{1119.6\times 0.48}}=345[\mathrm{kcal/(m^2\cdot h\cdot ℃)}]$$

② 对数平均温差的计算：

$$\Delta t_{\mathrm{m}}=\frac{(109.4-105.8)-(153-152)}{\ln\frac{109.4-105.8}{153-152}}=2.1(℃)$$

③ 传热面积计算

混合侧传热面积：

$$A=\frac{Q}{K\Delta t}=\frac{\frac{1286.44}{4.184}\times 3600}{260\times 2.1}=2027.25(\mathrm{m}^2)$$

经过初步计算，确定板翅式换热器的宽度定为 3m，则混合侧板束长度为：

$$l=\frac{A}{fnb}=\frac{2027.25}{18.7\times 10\times 3}=3.6(\mathrm{m})$$

氮气、甲烷侧传热面积：

$$A=\frac{Q}{K\Delta t}=\frac{\frac{1286.44}{4.184}\times 3600}{345\times 1.82}=1762.8(\mathrm{m}^2)$$

氮气、甲烷侧板束长度：

$$l=\frac{A}{fnb}=\frac{1762.8}{12.7\times10\times3}=4.6(\mathrm{m})$$

综上所述，三级板束长度为 4.6 m。

3.2.5.11　三级板侧的排列及组数

三级换热器每组板侧排列如表 3-11 所列，三级包括 50 组，每组之间采用钎焊连接。

表 3-11　物质相对位置

①	②	③	④	⑤
混合制冷剂	天然气	混合制冷剂	N_2-CH_4	N_2-CH_4

3.2.5.12　三级换热器压力损失计算

（1）天然气侧压力损失的计算

$$\Delta P=\frac{G^2}{2g_c\rho_1}\left[(K_c+1-\sigma^2)+2\left(\frac{\rho_1}{\rho_2}-1\right)+\frac{4fl}{D_e}\frac{\rho_1}{\rho_{av}}-(1-\sigma^2-K_e)\frac{\rho_1}{\rho_2}\right]$$

$$f_a=\frac{x(L-\delta)L_w n}{x+\delta}=\frac{(1.7-0.3)\times10^{-3}\times(6.5-0.3)\times10^{-3}\times3\times5}{1.7\times10^{-3}}=0.075$$

$$A_{fa}=(L+\delta_s)L_w N_t=(6.5+2)\times10^{-3}\times3\times10=0.246$$

$$\sigma=\frac{f_a}{A_{fa}}=0.305；\ K_c=1.15；\ K_e=0.25$$

则：

$$\Delta P=\frac{(195.7\times3600)^2}{2\times1.27\times10^8\times361.7}\times\left[(1.15+1-0.305^2)+2\times\left(\frac{361.70}{430.71}-1\right)+\frac{4\times0.04\times4.6}{2.28\times10^{-3}}\times\frac{361.70}{396.2}-\right.$$
$$\left.(1-0.305^2-0.25)\times\frac{361.7}{430.71}\right]=15657(\mathrm{Pa})$$

（2）氮气、甲烷侧压力损失的计算

$$\Delta P=\frac{G^2}{2g_c\rho_1}\left[(K_c+1-\sigma^2)+2\left(\frac{\rho_1}{\rho_2}-1\right)+\frac{4fl}{D_e}\frac{\rho_1}{\rho_{av}}-(1-\sigma^2-K_e)\frac{\rho_1}{\rho_2}\right]$$

$$f_a=\frac{x(L-\delta)L_w n}{x+\delta}=\frac{(1.7-0.2)\times10^{-3}\times(9.5-0.2)\times10^{-3}\times3\times10}{1.7\times10^{-3}}=0.246$$

$$A_{fa}=(L+\delta_s)L_w N_t=(9.5+2)\times10^{-3}\times3\times20=0.69$$

$$\sigma=\frac{f_a}{A_{fa}}=0.3565；\ K_c=1.13；\ K_e=0.13$$

则：

$$\Delta P=\frac{(84.05\times3600)^2}{2\times1.27\times10^8\times26.157}\times\left[(1.13+1-0.3565^2)+2\times\left(\frac{26.157}{518.59}-1\right)+\frac{4\times0.05\times4.6}{2.58\times10^{-3}}\times\frac{26.157}{272.37}-\right.$$
$$\left.(1-0.3565^2-0.13)\times\frac{26.157}{518.59}\right]=4632(\mathrm{Pa})$$

（3）混合制冷剂侧压力损失的计算

$$\Delta P = \frac{G^2}{2g_c\rho_1}\left[(K_c+1-\sigma^2)+2\left(\frac{\rho_1}{\rho_2}-1\right)+\frac{4fl}{D_e}\frac{\rho_1}{\rho_{av}}-(1-\sigma^2-K_e)\frac{\rho_1}{\rho_2}\right]$$

$$f_a - \frac{x(L-\delta)L_w n}{x+\delta} = \frac{(1.4-0.15)\times10^{-3}\times(12-0.15)\times10^{-3}\times3\times10}{1.4\times10^{-3}} = 0.317$$

$$A_{fa} = (L+\delta_s)L_w N_t = (12+2)\times10^{-3}\times3\times20 = 0.84$$

$$\sigma = \frac{f_a}{A_{fa}} = 0.377\text{；}\quad K_c = 0.47\text{；}\quad K_e = 0.4$$

则：

$$\Delta P = \frac{(84.05\times3600)^2}{2\times1.27\times10^8\times17.732}\times\left[(0.47+1-0.377^2)+2\times\left(\frac{17.732}{4.8908}-1\right)+\frac{4\times0.033\times4.6}{2.26\times10^{-3}}\times\frac{17.732}{11.311}-\right.$$
$$\left.(1-0.377^2-0.4)\times\frac{17.732}{4.8908}\right]=8658.5(\text{Pa})$$

3.3 板翅式换热器结构设计

3.3.1 封头设计

3.3.1.1 封头介绍

封头也叫作端盖，是筒体（芯体）与接管的过渡段。封头主要分为三类：凸形封头、平板形封头、锥形封头。在凸形封头中又分为半球形封头、椭圆形封头、蝶形封头、球冠形封头；这些封头在不同设计中的选择是不同的，需要根据各自的需求进行选择。

本设计选择的封头为平板形封头，主要进行封头内径的选择与封头壁厚、端板壁厚的计算与选择。

3.3.1.2 封头选择（平板形端板封头）

（1）封头壁厚

当 $d_i/D_i \leqslant 0.5$ 时，可由下式计算出封头的厚度：

$$\delta = \frac{pR_i}{[\sigma]'\varphi - 0.6p} + C \tag{3-17}$$

式中 R_i ——弧形端面端板内半径，mm；

p ——流体压力，MPa；

φ ——焊接接头系数，其中φ=0.6；

C ——壁厚附加量，mm。

（2）端板壁厚

半圆形平板最小厚度计算：

$$\delta_p = R_p\sqrt{\frac{0.44p}{[\sigma]^t\sin\alpha}} + C \tag{3-18}$$

其中 45° ≤α≤90° 。

本设计根据各个制冷剂的质量流量和换热器尺寸大小按照比例选取封头直径，封头内径选型见表 3-12。

表 3-12 封头内径

封头代号	1	2	3	4	5
封头内径/mm	1070	350	875	100	100

3.3.1.3 一级换热器各个板侧封头壁厚计算

（1）混合制冷剂侧封头壁厚

根据规定内径 D_i=1070mm 得内半径 R_i=535 mm，则封头壁厚为：

$$\delta = \frac{pR_i}{[\sigma]' \varphi - 0.6p} + C = \frac{0.3 \times 535}{51 \times 0.6 + 0.6 \times 0.3} + 0.25 = 5.46(\text{mm})$$

圆整壁厚$[\delta]$=10 mm 。

端板壁厚：

$$\delta_p = R_p \sqrt{\frac{0.44p}{[\sigma]^t \sin\alpha}} + C = 535\sqrt{\frac{0.44 \times 0.3}{51}} + 0.68 = 27.90(\text{mm})$$

圆整壁厚$[\delta_p]$=30 mm，因为端板厚度应大于等于封头厚度，则端板厚度为 30 mm。

（2）天然气侧封头壁厚

根据规定内径 D_i=350mm 得内半径 R_i=175 mm，则封头壁厚为：

$$\delta = \frac{pR_i}{[\sigma]' \varphi - 0.6p} + C = \frac{6.1 \times 175}{51 \times 0.6 + 0.6 \times 6.1} + 0.75 = 31.9(\text{mm})$$

圆整壁厚$[\delta]$=35 mm 。

端板壁厚：

$$\delta_p = R_p \sqrt{\frac{0.44p}{[\sigma]^t \sin\alpha}} + C = 175 \times \sqrt{\frac{0.44 \times 6.1}{51}} + 0.6 = 40.97(\text{mm})$$

圆整壁厚$[\delta_p]$=45 mm，因为端板厚度应大于等于封头厚度，则端板厚度为 45mm。

（3）氮气-甲烷-乙烯制冷剂侧封头壁厚

根据规定内径 D_i=875mm 得内半径 R_i=437.5 mm，则封头壁厚为：

$$\delta = \frac{pR_i}{[\sigma]' \varphi - 0.6p} + C = \frac{1.3826 \times 437.5}{51 \times 0.6 + 0.6 \times 1.3826} + 0.57 = 19.25(\text{mm})$$

圆整壁厚$[\delta]$=25 mm 。

端板壁厚：

$$\delta_p = R_p \sqrt{\frac{0.44p}{[\sigma]^t \sin\alpha}} + C = 437.5\sqrt{\frac{0.44 \times 1.3826}{51}} + 0.83 = 48.62(\text{mm})$$

圆整壁厚$\left[\delta_{\mathrm{p}}\right]$=50 mm，因为端板厚度应大于等于封头厚度，则端板厚度为 50 mm。

（4）丙烷制冷剂侧封头壁厚

根据规定内径 D_{i}=100mm 得内半径 R_{i}=50 mm，则封头壁厚为：

$$\delta=\frac{pR_{\mathrm{i}}}{[\sigma]'\varphi-0.6p}+C=\frac{3.527\times 50}{51\times 0.6+0.6\times 3.527}+0.25=5.64(\mathrm{mm})$$

圆整壁厚$[\delta]$=10 mm。

端板壁厚：

$$\delta_{\mathrm{p}}=R_{\mathrm{p}}\sqrt{\frac{0.44p}{[\sigma]^{\mathrm{t}}\sin\alpha}}+C=50\times\sqrt{\frac{0.44\times 3.527}{51}}+0.3=9.52(\mathrm{mm})$$

圆整壁厚$\left[\delta_{\mathrm{p}}\right]$=10 mm，因为端板厚度应大于等于封头厚度，则端板厚度为 10 mm。

（5）正丁烷-异丁烷制冷剂侧封头壁厚

根据规定内径 D_{i}=100mm 得内半径 R_{i}=50 mm，则封头壁厚为：

$$\delta=\frac{pR_{\mathrm{i}}}{[\sigma]'\varphi-0.6p}+C=\frac{1.3\times 50}{51\times 0.6+0.6\times 1.3}+0.12=2.19(\mathrm{mm})$$

圆整壁厚$[\delta]$=10 mm。

端板壁厚：

$$\delta_{\mathrm{p}}=R_{\mathrm{p}}\sqrt{\frac{0.44p}{[\sigma]^{\mathrm{t}}\sin\alpha}}+C=50\times\sqrt{\frac{0.44\times 1.3}{51}}+0.25=5.55(\mathrm{mm})$$

圆整壁厚$\left[\delta_{\mathrm{p}}\right]$=10 mm，因为端板厚度应大于等于封头厚度，则端板厚度为 10 mm。

3.3.1.4 二级换热器各个板侧封头壁厚计算

（1）混合制冷剂侧封头壁厚

根据规定内径 D_{i}=1070mm 得内半径 R_{i}=535 mm，则封头壁厚为：

$$\delta=\frac{pR_{\mathrm{i}}}{[\sigma]'\varphi-0.6p}+C=\frac{0.3\times 535}{51\times 0.6+0.6\times 0.3}+0.25=5.46(\mathrm{mm})$$

圆整壁厚$[\delta]$=10 mm。

端板壁厚：

$$\delta_{\mathrm{p}}=R_{\mathrm{p}}\sqrt{\frac{0.44p}{[\sigma]^{\mathrm{t}}\sin\alpha}}+C=535\times\sqrt{\frac{0.44\times 0.3}{51}}+0.68=27.90(\mathrm{mm})$$

圆整壁厚$\left[\delta_{\mathrm{p}}\right]$=30 mm，因为端板厚度应大于等于封头厚度，则端板厚度为 30 mm。

（2）天然气侧封头壁厚

根据规定内径 D_{i}=350mm 得内半径 R_{i}=175 mm，则封头壁厚为：

$$\delta=\frac{pR_{\mathrm{i}}}{[\sigma]'\varphi-0.6p}+C=\frac{5.7\times 175}{51\times 0.6+0.6\times 5.7}+0.68=30.01(\mathrm{mm})$$

圆整壁厚$[\delta]$=35 mm。

端板壁厚：

$$\delta_{\mathrm{p}}=R_{\mathrm{p}}\sqrt{\frac{0.44p}{[\sigma]^{\mathrm{t}}\sin\alpha}}+C=175\times\sqrt{\frac{0.44\times5.7}{51}}+0.75=39.56(\mathrm{mm})$$

圆整壁厚$[\delta_{\mathrm{p}}]$=45 mm，因为端板厚度应大于等于封头厚度，则端板厚度为 45 mm。

（3）氮气-甲烷制冷剂侧封头壁厚

根据规定内径 D_{i}=875mm 得内半径 R_{i}=437.5 mm，则封头壁厚为：

$$\delta=\frac{pR_{\mathrm{i}}}{[\sigma]'\varphi-0.6p}+C=\frac{1.3826\times437.5}{51\times0.6+0.6\times1.3826}+0.57=19.25(\mathrm{mm})$$

圆整壁厚$[\delta]$=25 mm。

端板壁厚：

$$\delta_{\mathrm{p}}=R_{\mathrm{p}}\sqrt{\frac{0.44p}{[\sigma]^{\mathrm{t}}\sin\alpha}}+C=437.5\times\sqrt{\frac{0.44\times1.3826}{51}}+0.83=48.62(\mathrm{mm})$$

圆整壁厚$[\delta_{\mathrm{p}}]$=50 mm，因为端板厚度应大于等于封头厚度，则端板厚度为 50 mm。

（4）乙烯制冷剂侧封头壁厚

根据规定内径 D_{i}=350mm 得内半径 R_{i}=175 mm，则封头壁厚为：

$$\delta=\frac{pR_{\mathrm{i}}}{[\sigma]'\varphi-0.6p}+C=\frac{2.5706\times175}{51\times0.6+0.6\times2.5706}+0.5=14.49(\mathrm{mm})$$

圆整壁厚$[\delta]$=20 mm。

端板壁厚：

$$\delta_{\mathrm{p}}=R_{\mathrm{p}}\sqrt{\frac{0.44p}{[\sigma]^{\mathrm{t}}\sin\alpha}}+C=175\times\sqrt{\frac{0.44\times2.5706}{51}}+0.68=26.74(\mathrm{mm})$$

圆整壁厚$[\delta_{\mathrm{p}}]$=30 mm，因为端板厚度应大于等于封头厚度，则端板厚度为 30 mm。

3.3.1.5　三级换热器各个板侧封头壁厚计算

（1）混合制冷剂侧封头壁厚

根据规定内径 D_{i}=1070mm 得内半径 R_{i}=535mm，则封头壁厚为：

$$\delta=\frac{pR_{\mathrm{i}}}{[\sigma]'\varphi-0.6p}+C=\frac{0.3\times535}{51\times0.6+0.6\times0.3}+0.25=5.46(\mathrm{mm})$$

圆整壁厚$[\delta]$=20mm。

端板壁厚：

$$\delta_{\mathrm{p}}=R_{\mathrm{p}}\sqrt{\frac{0.44p}{[\sigma]^{\mathrm{t}}\sin\alpha}}+C=535\times\sqrt{\frac{0.44\times0.3}{51}}+0.68=27.90(\mathrm{mm})$$

圆整壁厚$[\delta_{\mathrm{p}}]$=30mm，因为端板厚度应大于等于封头厚度，则端板厚度为 30 mm。

（2）天然气侧封头壁厚

根据规定内径 D_i=350mm 得内半径 R_i=175mm，则封头壁厚为：

$$\delta = \frac{pR_i}{[\sigma]'\varphi - 0.6p} + C = \frac{5.3 \times 175}{51 \times 0.6 + 0.6 \times 5.3} + 0.68 = 28.14(\text{mm})$$

圆整取值为$[\delta]$=35mm 。

端板壁厚：

$$\delta_p = R_p\sqrt{\frac{0.44p}{[\sigma]^t \sin\alpha}} + C = 175 \times \sqrt{\frac{0.44 \times 5.3}{51}} + 0.75 = 38.17(\text{mm})$$

圆整壁厚$[\delta_p]$=45mm，因为端板厚度应大于等于封头厚度，则端板厚度为 45mm。

（3）氮气-甲烷制冷剂侧封头壁厚

根据规定内径 D_i=875mm 得内半径 R_i=437.5mm，则封头壁厚为：

$$\delta = \frac{pR_i}{[\sigma]'\varphi - 0.6p} + C = \frac{1.3826 \times 437.5}{51 \times 0.6 + 0.6 \times 1.3826} + 0.57 = 19.25(\text{mm})$$

圆整壁厚$[\delta]$=25mm 。

端板壁厚：

$$\delta_p = R_p\sqrt{\frac{0.44p}{[\sigma]^t \sin\alpha}} + C = 437.5 \times \sqrt{\frac{0.44 \times 1.3826}{51}} + 0.83 = 48.62(\text{mm})$$

圆整壁厚$[\delta_p]$=50mm，因为端板厚度应大于等于封头厚度，则端板厚度为 50 mm。

现将一级、二级、三级换热器封头与端板的壁厚统计于表 3-13～表 3-15 中。

表 3-13　一级换热器封头与端板的壁厚

物质	混合制冷剂	天然气	氮气-甲烷-乙烯混合制冷剂	丙烷	正丁烷-异丁烷混合制冷剂
封头内径/mm	1070	350	875	100	100
封头计算壁厚/mm	5.46	31.9	19.25	5.64	2.19
封头实际壁厚/mm	10	35	25	10	10
端板计算壁厚/mm	27.9	40.97	48.62	9.52	5.55
端板实际壁厚/mm	30	45	50	10	10

表 3-14　二级换热器封头与端板的壁厚

物质	混合制冷剂	天然气	氮气-甲烷混合制冷剂	乙烯制冷剂
封头规格/mm	1070	350	875	350
封头计算壁厚/mm	5.46	30.1	19.25	14.49
封头实际壁厚/mm	10	35	25	20
端板计算壁厚/mm	27.9	39.56	48.62	26.74
端板实际壁厚/mm	30	45	50	30

表 3-15　三级换热器封头与端板的壁厚

物质	混合制冷剂	天然气	氮气-甲烷混合制冷剂
封头规格/mm	1070	350	875
封头计算壁厚/mm	5.46	28.14	19.25
封头实际壁厚/mm	10	35	25
端板计算壁厚/mm	27.9	38.17	48.62
端板实际壁厚/mm	30	45	50

3.3.2　液压试验

3.3.2.1　液压试验目的

本次设计中板翅式换热器中压力较高，最高为6.1MPa。为了能够安全合理的进行设计，进行压力测试是进行其他步骤前的条件，液压试验则是压力测试中的一种，除了液压测试外，还有气压测试以及气密性测试。

本章计算是对液压测试前封头壁厚的校核计算。

3.3.2.2　内压通道

（1）液压试验压力

$$P_{\mathrm{T}}=1.3p\frac{[\sigma]}{[\sigma]^{\mathrm{t}}} \tag{3-19}$$

式中　P_{T} ——试验压力，MPa；

p ——设计压力，MPa；

$[\sigma]$ ——试验温度下的许用应力，MPa；

$[\sigma]^{\mathrm{t}}$ ——设计温度下的许用应力，MPa。

（2）封头的应力校核

$$\sigma_{\mathrm{T}}=\frac{P_{\mathrm{T}}(R_{\mathrm{i}}+0.5\delta_{\mathrm{e}})}{\delta_{\mathrm{e}}} \tag{3-20}$$

式中　σ_{T} ——试验压力下封头的应力，MPa；

R_{i} ——封头的内半径，mm；

P_{T} ——试验压力，MPa；

δ_{e} ——封头的有效厚度，mm。

当满足 $\sigma_{\mathrm{T}}\leqslant 0.9\varphi\sigma_{\mathrm{p0.2}}$ 时（$\sigma_{\mathrm{p0.2}}$ 为试验温度下的规定残余延伸应力，数值为 170MPa），则校核正确，否则需从新选取尺寸计算：

$$0.9\varphi\sigma_{\mathrm{p0.2}}=0.9\times0.6\times170=91.8$$

将一级、二级、三级封头壁厚校核列于表 3-16～表 3-18 中。

表 3-16　一级封头壁厚校核

物质	混合制冷剂	天然气	氮气-甲烷-乙烯制冷剂	丙烷	正丁烷-异丁烷制冷剂
封头内径/mm	1070	350	875	100	100
设计压力/MPa	0.3	6.1	1.3826	3.527	1.3
封头实际壁厚/mm	10	35	25	10	10
厚度附加量/mm	0.3	0.75	0.6	0.3	0.3

表 3-17 二级封头壁厚校核

物质	混合制冷剂	天然气	氮气-甲烷混合制冷剂	乙烯制冷剂
封头规格/mm	1070	350	875	350
设计压力/MPa	0.3	5.7	1.3826	2.5706
封头计算壁厚/mm	10	35	25	20
厚度附加量/mm	0.3	0.75	0.6	0.57

表 3-18 三级封头壁厚校核

物质	混合制冷剂	天然气	氮气-甲烷混合制冷剂
封头规格/mm	1070	350	875
设计压力/MPa	0.3	5.3	1.3826
封头计算壁厚/mm	10	35	25
厚度附加量/mm	0.3	0.75	0.6

（3）尺寸校核计算

$$P_{\mathrm{T}}=1.3\times 0.3\times\frac{51}{51}=0.39\,(\mathrm{MPa})$$

$$\sigma_{\mathrm{T}}=\frac{0.39\times(535+0.5\times 9.7)}{9.7}=21.71\,(\mathrm{MPa})$$

校核值小于允许值，尺寸合适。

$$P_{\mathrm{T}}=1.3\times 6.1\times\frac{51}{51}=7.93\,(\mathrm{MPa})$$

$$\sigma_{\mathrm{T}}=\frac{7.93\times(175+0.5\times 34.32)}{34.32}=44.4\,(\mathrm{MPa})$$

校核值小于允许值，尺寸合适。

$$P_{\mathrm{T}}=1.3\times 1.3826\times\frac{51}{51}=1.80\,(\mathrm{MPa})$$

$$\sigma_{\mathrm{T}}=\frac{1.80\times(437.5+0.5\times 24.4)}{24.4}=33.17\,(\mathrm{MPa})$$

校核值小于允许值，尺寸合适。

$$P_{\mathrm{T}}=1.3\times 3.527\times\frac{51}{51}=4.59\,(\mathrm{MPa})$$

$$\sigma_{\mathrm{T}}=\frac{4.59\times(50+0.5\times 9.7)}{9.7}=25.95\,(\mathrm{MPa})$$

校核值小于允许值，尺寸合适。

$$P_{\mathrm{T}}=1.3\times 1.3\times\frac{51}{51}=1.69\,(\mathrm{MPa})$$

$$\sigma_{\mathrm{T}}=\frac{1.69\times(50+0.5\times 9.7)}{9.7}=9.56\,(\mathrm{MPa})$$

校核值小于允许值，尺寸合适。

$$P_{\mathrm{T}}=1.3\times5.7\times\frac{51}{51}=7.41\,(\mathrm{MPa})$$

$$\sigma_{\mathrm{T}}=\frac{7.41\times(173+0.5\times34.32)}{34.32}=41.06\,(\mathrm{MPa})$$

校核值小于允许值，尺寸合适。

$$P_{\mathrm{T}}=1.3\times2.5706\times\frac{51}{51}=3.34\,(\mathrm{MPa})$$

$$\sigma_{\mathrm{T}}=\frac{3.34\times(173+0.5\times19.43)}{19.43}=31.75\,(\mathrm{MPa})$$

校核值小于允许值，尺寸合适。

$$P_{\mathrm{T}}=1.3\times5.3\times\frac{51}{51}=6.86\,(\mathrm{MPa})$$

$$\sigma_{\mathrm{T}}=\frac{6.86\times(173+0.5\times34.32)}{34.32}=38.41\,(\mathrm{MPa})$$

校核值小于允许值，尺寸合适。

3.3.3 接管确定

接管为物料进出通道，它的尺寸大小与进出物料的流量有关，壁厚的取值则需要知道物料进出接管的压力状况，进行压力校核选取合适的壁厚。本设计采用标准接管，只需进行接管壁厚的校核计算，满足设计需求压力即可。

3.3.3.1 接管尺寸确定

当为圆筒或球壳开孔时，开孔处的计算厚度按照壳体计算厚度取值。

$$\delta=\frac{p_{\mathrm{c}}D_{\mathrm{i}}}{2[\sigma]^{\mathrm{t}}\varphi-p_{\mathrm{c}}} \tag{3-21}$$

设计可根据标准管径选取管径大小，只需进行校核确定尺寸，表 3-19 为标准 6063 接管尺寸。

表 3-19 标准 6063 接管尺寸　　单位：mm

6×1	8×1	8×2	10×1	10×2
14×2	15×1.5	16×2	16×3	16×5
20×2	20×3	20×3.5	20×4	20×5
24×5	20×1.5	25×2	25×2.5	25×3
27×3.5	28×1.5	28×5	30×1.5	30×2
30×6.5	30×10	32×2	32×3	32×4
35×3	35×5	36×2	36×3	37×2.5/3
40×4	40×5	40×10	42×3	42×4
45×6	46×2	48×8	50×2.8	50×3.5/4

续表

55×9	55×10	60×3	60×5	60×10
72×14	75×5	65×5	65×4	80×4
85×10	90×10/5	90×15	95×10	100×10
120×7	125×20	106×15	106×10	105×12.5
135×10	136×6	140×20	140×7	120×3
160×20	155×15/30	50×15	170×8.5	180×10
210×45	230×16	230×17.5	230×25	230×30
250×10	310×30	315×35	356×10	508×8
300×30	535×10	515×45	355×55	226×28
12×1	12×2	12×2.5	14×0.8	
18×1	18×2	18×3.5	20×1	22×1
22×3	22×3	22×4	24×2	25×1
25×5	25×5	26×2	26×3	28×1
30×4	30×4	30×5	30×6	36×2.5
34×1	34×1	34×2.5	35×2.5	45×7
38×3	38×3	38×4	38×5	56×16
42×6	42×6	45×2	45×2.5	50×15
50×5	50×7	52×6	55×8	66×13
62×6	66×6	70×5	70×10	190×25
80×5	80×6	80×10/20	85×5	125×10
110×15	120×10	120×20	125×4	165×9.5
115×5	105×5	100×8	130×10	170×10
120×5	150×10	153×13	160×7	182×25
180×9.5	192×6	200×10	200×20	180×30
230×38	230×20	230×25	245×40	380×40
270×40	268×8	500×45	355×10	
		340×10		

由上表查得混合制冷剂侧、天然气侧、氮气-甲烷-乙烯混合制冷剂侧、丙烷侧、正丁烷-异丁烷混合制冷剂侧接管规格分别为508×8、155×30、355×10、45×6、45×6。

3.3.3.2　一级换热器接管壁厚

混合制冷剂侧接管壁厚：

$$\delta=\frac{p_c D_i}{2[\sigma]^t\varphi-p_c}=\frac{0.3\times492}{2\times51\times0.6-0.3}+0.13=2.56\ (\text{mm})$$

天然气侧接管壁厚：

$$\delta=\frac{p_c D_i}{2[\sigma]^t\varphi-p_c}=\frac{6.1\times95}{2\times51\times0.6-6.1}+0.48=11\ (\text{mm})$$

氮气-甲烷-乙烯制冷剂侧接管壁厚：

$$\delta=\frac{p_cD_i}{2[\sigma]^t\varphi-p_c}=\frac{1.3826\times335}{2\times51\times0.6-1.3826}+0.28=8.02\ (mm)$$

丙烷制冷剂侧接管壁厚：

$$\delta=\frac{p_cD_i}{2[\sigma]^t\varphi-p_c}=\frac{3.527\times33}{2\times51\times0.6-3.527}+0.12=2.138\ (mm)$$

正丁烷-异丁烷制冷剂侧接管壁厚：

$$\delta=\frac{p_cD_i}{2[\sigma]^t\varphi-p_c}=\frac{1.3\times33}{2\times51\times0.6-1.3}+0.28=1.0\ (mm)$$

3.3.3.3　二级换热器接管壁厚

混合制冷剂侧接管壁厚：

$$\delta=\frac{p_cD_i}{2[\sigma]^t\varphi-p_c}=\frac{0.3\times492}{2\times51\times0.6-0.3}+0.13=2.56\ (mm)$$

天然气侧接管壁厚：

$$\delta=\frac{p_cD_i}{2[\sigma]^t\varphi-p_c}=\frac{5.7\times95}{2\times51\times0.6-5.7}+0.48=10.23\ (mm)$$

氮气-甲烷制冷剂侧接管壁厚：

$$\delta=\frac{p_cD_i}{2[\sigma]^t\varphi-p_c}=\frac{1.3826\times335}{2\times51\times0.6-1.3826}+0.28=8.02\ (mm)$$

乙烯制冷剂侧接管壁厚：

$$\delta=\frac{p_cD_i}{2[\sigma]^t\varphi-p_c}=\frac{2.5706\times95}{2\times51\times0.6-2.5706}+0.48=4.65\ (mm)$$

3.3.3.4　三级换热器接管壁厚

混合制冷剂侧接管壁厚：

$$\delta=\frac{p_cD_i}{2[\sigma]^t\varphi-p_c}=\frac{0.3\times492}{2\times51\times0.6-0.3}+0.13=2.56\ (mm)$$

天然气侧接管壁厚：

$$\delta=\frac{p_cD_i}{2[\sigma]^t\varphi-p_c}=\frac{5.3\times95}{2\times51\times0.6-5.3}+0.48=9.49\ (mm)$$

氮气-甲烷制冷剂侧接管壁厚：

$$\delta=\frac{p_cD_i}{2[\sigma]^t\varphi-p_c}=\frac{1.3826\times335}{2\times51\times0.6-1.3826}+0.28=8.02\ (mm)$$

3.3.3.5　接管尺寸

接管尺寸总结如表 3-20～表 3-22 所列。

表 3-20 一级换热器接管壁厚

物质	混合制冷剂	天然气	氮气-甲烷-乙烯混合制冷剂	丙烷	正丁烷-异丁烷混合制冷剂
接管规格/mm	508×8	155×30	355×10	45×6	45×6
接管计算壁厚/mm	2.56	11	8.02	2.138	0.786
接管实际壁厚/mm	8	30	10	6	6

表 3-21 二级换热器接管壁厚

物质	混合制冷剂	天然气	氮气-甲烷混合制冷剂	乙烯
接管规格/mm	508×8	155×30	355×10	155×30
接管计算壁厚/mm	2.56	10.23	8.02	4.65
接管实际壁厚/mm	8	30	10	30

表 3-22 三级换热器接管壁厚

物质	混合制冷剂	天然气	氮气-甲烷混合制冷剂
接管规格/mm	508×8	155×30	355×10
接管计算壁厚/mm	2.56	9.46	8.02
接管实际壁厚/mm	8	30	10

3.3.4 接管补强

3.3.4.1 补强方式

封头的补强方式应根据具体的情况进行选择，补强方式可分为加强圈补强、接管全焊透补强、翻边或凸颈补强以及整体补强等。

本设计封头尺寸大小各异，补强方式也有不同，但条件允许的情况下尽量以接管全焊透方式代替补强圈补强，尤其是封头的尺寸较小的情况下。在进行选择补强方式前要进行补强面积的计算、确定补强面积的大小以及是否需要补强。

3.3.4.2 接管补强

接管以全焊透方法将接管与壳体相焊，主要补强方式有补强圈补强与接管补强，在条件许可的情况下尽量使用接管补强方式，尤其是在筒体半径较小时，要进行开孔所需补强面积的计算，用来确定封头是否需要进行补强。补强面积示意如图 3-6 所示。

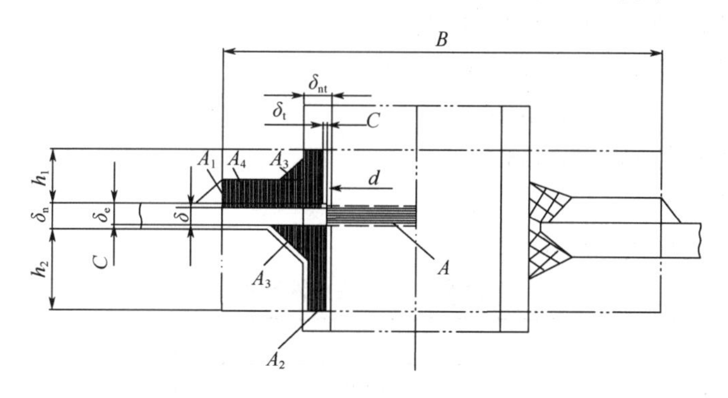

图 3-6 补强面积示意

（1）封头开孔所需补强面积

封头开孔所需补强面积按下式计算

$$A = d\delta \tag{3-22}$$

（2）有效补强范围

① 有效宽度

有效宽度取两者较大值

$$B = \max\begin{cases} 2d \\ d + 2\delta_{n} + 2\delta_{nt} \end{cases} \tag{3-23}$$

② 外侧有效补强高度

有效高度按下式计算，分别取式中较小值：

$$h_1 = \min\begin{cases} \sqrt{d\delta_{nt}} \\ \text{接管实际外伸长度} \end{cases} \tag{3-24}$$

③ 内侧有效补强高度

$$h_2 = \min\begin{cases} \sqrt{d\delta_{nt}} \\ \text{接管实际内伸长度} \end{cases} \tag{3-25}$$

（3）补强面积

在有效的补强范围内，可作为补强的截面积计算如下：

$$A_{e} = A_1 + A_2 + A_3 \tag{3-26}$$

式中　A_1——壳体有效厚度减去计算厚度之外的多余面积，mm^2，且 $A_1 = (B-d)(\delta_{e}-\delta) - 2\delta_{t}(\delta_{e}-\delta)$；

A_2——接管有效厚度减去计算厚度之外的多余面积，mm^2，且 $A_2 = 2h_1(\delta_{et}-\delta_{t}) + 2h_2(\delta_{et}-\delta_{t})$；

A_3——焊接金属截面积，mm^2。

本设计焊接长度取6mm，若 $A_{e} \geqslant A$，则开孔不需要加补强；若 $A_{e} \leqslant A$，则开孔需要另加补强，按下式计算：

$$A_4 \geqslant A - A_{e} \tag{3-27}$$

式中　A_4——有效补强范围内另加补强面积，mm^2。

图3-6中 δ——壳体开孔处的计算厚度，mm；

δ_{n}——壳体名义厚度，mm；

d——接管直径，d=接管内径+2C；

δ_{e}——壳提有效厚度，$\delta_{e} = \delta_{n} - C$；

δ_{t}——接管计算厚度，mm；

δ_{nt}——接管名义厚度，mm。

3.3.4.3　补强面积的计算

混合制冷剂侧封头接管尺寸见表3-23。

表3-23　封头接管尺寸

项目	封头	接管
内径/mm	1070	492
计算厚度/mm	5.46	2.56
名义厚度/mm	10	8
厚度附加量/mm	0.48	0.28

封头开孔所需补强面积：

$$A = d\delta = 492.56 \times 5.46 = 2689.38\,(\mathrm{mm}^2)$$

有效补强范围

① 有效宽度

有效宽度按下式计算得

$$B = \max\begin{cases} 2\times 492.56 = 985.12(\mathrm{mm}) \\ 492.56 + 2\times 10 + 2\times 8 = 528.56(\mathrm{mm}) \end{cases}$$

即 $B = 985.12\,\mathrm{mm}$ 。

② 有效高度

分别取式中较小值，则外侧有效补强高度为：

$$h_1 = \min\begin{cases} \sqrt{492.56\times 8} = 62.77(\mathrm{mm}) \\ 150\,\mathrm{mm} \end{cases}$$

即 $h_1 = 62.77\,\mathrm{mm}$ 。

内侧有效补强高度：

$$h_2 = \min\begin{cases} \sqrt{492.56\times 8} = 62.77(\mathrm{mm}) \\ 0\,\mathrm{mm} \end{cases}$$

即 $h_2 = 0\,\mathrm{mm}$ 。

壳体有效厚度减去计算厚度之外的多余面积 A_1：

$$A_1 = (B-d)(\delta_e - \delta) - 2\delta_t(\delta_e - \delta)$$
$$= (985.12 - 492.56)(9.52 - 5.46) - 2\times 2.56\times(9.52 - 5.46) = 1979.01(\mathrm{mm}^2)$$

接管有效厚度减去计算厚度之外的多余面积 A_2：

$$A_2 = 2h_1(\delta_{et} - \delta_t) + 2h_2(\delta_{et} - \delta_t) = 2\times 62.77\times(7.72 - 2.56) = 647.79(\mathrm{mm}^2)$$

本设计焊接长度取 6 mm，则焊接金属截面积：

$$A_3 = \frac{1}{2}\times 2\times 6\times 6 = 36(\mathrm{mm}^2)$$

补强面积：

$$A_e = A_1 + A_2 + A_3 = 1979.01 + 647.79 + 36 = 2662.8(\mathrm{mm}^2)$$

$A_e \leqslant A$，开孔需要另加补强：

$$A_4 \geqslant A - A_e$$
$$A_4 = 2689.37 - 2662.8 = 26.57(\mathrm{mm}^2)$$

封头接管尺寸如表 3-24 所列。

表 3-24 封头接管尺寸

项目	封头	接管
内径/mm	350	95
计算厚度/mm	31.9	11
名义厚度/mm	35	30
厚度附加量/mm	0.75	0.68

封头开孔所需补强面积：

$$A = d\delta = 96.36 \times 31.9 = 3073.884(\text{mm}^2)$$

有效补强范围

① 有效宽度

有效宽度按下式计算，取两者较大值：

$$B = \max \begin{cases} 2 \times 96.36 = 192.72(\text{mm}) \\ 96.36 + 2 \times 35 + 2 \times 30 = 226.36(\text{mm}) \end{cases}$$

即 $B = 226.36\,\text{mm}$。

② 有效高度

按下式计算，分别取式中较小值，则外侧有效补强高度：

$$h_1 = \min \begin{cases} \sqrt{96.36 \times 30} = 53.39(\text{mm}) \\ 150\,\text{mm} \end{cases}$$

即 $h_1 = 53.39\,\text{mm}$。

内侧有效补强高度：

$$h_2 = \min \begin{cases} \sqrt{96.36 \times 30} = 53.39(\text{mm}) \\ 0\,\text{mm} \end{cases}$$

即 $h_2 = 0\,\text{mm}$。

壳体有效厚度减去计算厚度之外的多余面积 A_1：

$$\begin{aligned} A_1 &= (B-d)(\delta_e - \delta) - 2\delta_t(\delta_e - \delta) \\ &= (226.36 - 96.36) \times (34.25 - 31.9) - 2 \times 11 \times (34.25 - 31.9) = 253.8(\text{mm}^2) \end{aligned}$$

接管有效厚度减去计算厚度之外的多余面积 A_2：

$$A_2 = 2h_1(\delta_{et} - \delta_t) + 2h_2(\delta_{et} - \delta_t) = 2 \times 53.39 \times (29.32 - 11) = 1956.21(\text{mm}^2)$$

本设计焊接长度取 6 mm，则焊接金属截面积：

$$A_3 = \frac{1}{2} \times 2 \times 6 \times 6 = 36(\text{mm}^2)$$

补强面积：

$$A_e = A_1 + A_2 + A_3 = 253.8 + 1956.21 + 36 = 2246.01(\text{mm}^2)$$

本设计焊接长度取 6 mm，$A_e \leqslant A$，开孔需要另加补强：

$$A_4 \geqslant A - A_e$$

即：

$$A_4 = 3073.884 - 2246.01 = 827.874(\text{mm}^2)$$

封头接管尺寸如表 3-25 所列。

表 3-25 封头接管尺寸

项目	封头	接管
内径/mm	875	335
计算厚度/mm	19.25	8.02
名义厚度/mm	25	10
厚度附加量/mm	0.6	0.3

封头开孔所需补强面积：

$$A = d\delta = 335.6 \times 19.25 = 6460.3(\text{mm}^2)$$

有效补强范围

① 有效宽度

B 按下式计算，取两者较大值：

$$B = \max\begin{cases} 2\times 335.6 = 671.2(\text{mm}) \\ 335.6 + 2\times 25 + 2\times 10 = 405.6(\text{mm}) \end{cases}$$

即 $B = 671.2\text{mm}$ 。

② 有效高度

按下式计算，分别取式中较小值，则外侧有效补强高度：

$$h_1 = \min\begin{cases} \sqrt{338.6\times 10} = 57.93(\text{mm}) \\ 150\text{mm} \end{cases}$$

即 $h_1 = 57.93\text{mm}$ 。

内侧有效补强高度：

$$h_2 = \min\begin{cases} \sqrt{338.6\times 10} = 57.93(\text{mm}) \\ 0\text{mm} \end{cases}$$

即 $h_2 = 0\text{mm}$ 。

壳体有效厚度减去计算厚度之外的多余面积 A_1：

$$\begin{aligned} A_1 &= (B-d)(\delta_e - \delta) - 2\delta_t(\delta_e - \delta) \\ &= (671.2-335.6)\times(24.4-19.25) - 2\times 8.02\times(24.4-19.25) = 1645.734(\text{mm}^2) \end{aligned}$$

接管有效厚度减去计算厚度之外的多余面积 A_2：

$$A_2 = 2h_1(\delta_{et} - \delta_t) + 2h_2(\delta_{et} - \delta_t) = 2\times 57.93\times(9.7-8.02) = 194.65(\text{mm}^2)$$

本设计焊接长度取 6 mm，焊接金属截面积 A_3:

$$A_3 = \frac{1}{2}\times 2\times 6\times 6 = 36(\text{mm}^2)$$

补强面积：

$$A_e = A_1 + A_2 + A_3 = 1645.734 + 194.65 + 36 = 1876.384(\text{mm}^2)$$

$A_e \leqslant A$，开孔需要另加补强：

$$A_4 \geqslant A - A_e$$

$$A_4 = 6460.3 - 1876.384 = 4583.916\ (\text{mm}^2)$$

封头接管尺寸如表 3-26 所列。

表 3-26　封头接管尺寸

项目	封头	接管
内径/mm	100	33
计算厚度/mm	5.64	2.138
名义厚度/mm	10	6
厚度附加量/mm	0.48	0.25

封头开孔所需补强面积：

$$A = d\delta = 33.5 \times 5.64 = 188.94(\text{mm}^2)$$

有效补强范围

① 有效宽度

B 按下式计算，取两者较大值：

$$B = \max\begin{cases} 2 \times 33.5 = 67(\text{mm}) \\ 335 + 2 \times 10 + 2 \times 6 = 65.5(\text{mm}) \end{cases}$$

即 $B = 67\text{mm}$。

② 有效高度

按下式计算，分别取式中较小值，则外侧有效补强高度：

$$h_1 = \min\begin{cases} \sqrt{33.5 \times 6} = 14.18(\text{mm}) \\ 150\text{mm} \end{cases}$$

即 $h_1 = 14.18\text{mm}$。

内侧有效补强高度：

$$h_2 = \min\begin{cases} \sqrt{33.5 \times 6} = 14.18(\text{mm}) \\ 0\text{mm} \end{cases}$$

即 $h_2 = 0\text{mm}$。

壳体有效厚度减去计算厚度之外的多余面积 A_1：

$$\begin{aligned} A_1 &= (B-d)(\delta_e - \delta) - 2\delta_t(\delta_e - \delta) \\ &= (67-33.5)(9.52-5.64) - 2 \times 2.138 \times (9.52-5.64) = 121.15(\text{mm}^2) \end{aligned}$$

接管有效厚度减去计算厚度之外的多余面积 A_2：

$$A_2 = 2h_1(\delta_{et} - \delta_t) + 2h_2(\delta_{et} - \delta_t) = 2 \times 14.23 \times (5.75 - 2.138) = 102.44(\text{mm}^2)$$

本设计焊接长度取 6 mm，则焊接金属截面积 A_3

$$A_3 = \frac{1}{2} \times 2 \times 6 \times 6 = 36(\text{mm}^2)$$

补强面积：

$$A_e = A_1 + A_2 + A_3 = 121.15 + 102.44 + 36 = 259.59(\text{mm}^2)$$

$A_e \geqslant A$，开孔不需要另加补强。

封头接管尺寸如表 3-27 所列。

表 3-27 封头接管尺寸

项目	封头	接管
内径/mm	100	33
计算厚度/mm	2.19	0.786
名义厚度/mm	10	6
厚度附加量/mm	0.48	0.25

封头开孔所需补强面积：

$$A = d\delta = 33.5\times 2.19 = 73.365(\text{mm}^2)$$

有效补强范围

① 有效宽度

B 按下式计算，取两者较大值：

$$B = \max\begin{cases} 2\times 33.5 = 67(\text{mm}) \\ 335 + 2\times 10 + 2\times 6 = 65.5(\text{mm}) \end{cases}$$

即 $B = 67\,\text{mm}$。

② 有效高度

按下式计算，分别取式中较小值，则外侧有效补强高度：

$$h_1 = \min\begin{cases} \sqrt{33.5\times 6} = 14.18(\text{mm}) \\ 150\,\text{mm} \end{cases}$$

即 $h_1 = 14.18\,\text{mm}$。

内侧有效补强高度：

$$h_2 = \min\begin{cases} \sqrt{33.5\times 6} = 14.18(\text{mm}) \\ 0\,\text{mm} \end{cases}$$

即 $h_2 = 0\,\text{mm}$。

壳体有效厚度减去计算厚度之外的多余面积 A_1：

$$\begin{aligned} A_1 &= (B-d)(\delta_e - \delta) - 2\delta_t(\delta_e - \delta) \\ &= (67-33.5)(9.52-2.19) - 2\times 0.786\times(9.52-2.19) = 248.69(\text{mm}^2) \end{aligned}$$

接管有效厚度减去计算厚度之外的多余面积 A_2：

$$A_2 = 2h_1(\delta_{et} - \delta_t) + 2h_2(\delta_{et} - \delta_t) = 2\times 14.23(5.75-0.786) = 140.78(\text{mm}^2)$$

本设计焊接长度取 6mm，则焊接金属截面积 A_3：

$$A_3 = \frac{1}{2}\times 2\times 6\times 6 = 36(\text{mm}^2)$$

补强面积：

$$A_e = A_1 + A_2 + A_3 = 248.69 + 140.78 + 36 = 425.47(\text{mm}^2)$$

$A_e \geqslant A$，开孔不需要另加补强。

封头接管尺寸如表 3-28 所列。

表 3-28　封头接管尺寸

项目	封头	接管
内径/mm	350	95
计算厚度/mm	14.49	4.65
名义厚度/mm	20	30
厚度附加量/mm	0.57	0.68

封头开孔所需补强面积：

$$A = d\delta = 96.36 \times 14.49 = 1396.26(\text{mm}^2)$$

有效补强范围

① 有效宽度

B 按下式计算，取两者较大值：

$$B = \max\begin{cases} 2 \times 96.36 = 192.72(\text{mm}) \\ 96.36 + 2 \times 20 + 2 \times 30 = 196.36(\text{mm}) \end{cases}$$

即 $B = 196.36\text{mm}$。

② 有效高度

按下式计算，分别取式中较小值，外侧有效补强高度：

$$h_1 = \min\begin{cases} \sqrt{96.36 \times 30} = 53.39(\text{mm}) \\ 150\,\text{mm} \end{cases}$$

即 $h_1 = 53.39\text{mm}$。

内侧有效补强高度：

$$h_2 = \min\begin{cases} \sqrt{96.36 \times 30} = 53.39(\text{mm}) \\ 0\,\text{mm} \end{cases}$$

即 $h_2 = 0\text{mm}$。

壳体有效厚度减去计算厚度之外的多余面积 A_1：

$$\begin{aligned} A_1 &= (B-d)(\delta_e - \delta) - 2\delta_t(\delta_e - \delta) \\ &= (196.36 - 96.36)(19.43 - 14.49) - 2 \times 4.65 \times (19.43 - 14.49) = 448.06(\text{mm}^2) \end{aligned}$$

接管有效厚度减去计算厚度之外的多余面积 A_2：

$$\begin{aligned} A_2 &= 2h_1(\delta_{et} - \delta_t) + 2h_2(\delta_{et} - \delta_t) \\ &= 2 \times 53.39 \times (29.32 - 4.65) = 2634.27(\text{mm}^2) \end{aligned}$$

本设计焊接长度取 6 mm，则焊接金属截面积 A_3：

$$A_3 = \frac{1}{2} \times 2 \times 6 \times 6 = 36(\text{mm}^2)$$

补强面积：

$$A_e = A_1 + A_2 + A_3 = 448.06 + 2634.27 + 36 = 3118.33(\text{mm}^2)$$

$A_e \geqslant A$，开孔不需要另加补强。

封头接管尺寸如表 3-29 所列。

表 3-29　封头接管尺寸

项目	封头	接管
内径/mm	350	95
计算厚度/mm	30.1	10.23
名义厚度/mm	35	30
厚度附加量/mm	0.75	0.68

封头开孔所需补强面积：

$$A = d\delta = 96.36 \times 30.1 = 2900.436(\text{mm}^2)$$

有效补强范围

① 有效宽度

B 按下式计算，取两者较大值：

$$B = \max\begin{cases} 2\times 96.36 = 192.72(\text{mm}) \\ 96.36 + 2\times 35 + 2\times 30 = 226.36(\text{mm}) \end{cases}$$

即 $B = 226.36\text{mm}$ 。

② 有效高度

按下式计算，分别取式中较小值，则外侧有效补强高度：

$$h_1 = \min\begin{cases} \sqrt{96.36\times 30} = 53.39(\text{mm}) \\ 150\,\text{mm} \end{cases}$$

即 $h_1 = 53.39\text{mm}$ 。

内侧有效补强高度：

$$h_2 = \min\begin{cases} \sqrt{96.36\times 30} = 53.39(\text{mm}) \\ 0\,\text{mm} \end{cases}$$

即 $h_2 = 0\text{mm}$ 。

壳体有效厚度减去计算厚度之外的多余面积 A_1 ：

$$\begin{aligned} A_1 &= (B-d)(\delta_e - \delta) - 2\delta_t(\delta_e - \delta) \\ &= (226.36 - 96.36)(34.25 - 30.1) - 2\times 11\times (34.25 - 30.1) = 454.591(\text{mm}^2) \end{aligned}$$

接管有效厚度减去计算厚度之外的多余面积 A_2 ：

$$A_2 = 2h_1(\delta_{et} - \delta_t) + 2h_2(\delta_{et} - \delta_t) = 2\times 53.39\times (29.32 - 10.23) = 2038.43(\text{mm}^2)$$

本设计焊接长度取 6 mm，则焊接金属截面积 A_3 ：

$$A_3 = \frac{1}{2}\times 2\times 6\times 6 = 36(\text{mm}^2)$$

补强面积：

$$A_e = A_1 + A_2 + A_3 = 452.591 + 2038.43 + 36 = 2529.021(\text{mm}^2)$$

$A_e \leqslant A$ ，开孔需要另加补强：

$$A_4 \geqslant A - A_e$$

则：

$$A_4 = 2900.436 - 2529.021 = 371.415(\text{mm}^2)$$

封头接管尺寸如表 3-30 所列。

表 3-30　封头接管尺寸

项目	封头	接管
内径/mm	350	95
计算厚度/mm	28.14	9.46
名义厚度/mm	35	30
厚度附加量/mm	0.75	0.68

封头开孔所需补强面积：

$$A = d\delta = 96.36 \times 28.14 = 2711.57(\text{mm}^2)$$

有效补强范围

① 有效宽度

B 按下式计算，取两者较大值：

$$B = \max\begin{cases} 2 \times 96.36 = 192.72(\text{mm}) \\ 96.36 + 2 \times 35 + 2 \times 30 = 226.36(\text{mm}) \end{cases}$$

即 $B = 226.36\text{mm}$ 。

② 有效高度

按下式计算，分别取式中较小值，则外侧有效补强高度：

$$h_1 = \min\begin{cases} \sqrt{96.36 \times 30} = 53.39(\text{mm}) \\ 150\,\text{mm} \end{cases}$$

即 $h_1 = 53.39\text{mm}$ 。

内侧有效补强高度：

$$h_2 = \min\begin{cases} \sqrt{96.36 \times 30} = 53.39(\text{mm}) \\ 0\,\text{mm} \end{cases}$$

即 $h_2 = 0\text{mm}$ 。

壳体有效厚度减去计算厚度之外的多余面积 A_1：

$$A_1 = (B - d)(\delta_e - \delta) - 2\delta_t(\delta_e - \delta)$$
$$= (226.36 - 96.36)(34.25 - 28.14) - 2 \times 9.46 \times (34.25 - 28.14) = 678.70(\text{mm}^2)$$

接管有效厚度减去计算厚度之外的多余面积 A_2：

$$A_2 = 2h_1(\delta_{et} - \delta_t) + 2h_2(\delta_{et} - \delta_t) = 2 \times 53.39 \times (29.32 - 9.46) = 2120.66(\text{mm}^2)$$

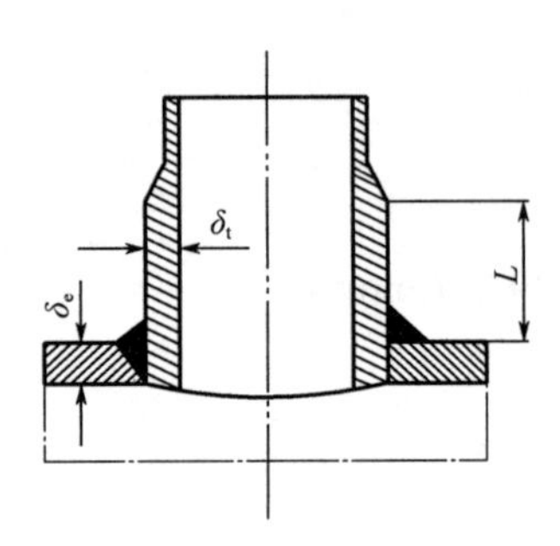

图 3-7　接管连接方式

适用于壳体直径 DN<800mm； $\delta_t = \frac{2}{3}\delta_e$ ；

L 不小于 15～30mm

本设计焊接长度取 6mm，则焊接金属截面积 A_3：

$$A_3 = \frac{1}{2} \times 2 \times 6 \times 6 = 36(\text{mm}^2)$$

补强面积：

$$A_e = A_1 + A_2 + A_3 = 678.70 + 2120.66 + 36 = 2835.36(\text{mm}^2)$$

$A_e \geqslant A$ ，开孔不需要另加补强。

根据计算结果与设计要求需要进行焊接的接管可按图 3-7 的连接形式。

3.3.5　法兰与垫片选择

3.3.5.1　法兰与垫片

法兰是连接设计设备接管与外接管的设备元件，法兰的尺寸选择需要接管的尺寸、设计压力的大小以及设计所需法兰的形式，配套选择所需的螺栓与垫片，只需依据标准选择法兰型号即可。

3.3.5.2　法兰与垫片型号选择

根据国家标准 GB/T 9119—2010《板式平焊钢制管法兰》确定法兰尺寸，凹凸面对焊钢制管法兰如图 3-8 所示，垫圈形式如图 3-9 所示。

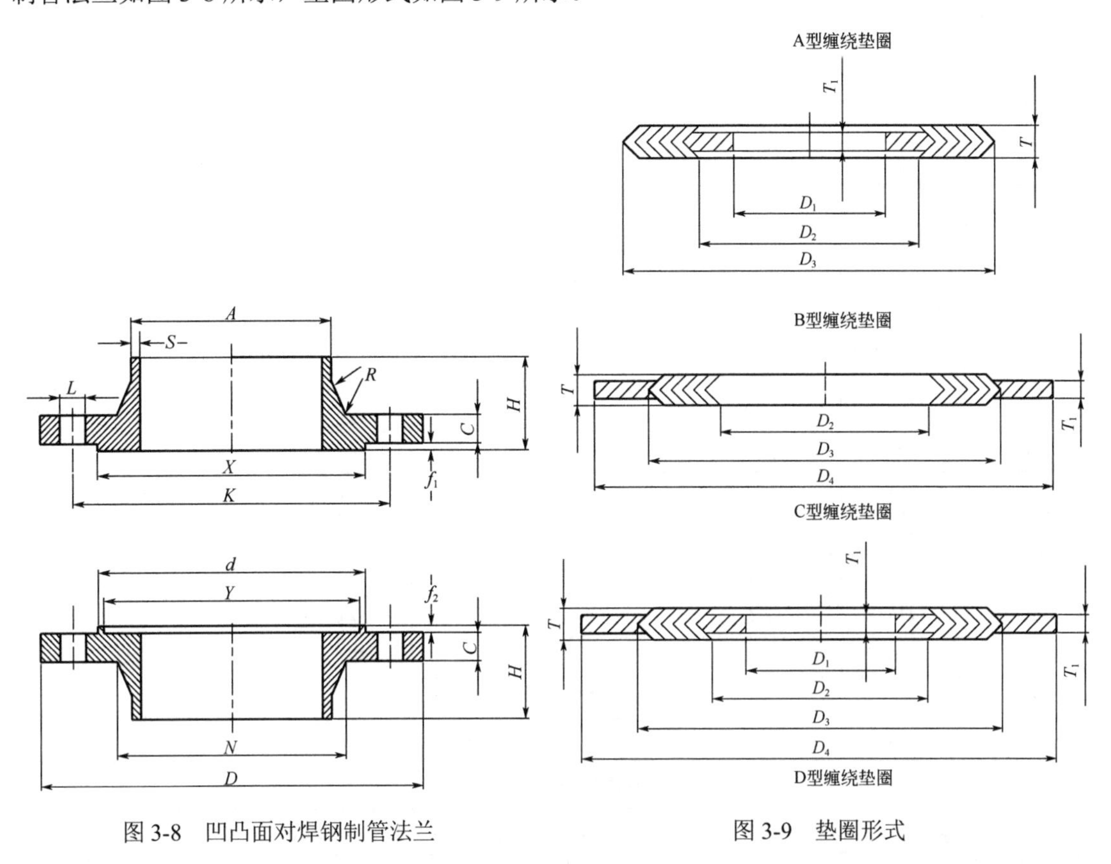

图 3-8　凹凸面对焊钢制管法兰

图 3-9　垫圈形式

垫片型号见表 3-31～表 3-33。

表 3-31　垫片型号（一）

垫片形式	代号	适用密封面形式
基本型	A	榫槽面
带内环型	B	凹凸面
带外环型	C	凸面
带内外环型	D	

表 3-32　垫片型号（二）　　单位：mm

公称通径 DN	公称压力 PN　2.5MPa、4.0MPa						
	内环内径 D_1	缠绕垫内径 D_2	缠绕垫内径 D_3	外环外径 D_4		缠绕垫内径 T	外环厚度 T_1
				2.5MPa	4.0MPa		
10	14	24	36	46	46	3.2 及 4.5	2 及 3
15	18	29	40	51	51		

续表

公称通径 DN	公称压力 PN 2.5MPa、4.0MPa						
	内环内径 D_1	缠绕垫内径 D_2	缠绕垫内径 D_3	外环外径 D_4		缠绕垫内径 T	外环厚度 T_1
				2.5MPa	4.0MPa		
20	25	36	50	61	61	3.2 及 4.5	2 及 3
25	32	43	57	71	71		
32	38	51	67	82	82		
40	45	58	74	92	92		
50	57	73	91	107	107		
65	76	89	109	127	127		
80	89	102	122	142	142		
100	108	127	147	167	167		
125	133	152	174	195	195		
150	159	179	201	225	225		
200	219	228	254	285	290		
250	273	282	310	340	351		
300	325	334	362	400	416		
350	377	387	417	456	476		
400	426	436	468	516	544		
450	480	491	527	566	569		
500	530	541	577	619	628		
600	630	642	678	731	741		

表 3-33 垫片型号（三） 单位：mm

公称通径 DN	公称压力 PN 4.0MPa、6.3 MPa、16.0MPa				
	内环内径 D_1	缠绕垫内径 D_2	缠绕垫内径 D_3	缠绕垫内径 T	外环厚度 T_1
10	14	24	34	3.2 及 4.5	2 及 3
15	18	29	39		
20	25	36	50		
25	32	43	57		
32	38	51	65		
40	45	61	75		
50	57	73	87		
65	76	95	109		
80	89	106	120		
100	108	129	149		
125	133	155	175		
150	159	183	203		
200	219	239	259		

续表

公称通径 DN	公称压力 PN 4.0MPa、6.3 MPa、16.0MPa				
	内环内径 D_1	缠绕垫内径 D_2	缠绕垫内径 D_3	缠绕垫内径 T	外环厚度 T_1
250	273	292	312	3.2 及 4.5	2 及 3
300	325	343	363		
350	377	395	421		
400	426	447	473		
450	480	497	523		
500	530	549	575		

3.3.6 隔板导流片封条的选择

3.3.6.1 隔板厚度计算

隔板厚度的计算见式（3-28），翅片规格见表 3-34。

$$t = m\sqrt{\frac{3p}{4[\sigma_b]}} + C \tag{3-28}$$

式中 m ——翅片间距，mm；

C ——腐蚀裕量，一般取值 0.2mm；

$[\sigma_b]$ ——室温力学性能下保证值，翅片材料采用 6030，则$[\sigma_b]$=205 Pa；

p ——设计压力，MPa。

表 3-34 翅片规格

翅片代号	混合制冷剂	天然气	氮气-甲烷	丙烷	正丁烷-异丁烷
翅距/mm	6.5	12	9.5	4.7	12
设计/MPa	0.3	6.1	1.3826	3.527	1.3
隔板厚度/mm	0.42	1.99	0.88	0.74	1.03

根据上表显示得出隔板厚度应取 2mm。

3.3.6.2 封条选择

根据 NB/T 47006 标准可知封条宽度可依据封头的厚度以及焊接的合理性进行选择，封条样式如图 3-10 所示，封条选型见表 3-35。

3.3.6.3 导流板选择

根据板束的厚度以及导流片在板束中的开口位置与方向进行选择，导流片样式如图 3-11 所示。

表 3-35 封条选型

封条高度 H/mm	6.5	12	9.5	4.7	12
封条宽度 B/mm	35	35	35	35	35

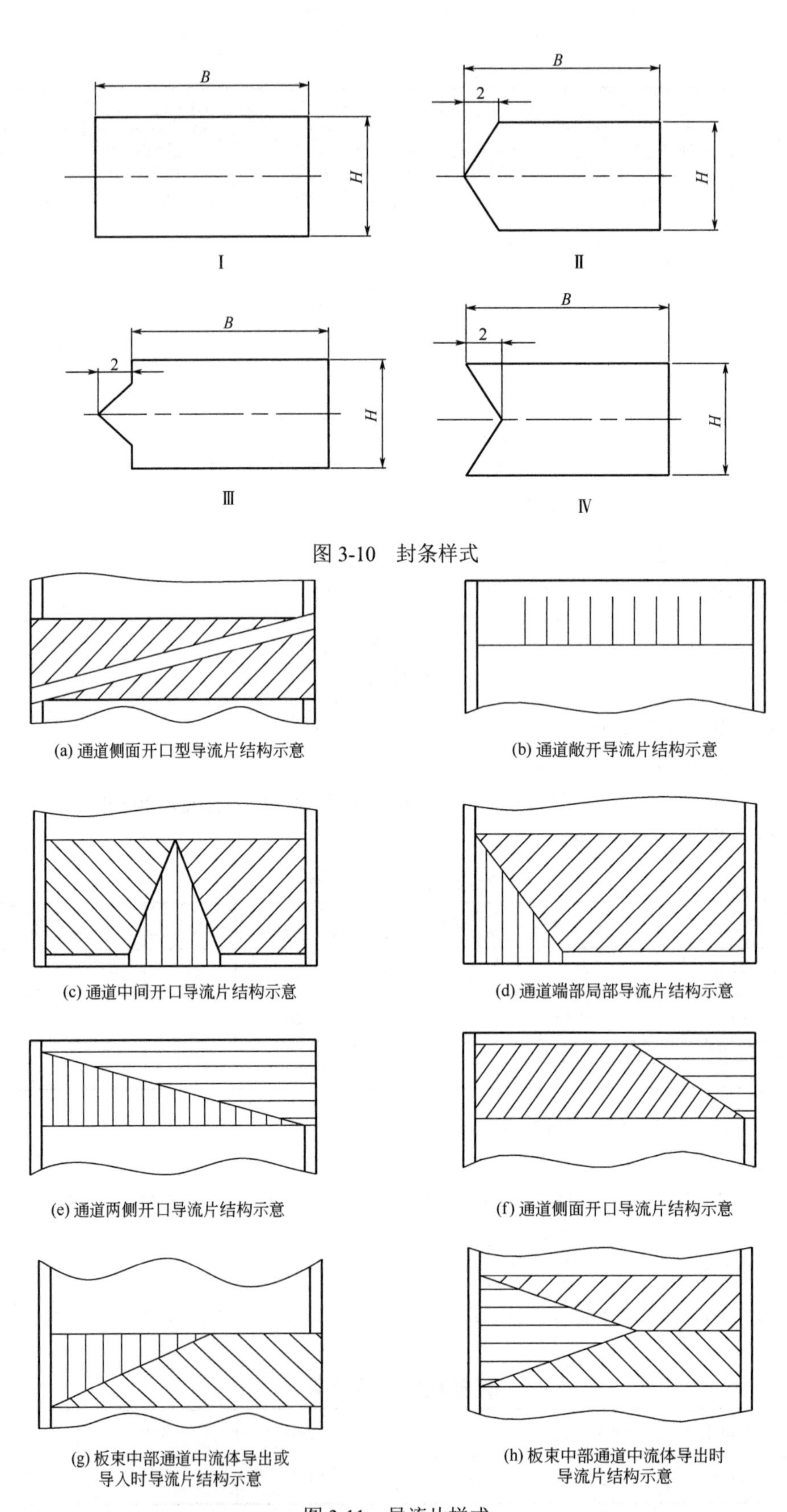

图 3-10　封条样式

(a) 通道侧面开口型导流片结构示意

(b) 通道敞开导流片结构示意

(c) 通道中间开口导流片结构示意

(d) 通道端部局部导流片结构示意

(e) 通道两侧开口导流片结构示意

(f) 通道侧面开口导流片结构示意

(g) 板束中部通道中流体导出或导入时导流片结构示意

(h) 板束中部通道中流体导出时导流片结构示意

图 3-11　导流片样式

3.3.7 换热器的成型安装

3.3.7.1 板束

（1）组装要求

① 钎焊元件的尺寸偏差和形位公差应符合图样或相关技术文件的要求；组装前不得有毛刺，且表面不得有严重磕、划、碰伤等缺陷；组装前应进行清洗，以除去油迹、锈斑等杂质，清洗后应进行干燥处理。

② 组装前的翅片和导流片的翅型应保持规整，不得被挤压、拉伸和扭曲；翅片、导流片和封条的几何形状有局部形变时，应进行整形。

③ 隔板应保持平整，不得有弯曲、拱起、小角翘起和无包覆层的白边存在；板面上的局部凹印深度不得超过板厚的 10%，且深度不大于 0.15mm。

④ 组装时每一层的钎焊元件应互相靠紧，但不得重叠。设计压力 $p \leqslant 2.5$MPa 时，钎焊元件的拼接间隙应不大于 1.5mm，局部不得大于 3mm；设计压力 $p>2.5$MPa 时，钎焊元件的拼接间隙应不大于 1mm，局部不得大于 2mm。拼接间隙的特殊要求应在图样中注明。

（2）钎焊工艺

钎焊工艺应针对相应的工艺进行，并进行钎焊工艺的评定。

（3）板束的外观

① 板束焊缝应饱满平滑，不得有钎料堵塞通道的现象。

② 导流片翅型应规整，不得露出隔板。

③ 相邻上下层封条间的内凹、外弹量不得超过 2mm。

④ 束上下平面的错位量每 100mm 高不大于 1.5mm，且总错位量不大于 8mm。

⑤ 侧板的下凹总量不得超过板束叠层总厚度的 1%。

3.3.7.2 焊接

（1）焊接工艺

① 热交换器施工前的焊接工艺评定应按 JB/T 4734—2002 的附录 B 进行。热交换器的焊接工艺文件应按图样技术要求和评定合格的焊接工艺并参照 JB/T 4734—2002 的附录 E 制订。

② 焊接工艺评定报告、焊接工艺规程、施焊记录的焊工识别标记等文件的保存期不得少于 7 年。焊工识别标记应打在规定的容器部位，但不得在耐腐蚀面上打钢印。

（2）焊接形式

① 焊接接头表面的形状尺寸及外观要求、焊接接头返修要求应符合 JB/T 4734—2002 的有关规定。

② 受压元件的 A、B、C、D 类焊接接头及钎焊缝的补焊应采用钨极氩弧焊、熔化极氩弧焊或采用通过实验可保证焊接质量的其他焊接方法，并符合 JB/T 4734—2002 的有关规定。

3.3.7.3 封头

成型后封头的壁厚减薄量不得大于图样规定的 10%，且不大于 3mm。

3.3.7.4 试验、检验

在换热器制造后应进行试验与检测，在技术部门检验合格后才能出厂。

（1）耐压强度试验

热交换器的压力试验除符合标准和设计图样规定外，还应符合《压力容器安全技术检查规程》的规定。

（2）液压试验

热交换器的液压试验一般应采用水作试验介质，水应是洁净对工件无腐蚀的。

（3）气压试验

热交换器的气压试验应采用干燥无油洁净的空气、氮气或惰性气体作为试验介质，试验压力按照有关规定。采用气压试验时，应要有可靠的防护措施。

3.3.7.5　换热器的安装

在安装换热器时应注意换热器的碰损，在固定安装完成后应对管道进行隔热保冷的处理。

3.3.7.6　绝热（隔热保冷）

对于绝热材料一般选用聚氨酯泡沫作为换热器保冷使用，厚度应满足保冷的需求。

根据图 3-12，保冷层厚度选择 350mm。

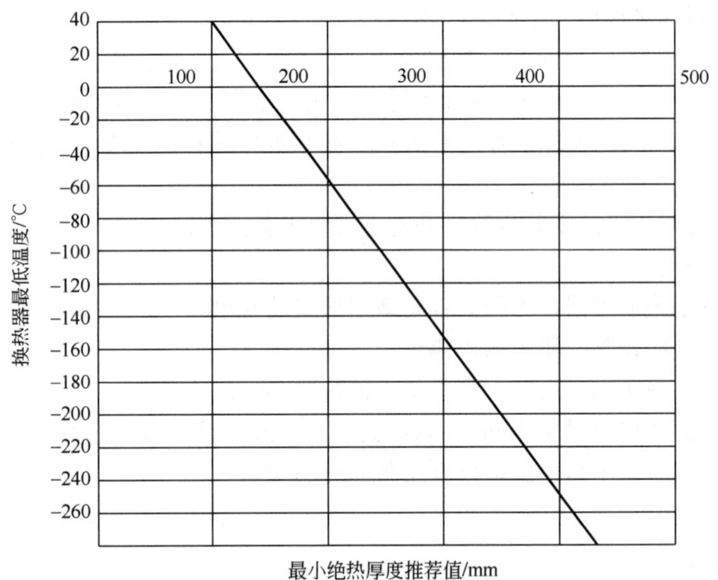

图 3-12　管道绝热层厚度

通过设计计算可以看出，各个制冷剂和天然气在翅片内流动时，如果不考虑相变，则通过板翅式换热器时压力损失很少，对于高压板侧的流动，这些压力降可看作是流体静压的波动减少量，对流体的动压没影响。所以流体在板束中的流动速度不需要校正。但是，如果考虑相变的话，流体压力损失比较大，这部分压力损失还得考虑，否则这部分压力损失将对板侧的流动速度产生较大影响，所以还得重新校核流速，使其符合流体相变的速度变化规律。

经过对板翅式换热器换热工艺及结构进行设计计算，可得出以下结论：

① 不同封头结构对换热器流量分配和温度分布影响很大；

② 板翅式换热器的核心部分为换热工艺计算过程，还需进一步研究；

③ 板翅式换热器中流速不宜太大，否则会使压力降增大，对流速又会影响很大；

④ 翅片选择应综合考虑各个流道尺寸和符合大小，做到相适应；

⑤ 混合制冷剂的制冷量计算和质量流量计算过程复杂，应考虑各股流冷热负荷。

参考文献

[1] 王松汉．板翅式换热器［M］．北京：化学工业出版社，1984．

[2] 余建祖. 换热器原理与设计 [M]. 北京：北京航空航天大学出版社，2006.
[3] 张周卫，汪雅红，李跃等. LNG 混合制冷剂多股流板翅式换热器. 中国：2015100510916 [P]，2016-10-05.
[4] 张周卫，汪雅红，李跃等. LNG 低温液化一级制冷五股流板翅式换热器. 中国：2015100402447 [P]，2016-10-05.
[5] 张周卫，汪雅红，李跃等. LNG 低温液化二级制冷四股流板翅式换热器. 中国：201510042630X [P]，2016-10-05.
[6] 张周卫，汪雅红，李跃等. LNG 低温液化三级制冷三股流板翅式换热器. 中国：2015102319726 [P]，2016-11-16.
[7] Zhouwei Zhang， Yahong Wang，Yue Li，Jiaxing Xue. Research and Development on Series of LNG Plate-fin Heat Exchanger [C]. 3rd International Conference on Mechatronics， Robotics and Automation （ICMRA 2015），2015（4），1299-1304.

第4章 表面蒸发空冷器设计计算

表面蒸发空冷器常用于天然气压缩机、混合制冷剂压缩机等出口高温气体的冷却过程，其利用管外水膜的蒸发过程进一步强化管外传热过程，从而达到空冷的效果。基本工作原理是用泵将设备下部水池中的循环冷却水输送到位于水平放置的光管管束上方的喷淋水分配器，由分配器将冷却水向下喷淋到传热管表面，使管外表面形成连续均匀的薄水膜，同时用风机将空气从设备下部空气入口吸入，使空气自下向上流动，横掠水平放置的光管管束。此时传热管的管外换热除依靠水膜与空气流间的显热传递外，管外表面水膜的迅速蒸发吸收了大量的热量，强化了管外传热。由于水具有较高的汽化潜热（1atm 时为 2386kJ/kg），因此管外表面水膜的蒸发大大强化了管外传热，使设备总体传热效率明显提高。

4.1 空冷技术概述

随着 LNG 工业的迅速发展，火力发电厂中的大容量高参数汽轮发电机组不断增加。这些机组在燃用大量煤炭的同时，也耗用大量水资源。电力工业的发展速度、建设规模、规划布局本应与国民经济的发展相适应，但由于受到煤和水资源的制约而不能合理安排。在富煤地区，往往由于缺水而不能就地兴建电厂，因此丰富的煤炭资源不能尽早开发与利用，这在宏观经济上无疑是极大的损失。发电厂汽轮机凝汽设备系统采用的空气冷却系统（简称发电厂空冷系统），就是为解决在“富煤缺水”地区或干旱地区建设火力发电厂而逐步发展起来的。

空冷技术从提出到现在，约有 50 年的历史，并在国际上有了迅速发展。目前已出现单机容量 686 MW 的空冷机组。在干旱地区，空冷机组发展极为迅速，并出现了多种类型，如直接空冷，间接空冷及干湿联合冷却机组等。发电厂空冷技术已经成为当前发电厂建设中的一个热门课题，国内的空冷技术研究工作始于 20 世纪 60 年代中期，而大容量空冷机组的建设只是近几年的事。山西省第二发电厂的两台 200MW 空冷机组相继于 1987 年、1988 年投产，两台机组均采用引进的匈牙利海勒式空冷系统，与国产汽轮机发电机组配合使用。投产以来，运行稳定，节水效果显著。据理论计算机实测结果显示，与同容量湿冷机组相比，空冷机组冷却系统本身可节水 97%以上，全长性节水约 65%。因此，相同数量的水可建设的空冷机组规模比湿冷机组的规模大 3 倍，这充分显示了空冷技术节水的优越性及其推广使用的广阔前景。

我国水资源相对贫乏。有关统计数字表明，人均占有水量只及世界人均占有量的 1/4，居于贫水国家之列，而且全国水资源的时空分布极不平衡，随着工农业生产的发展，许多城市及地区相继出现生产与生活用水日益紧张的局面，水已经成为制约国民经济发展的主要因素之一。特别是我国的“三北”（华北、东北、西北）地区，煤炭资源丰富，但水资源十分贫乏，尤其是华北和西北地区，其年平均水产模数尚不足全国平均数的1/3。水资源的贫乏增加了将丰富的煤炭就地转化成为电力的困难，采用空冷机组正是解决上述矛盾的有效途径之一。兴建大容量火力发电厂需要充足的冷却水源，而在缺水地区兴建大容量火力发电厂，就需要采用新的冷却方式来排除废热。

发电厂采用翅片管式的空冷散热器，直接或间接用环境空气来冷凝汽轮机排气，称为发电厂空冷，研究空冷新装置及其使用的一系列技术，称作发电厂空冷技术，采用空冷技术的冷却系统称为空冷系统，采用空冷系统的汽轮发电机组简称空冷机组，采用空冷系统的发电厂称为空冷电厂。发电厂空冷技术也是一种节水型火力发电技术。

4.1.1 国外空冷技术发展概况

早在20世纪30年代末，德国首先在鲁尔矿区的1.5MW汽轮机组应用了直接空冷系统。20世纪50年代，卢森堡的杜德兰格钢厂自备电站13MW机组和意大利的罗马电厂36MW机组分别采用了直接空冷系统。进入20世纪60年代后，英国拉格莱电厂于1962年在一台120MW机组上采用了间接空冷系统，采用喷射式凝汽器及自然通风型空冷塔。这个系统是由匈牙利的海勒教授在1950年世界动力会议上首先提出的，亦称为海勒式空冷系统。1968年西班牙的乌特里拉斯坑口电厂采用了尖屋顶式布置的机械通风型直接空冷系统。至此，形成了直接和间接两种空冷系统并存的局面。

4.1.2 我国空冷技术发展概况

我国电厂空冷技术起步并不算太晚，1966年在哈尔滨工业大学试验电站50kW机组上首次进行了直接空冷系统的试验，1967年在山西侯马电厂的1.5MW机组上又进行了工业性直接空冷系统的试验。进入20世纪80年代后，庆阳石化总厂自备电站3MW机组投运了直接空冷系统，1987～1988年，山西大同第二发电厂的两台200MW机组首次引进了匈牙利的海勒式间接空冷系统，使我国火电厂空冷技术的发展进入一个新的阶段。目前，国产200MW机组海勒式间接空冷系统和表面式凝汽器间接空冷系统的电厂正在建设中，这将有助于电厂空冷技术的推广使用。表面蒸发型空冷式换热器（以下简称蒸发空冷器，见图4-1）是一种比湿空冷和干空冷加水后冷性能更优越的新型冷却器，是国内外近年来着力开发的一种新型冷换设备，是空冷技术的发展方向。

空气冷却是在空气冷却器中实现的，冷却介质为空气，可用于各种流体的冷却和冷凝。由于空气的比热容小［约为1.005kJ/（kg·K)]，仅为水的1/4，因此若传热量相同，冷却介质温升相同，则所需的空气量将为水量的四倍。再考虑到空气的密度远小于水，则相对于水冷却器，空冷器体积很大。另外空气侧的换热系数很低，为50～60W/（m^2·K)，导致光管空冷器总传热系数也很低，较水冷却器的传热系数低10～30倍，为减少空气侧换热系数较低的影响，空冷器一般采用扩张表面的翅片管，气化比为10～24。

目前在发电厂得到应用的空气冷却系统有直接空冷系统（GEA)、采用表面式凝汽器的间接空冷系统和采用混合式凝汽器的间接空冷系统（即海勒系统）。空冷系统不仅应用于缺水地区，就是在水源充沛的地区，由于环保的需要或经济比较合理也可采用空冷。空冷系统的应用范围在日益扩大，可用于垃圾发电站蒸汽轮机的空冷凝汽器、燃气-蒸汽联合循环的空气

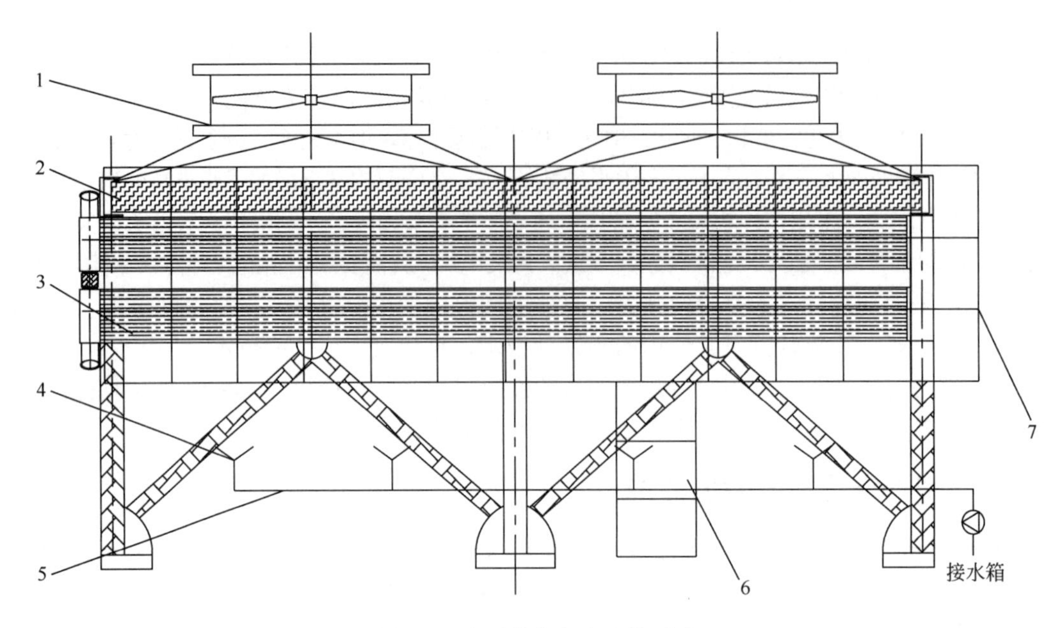

图 4-1　表面蒸发空冷器外形图

1—风机；2—百叶窗；3—管束（L 型翅片管）；4—喷嘴；5—喷淋系统；6—检修平台；7—爬梯

冷却系统、工矿企业自备电站蒸汽轮机或拖动汽轮机的空冷凝汽器和干-湿并列联合冷却系统的空冷凝汽器等。由于我国缺水较为严重，因而空冷系统的应用和发展显得更为迫切，空冷系统的应用在我国将大有发展。随着工业，特别是炼油、化工、电力工业的发展，工业用水量急剧增加，出现了水供应不足，而且由于环保和节能的要求越来越严格，再加上空冷器具有节水效果好、操作费用低、环境污染小及使用寿命长等优点，国内外炼油化工厂均已大量采用空冷器来代替水冷器，发展空冷技术和设备既是节水、节能、保护环境的要求，也是提高装置效益的要求，因此，新型空冷器的经济性大为提高。因此，在过去的 50 年中，有一部分冷却器逐渐被空气冷却器所代替，有更多的炼油设备和石油化工设备安装了空气冷却器或空冷凝汽器，空气冷却技术在动力、冶金、原子能等部门的应用也有了新的进展。事实说明，空气冷却器不仅维护费用低，而且与水冷系统相比较，空冷器有着更长的使用寿命。

如果有冷却水可用，水冷却器和空气冷却器之间的选择取决于经济性和对环境的保护；如果冷却水的供应有困难，那就没有别的选择，只有采用空冷。为防止对水源的污染，也要优先采用空气冷却。

空冷器的优缺点介绍如表 4-1 所列。

表 4-1　空冷器的优缺点

空冷器的优点	空冷器的缺点
（1）空气可以免费取得，不需任何辅助费用； （2）厂址选择不受限制； （3）空气腐蚀性低，不需采取任何清垢措施； （4）由于空冷器空气侧压力降为 100～200Pa，所以运行费用低； （5）空冷系统的维护费一般为水冷系统的 20%～30%	（1）由于空气比热容小，且冷却效果取决于干球温度，不能将流体冷却到环境温度； （2）空气侧换热系数低、比热容小，所以空冷器需要较大面积； （3）空冷器性能受环境温度、雨雪、风等影响； （4）空冷器不宜靠近大的建筑物，以免形成热风再循环； （5）空冷器要求采用特殊制造的翅片管

根据工艺介质的冷却要求及所建装置的水源、电力情况，选择间接空冷系统，空冷器结

构形式为水平鼓风式空冷器，根据介质最终温度（33℃）以及环境温度，选择 8 台湿式空冷器并联的形式。

空冷器主要由管束、风机、构架、百叶窗和梯子五个部件组成。本设计采用间接冷却的空冷器空冷系统。汽轮机排气的混合式凝汽器与从空冷器中的的冷却水相混合，凝结成水。混合式凝汽器中的凝结水和冷却水的混合物中的一小部分被凝结水泵抽走，作为锅炉的给水，而大部分（约为 96%）经循环水泵打入空冷器，被空气冷却后作为冷却水再进入混合式凝汽器循环使用。

4.1.3 工作原理

间接空冷系统的典型结构与工艺流程如图 4-2 所示。其工作原理是利用管外水膜的蒸发强化管外传热。其工作过程是用泵将设备下部水池中的循环冷却水输送到位于水平放置的光管管束上方的喷淋水分配器，由分配器将冷却水向下喷淋到传热管表面，使管外表面形成连续均匀的薄水膜；同时用风机将空气从设备下部空气入口吸入，使空气自下向上流动，横掠水平放置的光管管束。此时传热管的管外换热除依靠水膜与空气流间的显热传递外，管外表面水膜的迅速蒸发吸收了大量的热量，强化了管外传热。由于水具有较高的汽化潜热（水在 101.325kPa 下的汽化潜热为 2386.48kJ/kg），因此管外表面水膜的蒸发大大强化了管外传热，使设备总体传热效率明显提高，管外表面水膜的蒸发使得空气穿过光管管束后湿度增加而接近饱和，风机将饱和湿空气从管束中抽出并使其穿过位于喷淋水分配器上方的除雾器，除去饱和湿空气中夹带的水滴后从设备顶部空气出口排入大气中。由于风机位于设备上部向上抽吸空气，从而在风机下部空间形成负压区域，加速了管外表面水膜的蒸发，有利于强化管外传热。蒸发空冷中，工艺介质走管内水平流动，空气、水走管外，空气由下而上流动，喷淋水则由上往下流动，水、空气与工艺介质为交叉错流，水与空气为逆流。这样一来从流程布置上也强化了传热传质过程。换热管一般采用光管，为了防止水和空气对换热管外表面的腐蚀，通常对换热管外表面进行防腐处理。

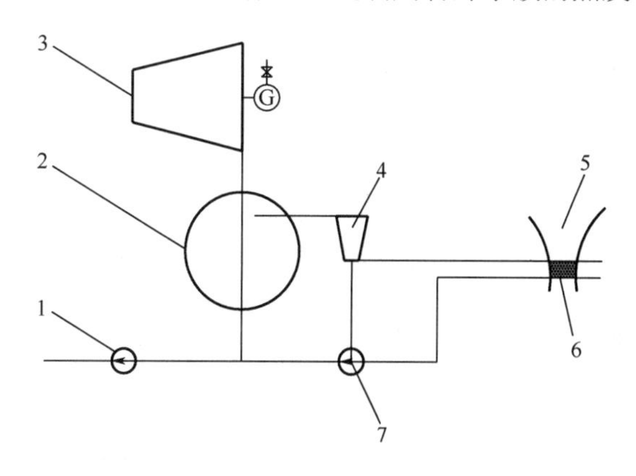

图 4-2 间接空冷系统

1—凝结水泵；2—混合式凝汽器；3—汽轮机；4—水轮机；5—干式冷却塔；6—空冷式表面式换热器；7—循环水泵

4.1.4 蒸发空冷器的特点

蒸发空冷器从结构上看具有以下特点：

① 将冷水塔和列管式水冷器合为一体，省去了单独的循环水冷却系统，结构紧凑。

② 利用翅片管作预冷，再加上采用光管作传热管，大大地降低了设备的一次性投资。

③ 由于采用光管，空气阻力减小，所需的风量也变小，所以风机负荷也相应降低。

④ 蒸发空冷器的最大优点即操作费用低、冷却水自身在设备中循环使用、节约用水、没有污染。

⑤ 由于喷淋水向下喷在光管管束上，光管和翅片管上都不易结垢，降低了污垢对传热的影响，同时减少了清理的工作。

蒸发空冷的适用范围：蒸发空冷一般适用于各种温度低于 80℃的低温工艺介质的冷却和冷凝，它可将工艺介质出口温度冷却到接近环境湿球温度。如果工艺流体入口温度高于 80℃，在管束入口端管壁温度过高，使管外表面水膜容易结垢，增加传热阻力，会降低蒸发空冷的传热效率。因此，当工艺流体入口温度高于 80℃时，将蒸发空冷中的除雾器用低翅片管管束代替，使高温位热流体先流经翅片管管束预冷却到 80℃以下再进入光管管束进行冷却或冷凝，使翅片管管束起到既冷却又除雾的双重作用。蒸发空冷适应的压力范围及介质范围与普通湿式空冷相同。

4.1.5 亲水膜

所谓亲水膜材料就是利用化学方法在换热器肋片上生成一层稳定的高亲水性膜，使肋片上的冷凝水由珠状冷凝变成膜状冷凝，冷凝水成膜状流下，水塞消失，空冷器的性能也得以改善。目前亲水膜技术，尤其是实用型亲水膜技术，在世界上只有极少数的国家掌握[8]。

20 世纪 80 年代初期，日本几大空调为了提高空调设备的性能，普遍采用了小片距和强化传热复杂片型（波纹型、条缝型、波纹条缝片等），虽然这些措施对提高换热器的性能具有明显的功效，但是空气阻力却明显加大，尤其是在湿工况（即冷却干燥）下运行时更为严重，冷凝水在换热器肋片上形成水挂，在肋片之间形成“水桥”，使空气阻力进一步加大，风量减少，能耗上升，空冷器的性能恶化。亲水膜材料表面处理技术就是为了解决这一难题而开发的一项新技术。

当盘管在湿工况下运行时，盘管翅片上的冷凝水由无亲水性膜的珠状冷凝变成有亲水性膜的膜状冷凝，冷凝水呈膜状沿翅片流下，由于膜厚仅 1～2μm，因此盘管的空气阻力明显减少，送风量增加，如达到相同的冷凝量，空冷器的送风机风压可减少，噪声下降，能耗降低。冷凝水成珠状时，是散布在翅片上，翅片上有相当一部分无冷凝水，热质交换强度显然弱于冷凝水呈膜状，均布在翅片上时的效果，有亲水性膜时空冷器冷量将增加。当翅片上有亲水性膜时，即使风速达到每秒 3m 以上，冷凝水也不会飞溅，由于空气阻力系数下降，因此可以在缩小盘管片间距的同时，提高迎风面速度，这样可采用紧凑型换热器，缩小空冷器的体积。有亲水膜时，热泵室外机组由于排水性能提高，除霜时间可以缩小。由于亲水膜对铝翅片具有很好的防腐蚀作用，空冷器的寿命延长，在沿海地区，防止空中盐分的腐蚀，效果更加明显。表冷器在湿工况下运行时，由于冷凝水造成的“水塞”现象，不但表冷器的空气阻力较之前工况明显增加，而且影响空调机段的性能。同时也使表冷器的迎风面速率受限制。表冷器采用亲水膜材料表面处理后，不但表冷器的空气阻力明显下降，而且可以将表冷器的迎风面速率提高到 3～4m/s，而无冷凝水飞出，这对减少空调机段的体积十分有利。另外，表冷器经亲水膜材料表面处理后，防腐性能大大加强。

大型表冷器的亲水材料表面处理可以采用先处理已冲孔肋片，后穿管，再胀管的工艺方法。亲水膜材料表面处理技术不但适用于空调机（器）的空气换热器的表面处理，而且也适合于表冷器的表面处理，是一项值得推广的实用技术。

4.2 空冷器的设计计算

4.2.1 空冷器的设计计算方法和步骤

（1）热平衡和物料平衡计算

传热量：

$$Q = WC(T_0 - T_1) \tag{4-1}$$

式中　Q——传热量，kcal/h；

W——管内流体的流量，kg/h；

C——管内流体的比热容，kcal/(kg・℃)；

T_0——管内流体的入口温度，℃；

T_1——管内流体的出口温度，℃。

蒸发空冷器出口处空气的焓为：

$$H_1 = H_0 + \frac{Q}{W_A} H_1 \tag{4-2}$$

式中　H_0——蒸发空冷器入口空气（干空气）的焓，kcal/kg；

H_1——蒸发空冷器出口空气（干空气）的焓，kcal/kg；

W_A——空气的流量（当作干空气），kg/h。

喷淋水的蒸发量为：

$$Q = W_A(X_1 - X_0) \tag{4-3}$$

式中　X_0——入口空气的绝对湿度，kg（水蒸气）/kg（干空气）；

X_1——出口空气的绝对湿度，kg（水蒸气）/kg（干空气）。

所需补充水量=蒸发量+排污量，排污量一般为蒸发量的30%。

（2）传热面积

蒸发空冷器内的温度分布示意如图4-3所示。

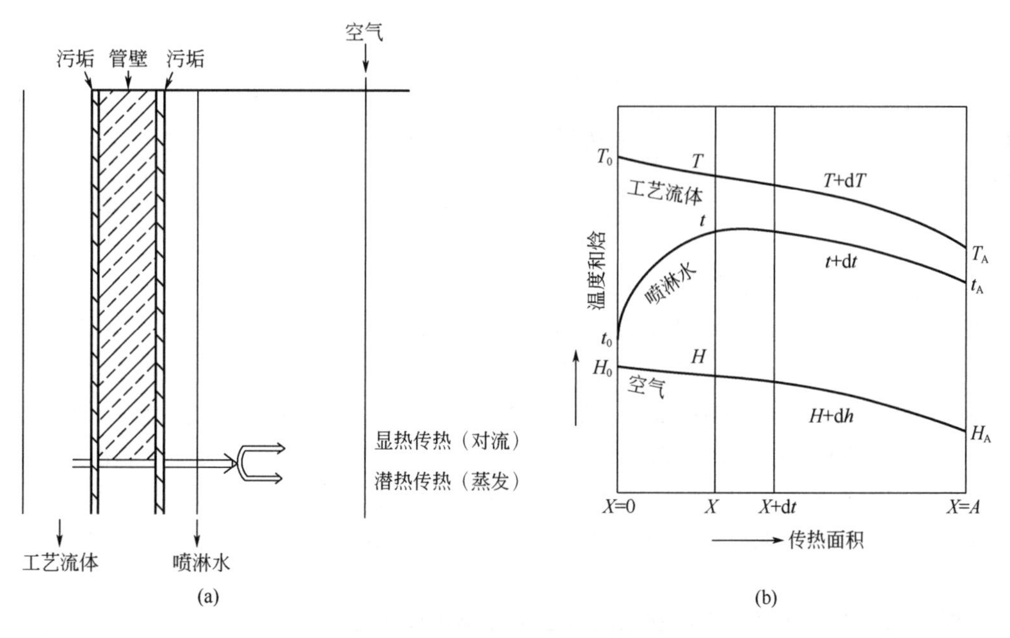

图4-3　蒸发空冷器内的温度分布示意

如考虑蒸发冷却器的微小部分dx，则管内流体失去的热量为：

$$WC\mathrm{d}T = -U(T - t)\mathrm{d}x \tag{4-4}$$

$$\frac{\mathrm{d}T}{\mathrm{d}x}=\frac{U}{WC}(t-T) \tag{4-5}$$

式中　$\mathrm{d}x$ ——微小部分的传热面积，m^2；

U ——从传热管内直至喷淋水的传热系数，$\mathrm{kcal/(m^2 \cdot h \cdot ℃)}$；

t ——喷淋水的温度，℃；

T ——管内流体的温度，℃。

喷淋水失去的热量（传给空气的热量与由管内流体所得热量之差）：

$$WC\mathrm{d}t=-K_{\mathrm{M}}(H^0-H)\mathrm{d}x+U(T-t)\mathrm{d}x \tag{4-6}$$

$$\frac{\mathrm{d}t}{\mathrm{d}x}=\frac{K_{\mathrm{M}}}{WC}(H^0-H)-\frac{U}{WC}(t-T) \tag{4-7}$$

式中　K_{M} ——喷淋水向空气流的传质系数，$\mathrm{kg/(m^2 \cdot h \cdot \Delta x)}$；

W ——喷淋水的流量，kg/h；

C ——喷淋水的比热容，$\mathrm{kcal/(kg \cdot ℃)}$。

空气得到的热量为：

$$W_{\mathrm{A}}\mathrm{d}H=-K_{\mathrm{M}}(H^0-H)\mathrm{d}X \tag{4-8}$$

$$\frac{\mathrm{d}H}{\mathrm{d}X}=\frac{K_{\mathrm{M}}}{W_{\mathrm{A}}}(H-H^0) \tag{4-9}$$

式中　H^0 ——与喷淋水平衡的饱和湿空气的焓，kcal/kg（干空气）；

H ——空气的焓，kcal/kg（干空气）。

如果取$a_1=U/(WC)$，$a_2=K_{\mathrm{M}}/(WC)$，$a_3=U/(WC)$，$a_4=K_{\mathrm{M}}/W_{\mathrm{A}}$，则上式可分别写成：

$$\frac{\mathrm{d}T}{\mathrm{d}X}=a_1(t-T) \tag{4-10}$$

$$\frac{\mathrm{d}t}{\mathrm{d}X}=a_2(H-H^*)-a_3(t-T) \tag{4-11}$$

$$\frac{\mathrm{d}H}{\mathrm{d}X}=a_4(H-H^*) \tag{4-12}$$

式中　H^*——喷淋水温度的函数，$H^*=f(t)$。

由于喷淋水为循环水，所以冷凝器入口处的喷淋水温度等于冷凝器温度，出口处喷淋水的温度$t_0=t_1$。以上是表示蒸发冷却器温度特性的联立微分方程式，$t_0=t_1$是其边界条件。在蒸发冷却器的各个部分，传热系数U、传质系数K不变，如将其看成与温度无关，则系数a_1、a_2、a_3、a_4便能独立定出，而与T、t、H无关。此外，由于与喷淋水平衡的饱和湿空气焓H^0与喷淋水温度t的关系可由相应的表求出，所以如果给出初始条件（假定传热系数U、传质系数K_{M}），用相关程序就可以容易地解出上述联立方程式，求出需要的换热面积等参数。

（3）确定管束的尺寸

根据第二步中的计算结果，管束的大小按如下顺序决定。

① 使用管子的材质、管径、壁厚；

② 每排管的管数；

③ 管束的长度；

④ 管排数；

⑤ 管子排列方式、管间距；

⑥ 传热面积的校准。

（4）管外表面与喷淋水之间的给热系数 h_{lee}[kcal / (m^2 • h • ℃)]

$$h_{lee} = 55(1+0.016t_f)\left(\frac{\Gamma}{d_0}\right)^{\frac{1}{3}} \tag{4-13}$$

上式的实验范围为：

$$5000 < \frac{\Gamma}{d_0} < 11000 \tag{4-14}$$

$$2500 < G_m < 19000 \tag{4-15}$$

式中　d_0 ——管外径，m；

t_f ——喷淋水的液膜温度，℃；

Γ ——流过单位宽度的流量，kg/(m • h)。

G_m——在最小截面处的湿空气的质量速度，kg/(m^2 • h)。

$$t_f \approx (t+T)/2 \tag{4-16}$$

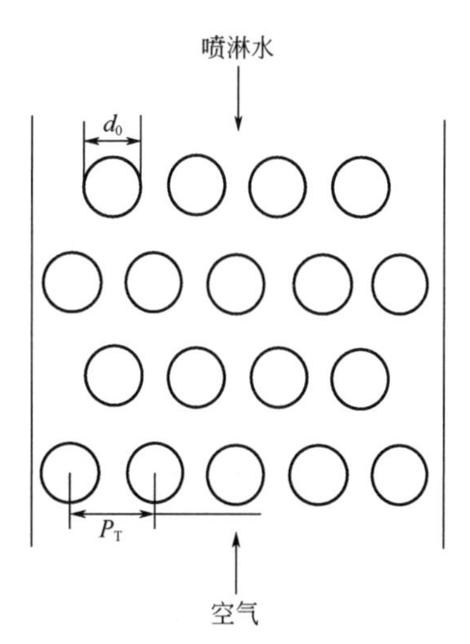

图 4-4　管子排列方式（三角形错列）

三角形错列（图 4-4）时，

$\Gamma = w/(2\times$一排中的管数$)\ (2\times$管长$)$

温度修正系数见图 4-5。

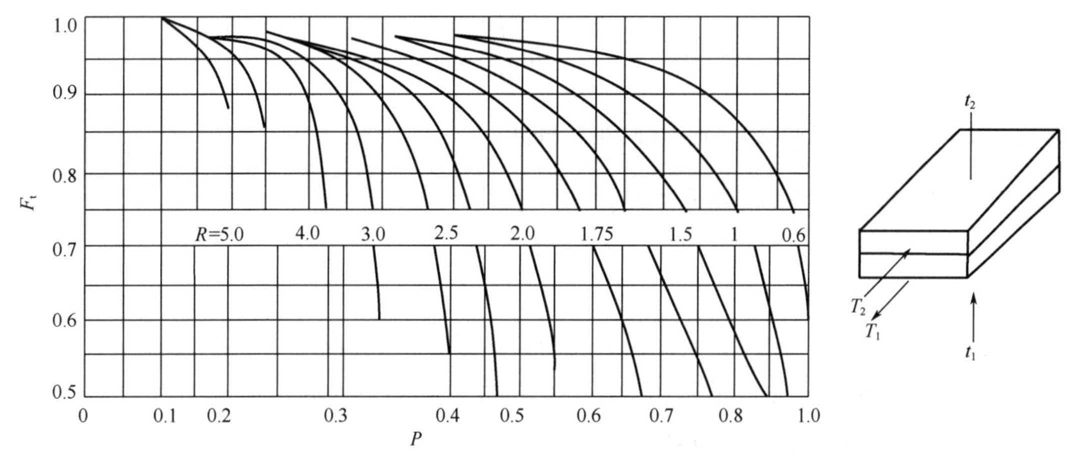

图 4-5　温差修正系数

$$G_m = \frac{W_W}{a_s} \tag{4-17}$$

$$W_W = W_A\left(1+\frac{X_1+X_2}{2}\right) \tag{4-18}$$

$$a_s = n_H(P_T-d_0)\times L \tag{4-19}$$

式中　G_m ——在最小截面处的湿空气的质量速率，kg/(m^2 • h)；

W_W——湿空气流量（冷却器出、入口的平均），kg/h；

a_s——最小流道截面积，m^2；

X_1——冷却器入口距离，m;

X_2——冷却器出口距离，m;

n_H——每排管的管数;

P_T——管间距，mm。

（5）管内给热系数 h_i [kcal/(m²•h•℃)]

$$h_i = 3100(1+0.015T_{平均})u^{0.8}/(100d_1)^{0.2} \tag{4-20}$$

式中 $T_{平均}$——管内流体的平均温度，℃；

u——管内流体的流速，m/s；

d_1——管内径，m。

（6）从传热管至喷淋水的传热系数 U [kcal/(m²•h•℃)]

$$\frac{1}{U} = \frac{1}{h_i}\frac{d_0}{d_1} + r\frac{d_0}{d_1} + \frac{t_s}{\lambda}\frac{d_0}{d_m} + r_0 + \frac{1}{h_{lee}} \tag{4-21}$$

式中 t_s——管的厚度，m;

λ——管材料的热导率，kcal/(m²•h•℃)；

r——管内污垢系数，(m²•h•℃)/kcal；

r_0——管外污垢系数，(m²•h•℃)/kcal；

h_{lee}——传热管与喷淋水之间的传热系数，kcal/(m²•h•℃)；

d_m——管子的对数平均直径，m。

$$d_m = \frac{d_0 - d_1}{\ln\frac{d_0}{d_1}} \tag{4-22}$$

备注：$\frac{t_s}{\lambda}\frac{d_0}{d_m}$ 为管金属的热阻，(m²•h•℃)/kcal。

（7）喷淋水向空气流的传质系数 K_M

$$\frac{1}{K_M} = \frac{1}{K_y} + \frac{m}{h_{L'}} \tag{4-23}$$

式中 $h_{L'}$——喷淋水与空气、水界面之间的传热系数[kcal/(m²•h•℃)]在 G_m 为 2500～19000 kg/(m_2•h)、Γ/d_0 为 5000～19000 kg/(m²•h) 范围内，则 $h_{L'}$ = 10000 kcal/(m²•h•℃)；

m——在湿空气的焓、温度曲线图中的饱和曲线斜率（在喷淋水温度下的值）$m = \mathrm{d}H^*/\mathrm{d}t$，kcal/[kg(干空气)•℃]；

K_y——喷淋水与空气流之间的传质分系数，kg/(m²•h•℃)。

$$K_y = 0.107(G_M)^{0.905} \tag{4-24}$$

（8）雷诺数 Re

$$Re = \frac{d_0 G_M}{\mu} \tag{4-25}$$

式中　μ——空气出入口的平均黏度，Pa·s。

（9）摩擦系数 C_f

当 $Re < 8000$ 时，

$$C_f = 1.5 + (1.15 - 1.5) / 6000 \times (Re - 2000) \tag{4-26}$$

当 $Re < 20000$ 时，

$$C_f = 1.5 + (1.15 - 1.5) / 6000 \times (Re - 2000) \tag{4-27}$$

或

$$C_f = 0.96 + (0.8 - 0.96) / 20000 \times (Re - 20000) \tag{4-28}$$

（10）空气侧的压力损失 ΔP_s（$\mathrm{kg/m^2}$）

$$\Delta P_s = 1.3 \times 0.334 C_f n \frac{G_M^2}{2\rho g} \tag{4-29}$$

式中　g——重力加速度 1.27×10^8，$\mathrm{m/h^2}$；

ρ——空气进出口平均密度，$\mathrm{kg/m^3}$；

n——空气流动方向的管排数。

空气总阻力为空气侧压力损失加上空气流经窗口、除雾器时的压力损失。

（11）根据空气总阻力，确定风机的型号；根据喷淋水的流量和扬程选择循环水泵的型号。

4.2.2　详细计算

具体计算地点以西安为例。

电厂设计参数（西安）

介质：水；

流率：22000m^3/h；

进口温度：50℃；

出口温度：40℃；

换热光管外径：D_w=25mm，内径 D_0=21mm；

空气入口温度：该地区为温带大陆性季风气候，四季分明，平均干球温度 t_{g0}=30.1 °C，湿球温度 t_{s0}=25.9℃，每月平均温度≤5℃的天数为 147d。

定性温度 45℃下的物性：

密度：990.15kg/m^3；

比热容：C_p=4.174 kJ/（kg·K）；

热导率：λ=64.15×10^{-2}W/（m·K）；

黏度：μ=601.35×10^{-6}Pa·s；

管内污垢：r_i=0.000172K·m^2/W；

管外污垢：r_0=0.000172K·m^2/W；

热负荷：

$$Q = W_1 C(T_1 - T_2) = 22000 \times 990.15 \times 4174 \times (50 - 40) / 3600 = 2.53 \times 10^8 \text{ W} \tag{4-30}$$

4.2.2.1　方案一

（1）传热面积的估算

① 湿空冷器空气入口温度

$$t_{g1}=t_{g0}-\left(1.04-\frac{175}{B_s\ln B_s}\right)\times(t_{g0}-t_{s0})^{0.94} \tag{4-31}$$

$$t_{g2}=t_{g1}+\frac{Q_H}{W_a C_{pa}}\xi_s \tag{4-32}$$

$$\xi_s=(2.55+0.15N_p)\phi_\theta B_s^{-0.54}\theta^{0.35} \tag{4-33}$$

式中　N_p——管排数，无量纲；

t_{g1}——空气经喷雾后进入管束表面的温度，℃；

t_{g2}——湿空冷器空气出口温度，℃；

t_{g0}——设计的空气入口干球温度，℃；

t_{s0}——来流空气湿球温度，℃；

Q_H——湿空冷器热负荷，W；

B_s——喷水强度，kg/(m^2·h)；

W_a——迎面空气质量流速，kg/(m^3·h)；

C_{pa}——空气比热容，J/(kg·K)；

ξ_s——温度系数；

ϕ_θ——翅片高度影响系数，高翅片管为1，低翅片管为0.91；

θ——影响传热传质的温度系数，无量纲。

此公式的适用范围：高低翅片管束2、4、6排管。B_s=100−370kg/(m^2·h)，θ＜20。

$$\theta=\frac{t_b-t_{q1}}{t_{q1}-t_{p1}} \tag{4-34}$$

式中　t_b——光管外表面平均壁温，℃；

t_{g1}——喷水雾化后管束空气入口干球温度，℃；

t_{p1}——空气的露点温度，℃。

根据公式（4-31）求得：$t_{g1}=30.1-0.87\times(30.1-25.9)^{0.94}=26.6(℃)$。

② 湿空冷器空气出口温度　由表4-2查得，在管内流体定性温度38℃下，对液体冷却，内插温升δ_{tg}=7℃，则出口温度为t_{s2}=26.6+7=33.6℃。

表4-2　空气在湿式空冷器中的温升　　单位：℃

流体平均温度t_m	40	50	60	70
油品冷却	2	3	4	5
油气冷凝	3	4	5	6
水冷却	5	7	10	15
蒸汽冷凝	8	8	11	16

③ 对数平均温差：

$$\Delta T_m=\frac{(T_1-t_{g2})-(T_2-t_{g1})}{\ln\dfrac{T_1-t_{g2}}{T_2-t_{g1}}}=\frac{(50-33.6)-(40-26.6)}{\ln\dfrac{50-33.6}{40-26.6}}=14.9(℃) \tag{4-35}$$

④ 传热系数的估算　由表4-3知，工艺用水，取K=600W/(m^2·K)，取传热增强系数F_u=1.1，

则湿空冷器总传热系数 K_0=1.1×600=660[W/(m^2 • K)]。

⑤ 估算传热面积

$$A=\frac{2.53\times10^8}{660\times14.9\times8}=3215.8(\mathrm{m}^2)$$

表 4-3　空冷器以光管外表面为基准的传热系数经验值

适用场合	U_o/[W/(m^2 • ℃)]
冷却液体	682～739
冷却套用水	540～597
50%乙二醇-水	114～170
有阻滞剂的发动机润滑油	86～114
无阻滞剂的发动机润滑油	426～540
轻烃类化合物	341～398
黏度小于 1cP 的轻瓦斯油	114～142
黏度为 2～30cP 的重瓦斯油	45～114
黏度为 2～100cP 的重润滑油蒸馏液	57～114
黏度为 2～1000cP 的残渣油	57～114
工艺用水	597～682
燃料油	114～170
冷却气体	
压力为 0.07MPa 的烟气	57
压力为 0.69MPa 的烟气	170
压力为 0.20～0.28MPa 的空气	114
压力为 0.34～2.07MPa 的空气	114～170
压力为 2.07～4.13MPa 的空气	170～199
压力为 4.13～6.89MPa 的空气	199～277
氢反应器气体	455～511
压力为 0.10～0.34MPa 的烃类气体	170～227
压力为 0.34～1.72MPa 的烃类气体	284～341
压力为 1.72～10.3MPa 的烃类气体	398～511
冷凝	
水蒸气（0～0.14 MPa）	739～745
氨	568～682
再生器氨	511～568
轻烃类化合物	455～540
轻汽油	455
轻石脑油	398～455
氟利昂-12	341～465
重石脑油	341～398
反应器流出物	341～455
蒸馏塔塔顶产物—轻石脑油、水蒸气，以及不凝结气体	341～398

（2）结构设计

① 湿空冷器结构形式　横排立放。

② 选排管数　对于管束管排数 N_p，一般为 2～10 排，以 4～8 排为常用。排数少时，空气温升低，传热温差大，有利于减少所需的传热面积，但占地面积较大，空气利用率低，投资大，操作费用按比例增加。排数多，空冷器的布局比较紧凑，设备的投资和操作费用比较低。但空气温度升高，传热温差小，增大了所需的传热面积。此外，空气侧阻力大，即能耗也随阻力增加。所以管排数多的管束，可以避免阻力降太大，可以增宽管心距、加大翅片间距或减少迎面风速。

管排数的选择取决于空冷器的热负荷、总传热系数和空气温升的大小，对热负荷高、总传热系数和空气温升大的冷却、冷凝过程，要选用较少的管排，反之，要选用较多的管排。空冷器工艺设计时，要进行优化比较计算。本文选用 6 排管。

根据空冷器系列选取 GP12×3-6-258-1.6s-23.4 管束 13 片，基管面积为 $258m^2$。每个管束采用 6 排管，长 12m，宽 3m；每片管束的管子根数为 282 根；每片管束的面积为 $258m^2$，12 片管束的光管外表面积为 3096 m^2，可满足估算要求。

③ 面积富余量为：

$$\Delta=\frac{3178-3096}{3178}\times100\%=2.5\%$$

④ 定管程

管程数的选择一般原则。

a．允许管内系统阻力降大者，可考虑采用多管程；反之，以选用少管程数为宜。

b．一般液体流速应在 0.1～1m/s，气体流速在 5～10m/s。根据此流速核算所选管程，管内阻力降应在允许范围内。

c．对于冷凝过程，如对数平均温差的校正系数小于 0.8，或含有不凝成分时，则应考虑采用单管程以上的管程数。

d．对于多管程的管束，每一行程的管子数，应按该行程的介质流速确定，特别是气体冷却，或者冷凝过程的管束，设计成不同管束的行程较为合理。

e．为预防冻结而设置的蒸汽盘管，应是单程的，管子间的最大间距，两倍于工艺灌输的管子间距，管子从入口起，应至少有 1%的坡度，以便排液。

f．对于蒸汽冷凝应采用管程管束，其管子最小应具有 1%的坡度，以便排液。

g．管程数的选择取决于管内介质的流速和压降。若管程数选择较多，可使管内流速及传热系数增加，但管内阻力也随之增加；反之，若管程数较少，管内换热系数和压降都随之降低。所以，要根据传热和阻力的具体要求，选择合适的管程数，即根据工艺的需求具体分析后确定。本设计中取 2 管程。

（3）选风机

按 20℃入口风温，假定总传热系数估算空气出口温度

$$t_2=t_1+0.88\times10^{-3}KF_t\left(\frac{T_1+T_2}{2}-t_1\right) \tag{4-36}$$

式中　t_1，t_2——空气进，出口温度，℃；

T_1，T_2——热流介质进，出口温度，℃；

F_t——空气温升校正系数，F_t=0.92；

K——以光管外表面为基准的总传热系数，W/（m^2·K）。

根据公式（4-36）可得：

$$t_2 = 20 + 0.88\times10^{-3}\times660\times0.92\times\left(\frac{50+40}{2}-20\right)=33.4(℃)$$

所需风量：

$$V=\frac{2.53\times10^8\times3600}{1.1\times1005\times(33.4-20)\times8}=7.68\times10^6(\mathrm{m^3/h})$$

所以，选用 F42-4 风机 18 台。

（4）计算管内膜传热系数的校算

定性温度 T_D=0.5×（50+40）=45(℃)下的物性

密度：990.15 kg/m^3；

比热容：C_p=4.174 kJ/(kg·K)；

热导率：λ=64.15×10^{-2}W/(m·K)；

黏度：μ=601.35×10^{-6}Pa·s；

管内污垢：r_i=0.000172K·m^2/W；

管外污垢：r_0=0.000172K·m^2/W；

液体流速：

$$v_i=\frac{W_i}{3600\rho S_i}=\frac{22000\times990.15/2}{3600\times1.954\times990.15}=1.6(\mathrm{m/s})$$

$$S_i=\pi r^2\frac{N_1}{N_{TP}} \tag{4-37}$$

式中　S_i——管内每管程的流通截面积，m^2；

N_1——管子数；

N_{TP}——管程数。

质量流速

$$G_i=\frac{W_i}{3600S_i}=\frac{22000\times990.15/2}{3600\times2.037}=1485.3[\mathrm{kg/(m^2\cdot s)}]$$

雷诺数

$$Re=\frac{d_iG_i}{\mu}=\frac{0.021\times1485.3}{601.35\times10^{-6}}=5.18\times10^4$$

普朗特数

$$Pr=\frac{C_p\mu}{\lambda}=\frac{4174\times601.35\times10^{-6}}{64.15\times10^{-2}}=3.9[\mathrm{kg/(m^2\cdot s)}]$$

管内膜传热系数

$$h_i=0.023\times(0.6014/0.021)\times(5.18\times10^4)^{0.8}\times3.9^{0.333}=6112[\mathrm{W/(m^2\cdot K)}]$$

（5）空冷器的实际风量

湿式空冷器的标准迎面风速的选取如表4-4所列。

表4-4 湿式空冷器的标准迎面风速的选取

管排数	2	4	5	6
迎面风速 U_N/(m/s)	2.7～2.8	2.5～2.6	2.4～2.5	2.3～2.4
迎风面空气质量流率 G_F/[kg/（m^2·s）]	3.254～3.34	3.013～3.133	2.892～3.013	2.772～2.892

由上表取迎面风速：v_f=2.4 m/s

实际迎风面积：$A_F=(12\times3-0.1\times12\times3)\times13=421.2(m^2)$

实际总风量：$V=1.1\times3600A_Fv_f=1.1\times3600\times2.4\times421.2=4.0\times10^6(m^3/h)$

空气流体质量：$W_a=G_FA_F=2.772\times421.2=1167.5(kg/s)$

管束、构架和风机的初步选择如表4-5所列。

表4-5 管束、构架和风机的初步选择

编号	参数	代号	规格
一	管束和构架规格		
1	名义长度/m	A	12
2	名义宽度/m	B	3
3	实际宽度/m	B_S	3
4	有效迎风面积/m^2	A_F	33.12×13
5	管排数	N_P	6
6	管束数量		13
7	管心距/mm	S_1	62
8	基管总根数	N_t	282×13
9	有效管根数	n_e	279×13
10	基管外径/mm	d_o	25
11	基管内径/mm	d_i	21
12	有效基管传热面积/m^2	A_E	168.581×13
13	管内流通总面积/m^2	a_Σ	0.0976×13
14	管程数	N_{tp}	2
15	每程流通面积/m^2	a_S	0.0488×13
16	构架规格		12×3
17	构架数量		8
二	翅片参数		
18	翅片外径/（m×m）	d_f	57
19	翅片平均厚度/mm	δ	0.5
20	翅根直径/mm	d_r	26
21	翅片数/（片/m）	N_f	394
三	翅片管计算参数		
22	风面比	ξ_f	2.024
23	传热计算几何综合系数	K_f	2.4984
24	阻力计算几何综合系数	K_l	4.6419
四	风机		
25	规格		F42-4

（6）空气的出、入口温度和平均温差的计算

在前面空冷器出口温度计算时，初定了 t_{g1}=26.6℃，喷淋强度：对于 6 排管，取 B_s=250kg/（m^2·h）。基管有效传热面积：$A_E = 252.87 \times 13 = 3287.3(m^2)$；

基管表面热流密度：$q = Q / A_E = 2.53 \times 10^8 / (3287.3 \times 8) = 9620.3(W/m^2)$。

根据 t_{g1}=26.6℃，t_{s0}=25.9℃查空气焓-湿图附录得露点温度为 t_{p1}=25.6℃。

喷水强度与管排数关系如表 4-6 所列。

表 4-6　喷水强度与管排数关系

管排数	2	4	6
B_s/[kg/(m^2·h)]	150	200	250

基管外壁平均温度为：

$$t_b = T_m - q_0\left(\frac{1}{h}\frac{d_0}{d_i} + r_i\frac{d_0}{d_i} + \frac{d_0}{2\lambda}\ln\frac{d_0}{d_i}\right)$$

$$= 45 - 9620.3 \times \{(1/6534) \times (25/21) + 0.000172 \times (25/21) + [0.021/(2 \times 46.5)] \times \ln(25/20)\} = 32(℃) \tag{4-38}$$

计算传质温度系数：

$$\theta = \frac{t_b - t_{g1}}{t_{g1} - t_{p1}} = \frac{40.8 - 26.6}{26.6 - 25.6} = 14.2 \tag{4-39}$$

计算空气入口干球温度（喷淋后，管束前）：

$$t_{g1} = t_{g0} - \left(1.04 - \frac{175}{B_s \ln B_s}\right) \times (t_{g0} - t_{s0})^{0.94}$$
$$= 30.1 - \left(1.04 - \frac{175}{250\ln 250}\right) \times (30.1 - 25.9)^{0.94} = 26.6(℃) \tag{4-40}$$

可见详细计算结果 t_{g1} 与估算值基本一致，取 t_{g1}=26.6℃。

计算温湿系数：

$$\xi_\theta = (2.25 + 0.15N_p)\phi_\theta B^{-0.54}\theta^{0.35} = (2.25 + 0.15 \times 6) \times 1.0 \times 250^{-0.54} 14.2^{0.35} = 0.40 \tag{4-41}$$

计算空气出口温度：

$$t_{g2} = t_{g1} + \frac{Q_H}{W_a C_{pa}}\xi_\theta = 26.6 + \frac{2.53 \times 10^8}{1167.5 \times 1005 \times 8} \times 0.40 = 37.5(℃) \tag{4-42}$$

平均传热温差：

$$\Delta T_m = \frac{(T_1 - t_{g2}) - (T_2 - t_{g1})}{\ln\dfrac{T_1 - t_{g2}}{T_2 - t_{g1}}} = \frac{(50 - 37.5) - (40 - 26.6)}{\ln\dfrac{50 - 37.5}{40 - 26.6}} = 12.1(℃) \tag{4-43}$$

温度效率：

$$P = (t_{g2} - t_1) / (T_1 - t_1) = (37.5 - 20) / (50 - 20) = 0.58 \tag{4-44}$$

温度相关因数：

$$R=(T_2-T_1)/(t_2-t_1)=(50-40)/(37.5-20)=0.58 \tag{4-45}$$

查得温差修正系数 F_t=0.94。则有效传热温差：

$$\Delta T=0.94\times 12.7=11.94$$

（7）各项热阻

选取管内热阻 r_i=0.000172K·m²/W；管外热阻 r_0=0.000344K·m²/W；管壁热阻即由基管材料导热性能产生的传热热阻。根据傅立叶圆柱面积热传导方程，以基管外表面为基准的管壁热阻 r_w 用下式计算：

$$r_w=\frac{d_0}{2\lambda_w}\ln\frac{d_0}{d_i} \tag{4-46}$$

其中，当 $d_i<d_0\leqslant 2$ 时，可按管壁平均直径下的平均热阻进行计算，再折算成以管外壁面为基准的管壁热阻，其计算误差不超过 4%。当进行总传热系数的计算时，这种简化误差便可以略而不计。即

$$r_w=\frac{d_0-d_i}{2\lambda_w}\frac{d_0}{d_m} \tag{4-47}$$

式中 λ_w——管壁材料的热导率，W/（m·K）；

d_m——管壁平均直径，$d_m=(d_o+d_i)/2$，m。

计算管壁以基管外表面为基准的热阻：

$$r_w=\frac{d_0}{2\lambda_w}\ln\frac{d_0}{d_i}=\frac{0.025}{2\times 46.5}\ln\frac{25}{21}=0.000047(\mathrm{K\cdot m^2/W}) \tag{4-48}$$

由于热流温度低，忽略翅片间隙热阻。

（8）管外热导率的详细计算

以光管外表面为基准的外膜热导率计算式如下：

$$h_0=90.7\Phi_\theta G_F^{0.05+0.08N_P}B_s^{0.77-0.035N_P}\theta^{-0.35} \tag{4-49}$$

式中 h_0——湿式空冷器管外膜热导率，W/（m·K）；

Φ_θ——翅片高度影响系数，高翅片管 $\Phi_\theta=1$，低翅片管 $\Phi_\theta=0.91$；

G_F——迎风面空气质量流速，kg/（m²·s）；

B_s——迎风面喷水强度，kg/（m²·h）。

将数据代入式（4-49）得：

$$h_0=90.7\times 1\times 2.772^{0.05+0.08\times 6}\times 250^{0.77-0.035\times 6}\times 14.2^{-0.35}=1219.1[\mathrm{W/(m\cdot K)}]$$

（9）总传热系数

总传热系数为各项热阻之和的倒数。以光管外表面为基准时，总传热系数为

$$K=\frac{1}{\left(\frac{1}{h_0}+r_0\right)+\left(\frac{1}{h_i}+r_i\right)\frac{d_0}{d_i}+r_w+r_j} \tag{4-50}$$

其中，若热流平均温度低于 100℃时，r_j=0。

根据公式（4-50）计算总传热系数为：

$$K=\frac{1}{\left(\frac{1}{1219.1}+0.000344\right)+\left(\frac{1}{6534}+0.000172\right)\times\frac{0.025}{0.021}+0.000047+0}=625[\mathrm{W/(m^2\cdot K)}]$$

（10）传热面积核算

传热面积：

$$A_R=\frac{Q}{8K\Delta T}=\frac{2.53\times10^8}{702\times12.7\times8}=3984(\mathrm{m^2}) \tag{4-51}$$

实际面积为 3984m^2，富余量为 11.6%。

（11）管内阻力

空冷器管内单向流体的压力降等于沿管长的摩擦损失、管箱处的转弯损失、进出口的阻力损失之和，即

$$\Delta P_i=\xi(\Delta P_t\Delta P_r)+\Delta p_N \tag{4-52}$$

其中管程流体压力降：

$$\Delta P_t=\frac{G_i^2}{2\rho_i}\frac{LN_{tp}}{d_i}\frac{f_i}{\varphi_i}=\frac{1485^2}{2\times990.15}\times\frac{12\times2}{0.021}\times\frac{0.0253}{1}=3.22\times10^4(\mathrm{Pa}) \tag{4-53}$$

管程回弯压力降：

$$\Delta P_r=\frac{G_i^2}{2\rho_i}(4N_{tp})=\frac{1485^2}{2\times990.15}\times(4\times2)=0.89\times10^4(\mathrm{Pa}) \tag{4-54}$$

进出口压力降 ΔP_N，进出口各 4 个，直径都为 150 mm。

进出口直径相同时：

$$\Delta P_N=\frac{0.75G_N^2}{\rho_i}=\frac{0.75\times(10700)^2}{990.15}=8.7\times10^4(\mathrm{Pa}) \tag{4-55}$$

进出口直径不同时：

$$\Delta P_N=\frac{G_{N1}^2+0.5G_{N2}^2}{2\rho_i} \tag{4-56}$$

进出口的质量流速：

$$G_{Ni}=\frac{W_i}{\frac{\pi}{4}d_{Ni}^2}=\frac{22000\times990.15}{3600\frac{\pi}{4}0.15^2\times8\times4}=10700[\mathrm{kg/(m^2\cdot s)}] \tag{4-57}$$

式中 ΔP_i——管内单向流体的总压力降，Pa；

ΔP_t——沿程摩擦损失，Pa；

ΔP_r——管程回弯力压降，Pa；

ΔP_N——进出口压力降，Pa；

L——管长，m；

d_i——管内径，m；

G_i——管内介质质量流速，kg/（m^2 • s）；

G_{N1}，G_{N2}——进出口的质量流速，kg/（m^2 • s）；

N_{tp}——管程数；

ξ——结垢补偿系数$\xi = 0.6 + 0.41(10300r_i + 2.7) = 2.43$；

r_i——管内介质结垢热阻，$m^2 \cdot K/W$；

f_i——管程流体的摩擦系数，当 $10^3 \leqslant Re \leqslant 10^5$ 时，$f_i = 0.4513(Re)^{-0.2653} = 0.0253$。

管程总压降：

$$\Delta P_i = 1.22(3.22 + 0.89) \times 10^4 + 8.7 \times 10^4 = 13.71 \times 10^4 \text{ Pa}$$

（12）管外空气阻力

空气穿过翅片的静压按下式计算：

$$\Delta P_{st} = 2.16 \Phi N_P B_s^{0.12} G_F^{1.54} \tag{4-58}$$

式中　Φ——翅片高度影响系数，高翅片=1，低翅片=1.25；

G_F——迎风面空气质量流速，kg/（$m^2 \cdot s$）；

B_s——迎风面喷水强度，kg/（$m^2 \cdot h$）；

N_P——管排数。

根据上式，得

$$\Delta P_{st} = 2.16 \times 1 \times 6 \times 250^{0.12} \times 2.772^{1.54} = 120.8(\text{Pa})$$

空气穿过风筒的动压头按出口风温 33.4℃计算，在出口温度下每台风机的空气流量为：

$$V = \frac{V_N}{18}\frac{273 + 32.1}{293} = \frac{3.63 \times 10^6}{18} \times \frac{273 + 33.4}{293} = 2.1 \times 10^5 (\text{m}^3/\text{h})$$

T_0=33.4℃时的空气密度

$$\rho_a = 1.205 \times 293 / (273 + 33.4) = 1.152(\text{kg/m}^3)$$

风机直径为 4.2m。

动压头：

$$\Delta P_D = 1.15 \times \frac{\left(\dfrac{4V}{3600\pi D^2}\right)^2}{2}\rho_a = 1.15 \times \frac{\left(\dfrac{4 \times 2.1 \times 10^5}{3600\pi \times 4.2^2}\right)^2}{2} \times 1.152 = 11.8(\text{Pa})$$

式中，1.15 为考虑到喷水时，动压头增大系数。

全风压：

$$H = P_{st} + \Delta P_D = 120.8 + 11.8 = 132.6(\text{Pa})$$

（13）风机功率的计算（单台）

选用 18 台 B 叶片手调角风机 F42-4，转速 270r/min，叶片速度 59.3m/s。在定性温度约为 30℃时，空气的密度为 1.165kg/m^3，体积流量为：

$$V = \frac{V_N}{18}\frac{273 + 30}{293} = \frac{3.63 \times 10^6}{18} \times \frac{273 + 30}{293} = 2.085 \times 10^5 (\text{m}^3/\text{h})$$

每台风机的输出功率：

$$N_0 = HV = 132.6 \times 2.085 \times 10^5 / 3600 = 7.68 \times 10^4 (\text{W})$$

风量系数：

$$\overline{V}=\frac{4V}{\pi D^2u}=\frac{4\times2.085\times10^5}{3600\times\pi\times4.2^2\times59.3}=0.07$$

压头系数：

$$\overline{H}=\frac{H}{\rho u^2}=\frac{132.6}{1.165\times59.3^2}=0.032$$

可知，叶片安装角 α=6°，翅片效率为 65%，功率系数 $\overline{N}$=0.004。

轴功率计算：

$$N=\frac{\overline{N}\pi D^2\rho u^3}{4}=\frac{0.004\times\pi\times4.2^2\times1.165\times59.3^3}{4}=13.5\times10^3(\text{W})$$

如果按输出功率算，则

$$N=13.5\times10^3/0.65=20.8(\text{kW})$$

上述轴功率是设计风温和风量下的理论计算值，风机轴功率计算时必须至少考虑 5%的漏风量。电动机效率取 η_1=0.9，皮带传送效率取 η_2=0.92。则电动机实耗功率为：

$$N_{\text{d}}=\frac{20.8\times10^3\times1.05}{0.9\times0.92}=26.4(\text{kW})$$

电动机选用功率为 N=30kW。

（14）环境气温 20℃时的干式运行校算

为了说明校算步骤，假定干式运行时，空冷器的热负荷和管内流体条件不变，迎面风速 2.4m/s，风量 $3.63\times10^6\text{m}^3/\text{h}$ 都与原设计相同。由此可得空冷器的出口温度为：

$$t_2=t_1+\frac{Q_\Sigma}{V_{\text{N}}\rho_{\text{N}}C_P}=20+\frac{2.53\times10^8\times3600}{3.63\times10^6\times1.205\times1005\times8}=45.9(℃)$$

对数传热温差：

$$\Delta T_{\text{m}}=\frac{(T_1-t_{\text{g2}})-(T_2-t_{\text{g1}})}{\ln\dfrac{T_1-t_{\text{g2}}}{T_2-t_{\text{g1}}}}=\frac{(50-45.9)-(40-20)}{\ln\dfrac{50-45.9}{40-20}}=10.03(℃)$$

温度效率：

$$P=(t_2-t_1)/(T_1-t_1)=(45.9-20)/(50-20)=0.86$$

温度相关因数：

$$R=(T_2-T_1)/(t_2-t_1)=(50-40)/(45.9-20)=0.39$$

按双管程，查得修正系数 $F_{\text{t}}=0.92$，

$$\Delta T=10.03\times0.92=9.23(℃)$$

翅片管外空气膜传热系数的计算：

定性温度：

$$t_{\text{D}}=(t_1+t_2)/2=(20+45.9)/2=32.95(℃)$$

查得相应的传热计算几何综合系数 K_f=2.4984，用简算式进行计算，以翅片总面积为基准的传热系数：

$$h_f = (0.0074t_D + 9.072)K_f U_N^{0.718} = (0.0074 \times 32.95 + 9.072) \times 2.4984 \times 2.4^{0.718}$$
$$= 43.64[\mathrm{W/(m^2 \cdot K)}]$$

h_f 是以翅片外总表面积为基准的膜传热系数，需要换算为以基管为基准的传热系数 h_0。

求翅片效率：

$$r_f / r_r = 57/26 = 2.19$$

$$(r_f - r_r)\sqrt{2h_f/(\lambda_L \delta)} = \frac{57-26}{2\times1000} \times \sqrt{\frac{2\times43.64}{238\times0.0005}} = 0.42$$

查图 4-6 得翅片效率 E_f=0.92。

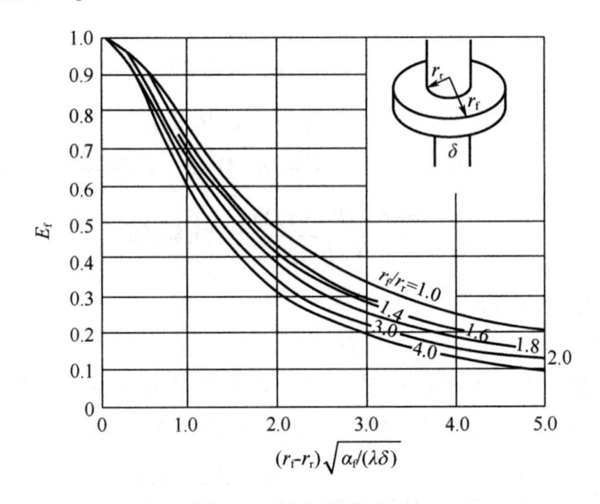

图 4-6 翅片效率曲线

计算翅片的有效面积 A_e：

$$A_e = A_f E_f + A_r$$
$$= \left[\frac{\pi}{2}\times(57^2-26^2)+\pi\times57\times0.4\right]\times\frac{433}{10^6}\times0.92+\pi\times0.026\times(1-0.0004\times433) \quad (4\text{-}59)$$
$$= 1.7061(\mathrm{m^2})$$

$$A_0 = 0.025\pi = 0.07854(\mathrm{m^2})$$

可得，以基管外表面为基准的翅片膜传热系数为：

$$K = \frac{1}{\left(\frac{1}{h_0}+r_0\right)+\left(\frac{1}{h_i}+r_i\right)\frac{d_0}{d_i}+r_w+r_j}$$
$$= \frac{1}{\left(\frac{1}{948}+0\right)+\left(\frac{1}{6534}+0.000172\right)\times\frac{0.025}{0.021}+0.000047+0} = 672[\mathrm{W/(m^2 \cdot K)}] \quad (4\text{-}60)$$

$$A_R = \frac{2.53\times10^8}{672\times9.06\times8} = 5194(\mathrm{m^2})$$

实际选用面积为3178m^2，没有富余量，不易在干式情况下运行。根据当地的月份气温资料，可计算出喷水期限和喷水量。在我国，除南方个别省份的沿海地域外，其他地区年平均温度都低于20℃，每年喷水时间不超过半年。东北、西北大部分地区，喷水时间在3～4个月。

（15）风机噪声的估算

单台鼓风机的噪声可按下式计算，叶尖附近的声压级为：

$$\begin{aligned}L_P &= A_W + 30\lg u + 10\lg\frac{N}{1000} - 20\lg D \\ &= 32.8 + 30\lg 59.3 + 10\lg\frac{20.8\times10^3}{1000} - 20\lg 4.2 = 86.7\ \text{dB}\end{aligned} \tag{4-61}$$

18台风机叠加后的最大声压级为：

$$\Sigma L_P = 86.7 + 18\lg 18 = 109.3\ \text{dB}$$

4.2.2.2　方案二

（1）流速的确定

选定管内流体流速 V_l=2.0m/s，计算管内膜传热系数的校算

液体流速：

$$v_i = \frac{W_i}{3600\rho S_i} = \frac{22000\times990.15/2}{3600\times1.53\times990.15} = 0.5(\text{m}^3/\text{s})\text{；}\quad S_i = 1.53\ \text{m}^2$$

质量流速：

$$G_i = \frac{W_i}{3600S_i} = \frac{22000\times990.15/2}{3600\times1.53} = 1977[\text{kg}/(\text{m}^2\cdot\text{s})]$$

雷诺数：

$$Re = \frac{d_iG_i}{\mu} = \frac{0.021\times1977}{601.35\times10^{-6}} = 6.9\times10^4$$

普朗特数：

$$Pr = \frac{C_p\mu}{\lambda} = \frac{4174\times601.35\times10^{-6}}{64.15\times10^{-2}} = 3.9[\text{kg}/(\text{m}^2\cdot\text{s})]$$

管内膜传热系数：

$$h_i = 0.023\times(0.6415/0.021)\times(6.9\times10^4)^{0.8}\times3.9^{0.333} = 8215[\text{W}/(\text{m}^2\cdot\text{K})]$$

（2）空冷器的实际风量

取迎面风速：v_f=2.4 m/s

实际迎风面积：$A_F = (12\times3 - 0.1\times12\times3)\times13 = 421.2(\text{m}^2)$

实际总风量：$V = 3600Av_f = 3600\times2.4\times421.2 = 3.64\times10^6(\text{m}^3/\text{h})$

空气质量流量：

$$W_a = G_FA_F = 2.772\times421.2 = 1168(\text{kg/s})$$

$$t_b = T_m - q_0\left(\frac{1}{h}\frac{d_0}{d_i} + r_i\frac{d_0}{d_i} + \frac{d_0}{2\lambda}\ln\frac{d_0}{d_i}\right)$$

$$= 45 - 9697\left(\frac{1}{8215}\times\frac{25}{21} + 0.000172\times\frac{25}{21} + \frac{0.021}{2\times 46.5}\times\ln\frac{25}{20}\right) = 31.8(℃)$$

计算传质温度系数：

$$\theta = \frac{t_b - t_{g1}}{t_{g1} - t_{p1}} = \frac{41.1 - 26.6}{26.6 - 25.6} = 14.5$$

计算空气入口干球温度（喷淋后，管束前）：

$$t_{g1} = t_{g0} - \left(1.04 - \frac{175}{B_s \ln B_s}\right)\times(t_{g0} - t_{s0})^{0.94}$$

$$= 30.1 - \left(1.04 - \frac{175}{250\ln 250}\right)\times(30.1 - 25.9)^{0.94} = 26.6(℃)$$

可得详细计算结果 t_{g1} 与估算值基本一致，取 t_{g1}=26.6℃。

计算温湿系数：

$$\xi_\theta = (2.25 + 0.15N_p)\phi_\theta B^{-0.54}\theta^{0.35} = (2.25 + 0.15\times 2)\times 1.0\times 250^{-0.54}\times 14.5^{0.35} = 0.33$$

计算空气出口温度：

$$t_{g2} = t_{g1} + \frac{Q_H}{W_a C_{pa}}\xi_\theta = 26.6 + \frac{2.55\times 10^8}{1168\times 1005\times 8}\times 0.33 = 35.6(℃)$$

平均传热温差：

$$\Delta t = \frac{(50 - 35.6) - (40 - 26.6)}{\ln\frac{50 - 35.6}{40 - 26.6}} = 13.89(℃)$$

温度效率：

$$P = (t_2 - t_1)/(T_1 - t_1) = (35.6 - 20)/(50 - 20) = 0.52$$

温度相关因数：

$$R = (T_2 - T_1)/(t_2 - t_1) = (50 - 40)/(35.6 - 20) = 0.64$$

查得温差修正系数 F_t=0.96，则有效传热温差：

$$\Delta T = 0.96\times 13.89 = 13.33(℃)$$

（3）管外传热系数的详细计算

$$h_0 = 90.7\times 1\times 2.772^{0.05+0.08\times 6}\times 250^{0.77-0.035\times 6}\times 14.5^{-0.35} = 1344[\mathrm{W/(m^2\cdot K)}]$$

（4）总传热系数

总传热系数为各项热阻之和的倒数。以光管外表面为基准时，总传热系数为

$$K = \frac{1}{\left(\frac{1}{h_0} + r_0\right) + \left(\frac{1}{h_i} + r_i\right)\frac{d_0}{d_i} + r_w + r_j}$$

$$= \frac{1}{\left(\frac{1}{1344} + 0.000344\right) + \left(\frac{1}{8215} + 0.000172\right)\times\frac{0.025}{0.021} + 0.000047 + 0} = 673[\mathrm{W/(m^2\cdot K)}]$$

（5）传热面积

$$A_R=\frac{Q}{8K\Delta T}=\frac{2.55\times10^8}{673\times13.33\times8}=3553(m^2)$$

（6）管内阻力

空冷器管内单向流体的压力降等于沿管长的摩擦损失、管箱处的转弯损失、进出口的阻力损失之和，即

$$\Delta P_i=\xi(\Delta P_t\Delta P_r)+\Delta p_N$$

其中管程流体压力降：

$$\Delta P_t=\frac{G_i^2}{2\rho_i}\frac{LN_{tp}}{d_i}\frac{f_i}{\varphi_i}=\frac{1977^2}{2\times990.15}\times\frac{12\times2}{0.021}\times\frac{0.0253}{1}=5.7\times10^4(Pa)$$

管程回弯压力降：

$$\Delta P_r=\frac{1977^2}{2\times990.15}\times(4\times2)=1.58\times10^4(Pa)$$

进出口压力降 ΔP_N：进出口各 4 个，直径都为 150 mm。

进出口直径相同时：

$$\Delta P_N=\frac{0.75G_N^2}{\rho_i}=\frac{0.75\times10700^2}{990.15}=86.7\times10^3(Pa)$$

进出口直径不同时：

$$\Delta P_N=\frac{G_{N1}^2+0.5G_{N2}^2}{2\rho_i}$$

进出口的质量流速：

$$G_{Ni}=\frac{W_i}{\frac{\pi}{4}d_{Ni}^2}=\frac{22000\times990.15}{3600\times\frac{\pi}{4}\times0.15^2\times8\times4}=10700[kg/(m^2\cdot s)]$$

管程总压降：

$$\Delta P_i=1.22\times(5.7+1.58)\times10^4+8.67\times10^4=17.55\times10^4(Pa)$$

4.2.2.3 方案三

（1）流速的确定

选定管内流体流速 V_1=2.5m/s，计算管内膜传热系数的校算。

液体流速：

$$v_i=\frac{W_i}{3600\rho S_i}=\frac{22000\times990.15/2}{3600\times S_i\times990.15}=2.5(m^3/s)$$

$$S_i=1.22\ m^2$$

质量流速：

$$G_i=\frac{W_i}{3600\times S_i}=\frac{22000\times990.15/2}{3600\times1.22}=2479[kg/(m^2\cdot s)]$$

雷诺数：

$$Re=\frac{d_{\mathrm{i}}G_{\mathrm{i}}}{\mu}=\frac{0.021\times 2479}{601.35\times 10^{-6}}=8.6\times 10^{4}$$

普朗特数：

$$Pr=\frac{C_{p}\mu}{\lambda}=\frac{4174\times 601.35\times 10^{-6}}{64.15\times 10^{-2}}=3.9[\mathrm{kg/(m^{2}\cdot s)}]$$

管内膜传热系数：

$$h_{\mathrm{i}}=0.023\times(0.6415/0.021)\times(8.6\times 10^{4})^{0.8}\times 3.9^{0.333}=9797[\mathrm{W/(m^{2}\cdot K)}]$$

（2）空冷器的实际风量

取迎面风速：v_{f}=2.4m/s

实际迎风面积：$A_{\mathrm{F}}=(12\times 3-0.1\times 12\times 3)\times 13=421.2(\mathrm{m^{2}})$

实际总风量：$V=3600A_{\mathrm{F}}v_{\mathrm{f}}=3600\times 2.4\times 421.5=3.64\times 10^{6}(\mathrm{m^{3}/h})$

空气质量流量：

$$W_{\mathrm{a}}=G_{\mathrm{F}}A_{\mathrm{F}}=2.772\times 421.2=1168(\mathrm{kg/s})$$

（3）空气的出、入口温度和平均温差的计算

在前面空冷器出口温度计算时，初定了 t_{g1}=26.6℃；

喷淋强度：对于六排管，取 B_{s}=250kg/(m^{2} • h)；

基管有效传热面积：$A_{\mathrm{E}}=252.87\times 13=3287.31(\mathrm{m^{2}})$；

基管表面热流密度：$q=Q/A_{\mathrm{E}}=2.55\times 10^{8}/(3287.31\times 8)=9696(\mathrm{W/m^{2}})$；

根据 t_{g1}=26.6℃，t_{s0}=25.9℃，查空气焓-湿图附录得露点温度为 t_{p1}=25.6℃。

基管外壁平均温度为：

$$\begin{aligned}t_{\mathrm{b}}&=T_{\mathrm{m}}-q_{0}\left(\frac{1}{h}\frac{d_{0}}{d_{\mathrm{i}}}+r_{\mathrm{i}}\frac{d_{0}}{d_{\mathrm{i}}}+\frac{d_{0}}{2\lambda}\ln\frac{d_{0}}{d_{\mathrm{i}}}\right)\\&=45-9696\times\left(\frac{1}{9797}\times\frac{25}{21}+0.000172\times\frac{25}{21}+\frac{0.021}{2\times 46.5}\times\ln\frac{25}{21}\right)=41.3(℃)\end{aligned}$$

计算传质温度系数：

$$\theta=\frac{t_{\mathrm{b}}-t_{\mathrm{g1}}}{t_{\mathrm{g1}}-t_{\mathrm{p1}}}=\frac{41.3-26.6}{26.6-25.6}=14.7$$

计算空气入口干球温度（喷淋后，管束前）：

$$\begin{aligned}t_{\mathrm{g1}}&=t_{\mathrm{g0}}-\left(1.04-\frac{175}{B_{\mathrm{s}}\ln B_{\mathrm{s}}}\right)\times(t_{\mathrm{g0}}-t_{\mathrm{s0}})^{0.94}\\&=30.1-\left(1.04-\frac{175}{250\ln 250}\right)\times(30.1-25.9)^{0.94}=26.6(℃)\end{aligned}$$

可得详细计算结果 t_{g1} 与估算值基本一致，取 t_{g1}=26.6℃。

计算温湿系数：

$$\xi_{\theta}=(2.25+0.15N_{\mathrm{p}})\phi_{\theta}B^{-0.54}\theta^{0.35}=(2.25+0.15\times 2)\times 1.0\times 250^{-0.54}14.7^{0.35}=0.33$$

计算空气出口温度：

$$t_{g2}=t_{g1}+\frac{Q_{H}}{W_{a}C_{pa}}\xi_{\theta}=26.6+\frac{2.55\times10^{8}}{1168\times1005\times8}\times0.33=34.7(℃)$$

平均传热温差：

$$\Delta t=\frac{(50-34.7)\quad(40\quad 26.6)}{\ln\frac{50-34.7}{40-26.6}}=14.33(℃)$$

温度效率：

$$P=(t_{2}-t_{1})/(T_{1}-t_{1})=(34.7-20)/(50-20)=0.49$$

温度相关因数：

$$R=(T_{2}-T_{1})/(t_{2}-t_{1})=(50-40)/(34.7-20)=0.68$$

查得温差修正系数 F_{t}=0.96，则有效传热温差：

$$\Delta T=0.96\times14.33=13.7(℃)$$

（4）管外传热系数的计算

$$h_{0}=90.7\times1\times2.772^{0.05+0.08\times6}\times250^{0.77-0.035\times6}\times14.7^{-0.35}=1338[\mathrm{W/(m^{2}\cdot K)}]$$

（5）总传热系数

总传热系数为各项热阻之和的倒数，以光管外表面为基准时，总传热系数为：

$$K=\frac{1}{\left(\frac{1}{h_{0}}+r_{0}\right)+\left(\frac{1}{h_{i}}+r_{i}\right)\frac{d_{0}}{d_{i}}+r_{w}+r_{j}}$$

$$=\frac{1}{\left(\frac{1}{1338}+0.000344\right)+\left(\frac{1}{9797}+0.000172\right)\times\frac{0.025}{0.021}+0.000047+0}=682[\mathrm{W/m^{2}\cdot K}]$$

（6）传热面积

$$A_{R}=\frac{Q}{8K\Delta T}=\frac{2.55\times10^{8}}{682\times13.7\times8}=3411(\mathrm{m^{2}})$$

（7）管内阻力

空冷器管内单向流体的压力降等于沿管长的摩擦损失、管箱处的转弯损失、进出口的阻力损失之和，即

$$\Delta P_{i}=\xi(\Delta P_{t}\Delta P_{r})+\Delta p_{N}$$

其中管程流体压力降：

$$\Delta P_{t}=\frac{G_{i}^{2}}{2\rho_{i}}\frac{LN_{tp}}{d_{i}}\frac{f_{i}}{\varphi_{i}}=\frac{2479^{2}}{2\times990.15}\times\frac{12\times2}{0.021}\times\frac{0.0253}{1}=8.9\times10^{4}(\mathrm{Pa})$$

管程回弯压力降：

$$\Delta P_{r}=\frac{2479^{2}}{2\times990.15}\times(4\times2)=2.48\times10^{4}(\mathrm{Pa})$$

进出口压力降 ΔP_N：进出口各 4 个，直径都为 150mm。

进出口直径相同时：

$$\Delta P_N = \frac{0.75G_N^2}{\rho_i} = \frac{0.75 \times 10700^2}{990.15} = 8.67 \times 10^4 (\text{Pa})$$

进出口直径不同时：

$$\Delta P_N = \frac{G_{N1}^2 + 0.5G_{N2}^2}{2\rho_i}$$

进出口的质量流速：

$$G_{Ni} = \frac{W_i}{\frac{\pi}{4}d_{Ni}^2} = \frac{22000 \times 990.15}{3600 \times (\pi/4) \times 0.15^2 \times 8 \times 4} = 10700[\text{kg}/(\text{m}^2 \cdot \text{s})]$$

管程总压降：

$$\Delta P_i = 1.22 \times (8.9 + 2.48) \times 10^4 + 8.67 \times 10^4 = 22.55 \times 10^4 (\text{Pa})$$

4.2.2.4 方案四

（1）流速的确定

选定管内流体流速 $V_1 = 3.0$ m/s，计算管内膜传热系数的校算

液体流速：

$$v_i = \frac{W_i}{3600\rho S_i} = \frac{22000 \times 990.15/2}{3600 \times S_i \times 990.15} = 3.0(\text{m}^3/\text{s})$$

$$S_i = 1.02 \text{ m}^2$$

质量流速：

$$G_i = \frac{W_i}{3600S_i} = \frac{22000 \times 990.15/2}{3600 \times 1.02} = 2966[\text{kg}/(\text{m}^2 \cdot \text{s})]$$

雷诺数：

$$Re = \frac{d_i G_i}{\mu} = \frac{0.021 \times 2966}{601.35 \times 10^{-6}} = 1.0 \times 10^5$$

普朗特数：

$$Pr = \frac{C_p \mu}{\lambda} = \frac{4174 \times 601.35 \times 10^{-6}}{64.15 \times 10^{-2}} = 3.9[\text{kg}/(\text{m}^2 \cdot \text{s})]$$

管内膜传热系数：

$$h_i = 0.023 \times (0.6014/0.021) \times (1.0 \times 10^5)^{0.8} \times 3.9^{0.333} = 10363[\text{W}/(\text{m}^2 \cdot \text{K})]$$

（2）空冷器的实际风量

取迎面风速：v_f=2.4m/s

实际迎风面积：$A_F = (12 \times 3 - 0.1 \times 12 \times 3) \times 13 = 421.2(\text{m}^2)$

实际总风量：$V = 1.1 \times 3600 A_F v_f = 1.1 \times 3600 \times 2.4 \times 421.2 = 4.0 \times 10^6 (\text{m}^3/\text{h})$

空气质量流量：

$$W_a = G_F A_F = 2.772 \times 421.2 = 1168(\text{kg/s})$$

（3）空气的出、入口温度和平均温差的计算

在前面空冷器出口温度计算时，初定了 t_{g1}=26.6℃；

喷淋强度：对于六排管，取 B_s=250kg/（m^2·h）；

基管有效传热面积：$A_E = 252.87 \times 13 = 3287.3\ m^2$；

基管表面热流密度：$q = Q / A_E = 2.53 \times 10^8 / (3287.3 \times 8) = 9620.3(\text{W/m}^2)$；

由 t_{g1}=26.6℃，t_{s0}=25.9℃，查空气焓-湿图附录得露点温度为 t_{p1}=25.6℃。

基管外壁平均温度为：

$$t_b = T_m - q_0\left(\frac{1}{h}\frac{d_0}{d_i} + r_i\frac{d_0}{d_i} + \frac{d_0}{2\lambda}\ln\frac{d_0}{d_i}\right)$$
$$= 45 - 9620.3[(1/10363) \times (25/21) + 0.000172 \times (25/21) + 0.021/(2 \times 46.5) \times \ln(25/20)]$$
$$=41.4(℃)$$

计算传质温度系数：

$$\theta = \frac{t_b - t_{g1}}{t_{g1} - t_{p1}} = \frac{40.8 - 26.6}{26.6 - 25.6} = 14.2$$

计算空气入口干球温度（喷淋后，管束前）：

$$t_{g1} = t_{g0} - \left(1.04 - \frac{175}{B_s \ln B_s}\right) \times (t_{g0} - t_{s0})^{0.94}$$
$$= 30.1 - \left(1.04 - \frac{175}{250\ln 250}\right) \times (30.1 - 25.9)^{0.94} = 26.6(℃)$$

可见详细计算结果 t_{g1} 与估算值基本一致，取 t_{g1}=26.3℃。

计算温湿系数：

$$\xi_\theta = (2.25 + 0.15N_p)\phi_\theta B^{-0.54}\theta^{0.35} = (2.25 + 0.15 \times 2) \times 1.0 \times 250^{-0.54} \times 14.2^{0.35} = 0.33$$

计算空气出口温度：

$$t_{g2} = t_{g1} + \frac{Q_H}{W_a C_{pa}}\xi_\theta = 26.6 + \frac{2.53 \times 10^8}{1167.5 \times 1005 \times 8} \times 0.33=35.5(℃)$$

平均传热温差：

$$\Delta t = \frac{(50 - 35.5) - (40 - 26.6)}{\ln\dfrac{50 - 35.5}{40 - 26.6}} = 12.7(℃)$$

温度效率：

$$P = (t_2 - t_1) / (T_1 - t_1) = (35.5 - 20) / (50 - 20) = 0.52$$

温度相关因数：

$$R = (T_2 - T_1) / (t_2 - t_1) = (50 - 40) / (35.5 - 20) = 0.65$$

查得温差修正系数 F_t=0.94，则有效传热温差：

$$\Delta T = 0.94 \times 12.7 = 11.94(℃)$$

（4）管外传热系数的详细计算

$$h_0 = 90.7\times1\times2.772^{0.05+0.08\times6}\times250^{0.77-0.035\times6}\times14.8^{-0.35}=1335[\mathrm{W/(m^2\cdot K)}]$$

（5）总传热系数

总传热系数为各项热阻之和的倒数。以光管外表面为基准时，总传热系数为

$$K=\frac{1}{\left(\dfrac{1}{h_0}+r_0\right)+\left(\dfrac{1}{h_i}+r_i\right)\dfrac{d_0}{d_i}+r_w+r_j}$$

$$=\frac{1}{\left(\dfrac{1}{1335}+0.000344\right)+\left(\dfrac{1}{10363}+0.000172\right)\times\dfrac{0.025}{0.021}+0.000047+0}$$

$$=685[\mathrm{W/(m^2\cdot K)}]$$

（6）传热面积

$$A_R=\frac{Q}{8K\Delta T}=\frac{2.53\times10^8}{685\times12.7\times8}=3635(\mathrm{m^2})$$

实际面积为 3178m²，富余量为 14.3%。

（7）管内阻力

空冷器管内单向流体的压力降等于沿管长的摩擦损失、管箱处的转弯损失、进出口的阻力损失之和，即

$$\Delta P_i=\xi(\Delta P_t\Delta P_r)+\Delta p_N$$

其中管程流体压力降：

$$\Delta P_t=\frac{G_i^2}{2\rho_i}\frac{LN_{tp}}{d_i}\frac{f_i}{\varphi_i}=\frac{2966^2}{2\times990.15}\times\frac{12\times2}{0.021}\times\frac{0.0253}{1}=1.28\times10^5(\mathrm{Pa})$$

管程回弯压力降：

$$\Delta P_r=\frac{2966^2}{2\times990.15}\times(4\times2)=3.55\times10^4(\mathrm{Pa})$$

进出口压力降 ΔP_N：进出口各 4 个，直径都为 150 mm。

进出口直径相同时：

$$\Delta P_N=\frac{0.75G_N^2}{\rho_i}=\frac{0.75\times(10700)^2}{990.15}=8.7\times10^4(\mathrm{Pa})$$

进出口直径不同时：

$$\Delta P_N=\frac{G_{N1}^2+0.5G_{N2}^2}{2\rho_i}$$

进出口的质量流速：

$$G_{Ni}=\frac{W_i}{\dfrac{\pi}{4}d_{Ni}^2}=\frac{22000\times990.15}{3600\times\dfrac{\pi}{4}0.15^2\times8\times4}=10700[\mathrm{kg/(m^2\cdot s)}]$$

管程总压降：

$$\Delta P_{\mathrm{i}}=1.22\times(12.8+3.55)\times10^4+8.7\times10^4=28.65\times10^4(\mathrm{Pa})$$

4.2.2.5　方案五

（1）流速的确定

选定管内流体流速 $V_1=3.5\ \mathrm{m/s}$，计算管内膜传热系数的校算

液体流速：

$$v_{\mathrm{i}}=\frac{W_{\mathrm{i}}}{3600\rho S_{\mathrm{i}}}=\frac{22000\times990.15/2}{3600\times S_{\mathrm{i}}\times990.15}=3.5(\mathrm{m^3/s})$$

$$S_{\mathrm{i}}=0.87\ \mathrm{m^2}$$

质量流速：

$$G_{\mathrm{i}}=\frac{W_{\mathrm{i}}}{3600S_{\mathrm{i}}}=\frac{22000\times990.15/2}{3600\times0.87}=3466[\mathrm{kg/(m^2\cdot s)}]$$

雷诺数：

$$Re=\frac{d_{\mathrm{i}}G_{\mathrm{i}}}{\mu}=\frac{0.021\times3466}{601.35\times10^{-6}}=12.1\times10^4$$

普朗特数：

$$Pr=\frac{C_p\mu}{\lambda}=\frac{4174\times601.35\times10^{-6}}{64.15\times10^{-2}}=3.9[\mathrm{kg/(m^2\cdot s)}]$$

管内膜传热系数：

$$h_{\mathrm{i}}=0.023\times(0.6014/0.021)\times(12.1\times10^4)^{0.8}\times3.9^{0.333}=12070[\mathrm{W/(m^2\cdot K)}]$$

（2）空冷器的实际风量

取迎面风速：v_{f}=2.4m/s

实际迎风面积：$A_{\mathrm{F}}=(12\times3-0.1\times12\times3)\times13=421.2(\mathrm{m^2})$

实际总风量：$V=1.1\times3600A_{\mathrm{F}}v_{\mathrm{f}}=1.1\times3600\times2.4\times421.2=4.0\times10^6(\mathrm{m^3/h})$

空气质量流量：

$$W_{\mathrm{a}}=G_{\mathrm{F}}A_{\mathrm{F}}=2.772\times421.2=1167.5(\mathrm{kg/s})$$

（3）空气的出、入口温度和平均温差的计算

在前面空冷器出口温度计算时，初定了 t_{g1}=26.6℃

喷淋强度：对于六排管，取 B_{s}=250kg/(m^2·h)

基管有效传热面积：$A_{\mathrm{E}}=252.87\times13=3287.3(\mathrm{m^2})$

基管表面热流密度：$q=Q/A_{\mathrm{E}}=2.53\times10^8/(3287.3\times8)=9620.3(\mathrm{W/m^2})$

根据 t_{g1}=26.6℃，t_{s0}=25.9℃，查空气焓-湿图附录得露点温度为 t_{p1}=25.6℃。

基管外壁平均温度为：

$$t_{\mathrm{b}}=T_{\mathrm{m}}-q_0\left(\frac{1}{h}\frac{d_0}{d_{\mathrm{i}}}+r_{\mathrm{i}}\frac{d_0}{d_{\mathrm{i}}}+\frac{d_0}{2\lambda}\ln\frac{d_0}{d_{\mathrm{i}}}\right)$$

$$=45-9620.3\left(\frac{1}{12070}\frac{25}{21}+0.000172\times\frac{25}{21}+\frac{0.021}{2\times46.5}\ln\frac{25}{20}\right)=41.6(℃)$$

计算传质温度系数：

$$\theta=\frac{t_{\mathrm{b}}-t_{\mathrm{g1}}}{t_{\mathrm{g1}}-t_{\mathrm{p1}}}=\frac{41.6-26.6}{26.6-25.6}=15$$

计算空气入口干球温度（喷淋后，管束前）：

$$t_{\mathrm{g1}}=t_{\mathrm{g0}}-\left(1.04-\frac{175}{B_{\mathrm{s}}\ln B_{\mathrm{s}}}\right)\times(t_{\mathrm{g0}}-t_{\mathrm{s0}})^{0.94}$$

$$=30.1-\left(1.04-\frac{175}{250\ln 250}\right)\times(30.1-25.9)^{0.94}=26.3(℃)$$

可见详细计算结果 t_{g1} 与估算值基本一致，取 t_{g1}=26.3℃

计算温湿系数：

$$\xi_{\theta}=(2.25+0.15N_{\mathrm{p}})\phi_{\theta}B^{-0.54}\theta^{0.35}=(2.25+0.15\times2)\times1.0\times250^{-0.54}15^{0.35}=0.33$$

计算空气出口温度：

$$t_{\mathrm{g2}}=t_{\mathrm{g1}}+\frac{Q_{\mathrm{H}}}{W_{\mathrm{a}}C_{pa}}\xi_{\theta}=26.6+\frac{2.53\times10^{8}}{1167.5\times1005\times8}\times0.33=35.5(℃)$$

平均传热温差：

$$\Delta t=\frac{(50-35.5)-(40-26.6)}{\ln\dfrac{50-35.5}{40-26.6}}=12.7(℃)$$

温度效率：

$$P=(t_2-t_1)/(T_1-t_1)=(35.5-20)/(50-20)=0.52$$

温度相关因数：

$$R=(T_2-T_1)/(t_2-t_1)=(50-40)/(35.5-20)=0.65$$

查得温差修正系数 F_{t}=0.94，则有效传热温差：

$$\Delta T=0.94\times12.7=12(℃)$$

（4）管外传热系数的详细计算

$$h_0=90.7\times1\times2.772^{0.05+0.08\times6}\times250^{0.77-0.035\times6}\times15^{-0.35}=1329[\mathrm{W/(m^2\cdot K)}]$$

（5）总传热系数

总传热系数为各项热阻之和的倒数。以光管外表面为基准时，总传热系数为

$$K=\frac{1}{\left(\dfrac{1}{h_0}+r_0\right)+\left(\dfrac{1}{h_{\mathrm{i}}}+r_{\mathrm{i}}\right)\dfrac{d_0}{d_{\mathrm{i}}}+r_{\mathrm{w}}+r_{\mathrm{j}}}$$

$$=\frac{1}{\left(\dfrac{1}{1329}+0.000344\right)+\left(\dfrac{1}{12070}+0.000172\right)\times\dfrac{0.025}{0.021}+0.000047+0}$$

$$=691[\mathrm{W/(m^2\cdot K)}]$$

（6）传热面积

$$A_{\mathrm{R}}=\frac{Q}{8K\Delta T}=\frac{2.53\times10^{8}}{691\times12.7\times8}=3604(\mathrm{m}^{2})$$

实际面积为 3178m^2，富余量为 13.4%。

（7）管内阻力

空冷器管内单向流体的压力降等于沿管长的摩擦损失、管箱处的转弯损失、进出口的阻力损失之和，即

$$\Delta P_{\mathrm{i}}=\xi(\Delta P_{\mathrm{t}}\Delta P_{\mathrm{r}})+\Delta p_{\mathrm{N}}$$

其中管程流体压力降：

$$\Delta P_{\mathrm{t}}=\frac{G_{\mathrm{i}}^{2}}{2\rho_{\mathrm{i}}}\frac{LN_{\mathrm{tp}}}{d_{\mathrm{i}}}\frac{f_{\mathrm{i}}}{\varphi_{\mathrm{i}}}=\frac{3466^{2}}{2\times990.15}\times\frac{12\times2}{0.021}\times\frac{0.0253}{1}=17.5\times10^{4}(\mathrm{Pa})$$

管程回弯压力降：

$$\Delta P_{\mathrm{r}}=\frac{3466^{2}}{2\times990.15}\times(4\times2)=4.85\times10^{4}(\mathrm{Pa})$$

进出口压力降 ΔP_{N}：进出口各 4 个，直径都为 150 mm。

进出口直径相同时：

$$\Delta P_{\mathrm{N}}=\frac{0.75G_{\mathrm{N}}^{2}}{\rho_{\mathrm{i}}}=\frac{0.75\times(10700)^{2}}{990.15}=8.7\times10^{4}(\mathrm{Pa})$$

进出口直径不同时：

$$\Delta P_{\mathrm{N}}=\frac{G_{\mathrm{N1}}^{2}+0.5G_{\mathrm{N2}}^{2}}{2\rho_{\mathrm{i}}}$$

进出口的质量流速：

$$G_{\mathrm{Ni}}=\frac{W_{\mathrm{i}}}{\frac{\pi}{4}d_{\mathrm{Ni}}^{2}}=\frac{22000\times990.15}{3600\times\frac{\pi}{4}0.15^{2}\times8\times4}=10700[\mathrm{kg/(m^{2}\cdot s)}]$$

管程总压降：

$$\Delta P_{\mathrm{i}}=1.22\times(17.5+4.85)\times10^{4}+8.7\times10^{4}=36.0\times10^{4}(\mathrm{Pa})$$

4.2.2.6 方案比选

各方案对比如表 4-7 所列。

表 4-7 各方案对比

内容 \ 方案	一	二	三	四	五
液体流速 v_i/(m/s)	1.56	2.0	2.5	3.0	3.5
管外传热系数 h_0/［W/(m^2·K)］	1546.8	1344	1338	1335	1329
管内传热系数 h_i/［W/(m^2·K)］	6534	8215	9797	10363	12070
总传热系数 K/［W/(m^2·K)］	702	673	682	685	691

综合上表：随着液体流速的增大，管外传热系数呈小幅递减，管内传热系数呈大幅递增，而总传热系数不断减小。本书采用方案一。

4.3 喷淋系统的设计

4.3.1 喷头的选用

湿空冷器对喷头有较高的要求：①雾化性能良好，平均雾化粒径在 0.10～0.20mm；②喷射角大，喷淋面应为实心，耗水量低，喷淋密度在 150～300kg/（m^2·h）；③不易堵塞，对水的适应性强；④压力降一般不大于 0.3MPa；⑤结构简单，安装方便。

本书中选用 HXP 型喷头。这种喷头带有一个独特的内旋流器，可使喷淋面上的液层均匀布满，因此称作“实心喷嘴”。HXP 型喷头主要用于填料塔分布器，国内已系列化。用于湿式空冷器的型号有 HXP13-6.0 和 HXP13-4.5 两种。HXP13-6.0 用于管束宽度 B=2.5～3m，此喷头内旋流器液体流道截面较大，自由流道最小尺寸为 2.5mm，一般尺寸小于 2mm 的颗粒不会被堵塞；喷射角为 90°～92°，覆盖面积较大；压降低，一般在 0.12～0.15MPa 范围内，每个喷头的流量 600～700kg/h。若管束采用两排管，喷水流量偏大，因此选用 HXP13-6.0。

4.3.2 喷淋水质的要求

喷淋水质要求主要是喷淋水的硬度，当喷淋水的硬度在 50mg/L 以下时，翅片表面不产生硬垢，即使盐类沉淀，也可用水冲掉。表 4-8 所列指标可作为湿式空冷器水质要求的参考指标。

表 4-8 喷淋水水质要求

硬度	pH 值（25℃）	温度	浊度	Cl^-	Ca^{2+}	全铁
<50mg/L	6～7.5	<50℃	透明	<150mg/L	50～100mg/L	<0.5mg/L

4.3.3 喷淋系统

为了节约用水，对大量处理的湿空冷器应考虑喷淋水的循环使用，或作为全厂循环水的补充水。喷淋系统除喷嘴外，还包括回水灌、过滤器、供水泵及回水、上水系统管道、阀门等。

蒸发式空冷器的喷淋装置，属于蒸发式空冷器的组成部件，喷头安装在喷淋水管上。根据各处喷淋水的需求量，进入喷淋水管的喷淋量由安装在喷淋水管入口处的流量调节阀控制，可以调节喷淋量大小，使喷淋水的面密度与热负荷面密度匹配起来，以适应工艺条件和热负荷化。

影响喷淋室热交换效果的因素有很多，诸如空气的质量流速、喷嘴类型与布置密度、喷嘴孔径与喷嘴前水压、空气与水的接触时间、空气与水滴的运动方向以及空气与水的初、终参数等。但是，对一定的空气处理过程而言，可将主要的影响因素归纳为空气质量流速、喷水系数和喷淋室结构特性 3 个方面。

4.3.3.1 空气质量流速的影响

喷淋室内的热、湿交换首先取决于与水接触的空气流动状况，然而在空气的流动过程中，随着温度变化，其流速也将发生变化。为了引进能反映空气流动状况的稳定因素，采用空气质量流速 v_ρ（v 为空气流速，m/s；ρ 为空气密度，kg/m^3）比较方便。增大空气质量流速可使喷淋室的热交换效果得到改善，并且在风量一定的情况下可缩小喷淋室的断面尺寸，从而减少占地面积。但空气质量流速过大也会引起挡水板过水量及喷淋室阻力的增加。所以常用的 v_ρ 范围是 2.5～3.5kg/（m^2·s）。

4.3.3.2 喷水系数的影响

喷水量的大小常以处理每千克空气所用的水量即喷水系数来表示，在一定的范围内加大喷水系数可改善喷淋室的热交换效果。此外，对不同的空气处理过程采用的喷水系数也应不同。喷水量的具体数值应由喷淋室的热工程计算决定。

4.3.3.3 喷淋室结构特性的影响

喷淋室的结构特性主要是指喷嘴排数、喷嘴密度、喷管间距、喷嘴型式、喷嘴孔径和喷水方向等，它们对喷淋室的热交换效果均有影响。空气通过结构特性不同的喷淋室时，即使 v_ρ 值完全相同，也会得到不同的处理效果。下面简单分析一下这些特性对喷淋室的热交换效果的影响。

① 喷嘴排数　单排喷嘴的热交换效果比双排的差，而三排喷嘴的热交换效果和双排的差不多。因此，三排喷嘴并不比双排喷嘴在热工性能方面有多大优越性，所以工程上多用双排喷嘴。只有当喷水系数较大，如用双排喷嘴，需用较高的水压时才改用三排喷嘴。

② 喷嘴密度　每 1m^2 喷淋室断面上布置的单排喷嘴个数叫喷嘴密度。喷嘴密度过大时，水苗互相叠加，不能充分发挥各自的作用。喷嘴密度过小时，则因水苗不能覆盖整个喷淋室断面，致使部分空气旁通而过，引起热交换效果的降低，所以，一般以取喷嘴密度 n_0=13～24 个/（m^2·排）为宜。当需要较大的喷水系数时，通常靠保持喷嘴密度不变，提高喷嘴前水压的办法来解决。但是喷嘴前的水压也不宜大于 2.5atm（工作压力）。如果需要更大水压，则以增加喷嘴排数为宜。

③ 喷水方向　在单排喷嘴的喷淋室中，逆喷比顺喷热交换效果好，在双排的喷淋室中，对喷比两排逆喷效果好。显然，这是因为单排逆喷和双排对喷时水苗能更好地覆盖喷淋室断面的缘故。如果采用三排喷嘴的喷淋室，则以应用一顺两逆的喷水方式为好。

④ 排管间距　对于使用 Y-1 型喷嘴的喷淋室而言，无论是顺喷还是对喷，排管间距均可采用 600mm，加大排管间距对增加热交换效果并无益处。所以，从节约占地面积考虑，排管间距以取 600mm 为宜。

⑤ 喷嘴孔径　在其他条件相同时，喷嘴孔径小则喷出水滴细，增加了与空气的接触面积，所以热交换效果好。但是，孔径小易堵塞，需要的喷嘴数量多而且对冷却干燥过程不利。所以，在实际工作中应优先采用孔径较大的喷嘴。

⑥ 空气与水的初参数[9]　对于结构一定的喷淋室而言，空气与水的初参数决定了喷淋室内热湿交换推动力的方向和大小。因此，改变空气与水的初参数，可以导致不同的处理过程和结果。

综上所述，所选的喷嘴的型号及参数如下

喷嘴型式：Y-1 型离心式喷嘴；

喷嘴直径：φ=8mm；

水流量 ：G=2500kg/h；

作用半径：1.2m；

水压：1kg/cm^2（A=7mm，B=7mm，φ=25mm）；
处理的空气初温：t_{g1}=31.6℃；
终温：t_{g2}=26.3℃；
焓值：i_1 =77.55kJ/kg，i_2 =59.76kJ/kg；
迎面风速：v_f =2.4m/s；
迎风面积：A_C =648m^2；
风量：V=6.16×10^{6}m^3；
冷却水的初温：t_1=7℃；
终温：t_2=15℃。
喷淋室喷出的水能够吸收的热量应该等于空气放出的热量，所以总水量为：

$$W=\frac{G(i_1-i_2)}{c(t_2-t_1)}=\frac{6.8\times10^6\times(77.55-59.76)}{4.2\times(15-7)}=3.6\times10^6(\text{kg})$$

循环水量的确定（冷水 W_l；循环水 W_x；回水 W_h）：

$$W_l=W_h$$

$$G(i_1-i_2)=W_lc(t_2-t_1)$$

$$W_x=W-W_l$$

$$W_l=\frac{G(i_1-i_2)}{c(t_2-t_1)}$$

$$W_l=3.6\times10^6\text{kg}$$

$$W_h=3.6\times10^6\text{kg}$$

所选水泵型号：GDF250 •32A •520 m^3/h；扬程 24m；效率 77%；台数 $m=\frac{3.6\times10^6}{1000\times520}=7$。
配用电动机：功率 55kW；转速 1450r/min；电压 380V；必需汽蚀余量 5m。
喷嘴个数：

$$n=\frac{W}{G}=\frac{3.6\times10^6}{2500}=1440$$

喷嘴排数：$N=\frac{n}{n_0}=\frac{1440}{13}=111(\text{排})$；
喷水方向：对喷；
喷管间距：600mm；
喷嘴孔径：ϕ=6 mm；
喷淋室的阻力计算：
前后挡水板阻力：

$$\Delta H_d=\Sigma\xi_d\frac{v_d^2}{2}\rho$$

$$\Sigma\xi_d=20$$

$$v_d = (1.1:1.3)\ \text{m} \cdot \text{s}$$

$$\Delta H_d = 69.12\text{Pa}$$

喷嘴排管阻力：

$$\Delta H_p = 0.1Z\frac{v^2}{2}\rho \tag{4-62}$$

式中 v——为断面风速；

Z——为排管数。

4.4 管束结构与计算

4.4.1 管束的布管设计

管束的布管有两种方式：一种是各排布管数量相同；另一种是相邻两排布管数量不等。它与管束实际宽度和管心距有关。

已知管束的名义尺寸 W_g 和管心距 S_1，可按下列步骤确定每排传热管的布管数量和管束的实际宽度：

初选 $B_0 = W_g - 20$ 或 $B_0 = W_g - 2L_g/1000(L_g \geqslant 9000\ \text{mm})$，令

$$n_0 = \frac{B_0 - 2(\delta_a + S_a + S_b)}{S_1} \tag{4-63}$$

式中 n_0——管子数，个；

B_0——管束宽度，mm；

S_a——管箱侧壁面至侧梁内壁面的间隙，mm，一般取 5～7mm；

S_b——接近管箱侧壁的排管中心至管箱侧壁面的最小距离，mm，对ϕ25mm 的基管，S_b应不小于 45mm；

S_1——迎风面方向管心距，mm；

δ_a——侧梁立板厚度，mm。

$M_0 = n_0 - \text{Trunc}(n_0)$，$\text{Trunc}(n_0)$为取整函数，返回值：参数$\text{Trunc}(n_0)$为$n_0$舍去小数，取其整数部分。如果$M_0 \geqslant 0.5$，按各排布管数量相等方案布管，$n_{s1} = n_{s2} = \text{Trunc}(n_0) + 1$；如果$M_0 < 0.5$，按相邻两排管布管数量不相等的方案布管，$n_{s1} = \text{Trunc}(n_0) + 1$，$n_{s2} = \text{Trunc}(n_0)$，$n_{s1}$，$n_{s2}$为相邻两排布管数管。

根据布管的最大宽度，适当调节 B_0、S_a、S_b，最终确定 B 的尺寸。

4.4.2 管箱结构形式

常用的管箱型式有丝堵式、可卸盖板式、集合管式和锻造管箱式等。

对于丝堵型管箱，其适用范围和优缺点如下：

① 适用范围　应用广泛，可用于汽、煤、柴油及其他轻质油品和溶剂及介质污垢系数小于 0.001m^2·K/W 的各种场合。在国内，丝堵焊接型管箱的最高设计压力为 20MPa，锻造型丝堵焊接管箱的最高设计压力可达 32 MPa。

② 优缺点　焊接丝堵型管箱的优点是可以直接采用厚钢板进行制造，容易成形，加工

方便。缺点是丝堵及垫圈数量较多，机械加工量较大。

4.4.3 管束材料

① 管束钢结构及用于非受压部件的钢材，应符合GB/T 912—1989《碳素结构钢和低碳合金结构钢热轧钢板和钢带》、GB/T 699—2015《优质碳素结构钢》、GB/T 700—2006《碳素结构钢》、JB/T 6397—2006《大型碳素结构钢锻件技术条件》有关条文的规定。

② 管束中受压部件所选钢材的选用原则、钢材标准、热处理状态和许用压力，应满足GB 150.1～150.4—2011《钢制压力容器》的规定。

钢管材料使用范围表如表4-9所列。

表4-9 钢管材料使用范围

序号	钢号	钢管标准	使用温度范围	说明
1	10	GB 8163—2008	-20～475	
		GB 9948—2013		
2	20	GB 8163—2008	-20～475	
		GB 9948—2013		
3	1Cr5Mo	GB 6479—2013	-20～550	
4	0Cr18Ni9	GB 13296—2013	-196～600	
5	0Cr18Ni10Ti	GB 13296—2013	-196～700	

钢管在不同温度下的许用应力值如表4-10所列。

表4-10 钢管在不同温度下的许用应力值

序号	钢号	壁厚/mm	常温机械性能		在下列温度下材料的许用应力值/MPa						
			σ_b	σ_s	<20	100	150	200	250	300	350
1	10	≤16	335	205	112	112	108	101	92	83	77
2	20	≤10	410	245	137	137	132	123	110	101	92
3	1Cr5Mo	≤16	390	195	122	110	104	101	98	95	92
4	0Cr18Ni9	GB 13296—2013，≤13	—	—	137	137	137	130	122	114	111
		GB/T 14976—2012，≤18			137	114	103	96	90	85	82

4.4.4 管束支撑梁的计算

空冷器的支撑梁包括侧梁和下支梁，两者受力和变形状态不同。

4.4.4.1 侧梁的受力分析和计算

工作状态下侧梁的受力主要包括管束的自重、充水（或充液）重、百叶窗及其他附件的重量，对引风式空冷器还应包括风筒及相关的风机重量。侧梁的失效，既有纵向弯曲应力过大的原因，也有沿侧梁的高度方向发生平面失稳的原因。

制造、运输、储存和安装状态下，侧梁受到的力主要为管束的自重。由于管束的占地面积较大，通常都有两台以上的管束重叠放置，侧梁的受力集中，而且很大，容易沿高度方向发生平面失稳，造成局部扭曲变形，因此，对管束的叠放数量要严加限制。

储备、运输中管束叠放如图 4-7 所示，管束测梁支承及荷载形式如图 4-8 所示。

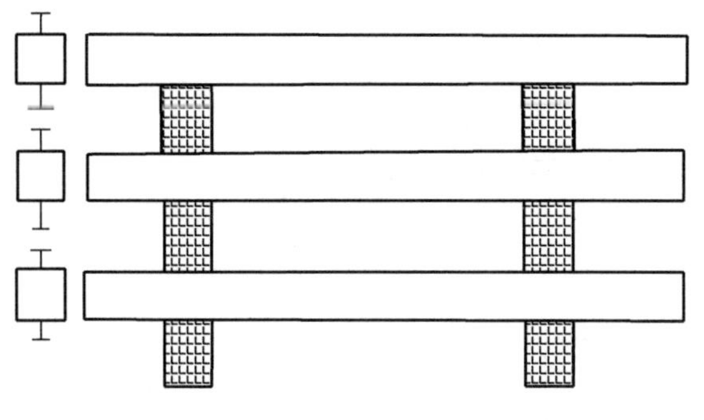

图 4-7　储备、运输中管束叠放

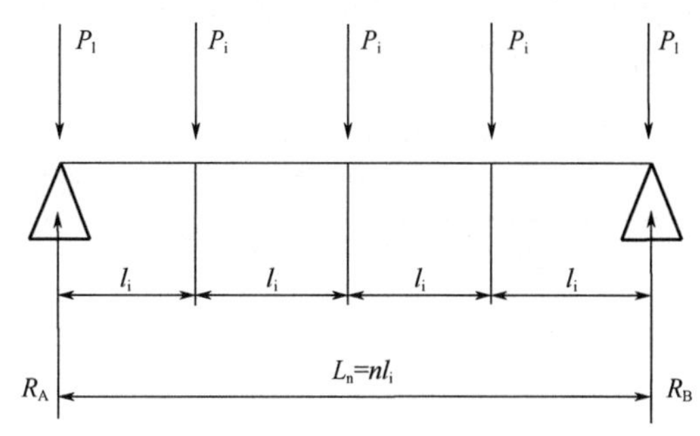

图 4-8　管束侧梁支承及荷载形式

L_n —跨度，即梁的总长，m；l_i —集中载荷间距，m；n —集中载荷间距数量，见表 4-11；P_1 —梁端每个管箱的重力（包括开口法兰、节管），N；P_i —每个集中载荷量，即每个支梁所承受的载荷量，N；R_A R_B —支座反力，N

（1）侧梁支承形式的简化及尺寸

空冷器管束侧梁的支承形式可简化为单跨简支，中部有若干个由支梁传递过来的集中载荷。由于两端管箱靠近支点，可以认为该部分重量 P_i 在支点上。测梁计算参数如表 4-11 所列。

表 4-11　侧梁计算参数

管长/mm	跨度 L_n/m	集中载荷间距数量 n	集中载荷间距 l_i	集中载荷 P_i 的个数
3000	2.700	2	$L_n/2$	1
4500	4.200	3	$L_n/3$	2
6000	5.700	4	$L_n/4$	3
9000	8.700	5	$L_n/5$	4
10500	10.200	6	$L_n/6$	5
12000	11.700	7	$L_n/7$	6

（2）载荷

每个集中载荷 P_i 应按下式计算：

$$P_i = K_N(W_1 + W_2 + W_3 + W_4 + W_5) \quad (4\text{-}64)$$

式中　P_i ——集中载荷量，N；

W_1 ——长度为 l_i 的翅片管（或光管）全部重力载荷，N；

W_2 ——长度为 l_i 的侧梁自身重力载荷，N；

W_3 ——翅片管每列上、下支梁的重力载荷，N；

W_4 ——长度为 l_i 的全部传热管束充水载荷，N；

W_5 ——百叶窗重量分配到每一根支梁上的载荷，N；

K_N ——1.0～1.1，管束载荷系数。

K_N 与设计载荷的选取精度有关，一般可取 1.05。如果已知管束、百叶窗等实际总重和管箱重量，可将扣除两管箱重量后的管束、百叶窗重量分配到各受力点上。管束两端支点的各承重应再加上一个管束的重量。此时取 K_N =1.0。

（3）计算公式

按简支梁、侧梁支座反力和梁端转角的计算公式见表 4-12。

表 4-12　简支梁侧梁支座反力和梁端转角的计算公式

支座反力/N	梁端转角/弧度	n	中部最大弯矩 M_{max}/N·m	跨中扰度 f_{max}/m
$R_A = R_B = \frac{P_i(n-1)}{2} + P_1$	$\theta_A = -\theta_B = \frac{P_i L_n^2}{24E_c I_c}\left(\frac{n^2-1}{n}\right)$	2	$P_i L_n / 4$	$\frac{P_i L_n^3}{48E_c I_c}$
		3	$P_i L_n / 3$	$\frac{P_i L_n^3}{28.17E_c I_c}$
		4	$P_i L_n / 2$	$\frac{P_i L_n^3}{20.21E_c I_c}$
		5	$3P_i L_n / 5$	$\frac{P_i L_n^3}{15.87E_c I_c}$
		6	$3P_i L_n / 4$	$\frac{P_i L_n^3}{13.09E_c I_c}$
		7	$6P_i L_n / 7$	$\frac{P_i L_n^3}{11.15E_c I_c}$

注：E_c —材料的弹性模量，Pa，对于常温下的 Q235 材料 E_c =1.93×10^{11}Pa；I_c —梁的截面惯性矩，m^4；L_n —梁的跨度，m；M_{max} —梁的最大弯矩，N·m；P_i —集中荷载，N；f_{max} —梁端的最大扰度，m；θ —梁端的最大转角，弧度。

（4）梁的截面参数计算

目前我国市场出售的槽钢最大尺寸 H=400mm，翼宽 E_w=120mm，不宜用于管束的侧梁。当 H>400 时，建议采用钢板冷弯槽钢。冷弯槽钢侧梁如图 4-9 所示。

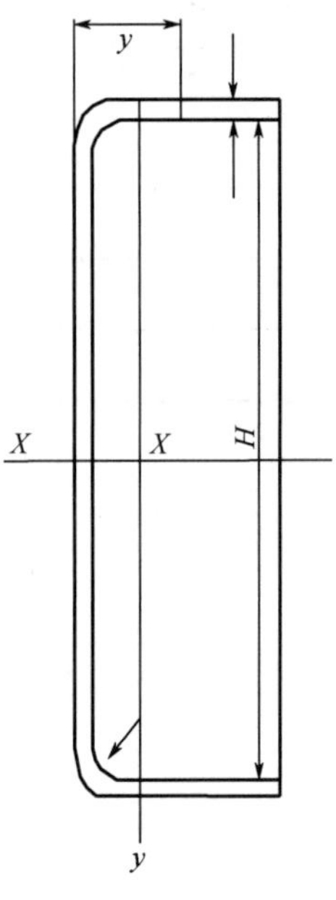

大型冷弯槽钢各截面参数计算如下。

惯性矩：

$$I_x = \frac{E_W H^3 - (E_W - \delta)(H - 2\delta)^3}{12} \tag{4-65}$$

回转半径：

$$r_x = \sqrt{\frac{I_x}{S_b}} \tag{4-66}$$

截面系数：

$$W_x = \frac{E_W H^3 - (E_W - \delta)(H - 2\delta)^3}{6H} \tag{4-67}$$

式中　S_b ——侧梁的横截面积，mm^2；

H ——冷弯槽钢高度，mm；

E_W ——冷弯槽钢的翼宽，mm；

δ ——冷弯槽钢的厚度，mm；

图 4-9　冷弯槽钢侧梁

I_x ——侧梁的截面上沿 x-x 轴惯性矩，mm^4；

r_x ——侧梁的截面上沿 x-x 回转半径，mm；

W_x ——侧梁的截面上沿 x-x 截面系数，mm^3。

现对几种冷弯槽钢的截面参数计算如表 4-13 所列。

表 4-13 冷弯槽钢的结构参数

槽钢尺寸/mm			截面积 S_b/mm^2	质量 W_b/(kg/m)	惯性矩 I_x/mm^4	回转半径 r_x/mm	截面系数 W_x/mm^3
H	E_W	δ					
400	60	8	4032	31.65	74633216	136.05	373166
425	60	8	4232	33.22	87350433	143.67	411061
450	60	8	4432	34.79	101390949	151.25	450623
475	60	8	4632	36.36	116814866	158.81	491852
500	65	8	4912	38.56	138528789	167.93	554115
525	65	8	5112	40.13	157415506	175.48	599678
550	65	8	5312	41.70	177899723	183	646908
575	65	8	5512	43.27	200043939	190.51	695805
600	70	10	7200	56.52	284440000	198.76	948133
625	70	10	7450	58.48	316928021	206.65	1014170
650	70	10	7700	60.44	351744167	213.73	1082290
675	70	10	7950	62.41	388966563	221.19	1152494

（5）许用条件

钢板在不同温度下的许用应力值，根据 GB 150《钢制压力容器》选取。侧梁是结构件，它的破坏形式主要表现为材料的屈服，产生塑性变形。因此，强度设计值按 GB 50017—2003《钢结构设计规范》的要求选用。在常温度下，对于 Q235 钢材，强度设计值$[\sigma]$=215MPa，E_c=193000MPa。即

$$\sigma=\frac{M_{max}}{W_x}\leqslant[\sigma] \tag{4-68}$$

除了满足强度条件外，还应满足梁在最大弯矩下的扰度要求。我国空冷器标准（GB/T 15386—94）规定 f_{max} 满足下列要求：

$$f_{max}\leqslant\frac{L_n}{600} \tag{4-69}$$

式中　f_{max} ——梁在弯矩作用下的最大扰度，mm。

（6）梁的平面失稳问题

前面所述梁的计算，都是以简支梁为基准的，并且受力点都是通过梁的惯性中心。然而，实际管束的边梁高度 H 与翼宽 E_W 之比很大，y-y 轴方向的惯性矩比 x-x 轴惯性矩小得多，特别是薄壁冷弯大型槽钢边梁更是如此，且受力点也不会通过惯性中心。当翼面上的垂直力达到一定值（临界力）时，梁中某段的 y-y 轴就会发生偏转或扭曲，出现梁平面的失稳，

从而丧失了承载能力，这是一种平面上的弹性失稳问题，一般需要用弹性力学求解。根据受力分析，梁所承担受到的临界力是与梁的支撑点的距离成反比、与梁截面的刚度 E_I 成正比，因此减少支撑点间的距离，可增加梁的抗平面失稳性能。根据设计经验，管束支梁之间的距离 l_i 宜在 1.5～1.7m，最大不应该超过 1.8m。此外，为了增加梁的平面抗弯刚度，应采用带加强筋的组合结构梁，即四排管管束侧梁的组合结构。其特点是：在上、下支梁之间的侧梁立板上增加了槽型加强板，降低梁在此截面上的应力值；在翅片管和侧梁内壁之间增加了加强筋，既能起到挡风（防止管束边缘空气短路）和边缘管束的定位作用，又能增加侧梁的刚度。

4.4.4.2　下支梁的强度计算

下支梁可简化成受均布荷载的简支梁，如图 4-10 所示。

根据简支梁均布荷载计算公式：

$$R_C = R_D = q_p B / 2 = P_C / 2 \tag{4-70}$$

$$M_{max} = q_p B^2 / 8 = P_C B / 8 \tag{4-71}$$

$$f_{max} = \frac{5 q_p B^4}{384 E_C I_x} = \frac{5 P_C B^3}{384 E_C I_x} \tag{4-72}$$

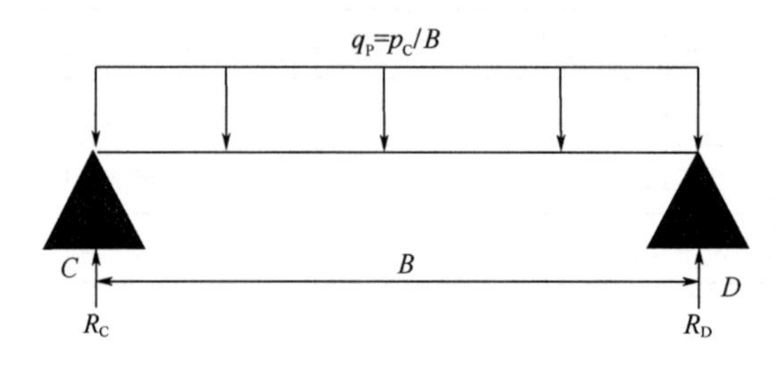

图 4-10　管束支梁承载简化图

支梁的校核，应满足下列条件：

$$\sigma = \frac{M_{max}}{W_x} \leqslant [\sigma] \tag{4-73}$$

$$f_{max} \leqslant \frac{B}{600} \tag{4-74}$$

式中　B ——管束的实际宽度，m；

I_x ——支梁沿 x-x 轴的截面惯性矩，mm^4；

M_{max} ——支梁中部最大弯矩，N • mm；

f_{max} ——支梁中部最大扰度，mm；

R_C，R_D ——梁端支座反力，N；

q_p ——支梁的均布载荷，N/mm，$q_p = P_i / B$；

P_C ——一个支梁上的总载荷，N，$P_C = K_N (W_1 + W_3 + W_4)$；

W_4 —— l_i 长度传热管内的充水重力载荷，N；

W_1 ——长度为l_i的翅片管（或光管）全部重力载荷，N；

W_3 ——翅片管每列上、下支梁的重力载荷，N；

W_x ——支梁的截面系数，mm^3；

$[\sigma]$ ——支梁材料的设计强度，MPa。

支梁一般选用标准工字钢或槽钢。对于 Q235 材料，100℃下的$[\sigma]$=215MPa，E_c=193000MPa。

【例 4-1】计算一 P12×3.6 排管的水平空冷器管束，实际宽度 2970mm，传热管 298 根，为ϕ57/ϕ25 管扎制翅片管，管束总重 10000kgf（1kgf=9.81），其中含每个管箱重量 500kgf，百叶窗重 400kgf。侧梁用 8mm 钢板冷弯制成，H=525mm，E_W=65mm；下支梁选用标准 12.6 工字钢，材料都为 Q235A，试校算管束的侧梁和下支梁的强度和扰度。

解　侧梁的计算：常温下对于 Q235A，$[\sigma]$=215MPa，E_c=193000MPa。

① 根据侧梁计算参数表，两支持点跨度 L_n=11700 mm，n=7 均分，每段长 l_i=11700/7=1671（mm）。

② 每片管束一个侧梁承受的重力为：（10000+400）×9.81/2=51012（N）；管箱的重量由端部支点承载，其余重量按 7 段均布到个支点上，取各支梁点受力为 7064（N），合计 7064×6=42384（N）；两端支点受力为 4814N，合计 4814×2=9628（N）；总计 51012N。因管束是按实际重量选取的，故过载系数 K_N 取 1.00，则：P_i=1.0×7064=7064（N）；P_1=1.0×4814=4814（N）。

③ 冷弯槽钢的截面参数如下

$$S_b = 5112\ mm^2,\quad I_x = 157415506\ mm^4,\quad r_x = 175.84\ mm,\quad W_x = 599678\ mm^3$$

④ 梁中最大弯矩和应力

$$M_{max} = \frac{3P_iL_n}{4} = \frac{6\times7064\times11700}{7} = 70841829(N\cdot mm)$$

$$\sigma = \frac{M_{max}}{W_x} = \frac{70841829}{599678} = 118(MPa)$$

⑤ 梁中的最大扰度

$$f_{max} = \frac{P_iL_n^3}{11.15E_cI_x} = \frac{7064\times11700^3}{11.15\times193000\times10^6\times157415506} = 3.3(mm)$$

⑥ 评定

$$\sigma < [\sigma] \qquad 合适。$$

容许扰度$[f] = L_n / 600 = 11700 / 600 = 19.5(mm)$

$$f_{max} < [f] \qquad 合适。$$

下支梁的计算：取 100℃下 Q235A 材料的机械性能，即$[\sigma]$=215 MPa，E_c=191000 MPa。

① 跨度 B=2970 mm。

② 载荷 $P_C = K_N(W_1 + W_3 + W_4)$

翅片管每米重 2.3kgf，则总重量为$282\times1.74\times2.3\times9.81 = 11071(N)$。

下支梁选用 I 14，下支梁选用 I 8，$W_2 = 725\ N$

充水重：$W_4 = (\pi/4 \times 0.02^2) \times 1740 \times 282 \times 9.81 = 1512$ (N)

考虑到定位板等附件，取 $K_N = 1.05$， $P_C = 1.05 \times (11071 + 725 + 1512) = 13972$(N)

③ 工字钢 140×80×5.5 截面参数如下：

$$S_b = 2151.6\text{mm}^2，\ I_x = 7120000\text{mm}^4，\ r_x = 57.6\text{mm}，\ W_x = 102000\text{mm}^3$$

④ 支座反力、梁中的最大弯矩和应力：

$$R_C = R_D = P_C / 2 = 13972 / 2 = 6986(\text{N})$$

$$M_{max} = P_C B / 8 = 13972 \times 2970 / 8 = 5187105(\text{N} \cdot \text{mm})$$

$$\sigma = \frac{M_{max}}{W_x} = \frac{5187105}{102000} = 50.9(\text{MPa})$$

⑤ 梁中的最大扰度

$$f_{max} = \frac{5P_C B^3}{384 E_C I_x} = \frac{5 \times 13972 \times 2970^3}{384 \times 191000 \times 7120000} = 3.5(\text{mm})$$

⑥ 评定

$\sigma < [\sigma]$ 合适。

容许扰度 $[f] = B / 600 = 2970 / 600 = 4.95(\text{mm})$

$f_{max} < [f]$ 合适。

⑦ 连接螺栓的计算 下支梁是用螺栓与侧梁连接，每段用 2 个螺栓固定。作用在螺栓上的剪力为 R_C（或 R_B）。取螺栓的规格为 M16，螺栓的根径为 13.834mm。作用在螺栓上的剪应力

$$\tau = \frac{6986}{(\pi/4) \times 13.834^2 \times 2} = 23.25(\text{MPa})$$

当温度≤100℃时，按 GB 50017—2003 的规定，对于 4～8 级普通螺栓，抗剪强度设计值 $[\tau]$=140 MPa 。

4.4.5 管束定距结构

管束的传热管是靠两端管箱固定而保持一定的管间距，但因管子细长，扰度很大，所以操作时各传热管的壁温有差异，管子的伸长量也不同，如不沿管长方向加以定位，传热管会扭曲、弯翘，极大地影响了传热效果。因此翅片管定距结构是管束必不可少的一部分。定距结构位于管束上、下梁之间的传热管中，靠上、下支梁压紧和支托着。根据形状不同，定距的结构有圆环形定位盒、六角形定位盒、组合定位槽及波形定位板等几种形式。在本设计中采用圆环形定位盒。

圆环形定位盒是两底面呈圆环形的空心柱体，它由 0.8～1.0 mm 的钢板在专门的模具上冲压成两个半环。当翅片管制成后，在一定位置上（上、下支梁所在的位置）将两个半环对扣在翅片上点焊固定，如图 4-11 所示。

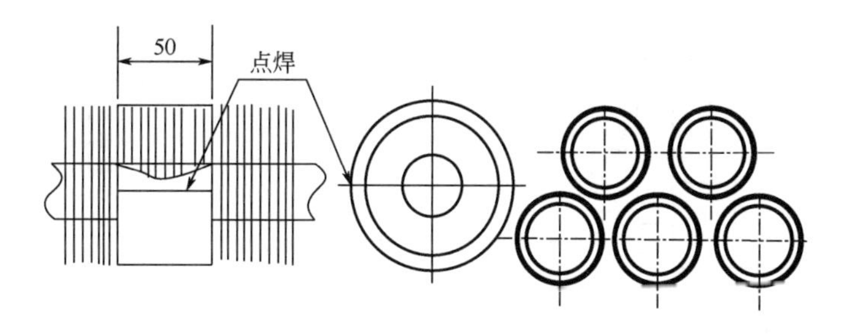

图 4-11 圆形定位盒

对于管心距为等边三角形布置的翅片管，圆环的外半径为 $R_1=S_1/2-0.5$，mm；内半径为 $R_2=d_r/2+1$，mm。d_r 是翅片管翅根直径，mm；S_1 是管心距，mm；d_f 是翅片外径，mm。

一根翅片管上定距盒的个数，也就是管束下支梁的个数。此类定位盒必须预先与翅片管固定好，再将翅片管与管箱组焊。我国早期空冷器管束多采用此结构，优点是翅片管定距效果好，缺点是制造和安装较困难，对定距盒的尺寸精度要求较高。

4.4.6 丝堵式焊接矩形管箱的设计计算

丝堵式管箱和法兰式管箱是非圆形截面容器壳体，而不是旋转面壳体，应力分析不能采用轴对称壳体理论。对于该类壳体可以用有限元的数值解，但计算复杂，且不能为工程设计提供必要的计算公式。因此常将此类问题简单化，用材料力学的方法加以解决。空冷器丝堵式焊接矩形管箱的结构特征是丝堵板和管板采用统一厚度，即两对边、侧板的厚度相同，这是一种对称矩形截面的内压容器，管箱内可以有空腔或有一个以上的横向隔板或加强筋板。对称矩形管箱的结构如图 4-12 所示。

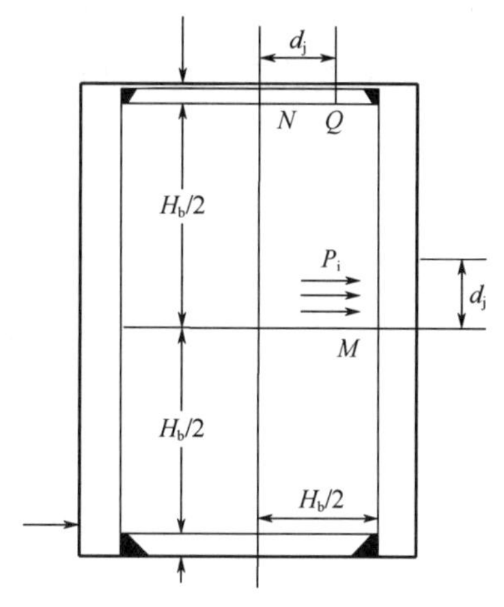

图 4-12 对称矩形管箱

4.4.6.1 对称矩形截面管箱计算的原理

图 4-12 所示是一对称矩形截面管箱，各几何尺寸如图所示。当管箱很长，且不考虑端盖支承对器壁中应力的影响时，建立壳体中内、外力和弯矩平衡的关系。对沿管箱的轴向切出宽度为 1 个单位长的矩形环进行分析，用材料力学平面梁的假设，并假定管箱受载后形状仍保持为矩形，同时忽略截面中的剪力。根据此假定，侧板的两端不会出现转角，取而代之的是两个大小相等、方向相反的弯矩，显然，这是一个超静定结构。

图 4-13（a）是对管箱截面长边受外力和弯矩作用的简化图，可将其分解为如图 4-13（b）所示的受轴向拉力图和图 4-13（c）所示的受弯矩作用图。轴向拉力在侧板内产生的薄膜应力是很容易求出的，而求解内压力和弯矩的作用下截面上的最大弯矩值，是超静定问题，求解较困难。

对于管箱的强度计算，关键要确定最大弯矩在梁的位置和最大弯矩的大小，以便根据梁截面的参数求出应力值。图 4-14 表示了梁在外力作用下的两种可能的弯矩图。图 4-14（a）的最大弯矩位于梁端和梁的中部，而图 4-14 的（b）最大弯矩位于梁的端部。

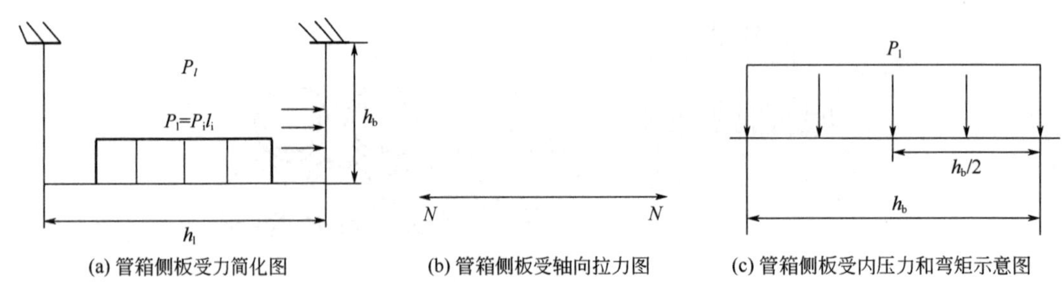

图 4-13　管箱截面长边侧板受力简图

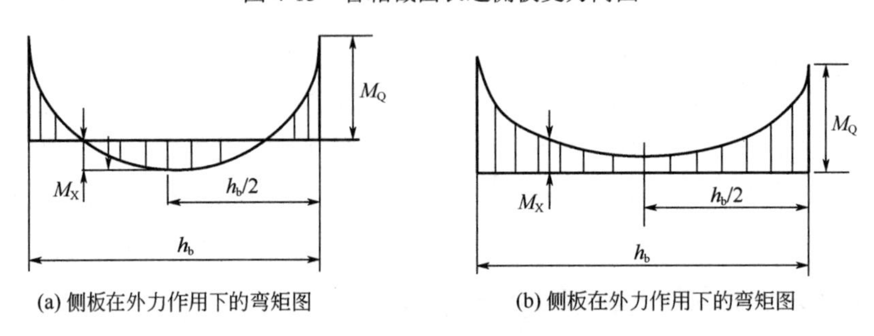

图 4-14　侧板在外力作用下的弯矩图

参照图 4-15，由于结构的对称性，可取出矩形环中 1/4 区域 MQN 作为计算模型。在 MQN 中，取 M 点距离为 x_1 的截面，此截面上薄膜应力为 N_{X_1}，力矩为 M_{X_1}，如图所示；取离 Q 点距离为 x_2 的截面，此截面上的薄膜应力为 N_{X_2}，力矩为 M_{X_2}，如图所示。

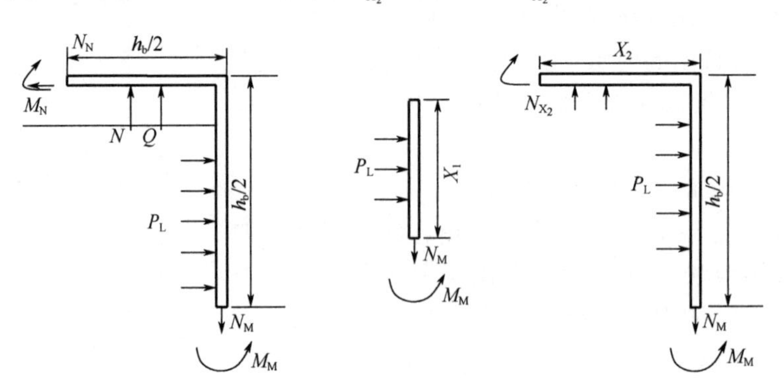

图 4-15　内外力的平衡

取 $P_L=P_iL_s$，由图 4-15 所示的静力平衡关系可得：

$$N_{X_1}=N_M=P_L\frac{H_b}{2} \tag{4-75}$$

$$N_{X_2}=N_N=P_L\frac{h_b}{2} \tag{4-76}$$

$$M_{X_1}=M_M=\frac{P_LX_1^2}{2} \tag{4-77}$$

$$M_{X_2}=M_M+\frac{P_Lh_b^2}{8}+\frac{P_LX_2^2}{2}-N_MX_2 \tag{4-78}$$

式中　P_i——管箱内压力，Pa；

P_L——单位梁长的均布荷载，N；

H_b——矩形截面短边侧板的宽度，mm；

h_b——矩形截面长边侧板的宽度，mm；

L_s——矩形管箱沿纵轴方向的单位长度，mm，其数值为1，在不同的力系量纲计算中，L_s选取的单位不同，计算出的弯矩、应力单位也不同，在实际应用时要特别留意。

表4-14列举了两种常采用的力系单位选用和计算结果。

表 4-14　常用力系中 L_s 选用和计算结果

力系选用单位				L_s的选用	参数计算结果单位		
项目	力	压力 P_i	长度量纲		载荷 P_L	弯矩 M	应力 σ
工程设计选用单位	N	MPa	mm	1mm	N/mm	N·mm	MPa
基本 kg、m、s 单位	N	Pa	m	1m	N/m	N·m	Pa

求解上式中的力矩，属一次超静定问题。根据卡氏定量，求出 M 点的转角微分方程：

$$\theta=\int_0^{\frac{h}{2}}\frac{M_{X_1}}{EI_2}\frac{\partial M_{X_1}}{\partial M_M}dX_1+\int_0^{\frac{H}{2}}\frac{M_{X_2}}{EI_1}\frac{\partial M_{X_2}}{\partial M_M}dX_2 \tag{4-79}$$

式中　E——材料的弹性模量；

I_1——矩形截面短边惯性矩，$I_1=\delta_1^3L_s/12$；

I_2——矩形截面长边惯性矩，$I_2=\delta_2^3L_s/12$；

δ_1——矩形截面短边厚度，mm；

δ_2——矩形截面长边厚度，mm；

M——点弯矩，N·m。

由于结构的对称性，而 M 点转角为0，则偏微分

$$\frac{\partial M_{X_1}}{\partial M_{\partial M}}=1,\frac{\partial M_{X_2}}{\partial M_{\partial M}}=1$$

则

$$\theta=\int_0^{\frac{h}{2}}\frac{M_{X_1}}{EI_2}dX_1+\int_0^{\frac{H}{2}}\frac{M_{X_2}}{EI_1}dX_2$$

带入积分得

$$\begin{aligned}\theta&=\frac{1}{EI_2}\int_0^{\frac{h_b}{2}}\left(M_M+\frac{P_LX_1^2}{2}\right)dX_1+\frac{1}{EI_1}\int_0^{\frac{h_b}{2}}\left(M_M+\frac{P_Lh_b^2}{8}+\frac{P_LX_2^2}{2}-\frac{P_LH_bX_2}{2}\right)dX_2\\&=M_M\left(\frac{h_b}{2EI_2}+\frac{H_b}{2EI_1}\right)+\left(\frac{P_Lh_b^3}{48EI_2}+\frac{P_Lh_b^2H_b}{16EI_1}-\frac{P_LH_b^3}{24EI_1}\right)\end{aligned}$$

令 θ=0，解得：

$$M_{\rm M}=\frac{P_{\rm L}h_{\rm b}^2}{12}\frac{-0.5-1.5(I_2/I_1)(H_{\rm b}/h_{\rm b})+(I_2/I_1)(H_{\rm b}/h_{\rm b})^3}{1+(I_2/I_1)(H_{\rm b}/h_{\rm b})}$$

令$\alpha=H_{\rm b}/h_{\rm b}$，$\kappa=(I_2/I_1)\alpha$，则得

$$M_{\rm M}=\frac{P_{\rm L}h_{\rm b}^2}{12}\left(-1.5+\frac{1+\alpha^2\kappa}{1+\kappa}\right)$$

式中，α、κ皆为无量纲参量。

Q点弯矩求解：

令$x_1=h_{\rm b}/2$，则得Q点弯矩为：

$$M_{\rm Q}=M_{\rm M}+\frac{P_{\rm L}}{2}\left(\frac{h_{\rm b}}{2}\right)^2=\frac{P_{\rm L}h_{\rm b}^2}{12}\frac{1+\alpha^2\kappa}{1+\kappa}$$

N点弯矩求解：

令$x_2=H_{\rm b}/2$，则得N点弯矩为：

$$M_{\rm N}=M_{\rm M}+\frac{P_{\rm L}h_{\rm b}^2}{8}+\frac{P_{\rm L}}{2}\left(\frac{H_{\rm b}}{2}\right)^2-\frac{P_{\rm L}h_{\rm b}^2}{2}\frac{H_{\rm b}}{2}=\frac{P_{\rm L}h_{\rm b}^2}{12}\left(-1.5\alpha^2+\frac{1+\alpha^2\kappa}{1+\kappa}\right)$$

管箱的计算，应首先确定结构尺寸（如厚度、拉撑板尺寸等），然后按要求进行应力校核，直至满足要求为止。对具有均布排孔的侧板，需计算开孔削弱系数，若其小于焊缝系数，则应以削弱系数代其焊缝系数进行应力校核。

4.4.6.2 无隔板的丝堵管箱的应力计算

由前面分析可知，最大应力位于侧板的中心和矩形的拐角处。

（1）短边侧板（顶板和底板）

板中间（N）和拐角处（Q）点的薄膜应力：

$$\sigma_{\rm m}^N=\sigma_{\rm m}^Q=\frac{P_{\rm i}h_{\rm b}}{2\delta_1} \tag{4-80}$$

板中间（N）和拐角处（Q）点的薄膜应力：

$$\sigma_{\rm b}^{\rm N}=\frac{p_i\varepsilon_1h_{\rm b}^2L_{\rm s}}{12I_1}\left(-1.5\alpha^2+\frac{1+\alpha^2\kappa}{1+\kappa}\right)J_1 \tag{4-81}$$

$$\sigma_{\rm b}^Q=\frac{p_i\varepsilon_1h_{\rm b}^2L_{\rm s}}{12I_1}\left(\frac{1+\alpha^2\kappa}{1+\kappa}\right)J_2 \tag{4-82}$$

中间部位（N）点的应力校核

$$\sigma_{\rm m}^{\rm N}\leqslant[\sigma]^{\rm t}\varphi$$

$$\sigma_{\rm T}^{\rm N}=\sigma_{\rm m}^{\rm N}+\left|\sigma_{\rm b}^{\rm N}\right|\leqslant1.5[\sigma]^{\rm t}\varphi$$

端部（Q）点的应力校核

$$\sigma_{\rm m}^{\rm Q}\leqslant[\sigma]^{\rm t}\varphi$$

$$\sigma_T^Q = \sigma_m^Q + \left|\sigma_b^Q\right| \leqslant 1.5[\sigma]^t \varphi$$

式中　φ——空冷器管箱的拐角处焊缝系数。

（2）长边侧板（管板和丝堵板）

板中间（M）和边角（Q）点的薄膜应力：

$$\sigma_m^M = \sigma_m^Q = \frac{P_i H_b}{2\delta_2} \tag{4-83}$$

板中间（M）和拐角处点（Q）的弯曲应力：

$$\sigma_b^M = \frac{P_i \varepsilon_2 h_b^2 L_s}{12 I_2}\left(-1.5 + \frac{1+\alpha^2\kappa}{1+\kappa}\right) J_1 \tag{4-84}$$

$$\sigma_b^Q = \frac{P_i \varepsilon_2 h_b^2 L_s}{12 I_2}\frac{1+\alpha^2\kappa}{1+\kappa} J_2 \tag{4-85}$$

中间部分（M）的应力校核

$$\sigma_m^N \leqslant [\sigma]^t \eta$$

$$\sigma_T^M = \sigma_m^M + \left|\sigma_b^M\right| \leqslant 1.5[\sigma]^t \eta$$

端部（Q）点的应力校核

$$\sigma_m^Q \leqslant [\sigma]^t$$

$$\sigma_T^Q = \sigma_m^Q + \left|\sigma_b^Q\right| \leqslant 1.5[\sigma]^t$$

式中　δ_1——管箱顶板或底板的计算厚度，不包括腐蚀裕量、加工裕量等，m；

δ_2——管箱管板或丝堵板的计算厚度，不包括腐蚀裕量、加工裕量等，m；

ε_1，ε_2——对无加强环的矩形截面容器，ε_1、ε_2是指计算侧板的中心轴到所计算基准面的距离，$\varepsilon_1=\delta_1/2$，$\varepsilon_2=\delta_2/2$；

C_b——管箱的腐蚀裕量，mm；

L_s——管箱沿纵轴方向上的单位长度，$L_s=1$（不同单位的力系计算中，L_s应按表规定选用）；

$[\sigma]^t$——管箱材料在设计温度下的许用应力，MPa；

σ——管箱侧板计算应力，MPa，上标 M、N、Q 分别表示管箱的管板和丝堵板的中部 M 点、顶板和底板的中部 N 点及拐角 Q 点的应力，下标 b、m、T 分别表示弯曲应力、薄膜应力及组合应力；

J_1，J_2——管箱两端封头加强系数，当管箱纵横比小于 2 时，J_1、J_2 可选取，但对于空冷器管箱的纵横比往往大于 2，特别是带拉撑结构的管箱更是如此，所以一般可不考虑封头加强作用的影响。

管箱侧板不同部位φ的选用值不同：空冷器管板和丝堵板沿 h_b 方向一般不允许纵向拼接，所以中部 M 点的薄膜应力 σ_m^M 校算和组合应力 σ_T^M 校核时，取 $\varphi=\eta$；而端部 Q 点，取 $\varphi=1$。η 为排孔削弱系数；顶板和底板沿 H_b 方向一般也不允许纵向拼接，所以中部 M 点的薄膜应力 σ_m^M 校算和 N 点的组合应力 σ_T^M 校核时，取 $\varphi=1$。

4.4.6.3 带一个拉撑的丝堵管箱

（1）顶板和底板

板中间（N）和边角（Q）内表面的薄膜应力

$$\sigma_{\mathrm{m}}^{\mathrm{N}}=\sigma_{\mathrm{m}}^{\mathrm{Q}}=\frac{P_{\mathrm{i}}h_{\mathrm{b}}}{4\delta_{1}}\left[4-\frac{2+\kappa(5-\alpha^{2})}{1+2\kappa}\right] \tag{4-86}$$

板中间（N）和拐角处（Q）点内表面弯矩应力

$$\sigma_{\mathrm{b}}^{\mathrm{N}}=\frac{P_{\mathrm{i}}\varepsilon_{1}h_{\mathrm{b}}^{2}L_{\mathrm{s}}}{24I_{1}}\left[-3\alpha^{2}+2\left(\frac{1+2\alpha^{2}\kappa}{1+2\kappa}\right)\right] \tag{4-87}$$

$$\sigma_{\mathrm{b}}^{\mathrm{Q}}=\frac{P_{\mathrm{i}}\varepsilon_{1}h_{\mathrm{b}}^{2}L_{\mathrm{s}}}{12I_{1}}\left(\frac{1+2\alpha^{2}\kappa}{1+2\kappa}\right) \tag{4-88}$$

中间部位（N）点的应力校核

$$\sigma_{\mathrm{m}}^{\mathrm{N}}\leqslant[\sigma]^{\mathrm{t}}\varphi$$

$$\sigma_{\mathrm{T}}^{\mathrm{N}}=\sigma_{\mathrm{m}}^{\mathrm{N}}+\left|\sigma_{\mathrm{b}}^{\mathrm{N}}\right|\leqslant 1.5[\sigma]^{\mathrm{t}}\varphi$$

端部（Q）点的应力校核

$$\sigma_{\mathrm{m}}^{\mathrm{Q}}\leqslant[\sigma]^{\mathrm{t}}$$

$$\sigma_{\mathrm{T}}^{\mathrm{Q}}=\sigma_{\mathrm{m}}^{\mathrm{Q}}+\left|\sigma_{\mathrm{b}}^{\mathrm{Q}}\right|\leqslant 1.5[\sigma]^{\mathrm{t}}\varphi$$

式中　φ——空冷器管箱的拐角处焊缝系数。

（2）管板和丝堵板

板中间（M）和边角（Q）点的薄膜应力

$$\sigma_{\mathrm{m}}^{\mathrm{M}}=\sigma_{\mathrm{m}}^{\mathrm{Q}}=\frac{P_{\mathrm{i}}H_{\mathrm{b}}}{2\delta_{2}} \tag{4-89}$$

板中间（M）和拐角处（Q）点的弯曲应力

$$\sigma_{\mathrm{b}}^{\mathrm{M}}=\frac{P_{\mathrm{i}}\varepsilon_{2}h_{\mathrm{b}}^{2}L_{\mathrm{s}}}{12I_{2}}\frac{1+\kappa(3-\alpha^{2})}{1+2\kappa} \tag{4-90}$$

$$\sigma_{\mathrm{b}}^{\mathrm{Q}}=\frac{P_{\mathrm{i}}\varepsilon_{2}h_{\mathrm{b}}^{2}L_{\mathrm{s}}}{12I_{2}}\frac{1+2\alpha^{2}\kappa}{1+2\kappa} \tag{4-91}$$

中间部分（M）的应力校核

$$\sigma_{\mathrm{m}}^{\mathrm{N}}\leqslant[\sigma]^{\mathrm{t}}\eta$$

$$\sigma_{\mathrm{T}}^{\mathrm{M}}=\sigma_{\mathrm{m}}^{\mathrm{M}}+\left|\sigma_{\mathrm{b}}^{\mathrm{M}}\right|\leqslant 1.5[\sigma]^{\mathrm{t}}\eta$$

端部（Q）点的应力校核

$$\sigma_{\mathrm{m}}^{\mathrm{Q}}\leqslant[\sigma]^{\mathrm{t}}$$

$$\sigma_{\mathrm{T}}^{\mathrm{Q}}=\sigma_{\mathrm{m}}^{\mathrm{Q}}+\left|\sigma_{\mathrm{b}}^{\mathrm{Q}}\right|\leqslant 1.5[\sigma]^{\mathrm{t}}$$

（3）隔板和支撑板

$$\sigma_{m}=\frac{P_{i}H_{b}}{2\delta_{3}}\frac{2+\kappa(5-\alpha^{2})}{1+2\kappa} \tag{4-92}$$

应力校核

$$\sigma_{T}=\sigma_{m}\leqslant[\sigma]^{t}\varphi$$

4.5 构架

构架是用来支承和连接空冷器的管束、风机、百叶窗等主要部件的钢结构器件。同时还起到导流空气的流动方向的作用，并为空冷器的操作和维修提供方便。尽管大部分空冷器位于钢框架的顶部，但由于空冷器构架高度一般较小，载荷集中，规格和尺寸繁多，特别与风机和管束的安装和配合精度要求较高，所以，空冷器的构架都不与基础框架进行整体设计。而是把空冷器总体作为独立的机电设备，立于钢框架基础平台上。

为了方便用户的选型，空气冷却器作为一种独立的机电设备，需要标准化和系列化。空冷器可能立于地面上，也可能立于混凝土基础上，或不同标高的钢框架上。对于标准化和系列设计，设备与基础构件之间不可能有预约，所以空冷器构架需根据自身受载和结构特殊性，建立起一套简便的设计原则。既考虑两者的偶联性，又有自身设计的独立性。

4.5.1 构架的型式与参数

4.5.1.1 构架的型式代号

标准规定构架的型式代号用 5 组字符串表示，如图 4-16 所示。

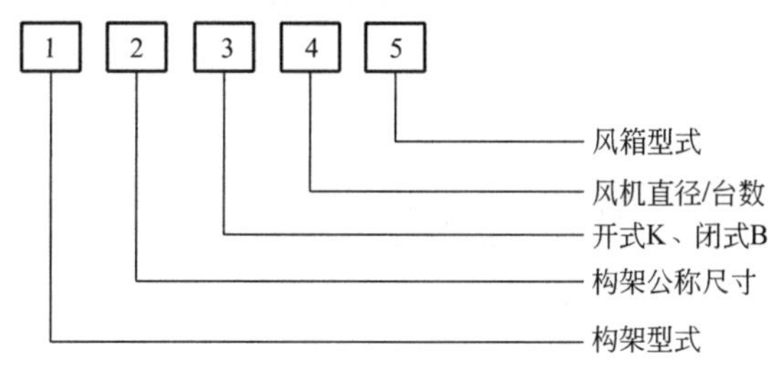

图 4-16 构架的型式代号

代号说明见表 4-15。

表 4-15 构架型式参数及代号

第 1 项		第 3 项		第 4 项		第 5 项	
构架型式	代号	构架开闭型式	代号	风机直径/mm	代号	风箱型号	代号
鼓风式水平构架	GJP	开式构架	K	1800	18	方形箱	F
斜顶构架	JX	闭式构架	B	2400	24	过度锥形	Z
引风式水平构架	YJP			3000	30	棱锥形	P
湿式构架	JS			3600	36		
干-湿联合式构架	JSL			4260	42		
				4500	45		

由于目前我国空冷器系列水平构架都是按鼓风式编制的，且都为方箱型，所以鼓风式水平构架常以 JP 表示，开式构架也有以 A 表示的，风箱型号代号常被省略。斜顶构架的斜边长公称尺寸为 4.5m 时，斜边长代号也常被省略。第 2 项中的构架公称尺寸和第 3 项中风机台数见构架系列参数。

代号举例：

（1）GJP 9×4B -36/2F

表示鼓风式空冷器水平闭式构架；长 9 m、宽 4 m；风机直径 3600mm、2 台；方箱型风箱。

（2）JX 5×6×4.5B-45/1Z

表示鼓风式空冷器闭式斜顶构架；长 5 m、宽 6 m、斜顶边长 4.5m；风机直径 4500 mm、1 台；过渡锥型风箱。该构架也可以用下面代号表示：JX 5×6B-45/1Z。

4.5.1.2 构架系列参数

（1）鼓风式水平构架

我国鼓风式水平构架的高度为 H=3.8m，构架的规格以长（m）×宽（m）、公称尺寸表示。水平式构架的立面和平面图如图 4-17 所示。不同的规格配备不同型号、不同数量的风机，详见表 4-16。

表 4-16 构架规格公称尺寸与配套的风机型号

公称长度/m	实际长度 B/mm	风机型号及数量（型号/台数）				
		构架公称宽度/m				
		6	5	4	3	2
		构架实际宽度 A/mm				
		6000	5000	4000	3000	2000
12	11700	G-F36/3	G-42/2、G-45/2	G-F30/3	G-F24/4	
9	8700	G-F36/2	G-F36/2	G-F30/2	G-F24/3	
6	5700	G-41/1、G-F45/1	G-42/1、G-45/1	G-F24/2	G-F24/2	G-F18/2
3	2700				G-F24/1	G-F18/1

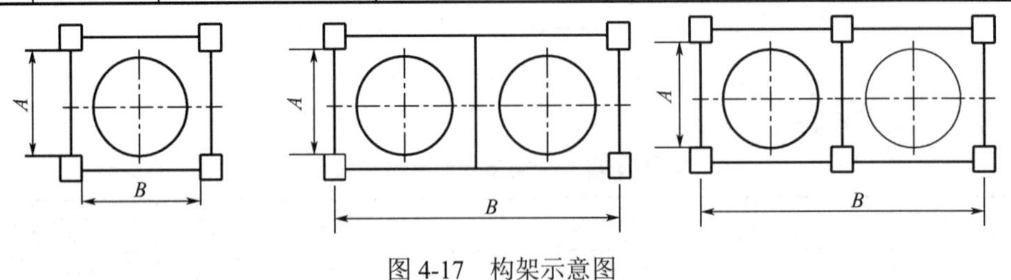

图 4-17 构架示意图

① 构架型号

GJP6×6B-45/1 或 GJP6×6B-42/1；GJP6×5B-45/1 或 GJP6×5B-42/1；GJP3×4B-24/1；GJP3×3B-24/1。

② 构架型号

GJP6×6B-45/1；GJP12×5B-45/2；GJP6×3B-24/2；GJP6×2B-18/2。

③ 构架型号

GJP12×5B-45/2 或 GJP12×5B-45/2；GJP9×6B-36/2；GJP9×5B-36/2；GJP9×4B-30/2。

（2）引风式水平构架

引风式水平构架系列和风机配置与鼓风式相同，引风式水平构架立面图如图 4-18 所示。构架的高度 H 一般为 3m，A、B 尺寸与水平构架相同。但构架沿 B 向的长度名义尺寸≤9m 时，设两根立柱，只有在大于 9m 时设置三根立柱。此外，为了避免梁在载荷作用下扰度过大，支撑管束的横梁多采用桁架梁结构。

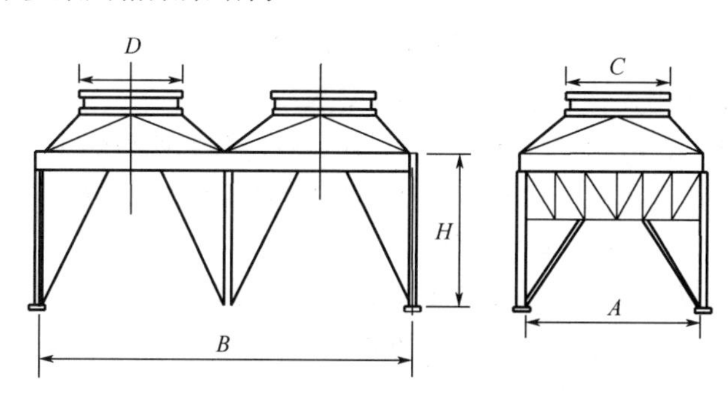

图 4-18　引风式水平构架立面图

4.5.2　构架载荷的计算

空冷器构架承受的载荷包括垂直载荷、水平载荷、地震载荷及动力载荷几个部分。

4.5.2.1　设备的质量载荷

设备的质量载荷主要有设备自身质量、活动载荷及充液质量等构成，单位为 kg。重力载荷等于质量与重力加速度的乘积，单位为 N。

（1）设备自身质量

设备自身质量包括以下几部分：

a．管束质量 m_1，kg；

b．百叶窗质量 m_2，kg；

c．风机系统质量 m_3，kg，以上三项取各自部件的实际质量；

d．构件质量 m_4，kg，构架计算前根据经验选取一设定值，设计后核对设定值，若与实际值相差不是太大，则可认为设定值正确，否则改变设定值重新计算；

e．平台、梯子质量 m_5，kg，制造厂进行标准空冷器设计时，可取以构件立柱中心线为基准，四周边平台宽度为 1m，按 200kg/m^2 计算；

f．附件及支承的部分管道质量 m_6，kg，如无可靠设计资料，建议取上述 a～f 项总和的 5%计算；

g．雪载，如无特殊要求，可不考虑。

（2）活动载荷 m_7

主要考虑空冷器在操作过程中人员及临时检修机具质量，建议按每个平台支持梁（悬臂梁或三脚架，即构架立柱的个数）处 300kg 集中载荷计算。

（3）充液质量 m_8

包括管束及部分支承管道内的液体质量，当计算前无法确定操作介质性质时，可取充水量作为充液质量。制造厂标准空冷器的设计，都应以水作为操作介质考虑。

载荷的分配：m_1、m_2、m_3 都由上弦杆承载，m_4、m_5、m_6、m_7 的 1/3 由上弦杆承载，2/3

由下弦杆承载；悬挂式鼓风构架，m_3 由下弦承载；底装式引风空冷器构架，m_3 近似由上、下弦各承载 50%；顶装式引风空冷器构架，m_3 由上弦承载。

4.5.2.2 风载荷

（1）风载荷的计算

风载荷的值取决于不同地区的风压值和空气冷却器的安装高度，按下式进行计算。

$$P_f = K_1 K_2 q_0 f_1 A_s \tag{4-93}$$

式中 P_f ——风载荷作用在构架上的水平推力，N；

K_1 ——体型系数，也称空气动力系数，在空气冷却器构架的设计计算中，水平风载荷集中在构架顶部上弦和下弦处、存在着较大的局部风载荷，体型系数在 1.5～2.0 之间，建议取 K_1=1.85；

K_2 ——风振系数，因空冷器受风面高度很小，可忽略不计；

q_0 ——基本风压值，不应小于 250N/m²；

f_1 ——风压高度变化系数；

A_s ——计算轴面上的受风面积，即设备垂直于风速方向的投影面积，m²。

（2）风载荷的分配

① 对鼓风式空冷器构架　管束和百叶窗的受风面上风载荷全部加在构架上弦梁，构架（包括风箱、立柱、斜撑和平台栏杆等）受风面上风载荷一半加在上弦处，另一半加在下弦处。

② 对引风式空冷器构架　管束、百叶窗和导流锥的受风面上风载荷全部加在构架上弦梁，构架（包括立柱、斜撑和平台栏杆等）受风面上风载荷一半加在上弦处，另一半加在下弦处。

③ 对于水平空冷器　如果构架顶部没有桁架结构，全部风荷载都作用在架顶的横梁处。

④ 对于湿式空冷器　受风面可近似取空冷器总高与受风面上宽度的乘积，风载荷的作用点位于构架高度的 1/2 处。当空冷器的总高大于 5m 时，要分段计算风载荷和风弯矩。

4.5.2.3 地震载荷（略）

4.5.2.4 动力载荷

当风机和电动机悬挂在构架上时，应考虑风机运转时所产生的动力载荷。

（1）水平方向的动力载荷

单台风机水平方向的动力载荷根据风机的型号按表 4-17 选取。

表 4-17　单台风机的水平动力载荷　　单位：N

风机型号	F18-4	F24-4	F30-4	F36-4	F36L-4	F42-4	F45-4
水平力 F_d	1470	2940	3920	5400	5400	6870	7360

多台风机联合操作时，构架上水平动力仅考虑相邻跨风机的影响，隔跨风机的影响不予考虑。多台风机的总的水平动力载荷确定如下。

① 机台数等于 2 时，总的水平动力载荷为两台之和；

② 机台数大于 2 时，总的水平动力载荷 P_d 按下式确定：

$$F_d = \sqrt{F_{d1}^2 + F_{d2}^2 + F_{d3}^2 + \cdots + F_{dn}^2} \tag{4-94}$$

式中，F_{d1}、F_{d2}、…、F_{dn} 分别为第 1，2，3，…，n 台风机的单台动力载荷。

（2）垂直方向的动力载荷（当量静载荷）

垂直方向上的动力载荷由以下两部分组成。

① 机械运转时产生的垂直方向的动力载荷，取风机和电动机的总质量的 0.3 倍。

② 风机鼓风时产生的空气动力载荷，以取风机叶轮直径为直径的圆面积，按 240 N/m^2 计算。

当风机是坐落在地面或框架的基础上时，构架设计载荷可不计算上述动力载荷，但要向土建基础提出动力载荷的设计资料。

4.5.2.5 偏心载荷

对水平式构架，如采用桁架梁的钢结构，偏心载荷主要集中在平台栏杆和机动载荷上，此外，桁架梁上的垂直载荷也会产生偏心弯矩。校算立柱的稳定性和强度时，不同的立柱，偏心载荷的影响要做具体的分析。若构架全部为桁架结构，可不考虑偏心载荷的影响。对管束立置的空冷器构架，如湿式空冷器、干-湿联合空冷器及其他一些特殊结构的空冷器，管束质量集中在立柱的一侧，在校算立柱的稳定性和强度时，应增加偏心弯矩的计算。

偏心弯矩按下式计算：

$$M_e = \Sigma m_{ei} l_{ei} g \tag{4-95}$$

式中 M_e——偏心弯矩，N•s；

m_{ei}——偏心载荷，kg；

l_{ei}——立柱中心到对应偏心载荷中心的偏心距，m。

4.5.3 构架材料选用的一般原则

空冷器构架是支撑管束、百叶窗、风机等的重要构件，材料的选用应满足以下要求。

① 构架材料宜优先选用 Q235 碳素结构钢，也可用 Q390、Q420 等低合金钢。

② 材料的化学成分和机械性能应符合 GB/T 700—2006《碳素结构钢》的各项规定。如采用低碳合金钢，符合 GB/T 1591—2008《低合金高强度结构钢》的各项规定。

③ GB 50017—2003《钢结构设计规范》规定了“承重结构采用的钢材”应具有抗拉强度、伸长率、屈服强度和 S、P 含量的合格保证，对焊接结构上应具有含碳量的合格保证。

④ 对于空冷器构架所谓“承重结构”，主要指承受轴向拉伸、压缩和弯曲的附件，如上弦杆、下弦杆、立柱、斜撑、腹杆、横梁、悬臂等。而一般的纯起连接作用或受力较小的构件，如贴板、密封板、平台铺板、栏杆的立柱和扶手可视为“非承重结构”。

⑤ 由于沸腾钢脱氧脱不尽，杂质含量不能保证，脆性大，对拉、弯杆件的危害性很大，不得作为空冷器构架承重结构的材料。

⑥ 空冷器构架以焊接为主，对于材料的含碳量有相应的范围要求。Q235A 级材料，根据 GB/T 700—2006 及第一号修改通知，含碳量不作为交货的必保条件。

4.6 百叶窗

4.6.1 叶窗的用途

百叶窗主要用来调节空冷器的风量，特别是热风循环式空冷器中，热风循环量及排放量主要靠百叶窗。此外，百叶窗还能起到保护管束的屏障作用，防止日光对管束的直照或冰雹打坏翅片。但由于百叶窗的节流作用而消耗能量，故在一般的空冷器中，已将它作为调节风量的主要手段。

4.6.2 百叶窗的安装方式

根据它的用途有以下三种安装方式。

① 用于鼓风式空冷器时，百叶窗安装在管束的出风口；

② 用于引风式空冷器时，一般安装在风机的出风口，也可安装在管束的上部或下部，但较少用；

③ 用于热风再循环的空冷器时，安装在相应的空气通道上。

4.6.3 一般要求

① 单页百叶窗窗口材料的最小厚度：镀锌为1.6mm，铝板为2mm。

② 百叶窗框架用钢板的最小厚度：碳钢为3.5mm，铝为4mm。

③ 无支承的窗叶长度应小于1.7m。

④ 如无特殊要求，窗叶最小设计载荷为2000Pa。

⑤ 百叶窗窗叶与框架之间的间隙，在管箱端不得大于6mm，在窗口侧面不得大于3mm。

⑥ 百叶窗窗销轴在轴承间部位的直径应不小于10mm。

⑦ 轴承应设在所有窗叶与框架的支点上，轴承应按露销轴的最高设计温度设计，且不应有润滑要求。

⑧ 百叶窗联动机构至少应按带动全部进页窗所需动力的2倍进行设计。

⑨ 应采用键或其他可靠的方法把轴同可调整节点连接起来。

⑩ 自动调节百叶窗应设有带定位器的操纵器，其信号空气压力为 0.02～0.1MPa。操纵器不应妨碍对管箱的维护检查，并设在能从平台进行操作的位置，且要避开较高热风。操纵器应按窗叶开闭所需的力的1.5倍进行设计。除另有规定外，调节窗叶的空气的设计压力为0.4MPa。

⑪ 当有另一个控制器操纵一个以上的执行机构时，则每个执行机构都应在控制信号的气源上装一个控制隔离阀。

⑫ 手动操作器应有锁紧机构，不得使用紧固螺栓或翼形螺栓锁紧，应有指示百叶窗开、闭位置的标记。

4.6.4 百叶窗的结构

百叶窗的结构有以下三部分构成。

① 叶片　它是百叶窗的主要部件，通过它的开启达到调节风量的作用。

② 框架　通过它将百叶窗形成一个整体机构。

③ 调节机构　通过它对百叶窗的叶片进行调节。调节机构有手动和自动两种形式。

4.7 风机的选用

4.7.1 风机的选型方法

选用通风机时，首先要满足工艺要求，并综合考虑用途和适用场合件等条件，选择风机的种类、机型以及结构材质等。同时，还要充分考虑通风机必须有一定的适应能力，如对管网系统中压力波动的频率和幅度大小有一定的适应性。选用通风机时，应力求使其工作点与额定工况一致或接近额定工况，以免造成能源的浪费。在选择通风机前，应了解国内外通风机的生产和产品质量情况，如生产的通风机品种、规格和各产品的特殊用途，以及部优、国优产品，淘汰或将要淘汰产品，新产品的发展和推广情况等，还应充分考虑环保的要求，以便择优选用风机。通风机选型的 般原则为：

① 根据通风机的用途及输送气体的物理和化学性质，确定通风机的形式和型号等。如输送有爆炸性和易燃气体的应选防爆通风机；有排尘要求或输送煤粉的应选择排尘或煤粉通风机；输送有腐蚀性气体的应选择防腐蚀通风机；在高温条件下工作或输送高温气体的应选择高温通风机等。

② 通风机的选择首先要满足生产工艺对流量和全压的要求，保证通风机实际运行工况始终处在高效区，同时综合考虑噪声、节能及造价等因素。当有两种以上的通风机可供选择时，应优先选择效率较高、机号较小和调节范围较大的一种。

③ 对于已有系统更新通风机时，所选用的新风机应考虑充分利用原有设备，并适合现场制作、安装及安全运行等问题。为了利用原来电动机、轴承及支座等，如果选定的风机叶轮直径偏大很多时，必须对电动机的容量、启动时间、风机原有不见的强度及轴的临界转速等进行核算。

④ 选择离心式通风机时，当其配用的电动机功率小于或等于 75 kW 时，可不装设仅为启动用的阀门。当排送高温烟气或者空气而选择离心式锅炉引风机时，应设置启动用的阀门，以防冷态运转时造成过载。

⑤ 对有消声要求的通风系统，应首先选择效率高、叶轮圆周速率低的通风机，还应根据通风机产生的噪声和振动的传播方式，采用相应的消声和减振措施。通风机和电动机的减振措施，一般可采用减振基础，如弹簧减振器或橡胶减振器等。

⑥ 在选择通风机时，应尽量避免采用通风并联或串联工作，当不可避免时，应选择同型号、同性能的通风机联合工作。当采用串联时，第一级通风机到第二级通风机之间应有一定的管路连接。

4.7.2 通风机选型的一般步骤

通风机选型是根据通风所需的风量、全压要求，综合考虑风机用途、输送的介质和使用场合等，选择合适的类型、型号规则的通风机。选择通风机通常有两种情况：一种是对已有系统通风机的更新，另一种情况是新建通风系统。前者选择通风机所需的参数可通过对已有系统测量及操作记录得到，后者需要通过计算的方法求得。

风机的选型一般按此步骤进行：首先计算确定生产工艺所需的通风量，然后计算管网的总阻力 ΔP，确定所需的全压。管网的总阻力 ΔP 为各项阻力之和，一般应考虑下面几项。

① 通风口阻力与出风口阻力。

② 管道摩擦阻力，悬吊风机装置、支架及路标等引起的阻力。

③ 管件的局部阻力。

④ 管道进出口之间因温度、气压、风速不同而引起的压力差所产生的阻力。

根据所输送气体性质及用途确定风机类型。将实际风量 Q_v 和全压 P_t 乘以一个安全系数，换算为指定的实验条件下的流量 Q_{vs} 和全压 P_{ts}。

确定风机运行及布置的总体方案。根据所需的通风量、管网的阻力，确定通风机串联及并联运行方案。通常尽量避免采用通风机串并联工作，当单台风机不能满足生产工艺要求时，需要采用多台通风机联合工作。风机串联或并联工作时，应选用同型号、同性能的通风机联合工作，同时考虑下列限制条件。

① 多台通风机并联时，其中心线横向间距应大于 2 倍风机直径。

② 多台通风机串联时，纵线间距应大于 10 倍的管道间距。

确定单台风机型式与参数：依据单台风机的流量与全压，确定单台风机的型式与参数；根据所输送的实际气体的密度，核算风机功率。

4.7.3 轴流式通风机

按照我国对通风机的分类方法，风压在 490Pa 以下，气流沿轴向流动的通风机称为轴流式通风机。轴流风机主要由集风器，叶轮，前、后导流器和扩散筒组成，其中叶轮和导叶组成通风机的级。气流由集流器进入轴流通风机，经前导叶获得预旋后，在叶轮动叶中获得能量，再经后导叶，将一部分偏转的气流动能转变为静压能，最后气体流经扩压筒，将一部分轴向气流的动能转变为静压后输入到管路中。与离心式通风机相比，轴流式通风机具有低压、大流量的特点。一般轴流式通风机的全压系数较低，$\varphi<0.6$；而流量系数较高，$\varphi=0.3\sim0.6$。因为轴流式风机的全压较低，一般都采用单机结构，单机轴流式通风机的比转速 $n=18\sim19$（100～500）。目前，单机轴流式通风机的全效率已达 90%以上，带有扩散筒的单级通风机的静压效率可达 83%～85%。近年来，轴流式通风机已逐渐向高压方向发展，例如，目前国际上已制造出的动叶可调轴流式通风机，其全压高达 14210Pa，许多大型离心式通风机有被轴流式通风机取代的趋势。轴流式通风机空气动力设计的目的就是在给定流量、压力的条件下，根据获得高效率或低噪声的原则，计算出轴流式通风机通流部件的几何尺寸，并绘制其图形。选用通风机时，首先要满足工艺要求，并综合考虑用途和使用场合等条件选择风机的种类、机型以及结构材质等。同时，还要充分考虑通风机必须有一定的适应能力，如对管网系统中压力波动的频率和幅度大小有一定的适应性。选用通风机时应力求使其工作点与额定工况一致或接近额定工况，以免造成能源的浪费。冷却塔用通风机，输送的是空气，压力低、风量大，引风机装在冷却塔的顶部或侧面，适于使用重量轻的轴流式通风机；用于抽吸时，吸入湿空气，应注意耐腐蚀性。T35-11 轴流式通风机是替代 30K4 的产品，是和国外同类产品进行了分析对比，通过优化设计确定了风机的叶轮结构，电动机进行了改进设计，结构上减少了流动损失，因而使风机效率提高到 89.5%，噪声比 A 声级降低 3.6 dB，又增强了叶根处的强度，避免了叶片断裂现象。该系列风机适用于输送非易燃、易爆、无腐蚀、无显著粉尘的气体，其温度不得超过 60℃。它广泛应用于一般工厂、仓库、办公室、住宅内通风换气或加强暖气散热。也可在较长的排气管道内间隔串联安装，以提高管道内的压力。

4.7.4 性能参数表

性能参数表如表 4-18 所列。

表 4-18　性能参数表

机号 No.	转速/（r/min）	叶角/（°）	风量/（m^3/h）	风压/Pa	功率/kW
2.8	2900	15～35	1649～3202	155～237	0.12～0.25
	1450	15～35	826～1605	39～61	0.025～0.04
3.15	2900	15～35	2339～4545	196～300	0.18～0.55
	1450	15～35	1169～2273	49～75	0.025～0.09
3.55	2900	15～35	3367～6542	246～380	0.37～1.1
	1450	15～35	1680～3977	62～95	0.04～0.12
4	2900	15～35	4806～9336	316～483	0.55～1.5
	1450	15～35	2406～4678	79～121	0.09～0.25
4.5	1450	15～35	3427～6658	100～153	0.12～0.37
5	1450	15～35	4700～9133	124～189	0.25～0.75
	960	15～35	3142～6104	54～83	0.37
5.6	1450	15～35	6595～12812	154～237	0.37～1.1
	960	15～35	4362～8471	68～103	

4.7.5　离心式通风机

T4-79 型离心通风机可用于输送介质为清洁空气或与空气性质相似的气体。该风机有 3～20 共 14 个机号，每种风机又可制成右旋转或左旋转两种型式。风机的出风口位置，以机壳的出风口角度表示。T4-79 型风机 No.3A～6A 在出厂时均做成一种形式，使用单位根据要求再安装成所需要的位置，出风口位置调整范围为 0°～180°，间隔 22.5°；No.10E～20E 单进风和双进风出风口位置均制成固定的：0°、90° 和 180° 三种，不能调整。T4-79 型风机中 No.3～6 风机主要由叶轮、机壳、进风口等部分配直联电动机组成；No.7～20 除具有上述部分外，还有传动部分等。叶轮由 16 个后倾的圆弧薄板型叶片、曲线型前盘和平板后盘组成，均用钢板制造，并经动平衡校正，空气性能良好、效率高、噪声低、运转平稳。机壳制成两种不同型式，No.3～12 机壳制成整体，不能拆开；No.14～20 的机壳制成两开式，沿中分水平面分为两半，由螺栓连接。进风口制成整体，装入风机的侧面，与轴向平行的截面为曲线形状，能使气体顺利进入叶轮，且损失较小。传动部分由主轴、轴承箱、滚动轴承及带轮组成。

T4-79 型系列离心风机特点及其性能如下。

特点：效率高、噪声低、体积小、可靠性强、在特殊情况下风量大小可配用调节阀门进行控制。(可生产防爆式、防腐式)；

用途：高层建筑和工矿企业的通排风；

规格：风机直径ϕ280～2000 mm；

风量：2200～200000 m^3/h；

风压：300～2500 Pa。

T4-79 型离心通风机可作为一般通风换气用，其他使用条件如下。

① 应用场所　作为一般工厂及大型建筑物的室内通风换气，既可用作输入气体，也可用作输出气体。

② 输送气体种类　空气和其他不易燃易爆、无腐蚀性的气体。

③ 气体内的杂质　气体内不允许有黏性物质，所含的尘土及硬质颗粒物不大于 $150mg/m^3$。

④ 气体温度　不得超过 80℃。

⑤ 其中对有一定浓度的腐蚀性气体的输送可以用玻璃钢为材料，做成防腐风机。同时对易燃易爆气体的输送，叶轮可采用铝合金材料，以防在旋转中引起火花，电动机配合隔爆型电动机。

⑥ F4-7（72）型、F4-79 型玻璃钢防腐风机外形尺寸及性能参数与 T4-70（72）型、T4-79 型相同。

4.7.6 风机型式及传动方式

（1）风机可制成左旋或右旋两种形式，从电动机一端正视，叶轮按顺时针旋转，称为右旋风机，以“右”表示；按逆时针旋转，称为左旋风机，以“左”表示。风机的出口位置，以机壳的出风口角度表示。风机旋向及出风口位置示意如图 4-19 所示。

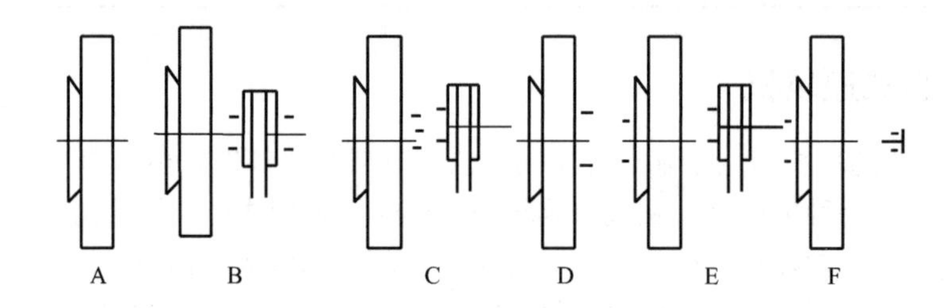

图 4-19　风机旋向及出风口位置示意

（2）风机传动形式

风机性能一般均指在标准状况下的风机性能，无论技术文件或订货要求的性能（除特殊订货外），均按标准状况为准。如果风机所用的环境并非标准状况下，则需根据上述关系式将性能参数换算成为标准状况下的性能参数，然后按性能参数表进行选择。标准状况系指大气压力 P_a=101325Pa，大气温度 t=20℃，相对湿度 Φ=50%时的空气状态，标准状况下的空气密度 ρ=1.2kg/m^3，重力加速度 a=9.8m/s^2。所需功率按下式计算：

$$N = \frac{QPK}{1000 \times 3600 \eta \eta_m} \qquad (4\text{-}96)$$

式中　Q——流量，m^3/h；

P——全压，Pa；

η——效率，%；

η_m——机械效率，%，按表 4-19 选择；

K——电动机容量安全系数，按表 4-20 选择。

离心通风机流量过多或不足时的处理。

在使用时，常常发生流量过多或不足的现象。产生这种现象的原因很多：①在使用过程中发生这种现象，主要是由管网的阻力时大时小，或风机在飞动区工作等造成；②经过较长时间后逐渐减少，或在短时间内突然减小，主要是管网堵塞等造成。在风机新安装后，进行正式运转时就发生流量过多或不足的现象，其原因主要有以下几点。

a．管网阻力实际值与计算值相差过大。由一般管网特性方程式：$P=KQ_2$ 可知，如实际值 K 小于计算值 K，则流量减少。

b．选择时未考虑风机本身全压值偏差ΔP 的影响，当风机实际全压为正偏差时，则流量增大；为负偏差时，则流量减少。

在风机新安装后开始正式运转，或在使用过程中发生流量过大或过小情况时，可用下列方法之一消除。

a．利用节流装置调节流量；

b．改变风机的转速调节流量；

c．调换压力较高的或较低的风机调节流量；

d．改变管网阻力系数调节流量。

必须指出的是：一般都采用节流装置来调节流量，但当实际流量比需要流量大很多时，继续使用该方法会导致浪费电力过多等现象，很不经济，如条件允许，通常降低风机转速或调换压力较低的风机。当节流装置全开时，流量仍嫌过小，此时节流装置已失去作用，故应设法改变管网使阻力系数减小以增加流量。也可采用增加风机转速和调换压力较高的风机，但电动机直联和联轴器联接的风机一般都不能改变转速，只有带传动的风机可借改变带轮直径以增减转速，但风机的最大转速不可超过性能表上的最高转速，并核算电动机功率。机械效率如表 4-19 所列，电动机储备系数如表 4-20 所列。

表 4-19　机械效率

传动方式	电动机直联	三角带
η_m	1	0.95

表 4-20　电动机储备系数

轴动率/kW	<0.5	>0.5～1	>1～2	>2～5	>5
K	1.5	1.4	1.3	1.2	1.15

4.7.7　离心通风机的安装与使用

在安装前首先应准备好安装用的材料及工具，并对风机各部的机件进行检查。对叶轮、主轴和轴承等更应细致检查，如发现损伤，及时修好，然后用煤油清洗轴承箱内部。在安装操作的过程中必须注意下列几点。

① 在一些结合面上，为防止生锈、减少拆卸困难，应涂上润滑脂或机械油。

② 在固定结合面的螺栓时，如有定位销钉，先拧紧螺栓。

③ 检查机壳内及其他壳体内部，不应有掉入的工具和杂物。

安装要求如下。

① 安装风机时，输气管道的质量不应加在机壳上，按图纸校正进风口与叶轮之间间隙尺寸，而且保持轴位于水平位置。

② 安装进风口管时，可以直接利用进风口本身的法兰连接，进风口法兰上可任意打孔以配合管道连接。

③ 风机安装后，用手或杠杆拨动转子，检查是否有过紧或碰撞的现象，在没有这些现象时方可试转。

④ 电动机安装后，安装皮带轮护罩，如进气口处不接进气管道时，也须加防护网或其他安全装置（用户自备）。

风机所采用电动机的功率，是指在特定工况下，加上机械损失与应有的储备量而言，并非出风口全开时所需的功率。如风机的出风口或入口不接管或未加外界阻力而进行空运转，则电动机有烧毁的危险。为安全起见，应在风机的出风口或入口管路上加阀门，启动电动机时将其关闭，运转后将阀门慢慢开启，达到规定工况为止，并注意电动机电流量是否超过规定值。

风机维护人员必须注意下列各点。

① 只有在风机设备完全正常的情况下方可运转。

② 如风机设备在检修后开动时，则需注意风机各部位是否正常。

③ 定期清除风机及气体输送管道内部的灰尘、污垢及水等杂物、并防止锈蚀。

④ 对风机设备的修理，不允许在运转中进行。

风机正常运转中的注意事项。

① 如发现流量过大，不符合使用要求，或短时间内需要较小的流量，可利用节流装置进行调节。

② 在风机开启、关闭或运转过程中，如发现不正常现象时，应立即进行检查。

③ 对检查发现的故障应及时查明原因，设法消除或处理。

④ 除每次拆修后应更换润滑油外，还需定期更换润滑脂。

4.7.8 通风机噪声

4.7.8.1 风机噪声概况

噪声是通风机很重要的运行特征。在一定工况下运转时，产生的噪声主要包括空气动力性噪声和机械性噪声两大部分，其中空气动力性噪声的强度最大，是风机噪声的主要部分。离心风机噪声以低频为主，并随着频率的升高而降低，轴流风机则以中频噪声为主。空气动力性噪声是由于气体非稳定流动，即气流的扰动，气体与气体及气体与物体相互作用产生的噪声。从空气产生的机理看，空气动力性噪声主要由旋转噪声和涡流噪声组成。

通风机的频谱是由叶片通过频率的基频及其谐波构成的离散噪声，是加在宽频噪声上而组成的，通风机的噪声级主要由叶片通过基频及其谐波噪声决定的。不同的风机有不同的频谱，其频谱特性主要取决于风机的叶片数、转速和叶轮直径。由实验可知，当离心风机的叶片数为 10～20 片，转速为 1450～2900r/min 时，其基频均落在倍频带中心频率 250～500Hz 范围内，主要频带为 250～4000Hz；当转速为 250～1450r/min 时，基频落在倍频带中心频率 63～125Hz 范围内，主要频率范围为 125～2000Hz。风机噪声控制主要有 3 种途径：①降低噪声源产生的噪声；②利用消声和隔声装置阻断噪声的传播途径；③对噪声的接受者进行必要的保护。其中合理的气动设计、降低声源产生的噪声强度，是获得低气动噪声最根本的方法。

4.7.8.2 通风机吸声降噪方法

利用消声器和吸声材料或吸声结构，吸收风机噪声，可取得满意的效果，常用的有下面几种方法。安装时，风机与钢筋混凝土基础之间应垫橡胶、软木板或毛垫板等软质材料，使离心风机传递给钢筋混凝土基础的振动得到最大限度的减弱或消除。在风机的进风口和排风口处安装一段橡胶软管，可将离心风机传递给风管的振动在橡胶软管处得到最大限度的减弱或消除。风机进风口及排风口处安装消声器。消声器是利用多孔吸声材料来吸收声能的，当声波通过衬贴多孔吸收材料的进风口及排风口处时，声波将激发多孔吸收材料中的无数小孔中的空气分子产生剧烈的运动，其中大部分声能用于克服摩擦阻力和黏滞阻力并转变成热能而消耗掉，从而降低离心风机所产生的空气动力噪声。实践表明，在离心风机的进风口及排风口处安装消声器，通常能降低进风口及排风口处产生的空气动力噪声 20～30 dB（A）。车间厂房吸声，利用吸声材料或吸声结构，按照一定的声学原理，安装在墙壁上或天花板上，可以达到减小混声的目的。

4.8 空冷器的防冻设计

空冷器的防冻包括高寒地区的防冻、高凝点油品的防凝和某些水合物的防结晶三方面。一是高干地区的气温较低，被冷却的介质的冷后温度往往会超过介质的凝固点导致介质在管内凝结，需要防冻；二是一些凝固点或倾点较高的工艺介质，在低于这些物质的临界点时可能产生凝固；三是某些物质的水合物在低于一定温度时会引起结晶。这些物质在空冷器内的凝结不但会阻碍工艺介质的流动，同时还会胀裂管子造成对设备的破坏。因此，防止工艺介质在空冷器内凝结或结晶对空冷器的平稳操作有非常重要的意义。当空冷器的空气入口温度较低时，应采取各种有效地措施避免由于冷空气带来的工艺介质的凝固、结蜡、形成水合物、层流和导致腐蚀的结露等现象。

4.8.1 确定防冻设计依据

一般来说，防冻设计依据是工艺介质的临界温度，在空冷器设计中要采用防冻措施维持管壁温度高于工艺介质的临界温度。这些临界温度包括冰点、凝固点、露点（如果凝液有腐蚀时）和其他会引起操作困难的温度。

防冻设计依据包括安全裕量在内的最低管壁温度，最低设计温度（在寒冷地区冬夏季的气温相差很大，有的地区甚至高达 60～70℃，由于冬夏的温差大，所需的传热面积相差也很大，空冷器的入口温度的选取应该在合同条文中明确指出；对于一般干空冷器设计，空气入口温度，是取当地夏季平均每年不保证 5d 的日平均气温；但在高寒地区，由于温差较大，建议适当放宽夏天的空气入口温度，以求得冬夏之间的合理平衡；工艺条件包括流量的变化幅度、设计风速、主导风向和用于预热空冷器的蒸汽或其他热源）。

4.8.2 热损失和防冻要求

当采用加热盘管对空冷器进行加热时，应考虑空冷器在开停工、正常操作时的散热损失和防冻要求。

4.8.3 计算最低的管壁温度

空冷器中各排的介质温度是不同的，为了安全起见，应分别计算每一排管的壁温以求得最低的管壁温度。工艺介质流动及空气流动的不均匀性都应加以考虑。

参考文献

[1] 丁尔谋. 发电厂空冷技术［M］. 北京：水利电力出版社，1992.

[2] 马义伟. 空冷器设计与应用［M］. 哈尔滨：哈尔滨工业大学出版社，1998.

[3] 高于忠. 电站直接空冷凝汽器变工况计算与特性分析［J］. 上海汽轮机，2001（03）：5-7.

[4] 林立敖，李树海，赵耀. 直接空冷机组设计背压的选择［J］. 内蒙古电力技术，2003（02）：1-2.

[5] 严俊杰，张春雨，李秀云，林万超. 直接空冷装置经济性诊断理论的研究［J］. 测试技术学报，2000（01）：1-6.

[6] 赖周平，张荣克. 空气冷却器［M］. 北京：中国石化出版社，2010.

[7] 王佩璋. 空冷散热器在电厂干冷系统上的应用［J］. 电力建设，1990（10）：21-24.

[8] 杨世铭，陶文铨. 传热学（第3版）［M］. 北京：高等教育出版社，1998.

[9] 沈维道，蒋智敏，童钧耕. 工程热力学（第3版）［M］. 北京：高等教育出版社，2001.

第5章 开架式气化器设计计算

液化天然气（liquefied natural gas，LNG）开架式气化器是用海水作为热媒将液态LNG气化为气态气体的一种工业设备。开架式气化器结构简单，外部接口有LNG入口、气化后的LNG出口以及海水进出口，换热管安装在框架结构内。气化器的基本单元是传热管，若干传热管组成板状排列，两端与集气管或集液管焊接形成一个管束板，若干个管束板组成气化器。LNG从下部总管进入，然后分配到每个小的换热管内，在换热管束内由下向上流动。气化器顶部装有海水分布装置，海水由顶部进入，经分布器形成薄膜状均匀流沿管束外壁向下流动，同时将热量传递给管内液化天然气，使其加热并气化。

图5-1　空浴式LNG气化器

图5-2　燃烧型LNG气化器

图5-3　开架式LNG气化器（进口）

图5-4　开架式LNG气化器（国产）

5.1 概述

5.1.1 背景及意义

近年来，随着中国经济的快速增长，中国对能源需求也在以每年超过 10%的速度增长。据相关数据显示，2006 年中国化石能源的消耗量相当于 14.91 亿吨标准油，其中煤、石油、天然气所占的比例分别是 73.2%、23.5%和 3.3%。虽然我国天然气占能源消费总量的比例已有了很大提高，但仍远远低于 26.9%的同期世界平均水平，可见中国的能源消费仍然过度依赖煤炭。

在环境问题和能源问题日益成为制约世界经济发展的大背景下，保护环境和提高能源利用效率的呼声得到了越来越多人的响应。天然气作为一种清洁而又高效的能源，受到了很大的重视。天然气与煤炭、石油被称为当今世界一次能源的三大支柱，其热值高，燃烧性好并对环境污染小，因此被认为是洁净环保的能源。随着世界经济的快速发展，LNG 越来越多地被人们开发和利用。

LNG 是-162℃的低温流体，在实际应用中都需要将 LNG 气化并恢复到常温。LNG 气化器是一种专门用于将气化天然气气化的热交换器，是接收站的关键设备之一。自 2005 年深圳市大鹏湾我国第一个 LNG 接收终端投产以来，在珠江三角洲、东南沿海等地区陆续兴建起了 LNG 接收终端。目前使用的大型 LNG 气化器只有国外厂商（主要是日本和欧美厂商）有设计、制造的经验和能力，国内 LNG 接收终端使用的气化器基本上依靠进口，长期会导致供货周期长、造价和成本非常高、后期技术服务和操作维护无法保障等问题。国内自行生产的 INU 气化器大都是空浴式气化器（图 5-1）、电加热或水浴式气化器，多为民用小型装置，处理量非常小，无法满足大规模的 INU 接收终端的使用要求。对于 LNG 接收终端使用的大型 LNG 气化器，国际上主要有日本等国家研究开发的燃烧型 LNG 气化器（图 5-2）、大型开架式 LNG 海浴气化器（图 5-3）等，技术已经非常成熟。由于国内 LNG 工艺发展缓慢，大多处于试验模仿阶段（图 5-4），目前国内还没有系统工业化研究、设计和制造的供应厂商。

5.1.2 开架式气化器结构和工作原理

开架式气化器（简称 ORV）由英格兰的 Marston Excelsior 开发，用海水作为热媒并将 LNG 气化为气体。第一台开架式气化器安装于英格兰 Canvey 岛，日本于 1966 年在 Negishi 接收站安装了第一台开架式气化器，随后 Tokyo Uas 与 Sumitomo 合作开发了高性能的开架式气化器，此种气化器已在世界许多接收站上使用。大部分 LNG 接收站都建在沿海或海滩，充足的海水成为开架式气化器最常用的热源。与淡水资源相比，该型式气化器经济性好、运行成本低且资源充足，且具有优越性，已成为主流形式。

LNG 开架式气化器的机械结构简单，主要外部接口有 LNG 入口、气化后的 LNG 出口以及海水进出口，换热管安装在框架结构内。气化器的基本单元是传热管，若干传热管组成板状排列，两端与集气管或集液管焊接形成一个管束板，由若干个管束板组成气化器。LNG 从下部总管进入，然后分配到每个小的换热管内，在换热管束内由下向上流动。气化器顶部装有海水分布装置，海水由顶部进入，经分布器分配成薄膜状均匀沿管束外壁下降，同时将热量传递给管内液化天然气，使其加热并气化。开架式气化器没有移动部件，使用仪表元件也很少，设备的开关可以远程控制，气化器悬挂在支架上，易于维护保养，改变气化器的运行负荷也很简单，只要改变系统的海水量和管道的 LNG 流量即可实现。该系统没有明火，含烃管道的少量泄漏可以挥发到大气中，安全性很高。

5.1.3 LNG 组分及物性

LNG 主要成分为甲烷，另有少量乙烷、丙烷等烃类，几乎不含水、硫、二氧化碳等物质。LNG 常压下储存温度为-162℃，天然气液化后体积约缩小为标准状况下的 1/630，运输方便，使用经济。其成分见表 5-1。

表 5-1 LNG 的组成部分

组分	摩尔分数/%
甲烷	90.07
乙烷	7.36
丙烷	2.57

根据目前国内外 LNG 的储存温度、同类产品的操作和设计参数以及 LNG 的物性，考虑气化器产品的使用范围和 LNG 气化后的外输压力要求，本书中选取 LNG 入口操作温度为-162℃，气化器 LNG 出口温度为 5℃（为气态天然气），选取 LNG 气化器入口操作压力为 4.6MPa（考虑 0.15MPa 气化器压降），设计压力为 4.6MPa，LNG 处理量为 150t/h；选取海水为加热介质，海水操作压力为常压，海水入口温度为 15℃，海水出口温度为 7℃。经过计算，单根管需要的最小总热负荷是 79.1395kW，需要的海水量为 2.584kg/s。

LNG 管道升温至 163.7K 时，LNG 开始由两相流变为气相，由于其组成较轻（含有 95%甲烷），汽化潜热较小，因此气化过程非常快，瞬间即可完成气化。

5.1.4 设计基本参数

设计参数见表 5-2，天然气基本参数见表 5-3。

表 5-2 设计参数

项目	参数
LNG 气化能力/（10^3kg/h）	150
设计压力/MPa	4.6
设计海水温度/K	288
天然气出口温度/K	278

表 5-3 天然气基本参数表

T/K	h/（kJ/kg）	ν/（m^2/s）	Pr	ρ/（kg/m^3）	C_p/[J/（kg·K）]
111	-10.594	0.0032126	2.4176	444.24	3.2886
137.35	78.088	0.0021201	1.8707	406.14	3.4629
163.7	173.95	0.0015167	1.7019	359.48	3.4629
187.45	280.36	0.0011610	2.1311	294.23	5.6681
211.2	582.04	0.0014220	1.3660	66.819	4.5563
244.6	659.92	0.0021897	0.9479	47.102	2.8692
278	785.78	0.0029473	0.8489	39.010	2.5751

5.2 气化器换热计算

5.2.1 气化器传热面积的确定

气化器的传热面积按下式计算：

$$A=\frac{wq}{K\Delta t} \tag{5-1}$$

式中 A——气化器的换热面积，m^2；
w——气化器的气化能力，kg/s；
q——气化单位质量液化天然气所需的热量，kJ/kg；
K——气化器的传热系数，kW/（$m^2 \cdot K$）；
Δt——加热介质与液化天然气的平均温差，K。

5.2.2 气化器的气化能力的确定

根据现已投产运行的开架式海水气化器选定150×10^3 kg/h 为本次设计的气化器气化量。

5.2.3 气化单位质量液化天然气所需的热量

单根管段的换热量分为三个阶段：液相区、气液两相区、气相区。单根管子的流量M为300 kg/h，则三个阶段的换热量分别为：

液相区：

$$Q_{液}=M\times(h_2-h_1)=300\times[173.95-(-10.594)]=55.36(kW)$$

气液两相区：

$$Q_{两区}=M\times(h_6-h_5)=300\times(582.04-173.95)=122.427(kW)$$

$$Q_{潜}=Mh_{气}=300\times153.3=45.99(kW)$$

气相区：

$$Q_{气}=M\times(h_4-h_3)=300\times(685.78-582.04)=31.122(kW)$$

单根管段总的换热量：

$$Q_{总}=Q_{液}+Q_{两区}+Q_{潜}+Q_{气}==55.36+122.427+45.99+31.122=254.899(kW)$$

单根管段总的换热量等于海水的总换热量，即$Q_{总}=Q'_{总}$。

海水的流量M'_1为：

$$M'_1=\frac{Q'_{总}}{C\Delta T_{海水}} \tag{5-2}$$

式中 C——海水的定压比热容，kJ/kg，取 4.0193kJ/kg；
$\Delta T_{海水}$——海水的进出口温度差，K，$\Delta T_{海水}$=288−280=8(K)。

$$M_1' = \frac{Q'_{总}}{C\Delta T_{海水}} = \frac{254.899}{4.0193 \times 8} = 7.93(\text{kg/s})$$

$$M_1 = 1.05M_1' = 1.05 \times 7.93 = 8.33(\text{kg/s})$$

5.2.4　气化器的传热系数的确定

5.2.4.1　翅片管换热计算简化假设

① 刚刚进入翅片管的低温 LNG 与气化器中原有 LNG 的混合在瞬间完成，即翅片管中 LNG 的温度与各组分的组成在液体内部处处均匀。

② 由于气化器工作时间比较长，故采用稳态分区计算方法。

③ 认为气化器运行中，压力是恒定的。

④ 管流近似看作一维流动分析。

5.2.4.2　泡点与露点计算

要将翅片管进行分区，首先需要计算 LNG 在工作压力下的泡点与露点。在 LNG 的吸热过程中，开始产生第一个气泡时的温度称为泡点，定义式为：

$$\sum_{i=1}^{n} K_i x_i = 1 \tag{5-3}$$

最后一个液滴消失时的温度称为露点，定义式为：

$$\sum_{i=1}^{n} \frac{x_i}{K_i} = 1 \tag{5-4}$$

式中　K_i——混合物中组分 i 的相平衡常数；

x_i——混合物中组分 i 的摩尔分数；

n——混合物所含组分的种类数。

目前对烃类通常采用以下的经验关联式来估计 K_i 的近似值

$$K_i = \frac{p_{c,i}}{p} \exp\left[5.42\left(1 - \frac{T_{c,i}}{T}\right)\right] \tag{5-5}$$

式中　$p_{c,i}$——混合物中组分 i 的临界压力，MPa；

p——系统的工作压力，MPa；

$T_{c,i}$——混合物中组分 i 的临界温度，K；

T——泡点或露点，K。

利用式（5-3）～式（5-5）编制 Matlab 程序，计算得到该算例下 LNG 的泡点为 163.7K，露点为 211.2K。LNG 达到泡点（163.7K）时代表液相区结束，天然气温度处于露点（211.2K）与 263K 之间时为气相区，可以绘制出单根管段的换热气化情况。

5.2.4.3　液相区换热计算

按从管内到管外的顺序，翅片管的热量传递依次为管内流体与管壁的强制对流换热、通过管壁的导热、管外的海水与翅片和管壁的强制对流换热、管子外的空气与海水的对流换热。

（1）管内 LNG 的对流换热计算

① 管内 LNG 的对流换热可以按照内部强制对流换热的实验准则关联式进行计算

$$Re=\frac{ud_1}{\nu} \tag{5-6}$$

式中　Re——雷诺数；

u——翅片管断面平均流速，m/s，取 0.6 m/s；

d_1——翅片管内径，m，取 0.02 m；

ν——微元段起始温度时 LNG 的运动黏度，m^2/s，取$3.2126\times10^{-3}\ m^2/s$。

$$Re=\frac{ud_1}{\nu}=\frac{0.6\times0.02}{3.2126\times10^{-3}}=3.735$$

由 Re 确定出壁面的摩擦系数 f。

当 $Re<3000$ 时，

$$f=\frac{64}{Re} \tag{5-7}$$

当 $3000\leqslant Re\leqslant5000$ 时，

$$f=0.31Re^{-0.25} \tag{5-8}$$

当 $Re>5000$ 时，

$$f=0.184Re^{-0.2} \tag{5-9}$$

式中　f——摩擦系数。

$$f=\frac{64}{Re}=\frac{64}{3.735}=17.13$$

由管内对流换热的准则关系式（5-8）、式（5-9）确定出管内 LNG 侧的表面传热系数α_1。

$$StPr^{\frac{2}{3}}=f/8 \tag{5-10}$$

$$\alpha_1=St\rho uC_p \tag{5-11}$$

式中　St——斯坦顿数；

Pr——普朗特数，取定性温度下的普朗特数，1.8707；

α_1——管内 LNG 侧的表面传热系数，$W/(m^2\cdot K)$；

ρ——LNG 的密度，kg/m^3，取定性温度下的数值 406.14 kg/m^3；

C_p——管内介质的比定压热容，J/（kg • K），取定性温度下的数值 3.4629 J/（kg • K）。

定性温度：

$$T_{12}=\frac{T_1+T_2}{2} \tag{5-12}$$

式中　T_1——液相段的 LNG 进口温度，K，一般取 111K；

T_2——液相段的 LNG 出口温度，K，一般取 163.7K。

$$T_{12}=\frac{T_1+T_2}{2}=\frac{111+163.7}{2}=137.35(\text{K})$$

由式（5-10）和式（5-11）可得

$$St=\frac{f}{8Pr^{2/3}}=\frac{17.13}{8\times1.8707^{2/3}}=1.41$$

$$\alpha_1 = St\rho u C_p = 1.41 \times 406.14 \times 0.6 \times 3.4629 = 1189.8[\mathrm{W/(m^2 \cdot K)}]$$

由此可以确定出管内单位长度的对流换热量q_1：

$$q_1 = \alpha_1 (T_n - T) A_1 \tag{5-13}$$

式中　q_1——管内单位长度的对流换热量，W/m；

T_n——管内壁温度，K，假设T_n=145K；

T——管内流体的温度，K，取 111K；

A_1——管内壁单位长度的面积，m^2，此处为 0.0628 m^2。

$$q_1 = \alpha_1 (T_n - T) A_1 = 1189.8 \times (145 - 111) \times 0.0628 = 2540.461(\mathrm{W/m})$$

② 通过管壁的导热

利用通过圆筒壁的导热公式，计算没有翅片部分管外壁的温度T_w，此温度即为翅片的根部温度。

$$T_w = T_n + \frac{q_1}{2\pi\lambda_{A1}} \lg\frac{d_2}{d_1} \tag{5-14}$$

式中　T_w——管外壁温度，K；

d_2——翅片管外径，m，取 0.028 m；

λ_{A1}——6063-T5 铝合金的热导率，W/（m·K），取 209W/（m·K）。

$$T_w = T_n + \frac{q_1 \lg(d_2/d_1)}{2\pi\lambda_{A1}} = 145 + \frac{2540.461 \times \lg(0.028/0.02)}{2\pi \times 209} = 145.283(\mathrm{K})$$

③ 管外海水侧的对流换热单个翅片的换热可以看作海水与等截面直肋的换热

首先由海水的定性温度T_m确定其物性参数，T_m计算公式为：

$$T_m = \frac{T_w + T_0}{2} \tag{5-15}$$

式中　T_0——海水温度，K，取 288 K。

$$T_m = \frac{T_w + T_0}{2} = \frac{145.283 + 288}{2} = 216.642(\mathrm{K})$$

进而求得瑞利数Ra，见式（5-16）。

$$Ra = GrPr = \frac{g(T_0 - T_w) l^3}{T_0 \nu^2} Pr \tag{5-16}$$

式中　Ra——瑞利数；

Gr——格拉晓夫数；

g——重力加速度，m/s^2；

l——定型尺寸，m。

$$Ra = GrPr = \frac{g(T_0 - T_w) l^3}{T_0 \nu^2} Pr = \frac{9.807 \times (288 - 145.283) \times 2.8^3}{288 \times (3.2126 \times 10^{-3})^2} \times 1.8707 = 1.93 \times 10^7$$

由于翅片管为立式安装，故此处强制对流换热计算选用竖壁准则关联式：

$$Nu=\left\{0.825+\frac{0.387Ra^{1/6}}{\left[1+(0.492/Pr)^{9/16}\right]^{8/27}}\right\}^2 \tag{5-17}$$

式中　Nu——努塞尔数。

$$Nu=\left\{0.825+\frac{0.387Ra^{1/6}}{\left[1+(0.492/Pr)^{9/16}\right]^{8/27}}\right\}^2=\left\{0.825+\frac{0.387\times(1.933\times10^7)^{1/6}}{\left[1+(0.492/1.8707)^{9/16}\right]^{8/27}}\right\}^2=83.254$$

求得海水侧的表面传热系数α_0[单位：W/（m^2·K）]为：

$$\alpha_0=\frac{Nu\lambda'}{l} \tag{5-18}$$

式中　λ'——海水的热导率，W/（m·K）。

$$\begin{aligned}\lambda'&=0.31171+6.2278\times10^{-4}\times T_0-1.1159\times10^{-6}\times T_0^2\\&=0.31171+6.2278\times10^{-4}\times288-1.1159\times10^{-6}\times288^2\\&=0.58363[\mathrm{Btu/(h\cdot ft\cdot ^\circ F)}]=1.0099[\mathrm{W/(m\cdot K)}][1\mathrm{Btu/(h\cdot ft\cdot ^\circ F)}=1.7303\ \mathrm{W/(m\cdot K)}]\end{aligned}$$

$$\alpha_0=\frac{Nu\lambda'}{l}=\frac{83.254\times1.0099}{2.8}=30.028[\mathrm{W/(m^2\cdot K)}]$$

求得海水侧单位长度的强制对流换热量q_2：

$$q_2=\alpha_0(T_0-T_w)A_2 \tag{5-19}$$

$$A_2=\pi d_2+12(2h+\delta)\eta \tag{5-20}$$

$$\eta=\frac{\tan h(mh)}{mh} \tag{5-21}$$

$$m=\sqrt{\frac{2\alpha_0}{\lambda_{A1}\delta}} \tag{5-22}$$

式中　q_2——海水侧单位长度的强制对流换热量，W/m；

A_2——海水侧单位长度翅片管的面积，m^2；

h——翅片高度，m，此处为0.01 m；

δ——翅片厚度，m，此处为0.002 m；

η——翅片效率，即翅片的实际换热量与假设整个翅片温度均等于翅根温度时所得换热量的比值；

m——中间变量。

$$m=\sqrt{\frac{2\alpha_0}{\lambda_{A1}\delta}}=\sqrt{\frac{2\times30.028}{209\times0.002}}=11.986$$

$$\eta=\frac{\tan h(mh)}{mh}=\frac{\tan h(11.986\times0.01)}{11.986\times0.01}=\frac{0.1194}{0.11986}=0.996$$

$$A_2=\pi d_2+12(2h+\delta)\eta=\pi\times0.028+12(2\times0.01+0.002)\times0.996=0.35(\mathrm{m^2})$$

$$q_2=\alpha_0(T_0-T_w)A_2=30.028\times(288-145.283)\times0.3509=1503.6(\mathrm{W/m})$$

利用式（5-4）～式（5-19）进行换热计算，计算思路为：首先假设管内壁温度T_n，利用式（5-4）～式（5-10）计算出微元段管内单位长度的对流换热量q_1，然后利用式（5-11）计算出管外壁温度T_w，再利用式（5-12）～式（5-19）计算出海水侧单位长度的强制对流换热量q_2。若$|(q_1-q_2)/q_1|>0.05$，说明所假设的管内壁温度T_n不正确，需重新假设计算；若$|(q_1-q_2)/q_1|<0.05$，说明假设的管内壁温度T_n正确，即可以进行下一步的计算。

由计算可知$|(q_1-q_2)/q_1|=|(2540.461-1503.629)/2540.461|=0.408$，说明所假设的管内壁温度$T_n$不正确，需重新假设计算。

④ 假设T_n=134 K 再进行试算，首先确定出管内单位长度的对流换热量q_1

$$q_1=\alpha_1(T_n-T)A_1 \tag{5-23}$$

式中 q_1——管内单位长度的对流换热量，W/m；

T_n——管内壁温度，假设T_n=134K；

T——管内流体的温度，K，取 111K；

A_1——管内壁单位长度的面积，m^2，此处为 $0.0628m^2$。

$$q_1=\alpha_1(T_n-T)A_1=1189.8\times(134-111)\times0.0628==1718.547(W/m)$$

⑤ 重新计算通过管壁的导热

利用通过圆筒壁的导热公式，计算没有翅片部分管外壁的温度T_w，此温度即为翅片的根部温度。

$$T_w=T_n+\frac{q_1\lg\frac{d_2}{d_1}}{2\pi\lambda_{A1}} \tag{5-24}$$

式中 T_w——管外壁温度，K；

d_2——翅片管外径，m，取 0.028 m；

λ_{A1}——6063-T5 铝合金的热导率，W/（m·K），取 209W/（m·K）。

$$T_w=T_n+\frac{q_1\lg\frac{d_2}{d_1}}{2\pi\lambda_{A1}}=145+\frac{1718.547\lg\frac{0.028}{0.02}}{2\pi\times209}=134.191(K)$$

⑥ 重新计算管外海水侧的对流换热单个翅片的换热可以看作海水与等截面直肋的换热

首先由海水的定性温度T_m确定其物性参数，T_m计算公式为：

$$T_m=\frac{T_w+T_0}{2} \tag{5-25}$$

式中 T_0——海水温度，K，取 288K。

$$T_m=\frac{T_w+T_0}{2}=\frac{134.191+288}{2}=211.10(K)$$

进而求得瑞利数Ra，Ra由下式求得：

$$Ra=GrPr=\frac{g(T_0-T_w)l^3}{T_0\nu^2}Pr$$

式中　Ra——瑞利数；

Gr——格拉晓夫数；

g——重力加速度，m/s^2；

l——定型尺寸，m。

$$Ra=GrPr=\frac{g(T_0-T_w)l^3}{T_0\nu^2}Pr=\frac{9.807\times(288-134.191)\times2.8^3}{288\times(3.2126\times10^{-3})^2}\times1.8707=2.807$$

由于翅片管为立式安装，故此处强制对流换热计算选用竖壁准则关联式：

$$Nu=\left\{0.825+\frac{0.387Ra^{1/6}}{\left[1+(0.492/Pr)^{9/16}\right]^{8/27}}\right\}^2$$

$$Nu=\left\{0.825+\frac{0.387Ra^{1/6}}{\left[1+(0.492/Pr)^{9/16}\right]^{8/27}}\right\}^2=\left\{0.825+\frac{0.387\times(2.084\times10^7)^{1/6}}{\left[1+(0.492/1.8707)^{9/16}\right]^{8/27}}\right\}^2=85.166$$

求得海水侧的表面传热系数α_0[单位为W/（m^2·K）]，

$$\alpha_0=\frac{Nu\lambda'}{l}$$

式中　λ'——海水的热导率，W/（m·K）。

$$\lambda'=0.31171+6.2278\times10^{-4}\times T_0-1.1159\times10^{-6}\times T_0^2=1.83[\mathrm{Btu/(h\cdot ft\cdot{}^\circ F)}]$$

$$\lambda'=0.31171+6.2278\times10^{-4}\times288-1.1159\times10^{-6}\times288^2$$
$$=0.58363[\mathrm{Btu/(h\cdot ft\cdot{}^\circ F)}]=1.0099[\mathrm{W/(m\cdot K)}]$$

$$\alpha_0=\frac{Nu\lambda'}{l}=\frac{85.166\times1.0099}{2.8}=30.718[\mathrm{W/(m^2\cdot K)}]$$

求得海水侧单位长度的强制对流换热量q_2

$$q_2=\alpha_0(T_0-T_w)A_2$$

$$A_2=\pi d_2+12(2h+\delta)\eta$$

$$\eta=\frac{\tan h(mh)}{mh}$$

$$m=\sqrt{\frac{2\alpha_0}{\lambda_{A1}\delta}}$$

式中　q_2——海水侧单位长度的强制对流换热量，W/m；

A_2——海水侧单位长度翅片管的面积，m^2；

h——翅片高度，m，0.01m；

δ——翅片厚度，m，0.002m；

η——翅片效率，即翅片的实际换热量与假设整个翅片均处于翅根温度时所得换热量的比值；

m——中间变量。

$$m=\sqrt{\frac{2\alpha_0}{\lambda_{A1}\delta}}=\sqrt{\frac{2\times 30.718}{209\times 0.002}}=12.213$$

$$\eta=\frac{\tan h(mh)}{mh}=\frac{\tan h(12.123\times 0.01)}{12.123\times 0.01}=\frac{0.1194}{0.12123}=12.213$$

$$A_2=\pi d_2+12(2h+\delta)\eta=\pi\times 0.028+12(2\times 0.01+0.002)\times 0.986=0.348(\mathrm{m}^2)$$

$$q_2=\alpha_0(T_0-T_w)A_2=7.161\times(288-116.546)\times 0.334=1645.22(\mathrm{W/m})$$

根据以上计算可知$|(q_1-q_2)/q_1|=|(1718.547-1645.228)/1718.547|=0.0427<0.05$，说明假设的管内壁温度$T_n$正确。

（2）液相区传热系数计算

开架式气化器的传热包括管内 LNG 的对流换热、管壁的导热、管外海水的对流换热及污垢的传热，总传热系数计算公式为：

$$K=\frac{1}{R_f+\frac{1}{\alpha_1}+\frac{\delta_1}{\lambda_{A1}}+\frac{1}{\alpha_0\beta\eta}} \tag{5-26}$$

式中　R_f——污垢热阻，$\mathrm{m^2\cdot K/W}$，取 $0.002\,\mathrm{m^2\cdot K/W}$；

δ_1——翅片管的管壁厚，m，$\delta_1=(d_2-d_1)/2=(0.028-0.02)/2=0.004(\mathrm{m})$；

β——肋化系数，$\beta=A_2/A_1=0.344/0.0628=5.48$。

所以，由式（5-26）得：

$$K=\frac{1}{R_f+\frac{1}{\alpha_1}+\frac{\delta_1}{\lambda_{A1}}+\frac{1}{\alpha_0\beta\eta}}=\frac{1}{0.002+\frac{1}{1189.8}+\frac{0.004}{209}+\frac{1}{30.718\times 5.48\times 0.986}}=141.7[\mathrm{W/(m^2\cdot K)}]$$

（3）加热介质与液化天然气的平均温差的确定

$$\Delta T_m=\frac{(T_0'-T_1)-(T_0-T_2)}{\ln\frac{T_0'-T}{T_0-T}} \tag{5-27}$$

式中　ΔT_m——加热介质与液化天然气的平均温差，K；

T_0'——海水离开气化器的温度，K，取 281K；

T_1——液相段入口的 LNG 温度，K，取 111K；

T_2——液相段出口的 LNG 温度，K，取 163.7K。

$$Nu=\max(Nu_b,Nu_c)$$

即换热面积为：

$$A=\frac{Q}{K\Delta t}=\frac{15.3787\times 10^3}{141.708\times 145.96}=0.7435(\mathrm{m}^2)$$

液相区的单管实际长度为：

$$l'=\frac{A}{A_2}=\frac{0.7435}{0.348}=2.14(\mathrm{m})$$

5.2.4.4　气液两相区换热计算

由于 LNG 是多元组分混合物，而混合物的沸腾换热很复杂，因而是较难处理的，目前对二元混合物有一些沸腾传热系数的计算公式，但其中均含有与特定二元物质组合有关的实验系数，其流动换热关系式不能直接应用于本计算的 LNG 介质。因此，本文在进行两相区的换热计算时，采用适当的简化假设。由于 LNG 中甲烷的摩尔分数高达 90%以上，故将此区的 LNG 看作甲烷。将两相区分为流动沸腾区和缺液区（干涸区），在流动沸腾区温度保持泡点不变，在缺液区温度由泡点升高至露点。

流动沸腾区换热计算：

常压下沸点小于 120 K 的流体称为低温流体，其热物性相似性判据为 $J\geqslant3.5$（J=100p_r，p_r 指对比温度为 0.625 时的对比压力）。根据此定义，甲烷属于低温流体，Klimenko 的方法是目前计算低温流体流动沸腾换热最精确的关系式，该方法的具体表述如下：

$$N_{CB}=\frac{Rq_m}{q}\left(1+x\frac{\rho_l}{\rho_g}\right)\left(\frac{\rho_g}{\rho_l}\right)^{\frac{1}{3}} \tag{5-28}$$

当 $N_{CB}<1.2\times10^4$ 时，

$$Nu=Nu_b \tag{5-29}$$

当 $1.2\times10^4\leqslant N_{CB}\leqslant2.0\times10^4$ 时，

$$Nu=\max(Nu_b,Nu_c) \tag{5-30}$$

当 $N_{CB}>2.0\times10^4$ 时，

$$Nu=Nu_c \tag{5-31}$$

$$Nu=\frac{\alpha_f b}{\lambda_l} \tag{5-32}$$

式中　N_{CB}——中间变量；

R——汽化潜热，kJ/kg，取 153.3kJ/kg；

q_m——单位面积的质量流量，kg/（m^2•s）；

q——单位长度的热流密度，W/m；

x——干度；

ρ_l——液相密度，kg/m^3，取 406.14kg/m^3；

ρ_g——气相密度，kg/m^3，取 47.102kg/m^3；

Nu_b——核态沸腾区的努塞尔数；

Nu_c——液膜强制对流区的努塞尔数；

α_f——流动沸腾区的表面传热系数，W/（m^2•K）；

b——气泡特征尺寸常数，m；

λ_l——液相的热导率，W/（m•K）。

$$Nu_b=0.061(qb/R\rho_g\alpha_l)^{0.6}(pb/\sigma)^{0.2}Pr_l^{-0.33(\lambda_g/\lambda_l)0.12} \tag{5-33}$$

$$Nu_c=0.087(u_lb/\nu)^{0.6}Pr_l^{1/6}(\lambda_g/\lambda_l)^{0.09}(\rho_g/\rho_l)^{0.2} \tag{5-34}$$

$$b=\left[\frac{\sigma}{g(\rho_{\mathrm{l}}-\rho_{\mathrm{g}})}\right]^{0.5} \tag{5-35}$$

$$u_{\mathrm{l}}=\frac{q_{\mathrm{m}}}{\rho_{\mathrm{l}}}\left[1+x\left(\frac{\rho_{\mathrm{l}}}{\rho_{\mathrm{g}}}-1\right)\right] \tag{5-36}$$

式中　σ ——表面张力，N/m；

Pr_{l} ——液态 LNG 的普朗特数，取 1.8707；

λ_{g} ——气相的热导率，W/（m • K)；

u_{l} ——气液混合物的速度，m/s。

5.2.4.5　气相区换热计算

按从管内到管外的顺序，翅片管的热量传递依次为管内流体与管壁的强制对流换热、通过管壁的导热、管外的海水与翅片和管壁的强制对流换热、管子外的空气与海水的对流换热。

（1）管内 LNG 的对流换热

① 管内 LNG 的对流换热，可以按照内部强制对流换热的实验准则关联式进行计算。

$$Re=\frac{ud_3}{\nu} \tag{5-37}$$

式中　Re——雷诺数；

u ——翅片管断面平均流速，m/s，取 0.6m/s；

d_3 ——翅片管内径，0.02m；

ν ——微元段起始温度时 LNG 的运动黏度，$\mathrm{m^2/s}$，取$1.422\times10^{-3}\ \mathrm{m^2/s}$。

$$Re=\frac{ud_3}{\nu}=\frac{0.6\times0.02}{1.422\times10^{-3}}=8.439$$

由 Re 确定出壁面的摩擦系数 f:

当 $Re<3000$ 时，

$$f=\frac{64}{Re} \tag{5-38}$$

当 $3000\leqslant Re\leqslant5000$ 时，

$$f=0.31Re^{-0.25} \tag{5-39}$$

当 $Re>5000$ 时，

$$f=0.184Re^{-0.2} \tag{5-40}$$

式中　f——摩擦系数。

$$f=\frac{64}{Re}=\frac{64}{8.439}=7.584$$

由管内对流换热的准则关系式确定出管内 LNG 侧的表面传热系数 α_3

$$StPr^{\frac{2}{3}}=\frac{f}{8} \tag{5-41}$$

$$\alpha_3=St\rho uC_p \tag{5-42}$$

式中　St——斯坦顿数；

Pr——普朗特数，取定性温度下的普朗特数，0.94797；

α_3 ——管内 LNG 侧的表面传热系数，W/（m^2 • K）；

ρ ——LNG 的密度，取定性温度下的数值 47.102 kg/m^3；

C_p ——管内介质的比定压热容，取定性温度下的数值 2.8692J/（kg • K）。

定性温度：

$$T_{34}=\frac{T_3+T_4}{2} \tag{5-43}$$

式中　T_3 ——气相段的 LNG 进口温度，211.2K；

T_4 ——气相段的 LNG 出口温度，278K。

$$T_{34}=\frac{T_3+T_4}{2}=\frac{211.2+278}{2}=244.6(\mathrm{K})$$

$$St=\frac{f}{8Pr^{2/3}}=\frac{7.584}{8\times 0.94797^{2/3}}=0.9824$$

$$\alpha_3=St\rho uC_p=0.9824\times 47.102\times 0.6\times 2.8692=79.7[\mathrm{W/(m^2 \cdot K)}]$$

由此可以确定出管内单位长度的对流换热量 q_3：

$$q_3=\alpha_3(T_\mathrm{n}-T)A_3 \tag{5-44}$$

式中　q_3 ——管内单位长度的对流换热量，W/m；

T_n ——管内壁温度，K，假设 T_n=255K；

T——管内流体的温度，K，取 211.2K；

A_3 ——管内壁单位长度的面积，m^2，取值 0.0628。

代入数据，由式（5-44）得：

$$q_3=\alpha_3(T_\mathrm{n}-T)A_3=79.6599\times(255-211.2)\times 0.0628=219.1157(\mathrm{W/m})$$

② 通过管壁的导热。利用通过圆筒壁的导热公式，计算没有翅片部分管外壁的温度 T_w，此温度即为翅片的根部温度。

$$T_\mathrm{w}=T_\mathrm{n}+\frac{q_3}{2\pi\lambda_\mathrm{Al}}\lg\frac{d_4}{d_3} \tag{5-45}$$

式中　T_w ——管外壁温度，K；

d_4 ——翅片管外径，取 0.026m；

λ_Al ——6063-T5 铝合金的热导率，W/（m • K），取 209 W/（m • K）。

$$T_\mathrm{w}=T_\mathrm{n}+\frac{q_3\lg\dfrac{d_4}{d_3}}{2\pi\lambda_\mathrm{Al}}=255+\frac{219.1157}{2\pi\times 209}\lg\frac{0.026}{0.02}=255.019(\mathrm{K})$$

③ 管外海水侧的对流换热单个翅片的换热可以看作海水与等截面直肋的换热。先由海水的定性温度 T_m 确定其物性参数，T_m 计算公式为：

$$T_\mathrm{m}=\frac{T_\mathrm{w}+T_0}{2} \tag{5-46}$$

式中　T_0——海水温度，取 288K。

$$T_m = \frac{T_w + T_0}{2} = \frac{255.019 + 288}{2} = 271.5(\text{K})$$

进而由下式求得瑞利数 Ra：

$$Ra = GrPr = \frac{g\left(T_0 - T_w\right)l^3}{T_0\nu^2}Pr \tag{5-47}$$

式中　Ra——瑞利数；

Gr——格拉晓夫数；

g——重力加速度，m/s^2；

l——定型尺寸，1.5 m。

$$Ra = GrPr = \frac{g(T_0 - T_w)l^3}{T_0\nu^2}Pr = \frac{9.807 \times (288 - 255.019) \times 1.5^3}{288 \times (1.422 \times 10^{-3})^2} \times 0.94797 = 1.8 \times 10^6$$

由于翅片管为立式安装，故此处强制对流换热计算选用竖壁准则关联式：

$$Nu = \left\{0.825 + \frac{0.387Ra^{1/6}}{\left[1 + (0.492/Pr)^{9/16}\right]^{8/27}}\right\}^2$$

式中　Nu——努塞尔数。

$$Nu = \left\{0.825 + \frac{0.387Ra^{1/6}}{\left[1 + (0.492/Pr)^{9/16}\right]^{8/27}}\right\}^2 = \left\{0.825 + \frac{0.387 \times (1.77696 \times 10^7)^{1/6}}{\left[1 + (0.492/0.94)^{9/16}\right]^{8/27}}\right\}^2 = 19.9802$$

求得海水侧的表面传热系数 α_0［单位：W/（m^2 • K）］为：

$$\alpha_0 = \frac{Nu\lambda'}{l} \tag{5-48}$$

式中　λ'——海水的热导率，W/（m • K）。

$$\begin{aligned}\lambda' &= 0.31171 + 6.2278 \times 10^{-4} \times 288 - 1.1159 \times 10^{-6} \times 288^2 \\ &= 0.58363[\text{Btu / (h • ft • ℉)}] = 1.0099[\text{W/(m • K)}]\end{aligned}$$

$$\alpha_0 = \frac{Nu\lambda'}{l} = \frac{19.9802 \times 1.0099}{1.5} = 13.452[\text{W/(m}^2 \cdot \text{K)}]$$

求得海水侧单位长度的强制对流换热量 q_4：

$$q_4 = \alpha_0\left(T_0 - T_w\right)A_4 \tag{5-49}$$

$$A_4 = \pi d_4 + 12(2h + \delta)\eta \tag{5-50}$$

$$\eta = \frac{\tan h(mh)}{mh} \tag{5-51}$$

$$m = \sqrt{\frac{2\alpha_0}{\lambda_{A1}\delta}} \tag{5-52}$$

式中　q_4——海水侧单位长度的强制对流换热量，W/m；

A_4——海水侧单位长度翅片管的面积，m^2；

h——翅片高度，m，0.01 m；

δ——翅片厚度，m，0.002 m；

η——翅片效率，即翅片的实际换热量与假设整个翅片均处于翅根温度时所得换热量的比值；

m——中间变量。

$$m=\sqrt{\frac{2\alpha_0}{\lambda_{A1}\delta}}=\sqrt{\frac{2\times 13.1452}{209\times 0.002}}=8.023$$

$$\eta=\frac{\tan h(mh)}{mh}=\frac{\tan h(8.023\times 0.01)}{8.023\times 0.01}=\frac{0.08003}{0.08023}=0.9975$$

$$A_4=\pi d_4+12(2h+\delta)\eta=\pi\times 0.026+12(2\times 0.01+0.002)\times 0.9975=0.345(\mathrm{m}^2)$$

$$q_4=\alpha_0(T_0-T_w)A_4=13.452\times(288-255.019)\times 0.34=153.107(\mathrm{W/m})$$

利用式（5-4）～式（5-19）进行换热计算，计算思路为:首先假设管内壁温度T_n，利用式（5-4）～式（5-10）计算出微元段管内单位长度的对流换热量q_3，然后利用式（5-11）计算出管外壁温度T_w，再利用式（5-12）～式（5-19）计算出海水侧单位长度的强制对流换热量q_2。若$|(q_3-q_4)/q_3|\geqslant 0.05$，说明所假设的管内壁温度$T_n$不正确，需重新假设计算；若$|(q_3-q_4)/q_3|<0.05$，说明假设的管内壁温度$T_n$正确，　即可以进行下一步的计算。

由计算可知$|(q_3-q_4)/q_3|=|(219.1157-153.107)/219.1157|=0.3013>0.05$，说明所假设的管内壁温度$T_n$不正确，需重新假设计算。

④ 假设T_n=249K 再进行试算，由此可以确定出管内单位长度的对流换热量q_3

$$q_3=\alpha_3(T_n-T)A_3$$

式中　q_3——管内单位长度的对流换热量，W/m；

T_n——管内壁温度，K，假设T_n=249K；

T——管内流体的温度，K，取 211.2K；

A_3——管内壁单位长度的面积，m^2，取 0.0628 m^2。

代入数据得：

$$q_3=\alpha_3(T_n-T)A_3=79.6599\times(249-211.2)\times 0.0628=189.1(\mathrm{W/m})$$

⑤ 通过管壁的导热。利用通过圆筒壁的导热公式，计算没有翅片部分管外壁的温度T_w，此温度即为翅片的根部温度。

$$T_w=T_n+\frac{q_3}{2\pi\lambda_{A1}}\lg\frac{d_4}{d_3}$$

式中　T_w——管外壁温度，K；

d_4——翅片管外径，m，取 0.026m；

λ_{A1}——6063-T5 铝合金的热导率，W/（m・K），取 209W/（m・K）。

$$T_w=T_n+\frac{q_3\lg\frac{d_4}{d_3}}{2\pi\lambda_{A1}}=249+\frac{189.11}{2\pi\times 209}\times\lg\frac{0.026}{0.02}=249.016(\mathrm{K})$$

⑥ 管外海水侧的对流换热单个翅片的换热可以看作海水与等截面直肋的换热。首先由海水的定性温度 T_m 确定其物性参数，T_m 计算公式为：

$$T_m = \frac{T_w + T_0}{2}$$

式中　T_0——海水温度，K，取 288K。

$$T_m = \frac{T_w + T_0}{2} = \frac{249.016 + 288}{2} = 268.508(K)$$

进而由下式求得瑞利数 Ra：

$$Ra = GrPr = \frac{g(T_0 - T_w)l^3}{T_0 \nu^2} Pr$$

式中　Ra——瑞利数；

Gr——格拉晓夫数；

g——重力加速度，m/s^2；

l——定型尺寸，1.5m。

$$Ra = GrPr = \frac{g(T_0 - T_w)l^3}{T_0 \nu^2} Pr = \frac{9.807 \times (288 - 249.016)1.5^3}{288 \times (1.422 \times 10^{-3})^2} \times 0.94797 = 1.21 \times 10^6$$

由于翅片管为立式安装，故此处强制对流换热计算选用竖壁准则关联式：

$$Nu = \left\{ 0.825 + \frac{0.387 Ra^{1/6}}{\left[1 + (0.492/Pr)^{9/16}\right]^{8/27}} \right\}^2$$

式中　Nu——努塞尔数。

$$Nu = \left\{ 0.825 + \frac{0.387 Ra^{1/6}}{\left[1 + (0.492/Pr)^{9/16}\right]^{8/27}} \right\}^2 = \left\{ 0.825 + \frac{0.387 \times (1.77696 \times 10^7)^{1/6}}{\left[1 + (0.492/0.94)^{9/16}\right]^{8/27}} \right\}^2 = 20.912$$

求得海水侧的表面传热系数 α_0 [单位 W/（m^2 • K）]为：

$$\alpha_0 = \frac{Nu\lambda'}{l}$$

式中　λ'——海水的热导率，W/（m • K）。

$$\begin{aligned}\lambda' &= 0.31171 + 6.2278 \times 10^{-4} \times T_0 - 1.1159 \times 10^{-6} \times T_0^2 \\ &= 0.31171 + 6.2278 \times 10^{-4} \times 288 - 1.1159 \times 10^{-6} \times 288^2 \\ &= 0.58363[\mathrm{Btu/(h \cdot ft \cdot {}^\circ F)}] = 1.0099[\mathrm{W/(m \cdot K)}]\end{aligned}$$

$$\alpha_0 = \frac{Nu\lambda'}{l} = \frac{20.912 \times 1.0099}{1.5} = 14.079\ [\mathrm{W/(m^2 \cdot K)}]$$

求得海水侧单位长度的强制对流换热量 q_4

$$q_4 = \alpha_0 (T_0 - T_w) A_4$$

$$A_4 = \pi d_4 + 12(2h + \delta)\eta$$

$$\eta = \frac{\tan h(mh)}{mh}$$

$$m = \sqrt{\frac{2\alpha_0}{\lambda_{A1}\delta}}$$

式中　q_4——海水侧单位长度的强制对流换热量，W/m；

A_4——海水侧单位长度翅片管的面积，m^2；

h——翅片高度，m，0.01m；

δ——翅片厚度，m，0.002m；

η——翅片效率，即翅片的实际换热量与假设整个翅片均处于翅根温度时所得换热量的比值；

m——中间变量。

$$m = \sqrt{\frac{2\alpha_0}{\lambda_{A1}\delta}} = \sqrt{\frac{2\times 14.079}{209\times 0.002}} = 8.208$$

$$\eta = \frac{\tan h(mh)}{mh} = \frac{\tan h(8.023\times 0.01)}{8.023\times 0.01} = \frac{0.08188}{0.08208} = 0.9976$$

$$A_4 = \pi d_4 + 12(2h+\delta)\eta = \pi\times 0.026 + 12(2\times 0.01 + 0.002)\times 0.9976 = 0.345(\text{m}^2)$$

$$q_4 = \alpha_0(T_0 - T_w)A_4 = 13.452\times(288 - 249.016)\times 0.34 = 189.153(\text{W/m})$$

根据以上计算可知$|(q_3 - q_4)/q_3| = |(189.1 - 189.353)/189.1| = 0.001 < 0.05$，说明假设的管内壁温度$T_n$正确。

（2）气相区传热系数

开架式气化器的传热包括管内 LNG 的对流换热、管壁的导热、管外海水的对流换热及污垢的传热，总传热系数计算公式为：

$$K = \frac{1}{R_f + \frac{1}{\alpha_3} + \frac{\delta_1}{\lambda_{A1}} + \frac{1}{\alpha_0\beta\eta}} \tag{5-53}$$

式中　R_f——污垢热阻，取$0.003\ \text{m}^2\cdot\text{K/W}$；

δ_1——翅片管的管壁厚，m，$\delta_1 = (d_4 - d_3)/2 = (0.026 - 0.02)/2 = 0.003(\text{m})$；

β——肋化系数，$\beta = A_4/A_3 = 0.345/0.0628 = 5.49$。

将数据代入式（5-53）得：

$$K = \frac{1}{R_f + \frac{1}{\alpha_3} + \frac{\delta_1}{\lambda_{A1}} + \frac{1}{\alpha_0\beta\eta}} = \frac{1}{0.002 + \frac{1}{796.6} + \frac{0.003}{209} + \frac{1}{140.79\times 5.49\times 0.9976}} = 209$$

（3）加热介质与液化天然气的平均温差的确定

$$\Delta T_m = \frac{(T_0' - T_1) - (T_0 - T_2)}{\ln\frac{T_0' - T}{T_0 - T}} \tag{5-54}$$

式中　ΔT_m——加热介质与液化天然气的平均温差，K；

T_0' ——海水离开气化器的温度，K，取 281K；

T_1 ——气相段入口的 LNG 温度，K，取 211.2K；

T_2 ——气相段出口的 LNG 温度，K，取 278K。

$$\Delta T_m = \frac{(T_0' - T_1) - (T_0 - T_2)}{\ln \frac{T_0' - T_1}{T_0 - T_2}} = \frac{(281 - 211.2) - (288 - 278)}{\ln \frac{281 - 211.2}{288 - 278}} = 30.776(\text{K})$$

即换热面积为：

$$A = \frac{Q}{K\Delta t} = \frac{8.645 \times 10^3}{218 \times 30.776} = 1.28(\text{m}^2)$$

气相区的单管实际长度为：

$$l' = \frac{A_{气}}{A_4} = \frac{1.28}{0.345} =3.7(\text{m})$$

5.2.5 开架式气化器结构尺寸的确定

根据单根换热管段的气化能力和开架式气化器的设计气化能力可以确定出传热管的根数 $n = (150 \times 10^3)/300 = 500$ (根)。按照现已有的开架式气化器的设计结构尺寸可选每个管束的传热管束为 60 根，为了能达到设计气化量往往会选择大于设计气化量的换热管束数，即选择 9 个板型管束以满足设计要求，根据前面的计算可以得到每根管的长度为 6m。

由已算出的每根换热管所需的海水量可以得到整台开架式气化器的海水流量，现已选择了 9 个板型管束，每个管束的换热根数，即总的换热管的根数为 540，即：

$$M'_{总} = 540M_1 = 540 \times 2.584 = 1395.36(\text{kg/h})$$

由于系统有损失量，所以要考虑 5%的损失量，即总的海水流量为：

$$M_{总} = 1.05M'_{总} = 1.05 \times 1395.36 \approx 1465(\text{kg/h})$$

每个板型管束的海水流量取 162kg/h。

5.2.5.1 LNG 管径设计

已知：$M = 0.08$ kg/s，$u = 0.5$ m/s，壁厚 $\delta = 4$ mm。

$$M = \rho V = \rho \frac{\pi}{4} d^2 u \qquad (5\text{-}55)$$

单个管径：

$$d = \sqrt{\frac{4M}{\rho \pi u}} = \sqrt{\frac{4 \times 0.08}{444.24 \times 3.14 \times 0.6}} = 0.019(\text{m}) = 19(\text{mm})$$

单管程径：$0.08 \times 60 = 4.81$ kg/s

假定流速：$u = 0.5$ m/s，壁厚 $\delta = 5$ mm

$$d = \sqrt{\frac{4M}{\rho \pi u}} = \sqrt{\frac{4 \times 4.8}{444.24 \times 3.14 \times 0.5}} = 0.028(\text{m}) = 28(\text{mm})$$

总管流量：$4.8 \times 9 = 43.2$ kg/s

假定流速：$u=0.3\ \text{m/s}$

$$d=\sqrt{\frac{4M}{\rho\pi u}}=\sqrt{\frac{4\times 43.2}{444.24\times 3.14\times 0.3}}=0.643(\text{m})=643(\text{mm})$$

5.2.5.2　海水管径设计

已知，$M=0.17\ \text{kg/s}$，$u=10\ \text{m/s}$，$\rho=1.2\ \text{kg/m}^3$

$$d=\sqrt{\frac{4M}{\rho\pi u}}=\sqrt{\frac{4\times 0.17}{444.24\times 3.14\times 10}}=0.018(\text{m})=18(\text{mm})$$

$M=9\times 0.17=1.53\ \text{kg/s}$，$\mu=8\ \text{m/s}$

$$d=\sqrt{\frac{4M}{\rho\pi u}}=\sqrt{\frac{4\times 1.53}{1.2\times 3.14\times 8}}=0.203(\text{m})=203(\text{mm})$$

5.2.5.3　管间距设计

已知海水定性温度 $t_{\text{m}}=(7+15)/2=11\ (^\circ\text{C})$，查得物性 $\nu=1.006\times 10^{-6}\ \text{m}^2/\text{s}$，流速 $u=10\ \text{m/s}$，管外径 $d=27\ \text{mm}$。由流动边界层理论可得：

$$\delta=5.0Re^{-\frac{1}{2}}x=5\times\left(\frac{10\times 0.027}{1.006\times 10^{-6}}\right)^{-\frac{1}{2}}\times 6=58(\text{mm})$$

故管间距 $l=2\delta=2\times 58=116(\text{mm})$。

5.2.5.4　管程间距设计

已知海水定性温度 $t_{\text{m}}=(7+15)/2=11(^\circ\text{C})$，查得物性 $\nu=1.006\times 10^{-6}\ \text{m}^2/\text{s}$，流速 $u=10\ \text{m/s}$，管外径 $d=27\ \text{mm}$。由流动边界层理论可得：

$$\delta=5.0Re^{-\frac{1}{2}}x=5\times\left(\frac{10\times 0.027}{1.006\times 10^{-6}}\right)^{-\frac{1}{2}}\times 6=58(\text{mm})$$

故管程间距 $l=2\delta=2\times 58=116(\text{mm})$。

5.3　LNG 开架式海水气化器设计选材

气化器是保证接收站功能的关键设备，在很大程度上决定了接收站的成本。大型 LNG 接收站采用的气化器基本上都是开架式海水气化器，具有工作稳定、气化量大的优点，但国内不能制造，其主要难度是设计选材、焊接和加工等。通过对 LNG 开架式海水气化器（ORV）设计选材进行分析，确定气化器的选材原则，论证各种适用条件下的气化器部件材料，为 LNG 开架式海水气化器设计提供理论依据。

5.3.1　气化器概述

通过对 LNG 开架式海水气化器设计选材进行分析，确定气化器的选材原则，论证各种适用条件下的气化器部件材料，为 LNG 开架式海水气化器设计提供理论依据。

气化器换热管内部介质是 LNG，外部介质是流动的海水，海水在气化器换热管外流动时将换热管内的 LNG 介质气化并将其加热到海水的温度。为避免影响周围海区生态平衡，海水进、出口温差不得超过 7℃，实际常控制在不超过 4～5℃范围内。由若干个换热管组成的管束板一般在低温下要求有良好的机械性能、焊接性能、传热性能，且有优良的耐海水腐蚀性。气化器的选材包括管束、集管和海水槽的选材。由于开架式气化器海水槽为常压工况，只是提供海水来源，海水槽的材料只要能够满足耐海水腐蚀即可，因此选择 304 不锈钢。而管束板作为气化器的主体，它是开架式气化器选材的关键和核心。因此，开架式气化器的选材设计主要是换热管、集管等。

5.3.2 影响气化器选材的因素

根据开架式海水气化器的工作原理及操作条件，气化器的选材要考虑以下因素。①由于换热管内部介质 LNG 的操作温度为-162～+3℃，所以需要耐低温材料，国产常用的普通碳钢、低合金钢都无法满足要求；设计压力为 12MPa，属于高压设备，所以选择的材料强度不能太低，否则难以满足制造和检验要求；LNG 主要成分为甲烷，另有少量乙烷、丙烷等烃类，几乎不含水、硫、二氧化碳等物质，LNG 对材料腐蚀性很小。②由于气化器为开架式，换热管外部介质海水为常压，操作温度为 5～12℃，属于常温范围，因此海水的温度和压力对材料要求不高。③由于海水中的 Cl^- 对金属材料的腐蚀性较强，所以换热管必须选择具有抗海水腐蚀性能较好的材料。④为增大换热面积，提高气化器的效率，选取换热管为星型翅片换热管，此外，在选择换热管材料的时候，要考虑换热管翅片的加工工艺是否可行。

综上所述，决定开架式气化器的材料选择主要有：低温、耐海水腐蚀性和传热性能三大因素。

5.3.3 材料传热性能

气化器中 LNG 与海水的换热以对流传热为主，同时在管壁上有热传导发生。对气化器的设计选材来讲，材料的热导率越高，气化器的换热效率就越高。在热流密度和厚度相同时，物体高温侧壁面与低温侧壁面间的温度差，随热导率增大而减小。在金属材料中，银的热导率最高，然后依次是纯铜、金、铝。由于金和银成本高，作为气化器的换热材料不现实，因此不予考虑。在海水与 LNG 通过换热管进行换热的过程中，为了提高气化器的换热效率，应选用金属材料作为换热管，金属材料的优选顺序为：铜>铝>铁>钛。铜的可氧化性是铜作为气化器换热管最大的弊病，铜合金的导热性下降很大，此外，铜的挤压性能不如铝合金。而铁和钛的热导率比铝和部分铝合金差得较多，因此，从材料的传热性能分析，优先选择铝或铝合金。

5.3.4 材料低温性能

LNG 气化器的设计温度为-170～65℃，因此，气化器换热管、下集管、上下汇管都需满足耐低温（-170℃）的要求。材料中，可用的材料只有 304L、316L、铝合金、铜镍合金 BFe30-1-1 及钛合金 TA7。

5.3.5 材料耐腐蚀性能

由于开架式气化器外部介质是海水，而换热管又长期处于流动海水的包覆中，因此，在气化器选材上就要考虑耐海水腐蚀。海水中含量最多的盐类是氯化物，其次是硫酸盐。海水中Cl^-的含量约占总离子数的 55%，因而使海水对大多数的金属结构具有较高的腐蚀活性。钛及钛合金在海水中的耐腐蚀性最好；不锈钢是易钝金属，靠表面形成的钝化膜抵抗海水腐蚀，随着 Ni、Cr 含量的提高，耐蚀性增加，降低 C 含量可提高不锈钢的耐蚀性，不锈钢中加入 Mo 能提高钝化膜对Cl^-的抵抗力；铜镍合金钝化能力较强，但又随温度降低腐蚀敏感性增强；铝合金在海水中腐蚀仍以局部腐蚀为主，经过冷加工和稳定化处理的 Al-Mg 系合金被认为是最耐海水腐蚀的铝合金。

5.3.6 常用材料性能比较

316型不锈钢抗点腐蚀能力优于304不锈钢，如低碳不锈钢316L、含氮高强度不锈钢316N及合硫量较高的易切削不锈钢 316F，316L 不锈钢抗晶界腐蚀性好；铜镍合金具有良好的力学性能，在海水中具有高的耐蚀性，但是可切削性较差；铝及铝合金与其他金属材料相比，具有密度小、强度高、耐蚀性好、易加工，如 5083 属于 Al-Mg 系合金，有较高的抗蚀性、良好的可焊性和中等强度；6061 属于 Al-Mg-Si 系合金，具有一定强度、可焊性、抗蚀性高，6063 铝合金是 Al-Mg-Si 系中具有中等强度的可热处理强化合金，耐海水腐蚀优良，其工作温度可以达到-269℃，同时具有良好的加工性能，挤压性、电镀性及韧性好，阳极氧化效果优良，是典型的挤压合金，如果作为翅片换热管使用，采用挤压工艺，制造难度将会大大降低；钛具有优异的耐蚀性能和耐低温性能（可用到-253℃的介质）。但是 6063 铝合金有一个致命的缺点：该材料遇到汞液可以引起金属脆化，导致铝合金材料对接焊缝处发穿壁开裂。这种脆裂失效对 5083-O、5083H112、6063-T5 铝合金材料都存在影响。另外，有试验表明，溶液中存在的微量重金属铜离子（10^{-9}级）会在铝合金表面沉积，使铝合金自腐蚀电位正移，但却不会破坏铝合金表面自然氧化膜，使点蚀电位保持不变。因此，使用这类铝合金材料时，一般要求所接触的介质，如海水不能含有汞离子，同时铜离子含量应在1×10^{-10}～1×10^{-9}范围内。

5.3.7 气化器材料选择

在材料的传热性能方面，气化器优先选择 6063-T5 铝合金；在材料的耐低温性方面，碳素钢、低合金钢和双相钢 S31803 都无法满足-170℃的低温设计要求，可用的材料只有 304L、316L、铝合金、铜镍合金 BFe30-1-1 及钛合金，在材料的耐海水腐蚀性方面，钛及其合金的耐海水腐蚀性最好，经过冷加工和稳定化处理的 Al-Mg 系合金是最耐海水腐蚀的铝合金，表面再经过喷涂处理后，可以大大提高使用寿命；在材料的低温、强度方面，铝合金、钛及不锈钢都可以满足要求，铝合金材料中 5083 和 6063 都属于中等强度的铝合金，5083 的低温强度高于 6063。3003 铝合金的强度较低；在材料的加工性能和经济性能方面，铝合金比纯铝的加工性能要好，并且成本比钛和铜镍合金要低。

采用挤压工艺制造星型翅片换热管，将会降低制造难度和成本。综上所述，优先选择 6063 铝合金作为换热管材料。在热处理可强化型铝合金中，Al-Mg-Si 系合金是唯一没有发现应力腐蚀开裂现象的合金。Al-Mg 系合金 5083 是非热处理强化的铝合金，具有很好的耐腐蚀性和理想的强度。5083-O（退火态）焊接后，焊接区域的硬度和焊前比较变化不大，而 5083-H112 焊接区域中的硬度有明显的升高。6063 铝合金是 Al-Mg-Si 系中具有中等强度的可热处理强化合金、具有良好的塑性、适中的热处理强度、良好的焊接性能等优点；6063-T5 由高温成型过程冷却，然后进行人工时效的状态，焊接性能和耐蚀性优良，无应力腐蚀开裂倾向。

设计选材：开架式气化器的星型翅片换热管材料为6063-T5铝合金；气化器的汇管和封头管板采用5083-O、5083H112铝合金材料。

5.4 开架式气化器的海水分布装置

5.4.1 海水水质的基本要求

从国外气化器的现状看，利用海水作为热源必须要考虑以下问题：

① 仔细评估海水吸入系统对海洋生命（鱼类、植物）的影响；

② 海水必须进行氯化杀菌处理；

③ 海水中固体颗粒的直径必须限制在2mm以下；

④ 海水中重金属离子的含量有明确限制：$Cu^{2+} < 10^{-10}$ 、$Hg^{2+} < 10^{-10}$ ；

⑤ 固体悬浮物的浓度不超过80×10^{-6}，在日本限制在10×10^{-6}以下；

⑥ 海水的pH值范围是7.5～8.5。

从限制条件上看，某地区的海水水质监测结果统计显示其pH值平均值为8.07，Cu^{2+}含量为4.01×10^{-9}， Hg^{2+}含量为0.01×10^{-9}，均符合要求。但该水域中悬浮固体的含量高达1370×10^{-6}，远超过限制条件。因此采用海水作为热源，尚需进行海水的预处理。

5.4.2 海水分布装置结构

ORV的海水分布装置，海水入水管通过螺钉或卡扣固定连接在盒式结构的方形海水槽底侧面上，海水槽的上口处对应海水槽盖板；在海水入水管接入海水槽内的端口上边，等间距上下排列有圆形缓冲罩和矩形缓冲罩，圆形缓冲罩上侧与海水槽盖板之间有海水分配器，矩形缓冲罩和圆形缓冲罩的两侧边对应高度设有导流板，对称结构的导流板外侧设有传热管；海水槽内的中心处两侧空间分别竖向间隔设有分配插板，分配插板的两端串通连接溢流插板，溢流插板通过分配插板两端的插槽串通连接各分配插板；其结构简单，安全可靠，控制灵便，易于操作维护，使用寿命长。

为了克服现有技术缺点，需要设计一种海水分布装置，能够使海水在板型管束表面均匀流动并形成稳定的液膜，以保证传热管内的LNG正常气化，消除因海水分布不均引起的管束表面结冰现象。为实现上述目的，ORV装置的主体结构包括海水入水管、海水槽、海水槽盖板、导流板、海水分配器、传热管、矩形缓冲罩、圆形缓冲罩、分配插板、溢流插板和插槽。

ORV的海水分布装置整体结构分为上部海水槽、海水分配器和底部进口三个功能部分，底部进口与上部海水槽、海水分配器相通式，通过串联构成整体海水分布装置；上部海水槽包括焊接在海水槽边上的弧形导流板、能够调节高度的分配插板和溢流插板、将分配插板与溢流插板连接起来的插槽、防止杂物进入海水槽的海水槽盖板；通过调节分配插板的高度使海水槽分配区海水深度相同，调节溢流插板的高度能够确保进入溢流区后的海水深度相同。整体结构示意如图5-5所示。

ORV海水分布装置主体结构包括海水入水管1、海水槽2、海水槽盖板3、导流板4、海水分配器5、传热管6、矩形缓冲罩7、圆形缓冲罩8、分配插板9、溢流插板10和插槽11；海水入水管1通过螺钉或卡扣固定连接在方形海水槽2底部，海水槽2的上口对应海水槽盖板 3；在海水入水管 1 进入海水槽 2 内的端口上边等间距上下排列圆形缓冲罩 8 和矩形缓冲罩 7；圆形缓冲罩 8 上侧与海水槽盖板 3 之间设有海水分配器 5，矩形缓冲罩 7 和圆形缓冲罩 8 的两侧设有导流板 4，导流板 4 外侧设有传热管 6；海水槽 2 内设有分配插板 9，各分配插板 9 的两端连接溢流插板 10，溢流插板 10 通过分配插板 9 两端的插槽连接各分配插板 9。

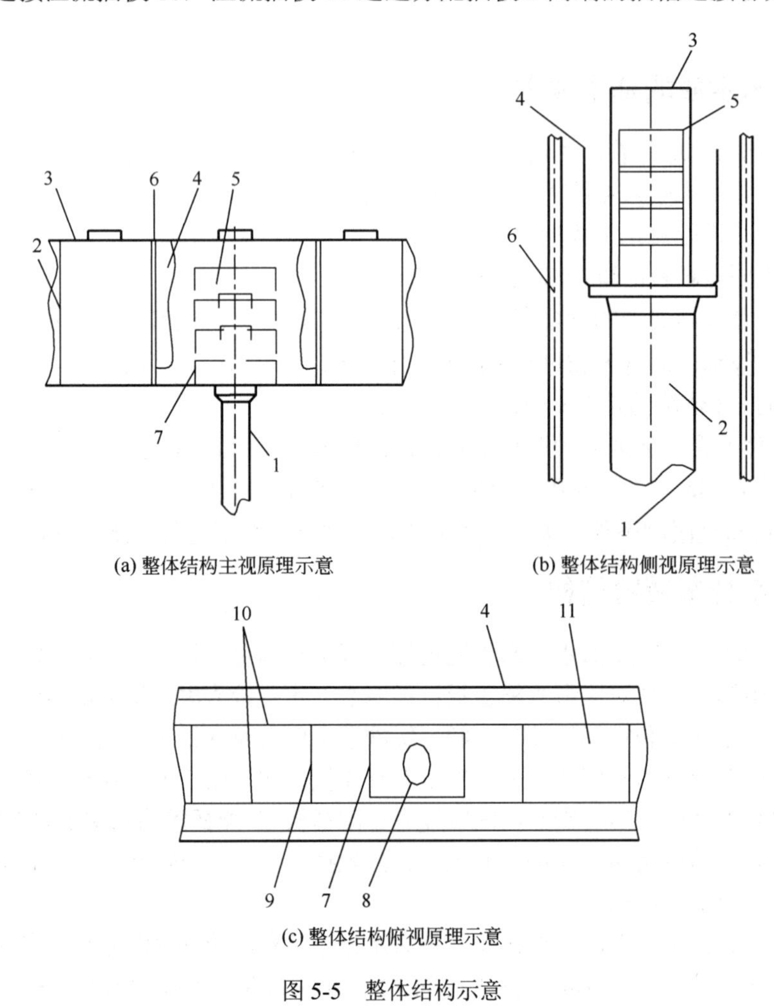

图 5-5　整体结构示意

5.5　LNG 换热管道裂纹及腐蚀

现对已设计好的开架式气化器传热管的开裂进行分析。

5.5.1　工作环境及工况说明

天然气的主要成分是甲烷。常压下将天然气冷冻到-162℃左右，可使其变为 LNG。LNG 的体积约为其气态体积的 1/630，然后液化后的天然气通过专用的液化天然气船运至接收站。LNG 接收站中将液态的 LNG 转化为气态的天然气，通常所利用的设备就是海水开架式气化器 ORV。ORV 工作介质为 LNG/NG，设计温度-170～60℃，最大操作压力 4.0MPa，设计压力 4.6MPa。开裂的传热管材质为 6063 铝合金，ORV 汇管材质为 5083 铝合金。根据设备制造商介绍，除日本LNG接收站有一台ORV因超出设计寿命，发生过类似事故外，在设备的生命周期内，传热管开裂还是国际首例，因此成因分析并解决问题非常重要。

5.5.2 开架式气化器基本结构

开架式气化器的基本单元是传热管，由若干传热管组成板状排列，两端与集气管或集液管焊接形成一个管板，再由若干个管板组成一个气化器，传热管的材料为铝合金。为了增强传热效果，传热管一般做成内外翅片型。LNG由气化器的下部流经铝合金管的内部，被海水加热并气化，达到天然气外输温度要求。

5.5.3 LNG换热管道裂纹分析

5.5.3.1 管道裂纹外观分析判断

根据传热管的裂纹、变形和痕迹特征进行分析。传热管的开裂具有明显颈缩，形成的断口为杯锥状，这是轴向拉伸过载（外力超过极限载荷）的典型特征。传热管上端圆柱段（即没有翅片段）发生的伸长塑性变形，为过载的结果。因此可以判定传热管受到的轴向力大于材料的屈服强度。传热管靠近平板的翅片上有大片的白色区域，颜色也与其他翅片不同，说明传热管发生了显著的弯曲变形，应是压缩失稳的结果，轴向拉伸载荷不会产生弯曲变形，而细长结构容易发生压缩失稳。

5.5.3.2 LNG换热管道材料抗力分析

传热管为中间翅片两端圆柱状的结构，管间翅片点焊连接。在服役过程中，下端（LNG）温度低，上端（NG）温度高。圆柱段截面积最小，所受应力最大。从低温到常温范围（-150～20℃），温度越低，6063铝金的屈服强度和抗拉强度越高，即上端材料的强度最低，因而，上端圆柱段（临近焊缝位置）是传热管最薄弱的环节。

根据前面的分析，可确定破坏载荷为轴向载荷。根据受热管的服役环境，轴向载荷σ_t主要包括内压引起的轴向载荷σ_p和温差引起的轴向载荷$\sigma_{\Delta T}$，另外可能有焊接残余应力σ_r存在。即

$$\sigma_t = \sigma_p + \sigma_{\Delta T} + \sigma_r \tag{5-56}$$

内压引起的轴向载荷σ_p为：

$$\sigma_p = \frac{PD}{4t} \tag{5-57}$$

正常服役环境下，一个平板上所有传热管的温度分布相同，每根管的伸缩量一致。若安装时环境温度为20℃，则运行时管温降低，传热管收缩，收缩量ΔL为：

$$\Delta L = \int_0^6 \alpha \Delta T L \mathrm{d}L \tag{5-58}$$

式中 α——线膨胀系数，此处取值22×10^{-6}；

ΔT——温度梯度，℃；

L——管长，取管长为（-150～20）/6L。

假设底部的集液管和顶部的集气管固定，不发生位移，此时管道所受轴向拉应力σ_t为：

$$\sigma_t = \sigma_p + \sigma_{\Delta T} + \sigma_r = \frac{PD}{4t} + \int_0^6 \frac{\alpha \Delta T L E}{6} \mathrm{d}L + \sigma_r \tag{5-59}$$

若没有焊接残余应力，则正常工作状态下，轴向应力应小于 6063-T5 屈服强度值（24℃时为 145MPa）。

5.5.4 传热管开裂成因及解决方案

5.5.4.1 传热管开裂成因

针对受力分析和现场开裂的实际情况，开裂在焊缝的热影响区附近，焊接无缺陷，传热管外表为白色，区别于其他带泥污的传热管。分析开裂的成因有 4 点。

① 海水未连续接触 LNG 管道或交变接触，导致管道外表面温度时高时低；

② 气化器工作和停运状态的长期交替变化，导致疲劳破坏；

③ 大温差换热后导致材料内部应力增大；

④ 材料低温脆断，或材料脆性增大，在高压状态下容易导致材料开裂。

具体如下：低温工况下海水未连续接触传热管道，管内通过 LNG，传热管外壁结冰，最终导致在强度相对薄弱的焊接热影响区产生热疲劳破坏，且传热管间的点焊处开裂。

热疲劳的具体过程为：停运阶段，传热管为室温两端与上下管道连接；工作阶段，正常海水浇注时传热管本身温度近似为海水温度。当海水分布不均导致管道表面无海水时，传热管被 LNG 冷却并收缩，容易发生塑性变形并发生疲劳破坏。

5.5.4.2 解决方案

根据海水分布不均发生的工况和条件，主要从以下四方面消除成因。

① 确保气化器安装的精度要求并避免海水分布不均；

② 适时调节每组海水阀的开度并确保海水分布均匀；

③ 确保 ORV 管道外表面与海水充分接触以阻止结冰现象；

④ 确保海水槽的清洁无异物并保证海水畅通。

5.6 LNG 管道腐蚀及应力计算

ORV 采用铝合金管道，可有效提高传热效率，相同条件下减小换热面积，但 ORV 处于外表面接触海水，容易导致腐蚀，使管道破裂。根据相关参考文献，以铝合金材料为 ORV 主换热管道为例，整理并记录如下铝合金腐蚀性能的研究情况。

5.6.1 铝合金应力腐蚀性能

6063-T5 铝合金由于质量轻、强度高及抗低温性能好等优点，在 LNG 行业得到了广泛的应用。在管道焊接成型的过程中，不可避免的会出现焊接裂纹等缺陷。这些缺陷在贮箱长期贮存过程中受到来自两方面的影响：一是管道内部压力的影响；二是管道内部介质的腐蚀影响，两者联合起来可能对贮箱造成应力腐蚀。

依据 GB/T 15970—2007《金属和合金的腐蚀-应力腐蚀试验》考虑构件在实际使用过程中可能存在的缺陷对应力腐蚀敏感性的影响，采用预裂纹试样，根据加载方式不同分为恒位移试样和恒载荷试样，采用自加载的双悬臂（DCB）恒位移试样，利用加载螺栓自身加载，不需额外的加载装置。根据 GB/T 15970—2007 中的经验公式，DCB 恒位移实验的应力强度因子 k_{I} 可由下式计算：

$$k_{\mathrm{I}}=\frac{ESh\left[3h(a+0.6h)^{2}+h^{3}\right]^{1/2}}{4\left[(a+0.6h^{3})+ah^{2}\right]}\sqrt{\frac{B}{B_{\mathrm{N}}}} \tag{5-60}$$

式中 S——加载后加载轴线处的总位移，mm；

B——试样厚度，mm；

B_{N}——开槽后的有效厚度，mm；

E——弹性模量，MPa；

a——裂纹长度；

h——试样半高。

5.6.2 铝合金点蚀对应力集中系数影响

根据参考文献[9]研究所示，点蚀模型局部 Mises 应力最大应力发生在点蚀坑底部，代入公式（5-61），根据最大应力和和远场应力得到此时有效应力集中系数 K_{f}=1.424。建立 d/h 和 h 在给定范围内的所有模型，采用同样方法得到 K_{f}，如表 5-4 所示。

表 5-4 不同径深比和深度下的点蚀坑有效应力集中系数

K_{f} \ d/h		10	9	8	7	5.5	4	3	2	1
轻微	0.01	1.110	1.112	1.133	—	—	1.225	—	—	—
稍重	0.05	1.285	1.303	1.320	—	—	1.500	—	—	1.713
中等	0.10	1.329	1.376	1.424	—	—	1.640	1.979	2.029	2.074
明显	0.20	1.451	1.510	1.560	—	—	1.712	—	—	2.203
显著	0.50	1.649	1.665	1.738	—	—	2.044	—	—	2.450
严重	0.80	1.777	1.831	1.869	—	—	2.351	—	—	2.535

点蚀处于中等程度即 h 等于 0.1mm 的构件随着径深比的增大（1～10）K_{f}逐渐减小。可以清楚看到根据径深比不同，在 d/h 为 1～3、4～7 和 8～10 上 K_{f}大致分为三等，因此应用分段函数思想得到 K_{f}相对准确的经验公式。

在不同分段内，K_{f}随点蚀深度的增大而变大，但增长速度有放缓趋势。根据表 5-4 中三段不同径深比下的数据，选取二次多项式，采用最小二乘法分别拟合 d/h 为 1、4 和 8 时的数据，保证深度为 0 时拟合公式能归 1，并引入项作为各段的修正项。最后得到单点蚀坑有效应力集中系数经验公式：

当 $8\leqslant d/h\leqslant 10$，即点蚀为宽浅型时，

$$K_{\mathrm{f}}=1+0.57\sqrt{d/h}+1.85h-1.3h^{2} \tag{5-61}$$

当 $4\leqslant d/h\leqslant 7$，即点蚀为中间类型时，

$$K_{\mathrm{f}}=1+0.57\sqrt{d/h}+2.04h-1.00h^{2} \tag{5-62}$$

当 $1\leqslant d/h\leqslant 3$，即点蚀为窄深型时，

$$K_{\mathrm{f}}=1+0.71\sqrt{d/h}+2.60h-2.00h^{2} \tag{5-63}$$

试件暴露面积的影响由最大点蚀深度确定：

点蚀系数的定义为点蚀系数=点蚀最大深度/平均蚀坑深度，即

$$h=\frac{H_m}{h'} \tag{5-64}$$

定义中点蚀最大深度是与试件暴露面积相关的函数，试件面积越大，出现深度较大蚀点的概率也越大。一般认为，实际环境中构件最大点蚀深度的概率分布近似地服从极值分布，通常取 Gumbel 分布。即最大点蚀深度不超过某一特定数值 H_m 的概率可表示为

$$P\left(h\leqslant H_m\right)=\exp\left[-\exp\left(-\frac{H_m}{h'}\right)\right] \tag{5-65}$$

式中，h、h'均为统计参量，分别为概率密度最大的蚀点深度及所有蚀点深度的均值。

5.6.3 点蚀数目和最深点蚀位置的影响

根据参考文献[9]，分析点蚀数目对 K_f 的影响时，将最大点蚀（深度 $h=0.8$ mm）置于试件上表面正中央，其他等深小点蚀（深度 $h=0.1$ mm，径深比与最大点蚀相同）在其周围均匀布满上表面。

表 5-5　不同点蚀数目下的有效应力集中系数 K_f［大小点蚀 h =0.8/0.1(mm)］

1/4 模型上点蚀数目		1	7	16	25	51/46
d/h=1	K_f	2.535	2.416	2.349	2.569	2.309
d/h=4	K_f	2.351	2.039	2.052	2.029	2.248

取点 d/h 为 1 和 4 作代表计算得到 5 组数据如表 5-5 所列。当点蚀数目较少时，模型有效应力集中系数比单点蚀坑情况时减小，但数据不稳定（这与点蚀间距和数目共同作用有关）。为此在后面的分析时应该考虑数目足够多的点蚀群来分析构件的有效应力集中系数 K_f。后面取 50 个左右点蚀进行分析，这与 Champion 标准统计样图中同深度等级的点腐蚀数目 10～33 个/cm^2 大体相当。

根据上面分析考虑 1/4 模型上分布一个大点蚀，其余 50 个小点蚀均布的情况。计算中保证前面同等计算精度，最后结果如表 5-6 所列。

表 5-6　最深点蚀不同位置对 K_f 影响

位置	K_f	偏差/%
1	2.309	0
2	2.344	1.5
3	2.418	4.7

从表 5-6 中数据可以看到以构件中心为圆心，在 1/4 构件半宽范围内，最深点蚀位置的差异对有效应力集中系数的影响有限，K_f 的差异以中心位置为准在 5%范围以内。因此不考虑边界腐蚀的情况时，分析点蚀系数对有效应力集中系数的影响可以定位最深点蚀位置在构件中心。

5.6.4 点蚀系数对应力集中系数的影响

为了方便计算而又不失代表性，将长方体构件的上表面（40 mm×20mm）均分 40 块，深点蚀位于中心。45 个小点蚀划分为 5 组随机均布在 1/4 模型的 10 块区域内，为了与实际情

况（即深点蚀附近应分布有小点蚀）符合的更好，保证最深点蚀附近6号区域恒有小点蚀。根据前面分析假设和选取点蚀群点蚀系数的范围为4～8，按照点蚀孔径尺寸（d/h=1，h=0.8～0.4/0.1mm）建立模型，同时由公式（5-61）计算最深点蚀的 $K_{f\max}$ 或直接选取结果，最后得到数据如表5-7所列。

表5-7　同点蚀系数下的 K_f

点蚀群分布（d/h=1）						λ	K_f	$K_{f\max}$
随机区域	6	2	9	1	10	4	2.020	2.340
	7	5	3	1	6	5	2.097	2.450
	9	10	6	1	5	6	2.199	2.550
	2	5	6	4	7	7	2.205	2.540
	1	2	5	6	7	8	2.286	2.535

为了实际运用简便和保证极限情况的正确，参考文献[9]，点蚀群和单个最深点蚀的有效应力集中系数关系为

$$K_f = 1 + f(\lambda)K_{f\max} \tag{5-66}$$

式中，$f(\lambda)$为点蚀系数的线性函数；$K_{f\max}$为点蚀群中最深点蚀单独存在时的有效应力集中系数；按径深比不同可用前面式（5-63）、式（5-64）计算。

作为检验，由表5-6中数据绘制有效应力集中系数 K_f 和点蚀系数线性回归关系曲线（对比最深点蚀 $K_{f\max}$）。经过拟合处理可以得到相关系数为0.98的关系式：

$$f(\lambda) = \frac{1 - K_f}{K_{f\max}} = 0.37 + 0.017\lambda \tag{5-67}$$

将式（5-63）代入式（5-67）得：

$$K_f = 1 + (0.37 + 0.017\lambda) \times (1 + 0.71/\sqrt{d/h}) + 2.6h - 2h^2 \tag{5-68}$$

可以看到式（5-68）的形式在算例中符合条件，可以用类似方法处理其他径深比和平均腐蚀深度的情况。

5.7 法兰设计

5.7.1 螺栓法兰连接设计内容

① 确定垫片材料、型式及尺寸；
② 确定螺栓材料、规格及数量；
③ 确定法兰材料、密封面型式及结构尺寸；
④ 进行应力校核（计算中所有尺寸均不包括腐蚀裕量）；
⑤ 对承受内压的窄面整体法兰和按整体法兰计算的窄面任意式法兰进行刚度校核。

5.7.2 本设计采用窄面整体法兰

整体法兰　法兰、法兰颈部及容器或接管三者能有效地连接成一整体结构。

整体法兰及载荷作用位置见图5-6。

5.7.3 整体法兰计算

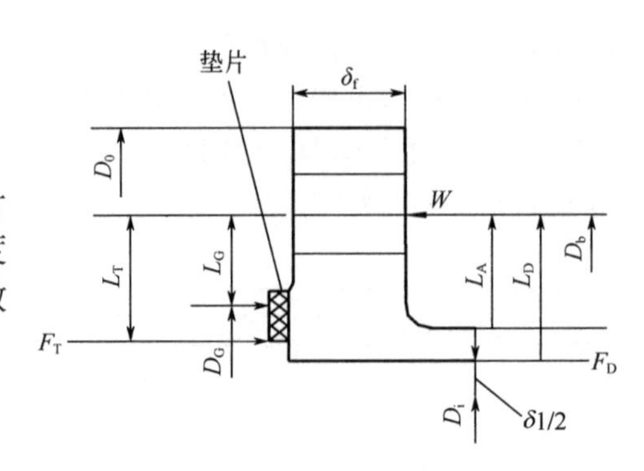

图 5-6 整体法兰及载荷作用位置

5.7.3.1 垫片

各种常用垫片的特性参数（m、y）查取，垫片有效密封宽度。选定垫片尺寸，确定垫片接触宽度 N 和基本密封宽度 b_0，并按以下规定计算垫片有效密封宽度 b。

当 $b_0 \leqslant 6.4\text{mm}$ 时，$b = b_0$；当 $b_0 > 6.4\text{mm}$ 时，$b = 2.53\sqrt{b_0}$。

垫片压紧力作用中心圆直径，按下列规定确定：当 $b_0 \leqslant 6.4\text{mm}$ 时，D_G 等于垫片接触的平均直径；当 $b_0 > 6.4\text{mm}$ 时，D_G 等于垫片接触的外径减去 $2b$。

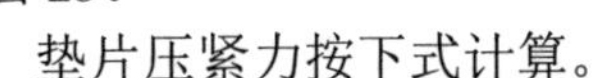

垫片压紧力按下式计算。

① 预紧状态下需要的最小垫片压紧力 $F_a = 3.14 D_G b y$；

② 操作状态下需要的最小垫片压紧力 $F_P = 6.28 D_G b m p$。

垫片在预紧状态下受到最大螺栓载荷的作用，当压紧过度将失去密封性能，垫片应有足够的宽度，其值可按经验确定。

5.7.3.2 螺栓

螺栓载荷按以下方式计算。

① 预紧状态下需要的最小螺栓载荷 $W_a = F_a$；

② 操作状态下需要的最小螺栓载荷 $W_p = F + F_P$，其中，内压引起的总轴向力 $F = 0.785 D_G p_c$。

螺栓面积的计算。

① 预紧状态下需要的最小螺栓载荷 $A_a = W_a / [\sigma]_b$；

② 操作状态下需要的最小螺栓载荷 $A_p = W_p / [\sigma]_b^t$；

③ 需要的螺栓面积 A_m 取 A_a 与 A_p 中的最大值；

④ 实际螺栓面积 A_b 应不小于螺栓面积 A_m；

⑤ 最小螺栓面积以螺纹小径及无螺纹部分的最小直径分别计算，取小值。

螺栓设计负荷计算。

① 预紧状态下螺栓设计载荷 $W = \dfrac{A_m + A_b}{2}[\sigma]_b$；

② 操作状态下螺栓设计载荷 $W = W_p$。

5.7.3.3 法兰力矩

（1）预紧状态的法兰力矩按下式计算 $M_a = \dfrac{A_m + A_b}{2}[\sigma]_b L_G$；

（2）操作状态的法兰力矩计算

作用于法兰内径截面上的内压引起的轴向力 F_D，按下式计算。

$$F_D = 0.785 D_i^2 p_c \tag{5-69}$$

内压引起的总轴向力 F 与内径截面上的轴向力 F_D 之差 F_T，按此式计算，即：$F_T = F - F_D$。

法兰力矩按下式计算

$$M_p = F_D L_D + F_T L_T + F_G L_G \tag{5-70}$$

式中

$$L_D = L_A + 0.5\delta_1$$

$$L_T = \frac{L_A + \delta_1 + L_G}{2}$$

$$L_G = \frac{D_b - D_G}{2}$$

法兰设计力矩

$$M_0 = \begin{cases} M_a [\sigma]_f^t / [\sigma]_f \\ M_p \end{cases} \tag{5-71}$$

5.7.3.4 法兰应力计算

（1）轴向应力

$$\sigma_H = \frac{f M_0}{\lambda \delta_1^2 D_i} \tag{5-72}$$

式中

$$\lambda = \frac{\delta_f e + 1}{T} + \frac{\delta_f^3}{d_1}$$

$$e = \frac{F_T}{h_0}$$

$$h_0 = \sqrt{D_i \delta_0}$$

$$d_1 = \frac{U}{V_I} h_0 \delta_0^2$$

其中，整体法兰系数 F_I、V_I 可查图表获得。

（2）径向应力

$$\sigma_R = \frac{(1.33\delta_f e + 1) M_0}{\lambda \delta_f^2 D_i} \tag{5-73}$$

（3）环向应力

$$\sigma_T = \frac{Y M_0}{\delta_f^2 D_i} - Z \sigma_R \tag{5-74}$$

5.7.3.5 切应力

（1）剪切载荷 W

预紧状态和操作状态下同螺栓设计。

（2）剪切面积

$$A_\tau = 3.14 D_\tau l \tag{5-75}$$

式中　A_τ ——剪切面积，mm^2；

D_τ ——剪切面计算直径，取圆筒外径，mm；

l ——剪切面计算高度，mm。

（3）切应力以预紧和操作两种状态分别按下式计算切应力 τ

$$\tau = W/A_\tau \tag{5-76}$$

通过对开架式气化器（ORV）的设计，可初步掌握 LNG 气化器的基本设计计算过程，尤其 LNG 管道与海水的流动换热工艺计算过程，掌握 ORV 的基本结构设计过程，合理安排 LNG 进出口位置及管口大小，合理安排海水管道进出口位置及流动方式等关键参数，合理选择 LNG 管道的排列方式及掌握整体 ORV 管道的排列技巧，合理设置管板及管道连接方式等过程，为 ORV 总体结构设计提供可参考样本。

参考文献

[1] 裘栋. LNG 项目气化器的选型 [J]. 化工设计，2011，21（04）：19-22.

[2] 王彦，冷绪林，简朝明等. LNG 接收站气化器的选择 [J]. 油气储运，2008，27（03）：47-49.

[3] 吕俊，王蕾. 浙江 LNG 接收站项目气化器选型及系统优化 [J]. 天然气工业，2008，28（02）：132-135.

[4] 张尚文. 液化天然气开架式气化器工艺研究和设计 [J]. 石油化工设备，2012，41（03）：25-29.

[5] 陈雪，马国光，付志林 等. 我国 LNG 接收终端的现状及发展新动向 [J]. 煤气与热力，2007，27（08）：63-66.

[6] 赵楠. 液化天然气（LNG）接收站重要设备材料手册 [M]. 北京：石油工业出版社，2007.

[7] 张立希，陈慧芳. LNG 接受终端的工艺系统及设备 [J]. 石油与天然气化工，1999，28（03）：163-166.

[8] 常新龙，刘万雷，赖建伟，张晓军. LD10 铝合金应力腐蚀性能的研究 [J]. 中国腐蚀与防护学报，2013，33（04）：347-350.

[9] 章刚，闫五柱，王晓森，刘军，岳珠峰. 铝合金点蚀对应力集中系数影响的分析 [J]. 强度与环境，2009，36（04）：11-18.

第6章 低温液氮洗用多股流缠绕管式换热器

20 世纪 80 年代以来，国外主要有德国 Linde 公司等开发低温液氮用缠绕管式换热器，主要应用于空分和合成氨等领域，可进行低温工况下的混合气低温高压多股流回热换热，将来流氮气一次性液化，具有换热效率高、集约化程度高以及需要换热设备数量少等特点。国内在合成氨等领域对缠绕管式换热器已有应用，一般随整体工艺成套进口。合成氨低温液氮洗工艺中的主换热设备为多股流螺旋缠绕管式换热器，主换热工艺流程主要包括三个阶段，主要由三个不同换热温区的换热器组成，其中，第一个阶段是将压缩后的高压氮气进行预冷，将 42℃高压氮气预冷至-63.6℃；第二个阶段是将高压氮气及低温甲醇工艺来的净化气从-63.6℃冷却至-127.2℃，为低温液化做准备；第三个阶段是将-127.2℃高压氮气冷却至-188℃并液化及将-127.2℃净化气冷却至-188.2℃。三个过程连续运行并连接成为整体式低温液氮回热换热装备。

目前，大多低温液氮洗工艺系统采用整体换热方式，将三段制冷过程连接为一整体，换热器高度可达 60～80m，换热效率得到明显提高。此外，由于普通列管式换热器采用管板连接平行管束方式，结构简单，自收缩能力较差，一般为单股流换热，换热效率较低、体积较大、温差较小，若要将高压 N_2 在一个流程内冷却并液化，需要多台列管式换热器连接换热，换热器数量众多，不宜管理。另外，传统的补充液氮的方法是将制氮系统生产的液氮在 0.18MPa 饱和状态下直接注入污氮中降低整个回流温度，加速启动扩散制冷过程，但气化后的氮气与污氮烧后排入大气，造成氮气浪费。本设计采用 5.9MPa 高压过冷液氮直接打入壳体反向冷却缠绕管一起排出系统燃束，气化后与壳程高压氮气混合，可直接起到加速氮气液化作用，推动洗涤塔内扩散制冷过程，补充液氮也可有效应用于合成氨气体的配比过程，节省了氮气的使用量。最后，传统的精配合成气中的氮氢含量方法是另外补充高压氮气配平，本设计直接从二级制冷段引出精配氮气，直接加入到二级合成气管束的方法精确配平合成气氮氢比例，操作方便。

设计时主要是通过查询和参考国外先进的大型制造厂家（德国林德公司）的一些参数如工艺流程、基本原理和各项参数等。从整个工艺流程出发来看，都是在遵循林德公司所确定的流程及其他大型制造厂家的制造过程。尤其在高压氮气冷却器、1 号原料气体冷却器、2 号原料气体冷却器三个阶段，出现了温度变化和相变以及气液混合成分，同时采用通用制冷剂计算软件（NIST 程序）进行计算。国内目前还没有相关的设计及制造经验和标准，设计开发信息源很少，所以只能参照一些其他类型换热器的机械强度设计等方面的参数进行设计计算。

6.1 设计方案及流程

6.1.1 液氮洗工序生产流程图

液氮洗工序生产流程图如图 6-1 所示。

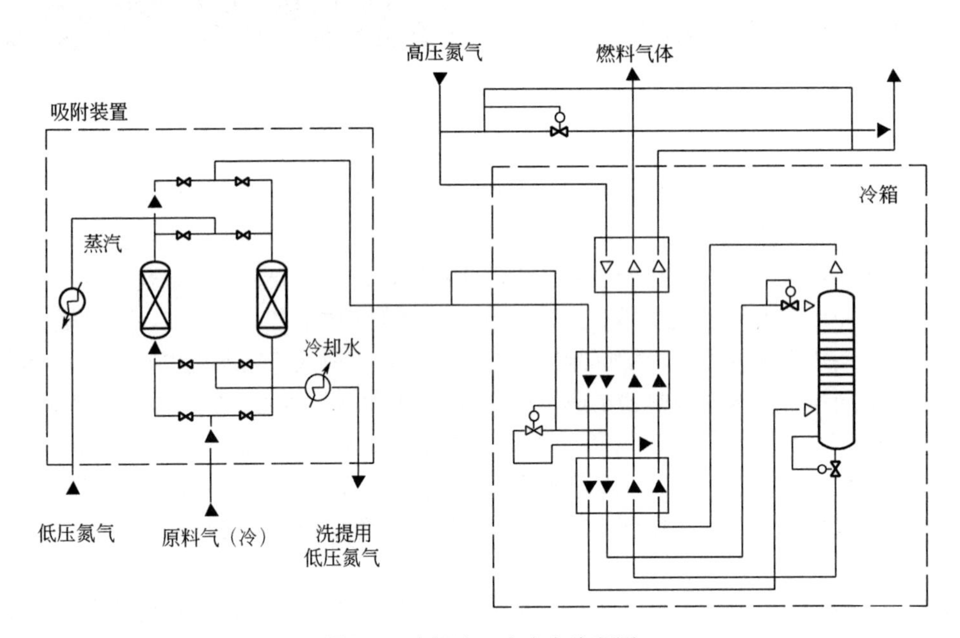

图 6-1　液氮洗工序生产流程图

（1）净化气流程（包括合成气流程）

来自低温甲醇洗工序的净化气，流量为 86843m^3/h，压力 5.31MPa(G)，温度为-63.6℃。其中 H_2 96.42%，N_2 0.65%，CO 2.70%，Ar 0.17%，CH_4 0.058%，CO_2 10μL/L（保证值 20μL/L），CH_3OH 10μL/L（保证值 25μL/L）。首先进入内装分子筛的吸附，将净化气中微量的 CO_2、CH_3OH 脱除干净，出吸附器后的净化气中，CO_2 和 CH_3OH 的含量均在 1μL/L 以下；然后净化气进入冷箱，在 1 号原料气体冷却器及 2 号原料气体冷却器中与返流的合成气、燃料气和循环氢气进行换热，使出 2 号原料气体冷却器（E-1106）后的原料气温度降至-189℃，进入氮洗塔的下部。在氮洗塔中，上升的原料气与塔顶来的液氮成逆流接触，并进行传质、传热。CO、CH_4、Ar 等杂质从气相冷凝溶解于液氮中，而塔顶排除的氮洗气中的 H_2 与大约 10%的蒸发液氮混合，进入 2 号原料气体冷却器，出 2 号原料气体冷却器后，将高压氮气配入到氮洗气中，使 H_2/N_2 达到 3∶1（体积比），配氮后的氮洗气称为粗合成气。在 1 号原料气体冷却器内，合成气与净化气、高压氮等物流换热后，出 1 号原料气体冷却器后温度达-67.3℃，分为两股，一股流量为 31021m^3/h，进入高压氮气冷却器，与燃料气、循环氢气一起冷却高压氮气，出高压氮气冷却器后，粗合成气、燃料气、循环氢等均被复热至常温；另一股流量为 79783m^3/h，送低温甲醇洗工序交回由净化气体自低温甲醇洗工序带来的冷量，返回后与高压氮气冷却器出口的粗合成气汇合，在经精调后把H_2/N_2为3∶1的合成气送入氨合成工序。

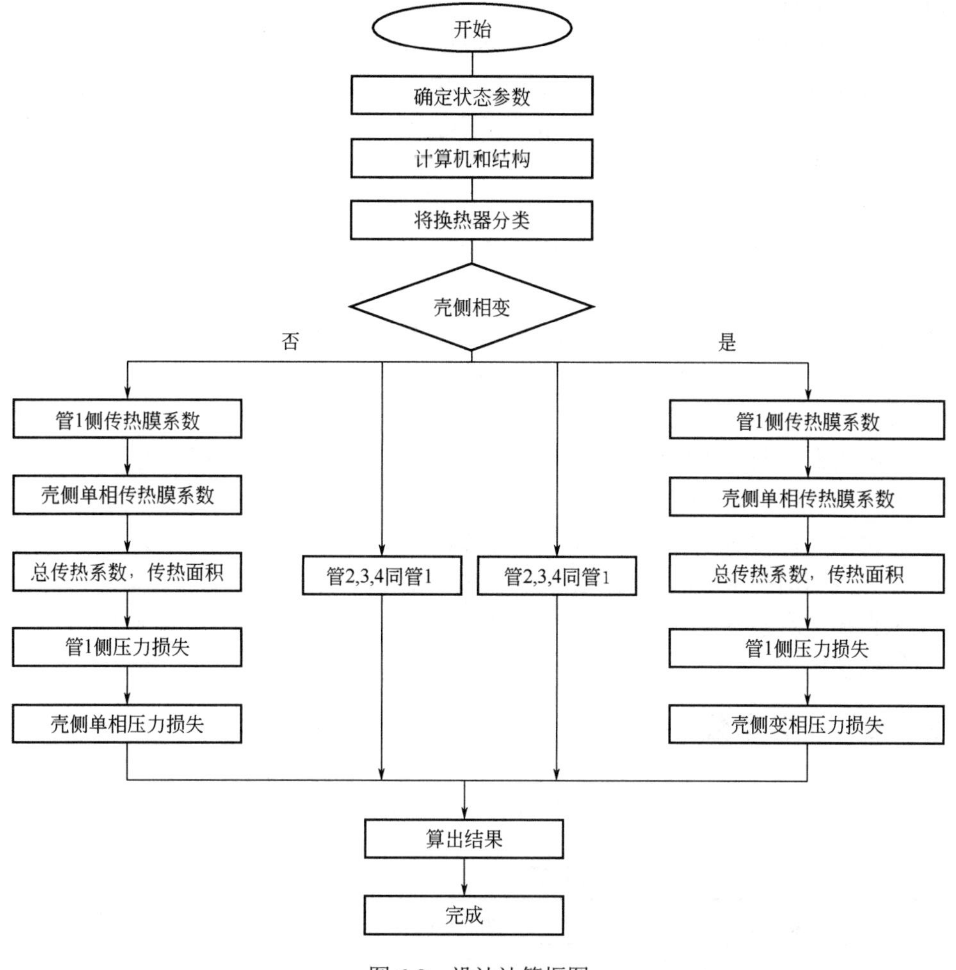

图 6-2 设计计算框图

（2）高压氮气流程

进入液氮洗工序的氮气，压力为 5.9MPa(G)，温度为 42℃，流量为 29806m^3/h，O_2≤10μL/L。它进入冷箱后，在高压氮气冷却器内，被部分粗合成气、燃料气和循环氢气冷却后，温度降到-63.6℃，然后进入 1 号原料气体冷却器，被合成气、燃料气和循环氢气进一步冷却，出 1 号原料气体冷却器后，高压氮气被冷却到-127.2℃。一股继续在 2 号原料气体冷却器中被合成气、燃料气和循环氢气再进一步冷却至-188.2℃而成为液态氮，进入氮洗塔的上部而作为洗涤液，流量为 9602m^3/h；另一股节流进入气体混合器，与氮洗塔塔顶来的氮洗气混合，成为H_2/N_2为 3∶1 的合成气，其流量为 20204m^3/h。由于高压氮导入净化气后其分压降低产生 J-T 效应，提供了液氮洗工序所需的冷量。

（3）燃料气流程

从氮洗塔塔底排出的馏分，流量为 5844m^3/h，温度-193℃，组成为H_2 11.08%，N_2 45.42%，Ar 2.47%，CO 40.09%，CH_4 0.94%，经减压至 1.8MPa(G)后进入氢气分离器中进行气液分离。由氢气分离器底部排出的液体即燃料气，又经进一步减压至 0.18MPa(G)，然后进入 2 号原料气体冷却器、1 号原料气体冷却器和高压氮气冷却器中进行复热。出高压氮气冷却器后的压力为 0.08MPa(G)，温度为 30℃，送往燃料气系统，而在装置开车期间送往火炬焚烧。

（4）环氢气流程

由氢气分离器顶部排出的气体，流量为 480m^3/h，压力为 1.8MPa(G)。进入 2 号原料气体冷却器、1 号原料气体冷却器和高压氮气冷却器中进行复热。出高压氮气冷却器后的压力为 1.75MPa(G)，温度为 30℃，送往低温甲醇洗工序的循环气压缩机回收利用，提高原料气体中有效组分的利用率，开车时送往火炬焚烧。

（5）空分来的补充液氮流程

正常操作时，液氮洗工序不需要补充冷量开车或工况不稳定时，则需液氮来补充冷量。从空分装置引入的液氮，流量为 500m^3/h，压力为 0.45MPa(G)。它经 HV-1101 减压后，压力为 0.18MPa(G)，并在 2 号原料气体冷却器前进入燃料气管线，汇入燃料气中。它经 2 号原料气体冷却器、1 号原料气体冷却器和高压氮气冷却器复热，向液氮洗工序提供补充冷量。

（6）分子筛吸附器再生流程

分子筛吸附器有两台切换使用，即一台运行，另一台再生，切换周期为 24h，自动切换，属程序控制，再生步骤为 21 步。再生用 0.45MPa(G)的低压氮气，由空分装置提供；再生氮气的加热由再生气体加热器完成。再生气体加热器为一蒸汽加热器，采用 3.62MPa(G)的高压蒸汽加热，蒸汽则由高压蒸汽管网供给。再生氮气的冷却系统通过再生气体冷却器实现，所用冷却水来自循环水系统管网。出再生气体冷却器的再生氮气送低温甲醇洗工序的汽提塔，作为汽提氮气使用。

6.1.2 设计工艺参数

气体物性参数见表 6-1，标准状况下的各介质性能参数见表 6-2。

表 6-1 气体物性参数

气体名称	大气压沸点/℃	大气汽化热/(kJ/kg)	临界温度/℃	临界压力/atm
CH_4	−161.45	509.74	−82.45	45.79
Ar	−185.86	164.09	−122.45	47.98
CO	−191.50	215.83	−140.20	34.52
N_2	−195.80	199.25	−146.95	33.50
H_2	−252.77	446.65	−240.20	12.76

表 6-2 标准状况下各介质性能参数

名称	净化气	氮气	污氮	氢气/氮气	氢气
相对密度	0.132021493	1.2504	1.2596	0.37972	0.089885

6.1.3 缠绕管换热器设计计算过程

根据换热器的设计与核算原理，结合具体的工艺要求，整理出换热器具体的计算框图。主要有确定状态参数、计算几何结构、根据状态及要求分级确定壳侧是否相变。然后计算缠绕管与壳体的传热系数、传热面积、压力损失、绕管根数最后校核计算。计算框图如图 6-2 所示。

6.2 氮气及制冷剂的状态计算

6.2.1 高压氮气冷却器的设计

选取1Cr18Ni9Ti型号的管，取$d_0\delta' = 15\ \text{mm} \times 2.5\ \text{mm}$，壁厚计算公式

$$\delta = \frac{P_c d_i}{2[\sigma]^t \phi - P_c} \tag{6-1}$$

式中 δ——管壁厚，mm；

P_c——工作压力，MPa，一级合成气进口、一级污氮进口、一级氢气进口，工作压力分别为5.1MPa、0.13MPa、1.77MPa；

d_i——管内径，mm，$d_i = d_0 - 2\delta' = 15 - 2\times 2.5 = 10\ \text{mm}$；

ϕ——焊缝系数，铝合金6005取ϕ=1.0；

$[\sigma]^t$——管材在各种温度下的许用应力，MPa，$[\sigma]^t = \min([\sigma]^t_1, [\sigma]^t_2)$。

$$[\sigma]^t_1 = \frac{\sigma_s}{n_s} = \frac{205}{1.5} = 136.7\text{MPa}, [\sigma]^t_2 = \frac{\sigma_b}{n_b} = \frac{520}{3.5} = 148.6\text{MPa}$$

$$P_c = \max\left[P_{管1进}, P_{管2进}, P_{管3进}\right] \tag{6-2}$$

式中 $P_{管1进}$——一级合成气进口压力，MPa，$P_{管1进} = 5.1\ \text{MPa}$；

$P_{管2进}$——一级污氮进口压力，MPa，$P_{管2进} = 0.13\ \text{MPa}$；

$P_{管3进}$——一级氢气进口压力，MPa，$P_{管3进} = 1.77\ \text{MPa}$。

一级氮气和氢气混合气体管

$$\delta = \frac{P_c d_i}{2[\delta]^t \phi - P_c} = \frac{5.10 \times 10}{2 \times 136.7 \times 1 - 5.10} = 0.19(\text{mm})$$

$$\delta_e = \delta + C$$

式中 C——壁厚附加量，mm，$C = C_1 + C_2$，$C_1 = \delta \times 15\%$，$C_2 = k_a B$，k_a为腐蚀速率，取0.08mm/a，B为设计年限，取15年。当$\delta_e < \delta'$时，则选管规格合适。

因为$\delta_e = C + \delta = 1.575 + 0.19 = 1.765(\text{mm})$，$\delta_e < \delta'$，所以所选管规格合格。

一级污氮气管

$$\delta = \frac{P_c d_i}{2[\delta]^t \phi - P_c} = \frac{0.13 \times 10}{2 \times 136.7 \times 1 - 0.13} = 0.005(\text{mm})$$

可得$\delta_e = C + \delta = 1 + 0.005 = 1.005(\text{mm})$，$\delta_e < \delta'$，所以所选管规格满足要求。

一级氢气管

$$\delta = \frac{P_c d_i}{2[\delta]^t \phi - P_c} = \frac{1.77 \times 10}{2 \times 136.7 \times 1 - 1.77} = 0.065(\text{mm})$$

可得$\delta_e = C + \delta = 1.575 + 0.065 = 1.64(\text{mm})$，因为$\delta_e < \delta'$，所以所选管规格满足要求。

6.2.2 缠绕管换热器壳程有效面积的计算

（1）缠绕角及芯筒的计算

缠绕管上升角α

$$\alpha = \arcsin\frac{g_j + d_0}{1000\Delta l} \tag{6-3}$$

式中 g_j——管间距，mm，取 5mm；

d_0——普通外径，mm；

Δl——上升高度，mm，$\Delta l = 0.002\pi(C_j + d_0)/y$，其中 y 为相邻两层缠绕管根数之差，取 y=2，C_j 为层间距，取 5mm。

可得 Δl=62.83mm，α=18.56°，此时 $\alpha \in (5°,20°)$，所以缠绕角合适。

（2）芯筒直径

$$D_{芯} = \frac{a_1\Delta l}{\pi} - 0.001d_0 \tag{6-4}$$

式中 a_1——首层管数，取 18 根。

当 $D_{芯} \in (0.025,0.035)d_0$，即 $D_{芯} \in (0.3\ \text{m},0.42\ \text{m})$ 时，芯筒合适。

$$D_{芯} = \frac{a_1\Delta l}{\pi} - 0.001d_0 = \frac{18\times 0.0683}{\pi} - 0.001\times 15 = 0.37633\text{m}$$

因为 $0.37633 \in (0.3\ \text{m},0.42\ \text{m})$，所以芯筒合适。

（3）缠绕管的确定

① 假设流速

$$v_1' = 10\ \text{m/s},\ v_2' = 9\ \text{m/s},\ v_3' = 3\ \text{m/s}$$

式中 v_1'——管内氮气和氢气混合气体的假设流速；

v_2'——管内污氮的假设流速；

v_3'——管内氢气的假设流速。

② 计算各介质所需管子根数

$$S = \frac{Q}{3600v\pi\left(\frac{0.001d_i}{2}\right)^2} \tag{6-5}$$

式中 S——管子根数；

Q——工况下体积流量，m^3/h；

v——管内介质流速，m/s；

d_i——管子内径，mm。

一级氮气和氢气混合气体管根数

$$S_1 = \frac{Q}{3600v\pi\left(\frac{0.001d_i}{2}\right)^2} = \frac{591.3442836}{3600\times 10\times \pi\times\left(\frac{0.001\times 10}{2}\right)^2} = 209$$

一级污氮气管根数

$$s_2=\frac{Q}{3600v\pi\left(\frac{0.001d_i}{2}\right)^2}=\frac{4531.077571}{3600\times 9\times \pi\times\left(\frac{0.001\times 10}{2}\right)^2}=1780.65$$

一级氢气管根数

$$s_3=\frac{Q}{3600v\pi\left(\frac{0.001d_i}{2}\right)^2}=\frac{26.21458599}{3600\times 3\times \pi\times\left(\frac{0.001\times 10}{2}\right)^2}=30.91$$

前 i 层缠绕管假设的管子总数为 $S_{假}=S_1+S_2+S_3+3=2024$，首层管数 $a_1<S_{假}$，所以第 i 层缠绕管管子数 $a_i=a_1+(i-1)y$（$i\geqslant 1$，$i\in Z$），前 i 层缠绕管子总数为 $S_i=S_{i-1}+a_i$，$S_i=18i+i(i-1)y/2$，由于 $S_i\geqslant S_{假}$，则 $S_i=18i+i(i-1)y/2\geqslant 2024$，$i^2+17i\geqslant 2024$，算得缠绕管管层数 $i=38$，$S_i=18i+i(i-1)y/2=2090$。将实际管子层数 $C_{实}$、第 i 层缠绕管实际管子数 $a_{实}$、前 i 层缠绕管实际管子总数 $S_{实}$ 的计算结果汇总于表 6-3 中。

表 6-3　计算表格

$C_{实}$	$a_{实}$	$S_{实}$	$C_{实}$	$a_{实}$	$S_{实}$
1	18	18	20	56	740
2	20	38	21	58	798
3	22	60	22	60	858
4	24	84	23	62	920
5	26	110	24	64	984
6	28	138	25	66	1050
7	30	168	26	68	1118
8	32	200	27	70	1188
9	34	234	28	72	1260
10	36	270	29	74	1334
11	38	308	30	76	1410
12	40	348	31	78	1488
13	42	390	32	80	1568
14	44	434	33	82	1650
15	46	480	34	84	1734
16	48	528	35	86	1820
17	50	578	36	88	1908
18	52	630	37	90	1998
19	54	684	38	92	2090

③ 定绕管直径

$$D_{zw}=\frac{a_{实}\Delta l}{\pi}=\frac{92\times 0.06283}{\pi}=1.83995(\text{m}) \tag{6-6}$$

$$l_i = a_i \Delta l \tag{6-7}$$

$$D_i = \frac{l_i}{\pi} \tag{6-8}$$

$$D_{\mathrm{m}} = \frac{D_1 + D_2 + \cdots + D_{\mathrm{zw}}}{C_{实}} = \frac{\Delta l s_i}{\pi C_{实}} = \frac{0.06283 \times 2090}{30\pi} = 1.09997(\mathrm{m}) \tag{6-9}$$

$$d_{\mathrm{m}} = d_0 - \delta' = 15 - 2.5 = 12.5(\mathrm{mm}) \tag{6-10}$$

式中　D_{zw}——最外层缠绕圈的直径，m；

l_i——第 i 层缠绕管的周长，m；

D_i——第 i 层缠绕管的直径，m；

D_{m}——i 层缠绕管的平均直径，m。

将第 i 层缠绕管管子数 a_i、第 i 层缠绕管的周长 l_i、第 i 层缠绕管的直径 D_i 的计算结果汇总于表 6-4 中。

表 6-4　a_i，l_i，D_i 的计算表格

i	a_i	L_i/mm	D_i/mm	i	a_i	L_i/mm	D_i/mm
1	18	1130.94	359.99	20	56	3518.48	1119.97
2	20	1256.60	399.99	21	58	3644.14	1159.97
3	22	1382.26	439.99	22	60	3769.80	1199.96
4	24	1507.92	479.99	23	62	3895.46	1239.96
5	26	1633.58	519.98	24	64	4021.12	1279.96
6	28	1759.24	559.98	25	66	4146.78	1319.96
7	30	1884.90	599.98	26	68	4272.44	1359.96
8	32	2010.56	639.98	27	70	4398.10	1399.96
9	34	2136.22	679.98	28	72	4523.76	1439.96
10	36	2261.88	719.98	29	74	4649.42	1479.96
11	38	2387.54	759.98	30	76	4775.08	1519.96
12	40	2513.20	799.98	31	78	4900.74	1559.95
13	42	2638.86	839.98	32	80	5026.40	1599.95
14	44	2764.52	879.97	33	82	5152.06	1639.95
15	46	2890.18	919.97	34	84	5277.72	1679.95
16	48	3015.84	959.97	35	86	5403.38	1719.95
17	50	3141.50	999.97	36	88	5529.04	1759.95
18	52	3267.16	1039.97	37	90	5654.70	1799.95
19	54	3392.82	1079.97	38	92	5780.36	1839.95

④ 确定隔板数

$$X_i = X_1 + (i-1)y = 18 + (i-1)y \tag{6-11}$$

式中　X_i——第 i 层隔板数。

$$X = C_{实} X_1 + \frac{C_{实}(C_{实} - 1)y}{2} = 38 \times 18 + 38 \times 397 = 15770 \tag{6-12}$$

式中　X——隔板总数。

$$X_{zw}=X_1+(C_{实}-1)y=18+37\times2=92 \tag{6-13}$$

式中　X_{zw}——最外层隔板数。

将X_i，X，X_{zw}的计算结果汇总于表6-5中。

表6-5　X_i，X_{zw}的计算表格

i	X_i	i	X_i	备注
1	18	20	56	X=2090 X_{zw}=92
2	20	21	58	
3	22	22	60	
4	24	23	62	
5	26	24	64	
6	28	25	66	
7	30	26	68	
8	32	27	70	
9	34	28	72	
10	36	29	74	
11	38	30	76	
12	40	31	78	
13	42	32	80	
14	44	33	82	
15	46	34	84	
16	48	35	86	
17	50	36	88	
18	52	37	90	
19	54	38	92	

（4）确定壳程有效面积

根据以下公式可确定壳程的有效面积

$$A_{有效}=A_{壳}-A_{芯}-A_{管}-A_{隔} \tag{6-14}$$

式中　$A_{壳}$——内筒截面积，m^2，$A_{壳}=\pi\times\left(\frac{D_{壳内}}{2}\right)^2=\pi\times\left(\frac{1.85995}{2}\right)^2=2.71702(m^2)$，其中$D_{壳}$为换热器内筒直径，$D_{壳内}=D_{zw}+0.001(C_{间}+d_o)=1.83995+0.001\times20=1.85995(m)$；

$A_{芯}$——芯筒截面积，m^2，$A_{芯}=\pi\left(\frac{D_{芯}}{2}\right)^2=\pi\times\left(\frac{0.37633}{2}\right)^2=0.11123(m^2)$；

$A_{隔}$——隔板总面积，m^2，$A_{隔}=\left(X-\frac{X_{zw}}{2}\right)A_g'=\left(2090-\frac{92}{2}\right)\times8\times10^{-6}=0.01635(m^2)$，其中$A_g'$为一个隔板的截面积，$A_g'=8\times10^{-6}\ m^2$；

$A_{管}$ ——缠绕管层间隙投影面积，m^2。

$$A_{管}=\frac{\pi(D_1+0.001d_o)^2-\pi(D_1-0.001d_o)^2+\cdots+\pi(D_{zw}+0.001d_o)^2-\pi(D_{zw}-0.001d_o)^2}{4} \quad (6\text{-}15)$$

将数据代入式（6-15）得：

$$A_{管}=\frac{0.001\times\pi\times2d_o\times2\times(D_1+\cdots+D_{zw})}{4}=0.001\times\pi\times15\times1.09997\times38=1.96972(m^2)$$

则由式（6-14）计算可得壳程有效面积：

$$A_{有效}=A_{壳}-A_{芯}-A_{管}-A_{隔}=2.71702-0.11123-0.01635-1.96972=0.61972(m^2)$$

6.2.3 壳侧界膜换热系数的计算

流道构成缠绕式热交换器中，传热管在圆筒芯周围介于隔板中间呈螺旋状依次缠绕几层，把圆筒状盘管重叠几层组成流道。传热管的缠绕角和纵向间距沿整个热交换器通常是均匀的。另外，各圆筒状盘管由很多管构成。要使内侧盘管层和外侧盘管层中的缠绕角、传热管长和纵向间距不变，就应与盘管螺旋直径成比例且增加构成盘管层的传热管数。盘管层的缠绕角，通常从内侧盘管层向左缠、向右缠、向左缠相互交替。由这样构成的盘管层所组成的管束，其管外侧（壳侧）流道形式，因圆周方向的位置不同而变化。如果令所有盘管层中传热管纵向间距相等，则传热管的倾斜角度（盘管缠绕角度）当然也相等，盘管螺旋直径大的外侧盘管与内侧盘管相比，每圈的当量管长都大。随着圆周角 ζ 增加，较快地达到同样的高度。因此，如果按圆周方向的位置考虑相邻两个盘管，则传热管的排列有直列、不规则错列、规则错列、不规则错列、直列那样的变化。

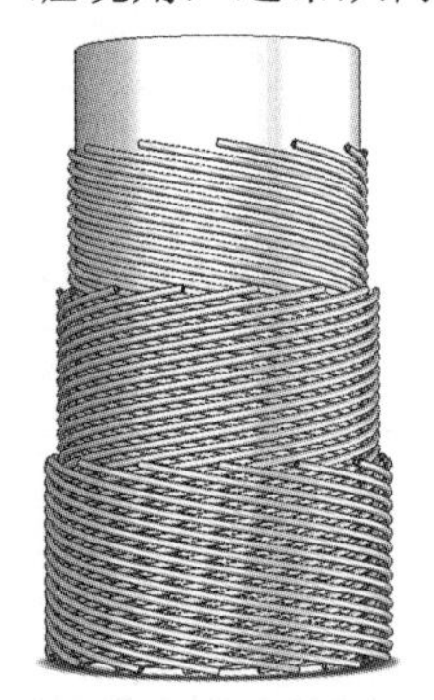

图 6-3　管道布置图

管道布置图如图 6-3 所示，盘管层组成的管束如图 6-4 所示。

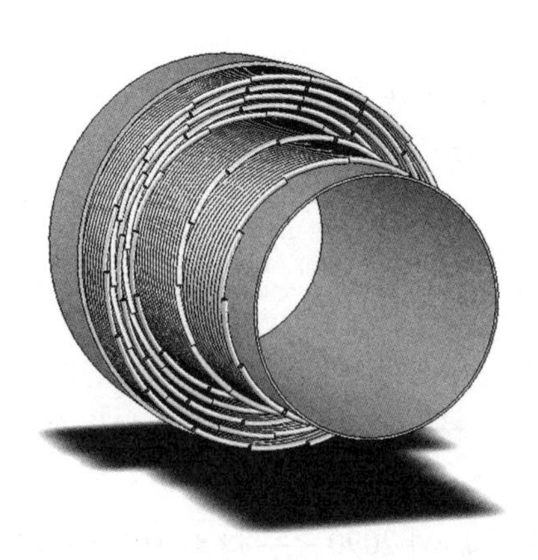

图 6-4　盘管层组成的管束

这样，缠绕管式热交换器的壳侧流道构成，就变成管子布置为直列、错列组合排列的管外流动的流道构成。

传热管布置（图 6-4 断面）如图 6-5 所示。

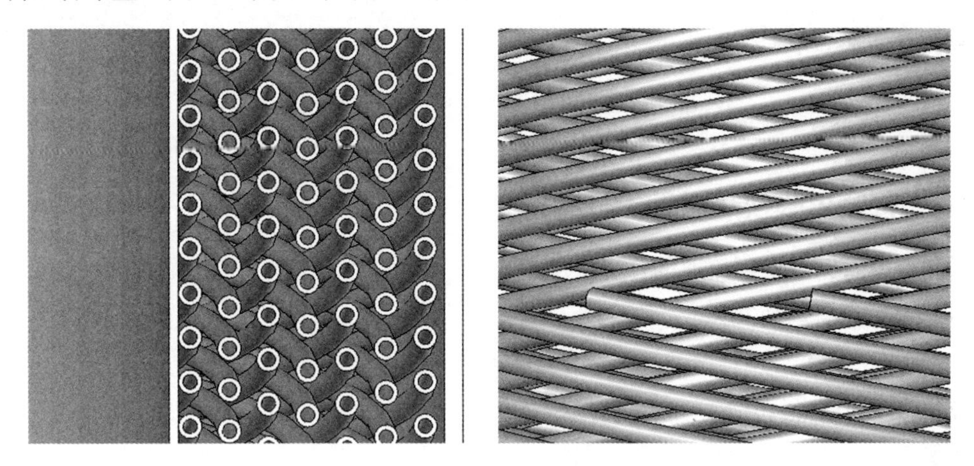

图 6-5　传热管布置（图 6-4 断面）

缠绕管式换热器壳侧传热膜系数在单相流的时候采用 Pstil 等研究的方法，两相流的时候采用在单相流基础上乘以两相流系数的方法。

壳侧雷诺数 Re 壳，普朗特数 Pr 壳，分别由下式计算。

$$Re_{壳}=\frac{0.001d_{\mathrm{o}}v_{壳}\rho_{壳}}{\mu_{壳}} \tag{6-16}$$

$$Pr_{壳}=\frac{C_{p壳}\mu_{壳}}{\lambda_{壳}} \tag{6-17}$$

由于在一级高压氮气冷却器中，壳体内流体未发生相变，因此在计算时我们只考虑单相流体。具体计算如下。

$$G_{壳}=482.986(\mathrm{m}^3/\mathrm{h})$$

$$v_{壳}=\frac{G_{壳}}{3600A_{有效}}=\frac{482.986}{0.61972\times3600}=0.21649(\mathrm{m/s})$$

$$\rho_{壳}=\frac{\rho_{壳进}+\rho_{壳出}}{2}=81.36(\mathrm{kg/m^3})$$

$$\mu_{壳}=\frac{\mu_{壳进}+\mu_{壳出}}{2}=1.7383\times10^{-5}(\mathrm{Pa\cdot s})$$

$$C_{p壳}=\frac{C_{p壳进}+C_{p壳出}}{2}=1.21465[\mathrm{kJ/(kg\cdot K)}]$$

$$\lambda_{壳}=\frac{\lambda_{壳进}+\lambda_{壳出}}{2}=26.656\times10^{-3}[\mathrm{W/(m\cdot K)}]$$

因此，

$$Re_{壳}=\frac{0.001d_{\mathrm{o}}v_{壳}\rho_{壳}}{\mu_{壳}}=\frac{0.001\times15\times0.21649\times81.36}{1.7383\times10^{-5}}=15199.01$$

$$Pr_{壳}=\frac{C_{p壳}\mu_{壳}}{\lambda_{壳}}=\frac{1.21465\times10^{3}\times1.7383\times10^{-5}}{26.656\times10^{-3}}=0.7921$$

壳侧界面热导率

$$h_{壳}=0.296\times\frac{\lambda_{壳}}{0.001d_{o}}Re_{壳}^{0.609}Pr_{壳}^{0.31}=172.32[\mathrm{W/(m^{2}\cdot K)}]$$

6.2.4 管侧界膜换热系数的计算

重新分配管路及实际流速的计算。

（1）管子重新实际分配

$$Q=Q_{1}+Q_{2}+Q_{3} \tag{6-18}$$

经计算得$Q=5148.63\ \mathrm{m^{2}/h}$。

污氮

$$S_{1}'=\frac{Q_{1}S_{s}}{Q}=\frac{4531.077571\times2090}{5148.63}=1839$$

$$S_{1}=S_{1}'+1=1839+1=1840$$

氮气和氢气混合气体

$$S_{2}'=\frac{Q_{2}S_{s}}{Q}=\frac{591.3442836\times2090}{5148.63}=240$$

$$S_{2}=S_{2}'+1=240+1=241$$

氢气

$$S_{3}'=S_{s}-S_{1}'-S_{2}'=2090-1840-241=9$$

（2）实际流速的计算

$$v_{污氮}=\frac{Q_{1}}{3600S_{1}\pi\left(\frac{0.001d_{i}}{2}\right)^{2}}=\frac{4531.077571}{3600\times1840\times\pi\times0.005^{2}}=8.71(\mathrm{m/s})$$

$$v_{合成气}=\frac{Q_{2}}{3600S_{2}\pi\left(\frac{0.001d_{i}}{2}\right)^{2}}=\frac{591.3442836}{3600\times241\times\pi\times0.005^{2}}=9.67(\mathrm{m/s})$$

$$v_{氢气}=\frac{Q_{3}}{3600S_{3}\pi\left(\frac{0.001d_{i}}{2}\right)^{2}}=\frac{26.21458599}{3600\times9\times\pi\times0.005^{2}}=10.30(\mathrm{m/s})$$

（3）管内侧界膜传热系数h_{i}

施密特提出下式作为盘管内流动流体的界膜传热系数h_{i}，从层流向紊流过渡的临界雷诺数为

$$(Re)_{c}=2300\left[1+8.6\left(\frac{D_{i}}{D_{m}}\right)^{0.45}\right]=2300\times\left[1+8.6\left(\frac{0.010}{1.099997}\right)^{0.45}\right]=4685.64$$

① 污氮管内雷诺数及普朗特常数为

雷诺数

$$Re = \frac{0.001 d_i v \rho}{\mu} \tag{6-19}$$

式中 μ——管内侧流体的黏度，Pa•s；

ρ——管内侧流体的密度，kg/m^3；

d_i——缠绕管的直径，m；

v——管内流体的流速，m/s。

$$\mu = \frac{\mu_{进} + \mu_{出}}{2} = \frac{0.000013436 + 0.000018202}{2} = 0.00001582(\text{Pa} \cdot \text{s})$$

$$\rho = \frac{\rho_{进} + \rho_{出}}{2} = \frac{2.0721 + 1.1124}{2} = 1.5923/(\text{kg/m}^3)$$

所以由已知得

$$Re = \frac{0.001 d_i v \rho}{\mu} = \frac{0.010 \times 8.7 \times 1.5923}{1.5819 \times 10^{-5}} = 8757.2$$

普朗特数

$$Pr = \frac{C_p \mu}{\lambda} \tag{6-20}$$

式中 μ——管内侧流体的黏度，Pa•s；

λ——管内侧流体的热导率，W/（m•K）；

C_P——管内侧流体的比热容，kJ/（kg•K）。

$$C_p = \frac{C_{p进} + C_{p出}}{2} = \frac{1.0303 + 1.0286}{2} = 1.029[\text{kJ/(kg} \cdot \text{K)}]$$

$$\lambda = \frac{\lambda_{进} + \lambda_{出}}{2} = \frac{19.239 + 26.487}{2} = 22.863[\text{W/(m} \cdot \text{K)}]$$

所以

$$Pr = \frac{C_p \mu}{\lambda} = \frac{1.029 \times 10^3 \times 1.5819 \times 10^{-5}}{22.863 \times 10^{-3}} = 0.712$$

$(Re)_c < Re = 8757.2 < 22000$， $i = 0.8 - 0.22\left(\frac{0.001 d_i}{D_m}\right)^{0.1} = 0.8 - 0.22\left(\frac{0.010}{1.09997}\right)^{0.1} = 0.663$，

所以选用公式计算得

$$h_i = 0.023 \times \left[1 + 14.8\left(1 + \frac{D_i}{D_m}\right)\left(\frac{D_i}{D_m}\right)^{0.333}\right](Re)^i (Pr)^{\frac{1}{3}} \frac{\lambda}{D_i}$$

$$= 0.023 \times \left[1 + 14.8 \times \left(1 + \frac{0.010}{1.09997}\right) \times \left(\frac{0.010}{1.09997}\right)^{0.333}\right] \times 8757.2^{0.663} \times 0.712^{\frac{1}{3}} \times \frac{0.022863}{0.010}$$

$$= 80[\text{W/(m}^2 \cdot \text{K)}]$$

② 氮气和氢气管道求其管内雷诺数及普朗特数

雷诺数

$$\mu=\frac{\mu_{进}+\mu_{出}}{2}=\frac{0.000011+0.000014406}{2}=1.27\times10^{-5}(\mathrm{Pa\cdot s})$$

$$\rho=\frac{\rho_{进}+\rho_{出}}{2}=\frac{24.903+16.598}{2}=20.751(\mathrm{kg/m^3})$$

所以

$$Re=\frac{0.001d_o v\rho}{\mu}=\frac{0.001\times10\times8.7\times20.751}{1.27\times10^{-5}}=142152.5$$

普朗特数

$$C_p=\frac{C_{p进}+C_{p出}}{2}=\frac{3.4162+3.4589}{2}=3.4376[\mathrm{kJ/(kg\cdot K)}]$$

$$\lambda=\frac{\lambda_{进}+\lambda_{出}}{2}=\frac{84.14+115.29}{2}=99.715\times10^{-3}[\mathrm{W/(m\cdot K)}]$$

所以

$$Pr=\frac{C_p\mu}{\lambda}=\frac{3.4376\times10^3\times1.27\times10^{-5}}{99.715\times10^{-3}}=0.4378$$

由于 $22000<Re=142152.5<150000$ 所以选用公式计算得

$$h_i=0.023\times\left[1+3.6\left(1-\frac{D_i}{D_m}\right)\left(\frac{D_i}{D_m}\right)^{0.8}\right](Re)^{0.8}(Pr)^{\frac{1}{3}}\frac{\lambda}{D_i}$$

$$=0.023\times\left[1+3.6\times\left(1-\frac{0.010}{1.09997}\right)\times\left(\frac{0.010}{1.09997}\right)^{0.8}\right]\times142152.5^{0.8}\times0.4378^{\frac{1}{3}}\times\frac{0.099715}{0.010}$$

$$=2309.4[\mathrm{W/(m^2\cdot K)}]$$

③ 氢气管道求其管内雷诺数及普朗特数

雷诺数

$$\mu=\frac{\mu_{进}+\mu_{出}}{2}=\frac{7\times10^{-6}+9.1\times10^{-6}}{2}=8.05\times10^{-6}(\mathrm{Pa\cdot s})$$

$$\rho=\frac{\rho_{进}+\rho_{出}}{2}=\frac{2.0462+1.3765}{2}=1.7114(\mathrm{kg/m^3})$$

所以

$$Re=\frac{0.010\times10.3\times1.7114}{8.05\times10^{-6}}=21897.4$$

普朗特数

$$C_p=\frac{C_{p进}+C_{p出}}{2}=\frac{13.733+14.372}{2}=14.053[\mathrm{kJ/(kg\cdot K)}]$$

$$\lambda=\frac{\lambda_{进}+\lambda_{出}}{2}=\frac{138.37+189.56}{2}=163.965\times10^{-3}[\mathrm{W/(m\cdot K)}]$$

代入得

$$Pr=\frac{C_p\mu}{\lambda}=\frac{14.053\times10^{3}\times8.05\times10^{-6}}{163.965\times10^{-3}}=0.6899$$

由于$(Re)_c<Re=21897.4<22000$，$i=0.8-0.22\left(\frac{0.001d_i}{D_m}\right)^{0.1}=0.8-0.22\left(\frac{0.010}{1.09997}\right)^{0.1}=0.663$，故选用公式计算如下：

$$h_i=0.023\left[1+14.8\left(1+\frac{D_i}{D_m}\right)\left(\frac{D_i}{D_m}\right)^{0.333}\right](Re)^i(Pr)^{\frac{1}{3}}\left(\frac{\lambda}{D_i}\right)$$

$$=0.023\left[1+14.8\left(1+\frac{0.010}{1.09997}\right)\times\left(\frac{0.010}{1.09997}\right)^{0.333}\right]\times21897.4^{0.663}\times0.6899^{\frac{1}{3}}\times\frac{163.965\times10^{-3}}{0.010}$$

$$=258.5[\mathrm{W/(m^2\cdot K)}]$$

查容器设计手册得知制冷剂的污垢系数$R_{di}=0.0001$；壳侧的污垢系数$R_{do}=0.00015$；管材热导率$\lambda=2.345\mathrm{W/(m\cdot K)}$，所以总传热系数为：

$$K=\frac{1}{\frac{1}{h_{壳}}+\frac{1}{h_i}\frac{d_o}{d_i}+R_{do}+R_{di}\frac{d_o}{d_i}+\frac{\delta'}{\lambda}\frac{d_o}{d_m}} \tag{6-21}$$

污氮的总传热系数：

$$K_1=\frac{1}{\frac{1}{h_{壳}}+\frac{1}{h_1}\frac{d_o}{d_i}+R_{do}+R_{di}\frac{d_o}{d_i}+\frac{\delta'}{\lambda}\frac{d_o}{d_m}}$$

$$=\frac{1}{\frac{1}{172.32}+\frac{15}{80\times10}+0.00015+0.0001\times\frac{15}{10}\times\frac{2.5\times10^{-3}}{2.345}\times\frac{15}{12.5}}$$

$$=40.5[\mathrm{W/(m^2\cdot K)}]$$

氮气和氢气混合气体的总传热系数

$$K_2=\frac{1}{\frac{1}{h_{壳}}+\frac{1}{h_2}\frac{d_o}{d_i}+R_{do}+R_{di}\frac{d_o}{d_i}+\frac{\delta'}{\lambda}\frac{d_o}{d_m}}$$

$$=\frac{1}{\frac{1}{172.32}+\frac{15}{2309.4\times10}+0.00015+0.0001\times\frac{15}{10}\times\frac{2.5\times10^{-3}}{2.345}\times\frac{15}{12.5}}$$

$$=124.5.3[\mathrm{W/(m^2\cdot K)}]$$

氢气的总传热系数

$$K_3=\frac{1}{\dfrac{1}{h_{壳}}+\dfrac{1}{h_3}\dfrac{d_o}{d_i}+R_{do}+R_{di}\dfrac{d_o}{d_i}+\dfrac{\delta'}{\lambda}\dfrac{d_o}{d_m}}$$

$$=\frac{1}{\dfrac{1}{172.32}+\dfrac{15}{258.5\times10}+0.00015+0.0001\times\dfrac{15}{10}\times\dfrac{2.5\times10^{-3}}{2.345}\times\dfrac{15}{12.5}}$$

$$=75.8[\mathrm{W/(m^2\cdot K)}]$$

6.2.5 传热温差计算（利用对数平均温差法计算）

流体在热交换器内流动，其温度变化过程以平行流动最为简单。图 6-6 所示的为流体平行流动时温度变化的示意图。图中的纵坐标表示温度，横坐标表示传热面积。如图所示是混合制冷剂一侧蒸汽冷凝，而壳体一侧为液体沸腾，两种流体都有相变的传热。因为冷凝和沸腾都在等温下进行，故其传热温差 $\Delta t=t_1-t_2$，且在各处保持相同的数值。

遇到最多的情况是两种流体都没有发生相变，这里又有两种不同情形：顺流和逆流。顺流的情形，两种流体向着同一方向平行流动，热流体的温度沿传热面不断降低，冷流体的温度沿传热面不断提高。

在一般情况下，两种流体之间的传热温差在热交换器内是处处不等的，所谓平均温差系指整个热交换器各处温差的平均值。但是应用不同的平均方法，就有不同的名称，例如算术平均温差、对数平均温差、积分平均温差等。

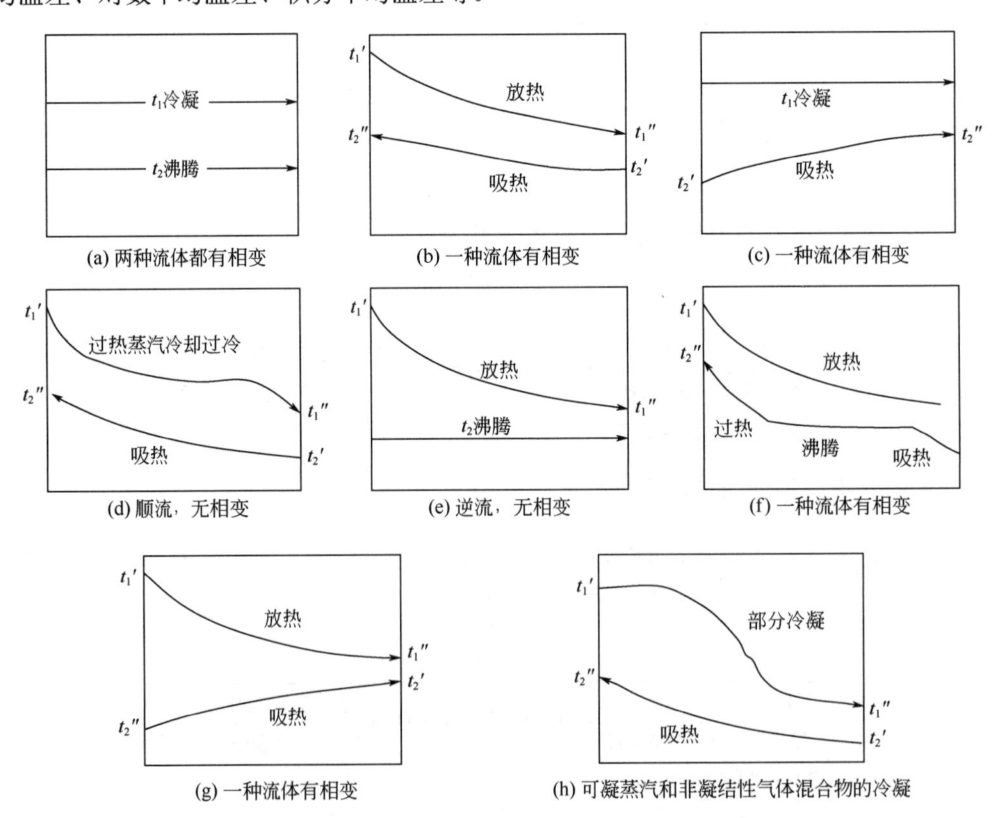

图 6-6 流体平行流动时的温度分布

（1）污氮采用逆流换热

$$Q = C_p m \Delta T \tag{6-22}$$

$$\Delta T = \frac{\left|t_{壳进} - t_{管进}\right| - \left|t_{管出} - t_{壳出}\right|}{\ln\left|\dfrac{t_{壳进} - t_{管进}}{t_{管出} - t_{壳出}}\right|} \tag{6-23}$$

代入数据计算得：

$$\Delta T = \frac{\left|t_{壳进} - t_{管进}\right| - \left|t_{管出} - t_{壳出}\right|}{\ln\left|\dfrac{t_{壳进} - t_{管进}}{t_{管出} - t_{壳出}}\right|} = \frac{|315.15 - 206.85| - |312.15 - 209.55|}{\ln\left|\dfrac{315.15 - 206.85}{312.15 - 209.55}\right|} = 105.4(\mathrm{K})$$

所以

$$Q = C_p m \Delta T = 1.02945 \times 6559.367 \times 105.4 = 711717.8(\mathrm{kJ/h})$$

污氮的换热面积为

$$A_1 = \frac{Q}{3600 K \Delta t} = \frac{711881.97 \times 10^3}{38.3 \times 105.4 \times 3600} = 49(\mathrm{m}^2)$$

$$A_1' = 1.1 A_1 = 53.9(\mathrm{m}^2)$$

由于$l = \dfrac{A}{SZ}$， $Z = 0.001 d_{\mathrm{m}} \pi = 0.001 \times 12.5 \times \pi = 0.03927$，所以

$$l_1 = \frac{A_1'}{S_1 Z} = \frac{53.9}{1840 \times 0.03927} = 0.75(\mathrm{m})$$

（2）氮气和氢气混合气体采用逆流换热

同理可得 $Q = C_p m \Delta T = 3.4376 \times 11779.29412 \times 105.4 = 4267909.654(\mathrm{kJ/h})$，并可求 $\Delta T =$ 105.4K；

$$A_2 = \frac{Q}{3600 K \Delta t} = \frac{4267909.654 \times 10^3}{124.5 \times 105.4 \times 3600} = 90.3(\mathrm{m}^2)$$

$$A_2' = 1.1 A_1 = 99.33\mathrm{m}^2$$

由于$l = \dfrac{A}{SZ}$， $Z = 0.001 d_{\mathrm{m}} \pi = 0.001 \times 12.5 \times \pi = 0.03927$。

所以

$$l_2 = \frac{A_2'}{S_2 Z} = \frac{99.33}{241 \times 0.03927} = 10.5(\mathrm{m})$$

（3）氢气采用逆流换热

同理可得$Q = C_p m \Delta T = 14.053 \times 43.1448 \times 105.4 = 63905.48236(\mathrm{kJ/h})$，并可求$\Delta T = 105.4\mathrm{K}$，则换热面积为

$$A_3 = \frac{Q}{3600 K \Delta t} = \frac{63925.482 \times 10^3}{75.8 \times 105.4 \times 3600} = 2.3(\mathrm{m}^2)$$

$$A_3' = 1.1A_3 = 2.53\text{m}^2$$

由于$l = \dfrac{A}{SZ}$， $Z = 0.001d_\text{m}\pi = 0.001 \times 12.5 \times \pi = 0.03927$，所以

$$l_3 = \frac{A_3'}{S_3 Z} = \frac{2.53}{9 \times 0.03927} = 7.2(\text{m})$$

（4）高度的计算

对换热器的高度可用式（6-24）进行计算。

$$|l_1 - l_2| \leqslant 9.75\text{m}; |l_2 - l_3| \leqslant 9.75\text{m}; |l_1 - l_3| \leqslant 9.75\ \text{m}$$

若l_1，l_2，l_3的关系满足上式，则用下式来计算换热器的高度

$$H = L\sin\alpha \tag{6-24}$$

因此

$$|l_1 - l_2| = |0.75 - 10.5| = 9.75(\text{m}); |l_2 - l_3| = |7.2 - 10.5| = 3.3(\text{m}); |l_1 - l_3| = |0.75 - 7.2| = 6.45(\text{m})$$

则

$$|l_1 - l_2| = 9.75\text{m}; |l_2 - l_3| < 9.75\text{m}; |l_1 - l_3| < 9.75\text{m}$$

故

$$L = \max(l_1, l_2, l_3) = 10.5\text{m}$$
$$H = L \times \sin 18.56^\circ = 3.34\text{m}$$

6.2.6 管侧压力损失

$$\Delta P_{实际} = \frac{f_\text{i} G_\text{i}^2}{2g_\text{c}\rho}\frac{L}{D_\text{i}} \tag{6-25}$$

式中 $\Delta P_{实际}$——管内侧压力损失，kg/m^2；

ρ——管内侧流体的密度，kg/m^3；

L——传热管长，m；

G_i——管道内介质质量流量，kg/(m^2 · h)；

D_i——管道内径，m；

g_c——重力换算系数1.27×10^8；

f_i——摩擦系数。

从层流向紊流过渡的临界雷诺数

$$(Re)_\text{c} = 2300\left[1 + 8.6\left(\frac{D_\text{i}}{D_\text{c}}\right)^{0.45}\right] = 2300 \times \left[1 + 8.6 \times \left(\frac{0.010}{1.09997}\right)^{0.45}\right] = 4685.64$$

污氮管道

$$G_1 = \frac{G}{S\pi\left(\dfrac{0.001d_\text{i}}{2}\right)^2} = \frac{6559.367}{1840\pi \times 0.005^2} = 45389.4[\text{kg/(m}^2 \cdot \text{h)}]$$

合成气管道

$$G_2 = \frac{G}{S\pi\left(\dfrac{0.001d_\text{i}}{2}\right)^2} = \frac{11779.29412}{241\pi \times 0.005^2} = 622318.3[\text{kg/(m}^2 \cdot \text{h)}]$$

氢气管道

$$G_3=\frac{G}{S\pi\left(\frac{0.001d_i}{2}\right)^2}=\frac{43.1448}{9\pi\times0.005^2}=61037.4[\text{kg/(m}^2\cdot\text{h)}]$$

对于污氮管道，由于$(Re)_c < Re=8757.2<22000$，可以选用下式计算

$$f_i=\left[1+\frac{28800}{Re}\left(\frac{0.001d_i}{D_m}\right)^{0.62}\right]\frac{0.3164}{Re^{0.25}}=\left[1+\frac{28800}{8757.2}\times\left(\frac{0.010}{1.09997}\right)^{0.62}\right]\times\frac{0.3164}{8757.2^{0.25}} \quad (6\text{-}26)$$

$=0.038$

污氮管道的压力损失

$$\Delta P_{实际}=g\frac{f_iG_1^2}{2g_c\rho}\frac{l_1}{D_i}=9.8\times\frac{0.038\times45389.4^2}{2\times1.27\times10^8\times1.5923}\times\frac{0.75}{0.010}=142.3(\text{Pa})$$

$$\Delta P_{允许}=P_{管进}-P_{管出}=0.13-0.11=0.02(\text{MPa})$$

因为$\Delta P_{实际}=142.3\text{Pa}<\Delta P_{允许}=20000\text{Pa}$，所以设计合格。

对于氮气和氢气混合气体管道，由于 22000<Re=142152.5<150000，可以选用公式

$$f_i=\left[1+0.0823\left(1+\frac{0.001d_i}{D_m}\right)\left(\frac{0.001d_i}{D_m}\right)^{0.53}Re^{0.25}\right]\frac{0.3164}{Re^{0.25}}$$

$$=\left[1+0.0823\times\left(1+\frac{0.010}{1.09997}\right)\times\left(\frac{0.010}{1.09997}\right)^{0.53}\times142152.5^{0.25}\right]\times\frac{0.3164}{142152.5^{0.25}}=0.02$$

氮气和氢气混合气体管道的压力损失

$$\Delta P_{实际}=g\frac{f_iG_2^2}{2g_c\rho}\frac{l_2}{D_i}=9.8\times\frac{0.02\times622318.3^2}{2\times1.27\times10^8\times20.6}\times\frac{10.5}{0.010}=15232.4(\text{Pa})$$

$$\Delta P_{允许}=P_{管进}-P_{管出}=5.12-5.04=0.08(\text{MPa})$$

因为$\Delta P_{实际}=15232.4\text{Pa}<\Delta P_{允许}=8000\text{Pa}$，所以设计合格。

对于氢气管道，由于$(Re)_c < Re=21897.4<22000$，所以选用下式计算得

$$f_i=\left[1+\frac{28800}{Re}\left(\frac{0.001d_i}{D_m}\right)^{0.62}\right]\frac{0.3164}{Re^{0.25}}=\left[1+\frac{28800}{21897.4}\times\left(\frac{0.010}{1.09997}\right)^{0.62}\right]\times\frac{0.3164}{21897.4^{0.25}}=0.028$$

氢气管道的压力损失

$$\Delta P_{实际}=g\frac{f_iG_3^2}{2g_c\rho}\frac{l_3}{D_i}=9.8\times\frac{0.028\times61037.4^2}{2\times1.27\times10^8\times1.7114}\times\frac{7.2}{0.010}=1693.3(\text{Pa})$$

$$\Delta P_{允许}=P_{管进}-P_{管出}=1.77-1.75=0.02(\text{MPa})$$

因为$\Delta P_{实际}=1693.3\text{ Pa}<\Delta P_{允许}=20000\text{Pa}$，所以设计合格。

6.2.7 壳侧压力损失

Gilli 从与直管群错流流动时的压力损失值推算同盘管层组成的管束错流流动的流体压力

损失计算公式。

$$\Delta P_{实际}=0.334\overline{f}_{\text{eff}}C_{\text{i}}C_{\text{n}}n\frac{\left(G_{壳}/A_{有效}\right)^{2}}{2g_{\text{c}}\rho_{壳}}g \tag{6-27}$$

式中 $\rho_{壳}$——壳侧流体的密度，kg/m^3；

$\Delta P_{实际}$——壳侧压力损失，kg/m^2；

$n_{实际}$——流动方向的管排数（每一根传热管的缠绕数）。

$$n=\frac{L}{\pi D_{\text{m}}}=\frac{10.5}{\pi\times1.09997}=3.04\approx4$$

$$C_{\text{n}}=1+\frac{0.375}{n}=1+\frac{0.375}{1.2}=1.3$$

由于缠绕管的缠绕方式属于左右缠绕，则

$$\beta=\alpha\times\left(1-\frac{\alpha}{90}\right)(1-k^{0.25})\ （k=1） \tag{6-28}$$

$$\varphi=\alpha+\beta \tag{6-29}$$

代入数据得：

$$\beta=18.56^{\circ}\times\left(1-\frac{18.56^{\circ}}{90^{\circ}}\right)=14.73^{\circ}$$

$$\varphi=\alpha+\beta=33.3^{\circ}$$

传热管倾斜（传热管盘管的缠绕角）修正系数由式（6-30）：

$$C_{\text{i}}=\left[\cos\beta\right]^{-1.8}\left[\cos\phi\right]^{1.355} \tag{6-30}$$

代入数据得：

$$C_{\text{i}}=\left[\cos\beta\right]^{-1.8}\left[\cos\phi\right]^{1.355}=\left[\cos14.73^{\circ}\right]^{-1.8}\left[\cos33.3^{\circ}\right]^{1.355}=0.083$$

经查表可得出$\overline{f}_{\text{eff}}=2.1$，所以代入数据可求得

$$\Delta P_{实际}=9.8\times0.334\times2.1\times0.083\times1.3\times3.04\times\frac{(37269.4224/0.61972)^{2}}{2\times1.27\times10^{8}\times81.3575}=0.395(\text{MPa})$$

$$\Delta P_{允许}=P_{壳进}-P_{壳出}=5.9-5.8=0.1\ (\text{MPa})$$

因为$\Delta P_{实际}$=0.395MPa<$\Delta P_{允许}$=100000Pa，所以设计合格。

6.3 一号原料气体冷却器的设计计算过程

6.3.1 一号原料气体冷却器螺旋管的确定

选取1Cr18Ni9Ti型号的管，查相关设计手册：取$d_0\delta'=15\text{ mm}\times2.5\text{mm}$，$\sigma_{\text{b}}=520\text{MPa}$，$\delta'=2\text{mm}$，$n_{\text{b}}=3.5$，$n_{\text{s}}=1.5$，$[\sigma]_1^{\text{t}}=\sigma_{\text{s}}/n_{\text{s}}=205/1.5=136.7(\text{MPa})$；$[\sigma]_2^{\text{t}}=\sigma_{\text{b}}/n_{\text{b}}=520/$

$3.5 = 148.6(\text{MPa})$； $d_i = d_o - 2\delta' = 15 - 2\times 2.5 = 10(\text{mm})$；

$$[\sigma]^t = \min([\sigma]_1^t, [\sigma]_2^t) = 136.7(\text{MPa})\text{。}$$

管壁厚计算过程如下：

$$\delta = \frac{P_c d_i}{\{2[\delta]^t \phi - P_c\}} \tag{6 31}$$

$$P_c = \max\left[P_{管1进}，P_{管2进}，P_{管3进}\right] \tag{6-32}$$

式中 $P_{管1进}$——指一级合成气进口压力，MPa；

$P_{管2进}$——指一级污氮进口压力，MPa；

$P_{管3进}$——指一级氢气进口压力，MPa；

δ——管壁厚，mm；

P_c——工作压力，MPa；

d_i——管子外径，mm；

ϕ——焊缝系数，铝合金 6005 取ϕ=1.0；

$[\delta]^t$——管材在各种温度下的许用应力 MPa。

$C = C_1 + C_2$，$C_1 = \delta' \times 15\%$ mm，$X_2 = k_a B$，k_a 是腐蚀速度，取 0.08mm/a；B 为设计年限取 15a，当 $\delta_e = \delta + C < \delta$ 时选管子规格合适。

$$C_1 = \delta' \times 15\% = 2.5 \times 0.15 = 0.375(\text{mm})$$

$$C_2 = k_a B = 0.08 \times 15 = 1.2(\text{mm})$$

$$C = C_1 + C_2 = 0.375 + 1.2 = 1.575(\text{mm})$$

管子壁厚的计算过程

（1）净化气

$$\delta = \frac{P_c d_i}{2[\delta]^t \phi - P_c} = \frac{5.26\times 10}{2\times 136.7\times 1 - 5.26} = 0.196(\text{mm})$$

$$\delta_e = C + \delta = 1.575 + 0.196 = 1.771(\text{mm})$$

因为$\delta_e < \delta'$，所以所选管子规格合格。

（2）污氮

$$\delta = \frac{P_c d_i}{2[\delta]^t \phi - P_c} = \frac{0.15\times 10}{2\times 136.7\times 1 - 0.15} = 0.0055(\text{mm})$$

$$\delta_e = C + \delta = 1.575 + 0.0055 = 1.581(\text{mm})$$

因为$\delta_e < \delta'$，所以所选管子规格合格。

（3）氮气和氢气混合气体

$$\delta = \frac{P_c d_i}{2[\delta]^t \phi - P_c} = \frac{5.14\times 10}{2\times 136.7\times 1 - 5.14} = 0.192(\text{mm})$$

$$\delta_e = C + \delta = 1.575 + 0.192 = 1.767(\text{mm})$$

因为$\delta_e < \delta'$，所以所选管子规格合格。

（4）氢气

$$\delta = \frac{P_c d_i}{2[\delta]^t \phi - P_c} = \frac{1.78 \times 10}{2 \times 136.7 \times 1 - 1.78} = 0.066(\text{mm})$$

$$\delta_e = C + \delta = 1.575 + 0.066 = 1.641(\text{mm})$$

因为$\delta_e < \delta'$，所以所选管子规格合格。

6.3.2 缠绕管换热器壳程有效面积的计算

（1）缠绕角及芯筒的计算

根据相关设计手册和计算得层间距$c_j = 5\text{mm}$；管间距$g_j = 0$；首层管数$a_1 = 18$根；相邻两层缠绕管根数公差$y = 2$。

上升高度Δl为

$$\Delta l = \frac{0.002\pi}{y}(C_j + d_o) \tag{6-33}$$

代入数据得：

$$\Delta l = \frac{0.002\pi}{y}(C_j + d_o) = \frac{0.002\pi}{2} \times (5 + 15) = 0.06283(\text{m})$$

则缠绕管上升角：

$$\alpha = \arcsin\left(\frac{g_j + d_o}{1000\Delta l}\right) = \arcsin\left(\frac{15}{1000 \times 0.06283}\right) = 13.8°$$

芯筒直径：

$$D_{芯} = \frac{a_1 \Delta l}{\pi} - 0.001 d_o = \frac{18 \times 0.0683}{\pi} - 0.001 \times 15 = 0.37633(\text{m})[D_{芯} \in (0.025, 0.035)d_o]$$

即$D_{芯} \in (0.3\text{m}, 0.42\text{m})$，所以芯筒合适。

（2）管子的确定

① 假设流速

$$v_1' = 1\ \text{m/s}，v_2' = 4\ \text{m/s}，v_3' = 4\ \text{m/s}，v_4' = 1\ \text{m/s}$$

式中 v_1'——管内净化气的假设流速，m/s；

v_2'——管内污氮的假设流速，m/s；

v_3'——管内氮气和氢气混合气的假设流速，m/s；

v_4'——管内氢气的假设流速，m/s。

② 计算各介质所需管子根数

二级净化气

$$s_1 = \frac{Q}{3600 v\pi\left(\frac{0.001 d_i}{2}\right)^2} = \frac{209.3921441}{3600 \times 3 \times \pi \times 0.005^2} = 247$$

式中　S ——管子根数；

Q ——工况下体积流量，m^3/h；

v ——管内介质流速，m/s；

d_i ——管子内径，mm。

二级污氮气管

$$S_2 = \frac{Q}{3600v\pi\left(\frac{0.001d_i}{2}\right)^2} = \frac{2472.646644}{3600 \times 4 \times \pi \times 0.005^2} = 2186$$

二级氮气和氢气混合气体

$$S_3 = \frac{Q}{3600v\pi\left(\frac{0.001d_i}{2}\right)^2} = \frac{1409.131998}{3600 \times 4 \times \pi \times 0.005^2} = 1246$$

二级氢气

$$S_4 = \frac{Q}{3600v\pi\left(\frac{0.001d_i}{2}\right)^2} = \frac{17.7625848}{3600 \times 1 \times \pi \times 0.005^2} = 63$$

前 i 层缠绕管假设的管子总数为 $S_{假} = S_1 + S_2 + S_3 + 3 = 3746$，首层管数 $a_1 < S_{假}$，所以第 i 层缠绕管管子数 $a_i = a_1 + (i-1)y$ （$i \geqslant 1$，$i \in Z$），前 i 层缠绕管管子总数为 $S_i = S_{i-1} + a_i$，$S_i = 18i + i(i-1)y/2$；由于 $S_i \geqslant S_{假}$，则 $S_i = 18i + i(i-1)/y \geqslant 23$，$i^2 + 17i \geqslant 3746$，算得缠绕管管层数 $i = 54$，$S_i = 18i + i(i-1)y/2 = 3834$。将实际管子层数 $C_{实}$、第 i 层缠绕管实际管子数 $a_{实}$、前 i 层缠绕管实际管子总数 $S_{实}$ 的计算结果汇总于表 6-6 中。

表 6-6　计算表格

$C_{实}$	$a_{实}$	$S_{实}$	$C_{实}$	$a_{实}$	$S_{实}$	$C_{实}$	$a_{实}$	$S_{实}$
1	18	18	19	54	684	37	90	1998
2	20	38	20	56	740	38	92	2090
3	22	60	21	58	798	39	94	2184
4	24	84	22	60	858	40	96	2280
5	26	110	23	62	920	41	98	2378
6	28	138	24	64	984	42	100	2478
7	30	168	25	66	1050	43	102	2580
8	32	200	26	68	1118	44	104	2684
9	34	234	27	70	1188	45	106	2790
10	36	270	28	72	1260	46	108	2898
11	38	308	29	74	1334	47	110	3008
12	40	348	30	76	1410	48	112	3120
13	42	390	31	78	1488	49	114	3234
14	44	434	32	80	1568	50	116	3350
15	46	480	33	82	1650	51	118	3468
16	48	528	34	84	1734	52	120	3588
17	50	578	35	86	1820	53	122	3710
18	52	630	36	88	1908	54	124	3834

③ 确定绕管直径

将第 i 缠层绕管管子数 a_i、第 i 层缠绕管的周长 l_i、第 i 层缠绕管的直径 D_i 的计算结果汇总于表格 6-7 中。

表 6-7　a_i，l_i，D_i 的计算表格

i	a_i	l_i/mm	D_i/mm	i	a_i	l_i/mm	D_i/mm	i	a_i	l_i/mm	D_i/mm
1	18	1130.94	359.99	19	54	3392.82	1079.97	37	90	5654.70	1799.95
2	20	1256.60	399.99	20	56	3518.48	1119.97	38	92	5780.36	1839.95
3	22	1382.26	439.99	21	58	3644.14	1159.97	39	94	5906.02	1879.94
4	24	1507.92	479.99	22	60	3769.80	1199.96	40	96	6031.68	1919.94
5	26	1633.58	519.98	23	62	3895.46	1239.96	41	98	6157.34	1959.94
6	28	1759.24	559.98	24	64	4021.12	1279.96	42	100	6283.00	1999.94
7	30	1884.90	599.98	25	66	4146.78	1319.96	43	102	6408.66	2039.94
8	32	2010.56	639.98	26	68	4272.44	1359.96	44	104	6534.32	2079.94
9	34	2136.22	679.98	27	70	4398.10	1399.96	45	106	6659.98	2119.94
10	36	2261.88	719.98	28	72	4523.76	1439.96	46	108	6785.64	2159.94
11	38	2387.54	759.98	29	74	4649.42	1479.96	47	110	6911.30	2199.94
12	40	2513.20	799.98	30	76	4775.08	1519.96	48	112	7036.96	2239.93
13	42	2638.86	839.98	31	78	4900.74	1559.95	49	114	7162.62	2279.93
14	44	2764.52	879.97	32	80	5026.40	1599.95	50	116	7288.28	2319.93
15	46	2890.18	919.97	33	82	5152.06	1639.95	51	118	7413.94	2359.93
16	48	3015.84	959.97	34	84	5277.72	1679.95	52	120	7539.60	2399.93
17	50	3141.50	999.97	35	86	5403.38	1719.95	53	122	7665.26	2439.93
18	52	3267.16	1039.97	36	88	5529.04	1759.95	54	124	7790.92	2479.93

④ 确定隔板数

由相关设计手册查得：$X_1=18$，$C_{实}=54$，$y=2$，并且 $X_i=X_1+(i-1)y=18+(i-1)y$，$i\in(1,54)$；

$$X=C_{实}X_1+\frac{C_{实}(C_{实}-1)y}{2}=54\times18+54\times53=3834$$

$$X_{zw}=X_1+(C_{实}-1)y=18+53\times2=124$$

将第一层隔板数 X_1、第 i 层隔板数 X_i、隔板总数 X、最外层隔板数 X_{zw} 的计算结果汇入表 6-8。

表 6-8　X_i，X_{zw} 最外的计算表格

i	X_i	i	X_i	i	X_i	备注
1	18	19	54	37	90	
2	20	20	56	38	92	
3	22	21	58	39	94	
4	24	22	60	40	96	
5	26	23	62	41	98	
6	28	24	64	42	100	
7	30	25	66	43	102	
8	32	26	68	44	104	
9	34	27	70	45	106	X=3834
10	36	28	72	46	108	X_{zw}=124
11	38	29	74	47	110	
12	40	30	76	48	112	
13	42	31	78	49	114	
14	44	32	80	50	116	
15	46	33	82	51	118	
16	48	34	84	52	120	
17	50	35	86	53	122	
18	52	36	88	54	124	

（3）确定壳程有效面积

$$D_{壳内}=D_{管最外}+0.001(C_{间}+d_o)=2.47993+0.001\times20=2.49993(\text{m})$$

$$A_{壳}=\pi\left(\frac{D_{壳内}}{2}\right)^2=\pi\left(\frac{2.49993}{2}\right)^2=4.906(\text{m}^2)$$

$$A_{芯}=\pi\left(\frac{D_{芯}}{2}\right)^2=\pi\left(\frac{0.37633}{2}\right)^2=0.1118(\text{m}^2)$$

$$A_{隔}=\left(X-\frac{X_{zw}}{2}\right)A'_g=\left(3834-\frac{124}{2}\right)\times8\times10^{-6}=0.03018(\text{m}^2)$$

根据式（6-15）得：

$$A_{管}=\frac{\pi(D_1+0.001d_o)^2-\pi(D_1-0.001d_o)^2+\cdots+\pi(D_{zw}+0.001d_o)^2-\pi(D_{zw}-0.001d_o)^2}{4}$$

$$=\frac{0.001\times\pi\times2d_o\times2\times(D_1+\cdots+D_{最外})}{4}=3.61336(\text{m}^2)$$

根据公式（6-14）可确定壳程的有效面积为

$$A_{有效}=A_{壳}-A_{芯}-A_{管}-A_{隔}=4.906-0.11118-0.03018-3.61336=1.15128(\text{m}^2)$$

6.3.3 壳侧界膜热导率的计算

盘管层、盘管层组成的管束、传热布置图（图 6-8 断面）分别如图 6-7～图 6-9 所示。

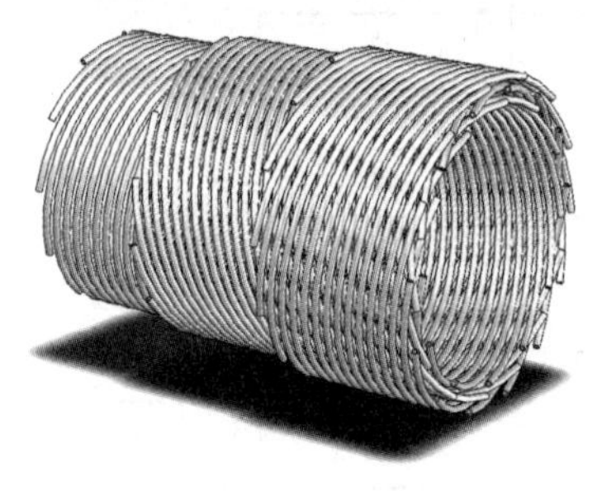

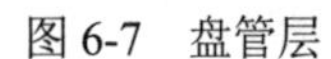

图 6-7 盘管层

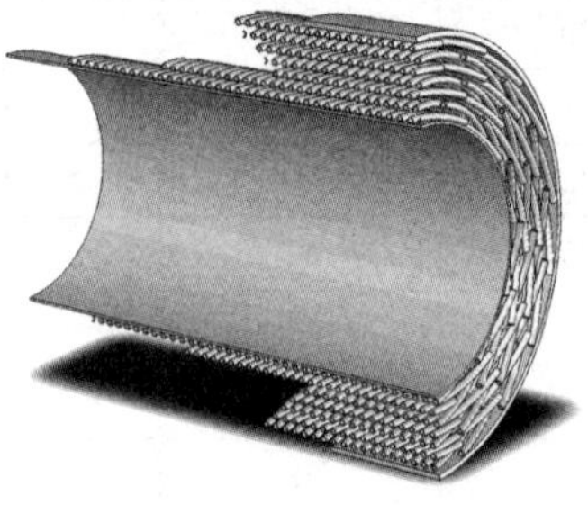

图 6-8 盘管层组成的管束

图 6-9 传热管布置（图 6-8 断面）

缠绕管式换热器壳侧传热膜系数在单相流的时候采用 Pstil 等研究的方法，两相流的时候采用在单相流基础上乘以两相流系数的方法。

壳侧雷诺数 Re，普朗特数 Pr 分别由式（6-16）、式（6-17）计算。

由于在一级高压氮气冷却器中，壳体内流体未发生相变，因此在计算时我们只考虑单相流体，具体计算如下。

$$G_{壳}=482.986\text{m}^3/\text{h}$$

$$v_{壳}=\frac{G_{壳}}{A_{有效}\times 3600}=\frac{482.986}{0.61972\times 3600}=0.21649(\text{m/s})$$

$$\rho_{壳}=\frac{\rho_{壳进}+\rho_{壳出}}{2}=81.36(\text{kg/m}^3)$$

$$\mu_{壳}=\frac{\mu_{壳进}+\mu_{壳出}}{2}=1.7383\times 10^{-5}(\text{Pa}\cdot\text{s})$$

$$C_{p壳}=\frac{C_{p壳进}+C_{p壳出}}{2}=1.21465[\text{kJ/(kg}\cdot\text{K)}]$$

$$\lambda_{壳}=\frac{\lambda_{壳进}+\lambda_{壳出}}{2}=26.656\times 10^{-3}[\text{W}/(\text{m}\cdot\text{K})]$$

$$Re_{壳}=\frac{0.001d_o v_{壳}\rho_{壳}}{\mu_{壳}}=\frac{0.001\times 15\times 0.12333\times 81.36}{1.7383\times 10^{-5}}=8658.57$$

$$Pr_{壳}=\frac{C_{p壳}\mu_{壳}}{\lambda_{壳}}=\frac{1.21465\times 10^3\times 1.7383\times 10^{-5}}{26.656\times 10^{-3}}=0.7921$$

分别将上述数值代入，则有

$$h_{壳}=0.296\times\frac{\lambda_{壳}}{0.001d_0}Re_{壳}^{0.609}Pr_{壳}^{0.31}=122.33\text{W}/(\text{m}^2\cdot\text{K})$$

6.3.4 管侧界膜热导率的计算

重新实际分配及实际流速的计算。

管子重新实际分配：

根据式（6-18）经计算得$Q = 4108.9\ \text{m}^2/\text{h}$。

（1）净化气

$$S_1' = \frac{Q_1 S_s}{Q} = \frac{209.3921441 \times 3834}{4108.9} = 195$$

$$S_1 = S_1' + 1 = 195 + 1 = 196$$

（2）污氮

$$S_2' = \frac{Q_2 S_s}{Q} = \frac{2472.646644 \times 3834}{4108.9} = 2307$$

$$S_2 = S_2' + 1 = 2307 + 1 = 2308$$

（3）氮气和氢气混合气体

$$S_3' = \frac{Q_3 S_s}{Q} = \frac{1409.131998 \times 3834}{4108.9} = 1315$$

$$S_3 = S_3' + 1 = 1315 + 1 = 1316$$

（4）氢气

$$S_4' = S_s - S_1' - S_2' - S_3' = 3834 - 195 - 2307 - 1315 = 17$$

实际流速的计算

$$v_1 = \frac{Q_1}{3600 S_1 \pi \left(\frac{0.001 d_i}{2}\right)^2} = \frac{209.3921441}{3600 \times 195 \times \pi \times 0.005^2} = 3.8(\text{m/s})$$

$$v_2 = \frac{Q_2}{3600 S_2 \pi \left(\frac{0.001 d_i}{2}\right)^2} = \frac{2472.646644}{3600 \times 2308 \times \pi \times 0.005^2} = 3.8(\text{m/s})$$

$$v_3 = \frac{Q_3}{3600 S_3 \pi \left(\frac{0.001 d_i}{2}\right)^2} = \frac{1409.131998}{3600 \times 1316 \times \pi \times 0.005^2} = 3.8(\text{m/s})$$

$$v_4 = \frac{Q_4}{3600 S_4 \pi \left(\frac{0.001 d_i}{2}\right)^2} = \frac{17.7625848}{3600 \times 17 \times \pi \times 0.005^2} = 3.7(\text{m/s})$$

管内侧界膜热导率h_0的计算

施密特提出下式作为盘管内流动流体的界膜热导率h_0从层流向紊流过渡的临界雷诺数。

$$(Re)_c = 2300 \times \left[1 + 8.6 \times \left(D_i / D_m\right)^{0.45}\right] = 2300 \times \left[1 + 8.6 \times \left(0.01 / 1.01997\right)^{0.45}\right] = 4768.095$$

（1）净化气管内雷诺数及普朗特数

雷诺数

$$\mu=\frac{\mu_{进}+\mu_{出}}{2}=\frac{8.2866\times10^{-6}+7.1467\times10^{-6}}{2}=7.71665\times10^{-6}(\text{Pa}\cdot\text{s})$$

$$\rho=\frac{\rho_{进}+\rho_{出}}{2}=\frac{8.608+10.945}{2}=9.7765(\text{kg/m}^3)$$

所以由已知得

$$Re=\frac{0.001d_{\text{i}}v\rho}{\mu}=\frac{0.010\times3.8\times9.7765}{7.71665\times10^{-6}}=48143.55971$$

普朗特数

$$C_p=\frac{C_{p进}+C_{p出}}{2}=\frac{9.5584+9.2351}{2}=9.39675[\text{kJ/(kg}\cdot\text{K)}]$$

$$\lambda=\frac{\lambda_{进}+\lambda_{出}}{2}=\frac{129.25+105.21}{2}=117.23[\text{W/(m}^2\cdot\text{K)}]$$

所以

$$Pr=\frac{C_p\mu}{\lambda}=\frac{9.39675\times10^3\times7.71668\times10^{-6}}{117.23\times10^{-3}}=0.61854$$

净化气管内换热系数：

$$\begin{aligned}h_{管}&=0.037\frac{\lambda_{管}}{0.001d_{\text{i}}}(Re_{管}^{0.75}-180)Pr_{管}^{0.42}\\&=0.037\times\frac{117.23\times10^{-3}}{0.001\times10}\times(48143.55971^{0.75}-180)\times0.61854^{0.42}\\&=1088.36562[\text{W/(m}^2\cdot\text{K)}]\end{aligned}$$

（2）污氮管内雷诺数及普朗特数

雷诺数

$$\mu=\frac{\mu_{进}+\mu_{出}}{2}=\frac{13.436\times10^{-6}+9.7286\times10^{-6}}{2}=11.5823\times10^{-6}(\text{Pa}\cdot\text{s})$$

$$\rho=\frac{\rho_{进}+\rho_{出}}{2}=\frac{2.0721+3.6856}{2}=2.87885(\text{kg/m}^3)$$

所以

$$Re=\frac{0.001d_{\text{i}}v\rho}{\mu}=\frac{0.010\times3.8\times2.87885}{11.5823\times10^{-6}}=9445.12748$$

普朗特数

$$C_p=\frac{C_{p进}+C_{p出}}{2}=\frac{1.0303+1.0423}{2}=1.0363[\text{kJ/(kg}\cdot\text{K)}]$$

$$\lambda=\frac{\lambda_{进}+\lambda_{出}}{2}=\frac{19.239+13.7}{2}=16.4695[\text{W/(m}\cdot\text{K)}]$$

所以

$$Pr=\frac{C_p\mu}{\lambda}=\frac{1.0363\times10^3\times11.5823\times10^{-6}}{16.4695\times10^{-3}}=0.72879$$

污氮管内换热系数

$$h_{管}=0.037\frac{\lambda_{管}}{0.001d_{\mathrm{i}}}(Re_{管}^{0.75}-180)Pr_{管}^{0.42}$$

$$=0.037\times\frac{16.4695\times10^{-3}}{0.001\times10}(9445.12748^{0.75}-180)\times0.72879^{0.42}$$

$$=41.51494[\mathrm{W/(m^2\cdot K)}]$$

（3）对于氮气和氢气管道求其管内雷诺数及普朗特数

雷诺数

$$\mu=\frac{\mu_{进}+\mu_{出}}{2}=\frac{0.000011+0.00000868}{2}=9.84\times10^{-6}(\mathrm{Pa\cdot s})$$

$$\rho=\frac{\rho_{进}+\rho_{出}}{2}=\frac{24.903+37.276}{2}=31.0895(\mathrm{kg/m^3})$$

所以

$$Re=\frac{0.001d_{\mathrm{i}}v\rho}{\mu}=\frac{0.001\times10\times3.8\times31.0895}{9.84\times10^{-6}}=120061.0772$$

普朗特数

$$C_p=\frac{C_{P进}+C_{P出}}{2}=\frac{3.4162+3.4589}{2}=3.4376[\mathrm{kJ/(kg\cdot K)}]$$

$$\lambda=\frac{\lambda_{进}+\lambda_{出}}{2}=\frac{84.14+115.29}{2}=99.715\times10^{-3}[\mathrm{W/(m\cdot K)}]$$

所以

$$Pr=\frac{C_p\mu}{\lambda}=\frac{3.4376\times10^3\times1.27\times10^{-5}}{99.715\times10^{-3}}=0.4378$$

氮气和氢气管道换热系数

$$h_{管}=0.037\frac{\lambda_{管}}{0.001d_{\mathrm{i}}}(Re_{管}^{0.75}-180)Pr_{管}^{0.42}$$

$$=0.037\times\frac{99.715\times10^{-3}}{0.001\times10}\times(120061.0772^{0.75}-180)\times0.4378^{0.42}$$

$$=1635.14890\ [\mathrm{W/(m^2\cdot K)}]$$

（4）对于氢气管道求其管内雷诺数及普朗特数

雷诺数

$$\mu=\frac{\mu_{进}+\mu_{出}}{2}=\frac{7\times10^{-6}+5.47\times10^{-6}}{2}=6.235\times10^{-6}(\mathrm{Pa\cdot s})$$

$$\rho=\frac{\rho_{进}+\rho_{出}}{2}=\frac{2.0462+2.9879}{2}=2.51705(\mathrm{kg/m^3})$$

所以

$$Re=\frac{0.010\times 3.7\times 2.51705}{8.05\times 10^{-6}}=11569.04969$$

普朗特数

$$C_p=\frac{C_{p进}+C_{p出}}{2}=\frac{13.733+12.673}{2}=13.203[\text{kJ/(kg}\cdot\text{K)}]$$

$$\lambda=\frac{\lambda_{进}+\lambda_{出}}{2}=\frac{138.37+99.374}{2}=118.872\times 10^{-3}[\text{W/(m}\cdot\text{K)}]$$

所以

$$Pr=\frac{C_p\mu}{\lambda}=\frac{13.203\times 10^3\times 6.235\times 10^{-6}}{118.872\times 10^{-3}}=0.69252$$

氢气管道求其管内换热系数

$$\begin{aligned}h_{管}&=0.037\frac{\lambda_{管}}{0.001d_i}(Re_{管}^{0.75}-180)Pr_{管}^{0.42}\\&=0.037\times\frac{118.872\times 10^{-3}}{0.001\times 10}\times(11569.04969^{0.75}-180)\times 0.69252^{0.42}\\&=352.62334\ [\text{W}/(\text{m}^2\cdot\text{K})]\end{aligned}$$

查容器设计手册得知制冷剂的污垢系数 $R_{di}=0.0001$；壳侧的污垢系数 $R_{do}=0.00015$；管材热导率 $\lambda=2.345\ \text{W/(m}\cdot\text{K)}$，所以各类总传热系数分别计算如下。

净化气的总传热系数

$$\begin{aligned}K_1&=\frac{1}{\frac{1}{h_{壳}}+\frac{1}{h_1}\frac{d_o}{d_i}+R_{do}+R_{di}\frac{d_o}{d_i}+\frac{\delta'}{\lambda}\frac{d_o}{d_m}}\\&=\frac{1}{\frac{1}{319.84}+\frac{15}{1088.36562\times 10}+0.00015+0.0001\times\frac{15}{10}+\frac{2.5\times 10^{-3}}{2.345}\times\frac{15}{12.5}}\\&=164.4[\text{W/(m}^2\cdot\text{K)}]\end{aligned}$$

污氮的总传热系数

$$\begin{aligned}K_2&=\frac{1}{\frac{1}{h_{壳}}+\frac{1}{h_2}\frac{d_o}{d_i}+R_{do}+R_{di}\frac{d_o}{d_i}+\frac{\delta'}{\lambda}\frac{d_o}{d_m}}\\&=\frac{1}{\frac{1}{319.84}+\frac{15}{41.51\times 10}+0.00015+0.0001\times\frac{15}{10}+\frac{2.5\times 10^{-3}}{2.345}\times\frac{15}{12.5}}\\&=24.5[\text{W/(m}^2\cdot\text{K)}]\end{aligned}$$

合成气的总传热系数

$$K_3=\frac{1}{\frac{1}{h_{壳}}+\frac{1}{h_3}\frac{d_o}{d_i}+R_{do}+R_{di}\frac{d_o}{d_i}+\frac{\delta'}{\lambda}\frac{d_o}{d_m}}$$

$$=\frac{1}{\frac{1}{319.84}+\frac{15}{1635.15\times 10}+0.00015+0.0001\times\frac{15}{10}+\frac{2.5\times 10^{-3}}{2.345}\times\frac{15}{12.5}}$$

$$=76.7[\mathrm{W/(m^2\cdot K)}]$$

氢气的总传热系数

$$K_4=\frac{1}{\frac{1}{h_{壳}}+\frac{1}{h_4}\frac{d_o}{d_i}+R_{do}+R_{di}\frac{d_o}{d_i}+\frac{\delta'}{\lambda}\frac{d_o}{d_m}}$$

$$=\frac{1}{\frac{1}{319.84}+\frac{15}{352.62\times 10}+0.00015+0.0001\times\frac{15}{10}+\frac{2.5\times 10^{-3}}{2.345}\times\frac{15}{12.5}}$$

$$=111.6[\mathrm{W/(m^2\cdot K)}]$$

6.3.5 传热温差计算

6.3.5.1 二级净化气采用顺流换热

由式（6-23）计算ΔT得

$$\Delta T=\frac{|t_{壳进}-t_{管出}|-|t_{管进}-t_{壳出}|}{\ln\left|\frac{t_{壳进}-t_{管出}}{t_{管进}-t_{壳出}}\right|}=\frac{|209.55-145.95|-|206.85-145.95|}{\ln\left|\frac{209.55-145.95}{206.85-145.95}\right|}=62.24(\mathrm{K})$$

所以由式（6-22）得：

$$Q=C_p m\Delta T=9.39675\times 11465.14252\times 62.26=6707585.94(\mathrm{kJ/kg})$$

得净化气的换热面积为

$$A_1=\frac{Q}{3600K\Delta t}=\frac{6707585.94\times 10^3}{164.4\times 62.24\times 3600}=182(\mathrm{m^2})$$

$$A_1'=1.1A_1=200.2(\mathrm{m^2})$$

由于$L=\frac{A}{SZ}$，$Z=0.001d_m\pi$，$Z=0.001\times 12.5\times\pi=0.03927$，所以

$$L_1=\frac{A_1'}{S_1 Z}=\frac{200.2}{196\times 0.03927}=26.01(\mathrm{m})$$

6.3.5.2 二级污氮采用逆流换热

同理

$$\Delta T=\frac{|t_{壳进}-t_{管进}|-|t_{管出}-t_{壳出}|}{\ln\left|\frac{t_{壳进}-t_{管进}}{t_{管出}-t_{壳出}}\right|}=\frac{|209.55-142.95|-|145.95-206.85|}{\ln\left|\frac{209.55-142.95}{145.95-206.85}\right|}=63.7(\mathrm{K})$$

$$Q=C_p m\Delta T=1.0363\times6559.367\times63.7=432998.9678(\text{kJ/h})$$

得换热面积

$$A_2=\frac{Q}{3600K\Delta t}=\frac{432998.9678\times10^3}{24.5\times63.7\times3600}=77(\text{m}^2)$$

$$A_2'=1.1A_2=84.8(\text{m}^2)$$

$$L_2=\frac{A_2'}{S_2Z}=\frac{84.8}{2308\times0.03927}=0.94(\text{m})$$

6.3.5.3　二级合成气采用逆流换热

同理

$$\Delta T=\frac{|t_{壳进}-t_{管进}|-|t_{管出}-t_{壳出}|}{\ln\left|\dfrac{t_{壳进}-t_{管进}}{t_{管出}-t_{壳出}}\right|}=\frac{|209.55-142.95|-|145.95-206.85|}{\ln\left|\dfrac{209.55-142.95}{145.95-206.85}\right|}=63.7(\text{K})$$

$$Q=C_p m\Delta T=3.4376\times42074.49488\times63.7=9213267.565(\text{kJ/h})$$

得换热面积

$$A_3=\frac{Q}{3600K\Delta t}=\frac{9213267.565\times10^3}{76.7\times63.7\times3600}=523.8(\text{m}^2)$$

$$A_3'=1.1A_3=576.2\ \text{m}^2$$

$$L_3=\frac{A_3'}{S_3Z}=\frac{576.2}{1316\times0.03927}=11.2(\text{m})$$

6.3.5.4　二级氢气采用逆流换热

同理

$$\Delta T=\frac{|t_{壳进}-t_{管进}|-|t_{管出}-t_{壳出}|}{\ln\left|\dfrac{t_{壳进}-t_{管进}}{t_{管出}-t_{壳出}}\right|}=\frac{|209.55-142.95|-|145.95-206.85|}{\ln\left|\dfrac{209.55-142.95}{145.95-206.85}\right|}=63.7(\text{K})$$

$$Q=C_p m\Delta T=13.203\times43.1448\times63.7=36286.1186(\text{kJ/h})$$

得换热面积

$$A_4=\frac{Q}{3600K\Delta t}=\frac{36286.1186\times10^3}{111.6\times63.7\times3600}=1.42(\text{m}^2)$$

$$A_4'=1.1A_4=1.56(\text{m}^2)$$

$$L_4=\frac{A_4'}{S_4Z}=\frac{1.56}{17\times0.03927}=2.34(\text{m})$$

由上节公式可计算得到净化气$l_1=27.6$ m，二级污氮$l_2=0.94$ m，二级合成气$l_3=11.2$ m，二级氢气$l_4=2.34$m，则换热器高度计算如下所示。

$$|l_1-l_2|=|27.6-0.94|=26.66(\mathrm{m})$$
$$|l_1-l_3|=|27.66-11.2|=16.4(\mathrm{m})$$
$$|l_1-l_4|=|27.6-2.34|=25.26(\mathrm{m})$$
$$|l_2-l_3|=|0.94-11.2|=10.26(\mathrm{m})$$
$$|l_2-l_4|=|0.94-2.34|=1.40(\mathrm{m})$$
$$|l_3-l_4|=|11.2-2.34|=8.86(\mathrm{m})$$

因为

$$|l_1-l_2|=26.66(\mathrm{m})$$
$$|l_1-l_3|<26.66(\mathrm{m})$$
$$|l_1-l_4|<26.66(\mathrm{m})$$
$$|l_2-l_3|<26.66(\mathrm{m})$$
$$|l_2-l_4|<26.66(\mathrm{m})$$
$$|l_3-l_4|<26.66(\mathrm{m})$$

故

$$L=\mathrm{Max}\{l_1,l_2,l_3,l_4,l_5,l_6\}=27.6\mathrm{m}$$
$$H=L\sin 13.8^\circ=6.58\mathrm{m}$$

6.3.6 管内侧压力损失

从层流向紊流过渡的临界雷诺数

$$(Re)_\mathrm{c}=2300\left[1+8.6\left(\frac{D_\mathrm{i}}{D_\mathrm{m}}\right)^{0.45}\right]=2300\times\left[1+8.6\left(\frac{0.010}{1.41996}\right)^{0.45}\right]=4426.68$$

净化气管道

$$G_1=\frac{G}{S\pi\left(\dfrac{0.001d_\mathrm{i}}{2}\right)^2}=\frac{11465.142520}{196\pi\times0.005^2}=744789.4307$$

污氮管道

$$G_2=\frac{G}{S\pi\left(\dfrac{0.001d_\mathrm{i}}{2}\right)^2}=\frac{6559.367}{2308\pi\times0.005^2}=36185.64$$

合成气管道

$$G_3=\frac{G}{S\pi\left(\dfrac{0.001d_\mathrm{i}}{2}\right)^2}=\frac{42074.49488}{1316\pi\times0.005^2}=407073.7$$

氢气管道

$$G_4 = \frac{G}{S\pi\left(\frac{0.001d_i}{2}\right)^2} = \frac{43.1448}{17\pi \times 0.005^2} = 9844.98775$$

（1）对于净化气管道

由于 22000<Re=48143.55971<150000

$$f_i = \left[1 + 0.0823\left(1 + \frac{0.001d_i}{D_m}\right)\left(\frac{0.001d_i}{D_m}\right)^{0.53} Re^{0.25}\right]\frac{0.3164}{Re^{0.25}}$$

$$= \left[1 + 0.0823 \times \left(1 + \frac{0.010}{1.41996}\right)\left(\frac{0.010}{1.41996}\right)^{0.53} \times 48143.56^{0.25}\right] \times \frac{0.3164}{48143.56^{0.25}}$$

$$= 0.02312$$

因此由式（6-25）得，净化气管道的压力损失为

$$\Delta P_{实际} = g\frac{f_i G_1^2}{2g_c \rho}\left(\frac{l_1}{D_i}\right) = 9.8 \times \frac{0.02312 \times 744789.43^2}{2 \times 1.27 \times 10^8 \times 9.7765}\frac{27.6}{0.010} = 13896(\text{Pa})$$

$$\Delta P_{允许} = P_{管进} - P_{管出} = 5.26 - 5.24 = 0.02(\text{MPa})$$

因为 $\Delta P_{实际} = 13896 Pa < \Delta P_{允许} = 20000\ \text{Pa}$，所以设计合格。

（2）对于污氮管道

由于 $(Re)_c < Re = 9445.13 < 22000$

$$f_i = \left[1 + \frac{28800}{Re}\left(\frac{0.001d_i}{D_m}\right)^{0.62}\right]\frac{0.3164}{Re^{0.25}} = \left[1 + \frac{28800}{9445.13} \times \left(\frac{0.010}{1.41996}\right)^{0.62}\right] \times \frac{0.3164}{9445.13^{0.25}} = 0.03642$$

因此污氮管道的压力损失为

$$\Delta P_{实际} = g\frac{f_i G_2^2}{2g_c \rho}\left(\frac{l_2}{D_i}\right) = 9.8 \times \frac{0.03642 \times 36185.64^2}{2 \times 1.27 \times 10^8 \times 2.87885} \times \frac{0.94}{0.010} = 613(\text{Pa})$$

$$\Delta P_{允许} = P_{管进} - P_{管出} = 0.15 - 0.13 = 0.02(\text{MPa})$$

因为 $\Delta P_{实际} = 613\text{Pa} < \Delta P_{允许} = 20000\text{Pa}$，所以设计合格。

（3）对于氮气和氢气混合气体管道

由于 22000<Re=120061<150000

$$f_i = \left[1 + 0.0823\left(1 + \frac{0.001d_i}{D_m}\right)\left(\frac{0.001d_i}{D_m}\right)^{0.53} Re^{0.25}\right]\frac{0.3164}{Re^{0.25}}$$

$$= \left[1 + 0.0823 \times \left(1 + \frac{0.010}{1.419996}\right) \times \left(\frac{0.010}{1.419996}\right)^{0.53} \times 120061^{0.25}\right] \times \frac{0.3164}{120061^{0.25}}$$

$$= 0.016$$

因此氮气和氢气混合气体管道的压力损失为

$$\Delta P_{实际}=g\frac{f_{i}G_{2}^{2}}{2g_{c}\rho}\frac{l_{2}}{D_{i}}=9.8\times\frac{0.016\times407073.8^{2}}{2\times1.27\times10^{8}\times20.6}\times\frac{11.2}{0.010}=5561.7(\mathrm{Pa})$$

$$\Delta P_{允许}=P_{管进}-P_{管出}=5.12-5.04=0.08(\mathrm{MPa})$$

因为$\Delta P_{实际}$=5561.7Pa<$\Delta P_{允许}$=80000Pa，所以设计合格。

（4）对丁氢气管道

由于$(Re)_{c}<Re=11569<22000$

$$f_{i}=\left[1+\frac{28800}{Re}\left(\frac{0.001d_{i}}{D_{m}}\right)^{0.62}\right]\frac{0.3164}{Re^{0.25}}=\left[1+\frac{28800}{11569}\times\left(\frac{0.010}{1.419996}\right)^{0.62}\right]\times\frac{0.3164}{11569^{0.25}}=0.034$$

因此氢气管道的压力损失为

$$\Delta P_{实际}=g\frac{f_{i}G_{3}^{2}}{2g_{c}\rho}\frac{l_{3}}{D_{i}}=9.8\times\frac{0.034\times9844.988^{2}}{2\times1.27\times10^{8}\times1.7114}\times\frac{2.34}{0.010}=17.38(\mathrm{Pa})$$

$$\Delta P_{允许}=P_{管进}-P_{管出}=1.77-1.75=0.02(\mathrm{MPa})$$

因为$\Delta P_{实际}$=17.38 Pa<$\Delta P_{允许}$=20000 Pa，所以设计合格。

6.3.7 壳侧压力损失

Gilli从与直管群错流流动时的压力损失值推算同盘管层组成的管束错流流动的流体压力损失计算公式，见式（6-27）。

$$n=\frac{L}{\pi D_{m}}=\frac{27.6}{\pi\times1.42}=6.2$$

$$C_{n}=1+\frac{0.375}{n}=1+\frac{0.375}{6.2}=1.1$$

由于缠绕管的缠绕方式属于左右缠绕，故由式（6-28）、式（6-29）得：

$$\beta=18.56^{\circ}\times\left(1-\frac{18.56^{\circ}}{90^{\circ}}\right)=14.73^{\circ}$$

$$\varphi=\alpha+\beta=33.3^{\circ}$$

传热管倾斜（传热管盘管的缠绕角）修正系数C_{i}，由式（6-30）有

$$C_{i}=\left[\cos\beta\right]^{-1.8}\left[\cos\phi\right]^{1.355}=\left[\cos14.73^{\circ}\right]^{-1.8}\left[\cos33.3^{\circ}\right]^{1.355}=0.083$$

经查表可得出$\overline{f}_{eff}=2.1$。所以代入数据可求得

$$\Delta P_{实际}=9.8\times0.334\times2.1\times0.083\times1.1\times6.2\times\frac{(37269.4224/1.15369)^{2}}{2\times1.27\times10^{8}\times139.7435}=0.114(\mathrm{Pa})$$

$$\Delta P_{允许}=P_{壳进}-P_{壳出}=5.9-5.8=0.1(\mathrm{MPa})$$

因为$\Delta P_{实际}$=0.114Pa<$\Delta P_{允许}$=100000 Pa，所以设计合格。

6.4 二号原料气体冷却器的设计计算过程

6.4.1 二号原料气体螺旋管的确定

选取1Cr18Ni9Ti型号的管子。查相关设计手册，取 $d_0\delta' = 15\text{mm}\times 2.5\text{mm}$，$\sigma_b = 520\text{MPa}$，$\delta' = 2\text{mm}$，$n_b = 3.5$，$n_s = 1.5$，$[\sigma]_1^t = \dfrac{\sigma_s}{n_s} = \dfrac{205}{1.5} = 136.7\text{MPa}$；$[\sigma]_2^t = \dfrac{\sigma_b}{n_b} = \dfrac{520}{3.5} = 148.6\text{MPa}$；$d_i = d_0 - 2\delta' = 15 - 2\times 2.5 = 10(\text{mm})$；$[\sigma]^t = \min([\sigma]_1^t, [\sigma]_2^t) = 136.7\text{MPa}$。

当 $\delta_e = \delta + C < \delta$ 时，选管子规格满足要求。

$$C_1 = \delta' \times 15\% = 2.5\times 0.15 = 0.375(\text{mm})$$

$$C_2 = k_a B = 0.08\times 15 = 1.2(\text{mm})$$

$$C = C_1 + C_2 = 0.375 + 1.2 = 1.575(\text{mm})$$

管壁厚按式（6-31）和式（6-32）计算，管子壁厚的计算过程如下。

（1）净化气

$$\delta = \frac{P_c d_i}{2[\delta]^t\phi - P_c} = \frac{5.24\times 10}{2\times 136.7\times 1 - 5.24} = 0.195(\text{mm})$$

$$\delta_e = C + \delta = 1.575 + 0.195 = 1.77(\text{mm})$$

因为 $\delta_e < \delta'$，所以所选管子规格合格。

（2）污氮

$$\delta = \frac{P_c d_i}{2[\delta]^t\phi - P_c} = \frac{0.18\times 10}{2\times 136.7\times 1 - 0.18} = 0.0066(\text{mm})$$

$$\delta_e = C + \delta = 1.575 + 0.0066 = 1.582(\text{mm})$$

因为 $\delta_e < \delta'$，所以所选管子规格合格。

（3）氮气和氢气混合气体

$$\delta = \frac{P_c d_i}{2[\delta]^t\phi - P_c} = \frac{5.19\times 10}{2\times 136.7\times 1 - 5.19} = 0.194(\text{mm})$$

$$\delta_e = C + \delta = 1.575 + 0.194 = 1.769(\text{mm})$$

因为 $\delta_e < \delta'$，所以所选管子规格合格。

（4）氢气

$$\delta = \frac{P_c d_i}{2[\delta]^t\phi - P_c} = \frac{1.8\times 10}{2\times 136.7\times 1 - 1.8} = 0.066(\text{mm})$$

$$\delta_e = C + \delta = 1.575 + 0.066 = 1.641(\text{mm})$$

因为 $\delta_e < \delta'$，所以所选管子规格合格。

6.4.2 缠绕管换热器壳程有效面积的计算

（1）缠绕角及芯筒的计算

根据相关设计手册和计算得 $c_j = 5\text{mm}$， $g_j = 0$； $a_1 = 18$ 根， $y = 2$ 。

上升高度 Δl 为：

$$\Delta l = \frac{0.002\pi}{y}(C_j + d_o) = \frac{0.002\pi}{2} \times (5+15)\,\text{m} = 0.06283\text{m} = 62.83\text{mm}$$

则缠绕管上升角：

$$\alpha = \arcsin\frac{g_j + d_o}{1000\Delta l} = \arcsin\frac{15}{1000 \times 0.06283} = 13.8°$$

芯筒直径

$$D_{芯} = \frac{a_1 \Delta l}{\pi} - 0.001 d_o = \frac{18 \times 0.0683}{\pi} - 0.001 \times 15 = 0.37633(\text{m}) \ [D_{芯} \in (0.025, 0.035) d_o]$$

即 $D_{芯} \in (0.3, 0.42)\text{m}$，所以芯筒合适。

（2）管子的确定

① 假设流速

$$v_1' = 3\ \text{m/s},\ v_2' = 3\ \text{m/s},\ v_3' = 1\ \text{m/s},\ v_4' = 1\ \text{m/s}$$

式中 v_1' ——管内净化气的假设流速，m/s；

v_2' ——管内污氮的假设流速，m/s；

v_3' ——管内氮气和氢气混合气的假设流速，m/s；

v_4' ——管内氢气的假设流速，m/s。

② 计算各介质所需管子根数

二级净化气

$$s_1 = \frac{Q}{3600 v \pi \left(\frac{0.001 d_i}{2}\right)^2} = \frac{35.33891839}{3600 \times 3 \times \pi \times (0.005)^2} = 42$$

二级污氮气管

$$s_2 = \frac{Q}{3600 v \pi \left(\frac{0.001 d_i}{2}\right)^2} = \frac{893.9983255}{3600 \times 3 \times \pi \times 0.005^2} = 1054$$

二级氮气和氢气混合气体

$$s_3 = \frac{Q}{3600 v \pi \left(\frac{0.001 d_i}{2}\right)^2} = \frac{811.043}{3600 \times 1 \times \pi \times 0.005^2} = 2868$$

二级氢气

$$s_4 = \frac{Q}{3600 v \pi \left(\frac{0.001 d_i}{2}\right)^2} = \frac{11.17859469}{3600 \times 1 \times \pi \times 0.005^2} = 40$$

前 i 层缠绕管假设的管子总数为 $S_{假}=S_1+S_2+S_3+S_4=4004$，首层管数 $a_1<S_{假}$，所以第 i 层缠绕管管子数 $a_i=a_1+(i-1)y$（$i\geqslant1$，$i\in Z$），前 i 层缠绕管管子总数为 $S_i=S_{i-1}+a_i$，$S_i=18i+i(i-1)y/2$；由于 $S_i\geqslant S_{假}$，则 $S_i=18i+i(i-1)y/2\geqslant4008$，$i^2+17i\geqslant4008$，算得缠绕管管层数 $i=56$，$S_i=18i+i(i-1)y/2=4088$。将实际管子层数 $C_{实}$、第 i 层缠绕管实际管子数 $a_{实}$、前 i 层缠绕管实际管子总数 $S_{实}$ 的计算结果汇总于表 6-9 中。

表 6-9　$C_{实}$，$a_{实}$，$S_{实}$ 的计算结果

$C_{实}$	$a_{实}$	$S_{实}$	$C_{实}$	$a_{实}$	$S_{实}$	$C_{实}$	$a_{实}$	$S_{实}$
1	18	18	20	56	740	39	94	2184
2	20	38	21	58	798	40	96	2280
3	22	60	22	60	858	41	98	2378
4	24	84	23	62	920	42	100	2478
5	26	110	24	64	984	43	102	2580
6	28	138	25	66	1050	44	104	2684
7	30	168	26	68	1118	45	106	2790
8	32	200	27	70	1188	46	108	2898
9	34	234	28	72	1260	47	110	3008
10	36	270	29	74	1334	48	112	3120
11	38	308	30	76	1410	49	114	3234
12	40	348	31	78	1488	50	116	3350
13	42	390	32	80	1568	51	118	3468
14	44	434	33	82	1650	52	120	3588
15	46	480	34	84	1734	53	122	3710
16	48	528	35	86	1820	54	124	3834
17	50	578	36	88	1908	55	126	3960
18	52	630	37	90	1998	56	128	4088
19	54	684	38	92	2090			

③ 确定绕管直径　将第 i 缠层绕管管子数 a_i、第 i 层缠绕管的周长 l_i、第 i 层缠绕管的直径 D_i 的计算结果汇总于表 6-10 中。

表 6-10　a_i、l_i、D_i 的计算结果

i	a_i	l_i/m	D_i/m	i	a_i	l_i/m	D_i/m	i	a_i	l_i/m	D_i/m
1	18	1130.94	359.99	10	36	2261.88	719.98	19	54	3392.82	1079.97
2	20	1256.60	399.99	11	38	2387.54	759.98	20	56	3518.48	1119.97
3	22	1382.26	439.99	12	40	2513.20	799.98	21	58	3644.14	1159.97
4	24	1507.92	479.99	13	42	2638.86	839.98	22	60	3769.80	1199.96
5	26	1633.58	519.98	14	44	2764.52	879.97	23	62	3895.46	1239.96
6	28	1759.24	559.98	15	46	2890.18	919.97	24	64	4021.12	1279.96
7	30	1884.90	599.98	16	48	3015.84	959.97	25	66	4146.78	1319.96
8	32	2010.56	639.98	17	50	3141.50	999.97	26	68	4272.44	1359.96
9	34	2136.22	679.98	18	52	3267.16	1039.97	27	70	4398.10	1399.96

续表

i	a_i	l_i/m	D_i/m	i	a_i	l_i/m	D_i/m	i	a_i	l_i/m	D_i/m
28	72	4523.76	1439.96	38	92	5780.36	1839.95	48	112	7036.96	2239.93
29	74	4649.42	1479.96	39	94	5906.02	1879.94	49	114	7162.62	2279.93
30	76	4775.08	1519.96	40	96	6031.68	1919.94	50	116	7288.28	2319.93
31	78	4900.74	1559.95	41	98	6157.34	1959.94	51	118	7413.94	2359.93
32	80	5026.40	1599.95	42	100	6283.00	1999.94	52	120	7539.60	2399.93
33	82	5152.06	1639.95	43	102	6408.66	2039.94	53	122	7665.26	2439.93
34	84	5277.72	1679.95	44	104	6534.32	2079.94	54	124	7790.92	2479.93
35	86	5403.38	1719.95	45	106	6659.98	2119.94	55	126	7916.58	2519.93
36	88	5529.04	1759.95	46	108	6785.64	2159.94	56	128	8042.24	2559.92
37	90	5654.70	1799.95	47	110	6911.30	2199.94				

④ 确定隔板数　由相关设计手册查得，X_1=18，$C_{实}=56$，$y=2$，并且$X_i=X_1+(i-1)y$=18+$(i-1)y$ [$i\in(1,56)$]，则

$$X=C_{实}X_1+\frac{C_{实}(C_{实}-1)y}{2}=56\times18+56\times55=4088$$

$$X_{zw}=X_1+(C_{实}-1)y=18+55\times2=128$$

将第一层隔板数X_1、第 i 层隔板数X_i、隔板总数X、最外层隔板数X_{zw}的计算结果汇入表 6-11 中。

表 6-11　X_i，X，X_{zw}最外的计算表格

i	X_i	i	X_i	i	X_i
1	18	20	56	39	94
2	20	21	58	40	96
3	22	22	60	41	98
4	24	23	62	42	100
5	26	24	64	43	102
6	28	25	66	44	104
7	30	26	68	45	106
8	32	27	70	46	108
9	34	28	72	47	110
10	36	29	74	48	112
11	38	30	76	49	114
12	40	31	78	50	116
13	42	32	80	51	118
14	44	33	82	52	120
15	46	34	84	53	122
16	48	35	86	54	124
17	50	36	88	55	126
18	52	37	90	56	128
19	54	38	92		

注：X=4088；X_{zw}=128。

（3）确定壳程有效面积

$$D_{壳内}=D_{管最外}+0.001(C_{间}+d_o)=2.55992+0.001\times20=2.57992(\text{m})$$

$$A_{壳}=\pi\times\left(\frac{D_{壳内}}{2}\right)^2=\pi\times\left(\frac{2.57992}{2}\right)^2=5.23(\text{m}^2)$$

$$A_{芯}=\pi\left(\frac{D_{芯}}{2}\right)^2=\pi\times\left(\frac{0.37633}{2}\right)^2=0.11123(\text{m}^2)$$

$$A_{隔}=\left(X-\frac{X_{zw}}{2}\right)A_g'=\left(4088-\frac{128}{2}\right)\times8\times10^{-6}=0.0322(\text{m}^2)$$

根据式（6-15）得：

$$A_{管}=\frac{\pi(D_1+0.001d_o)^2-\pi(D_1-0.001d_o)^2+\cdots+\pi(D_{zw}+0.001d_o)^2-\pi(D_{zw}-0.001d_o)^2}{4}$$

$$=\frac{0.001\times\pi\times2d_o\times2\times(D_1+D_{最外})}{4}=0.001\times\pi\times15\times1.45996\times56=3.853(\text{m}^2)$$

根据公式（6-14）可确定壳程的有效面积为

$$A_{有效}=A_{壳}-A_{芯}-A_{管}-A_{隔}=5.23-0.11123-0.0322-3.853=1.234(\text{m}^2)$$

6.4.3 壳侧界膜热导率的计算

盘管层如图 6-10 所示。

缠绕管式换热器壳侧传热膜系数在单相流的时候采用 Pstil 等研究的方法，两相流的时候采用在单相流基础上乘以两相流系数的方法。

壳侧雷诺数 *Re*、普朗特数 *Pr* 分别由式（6-16）、式（6-17）计算。

盘管层组成的管束、传热管布置（图 6-11 断面）如图 6-11、图 6-12 所示。

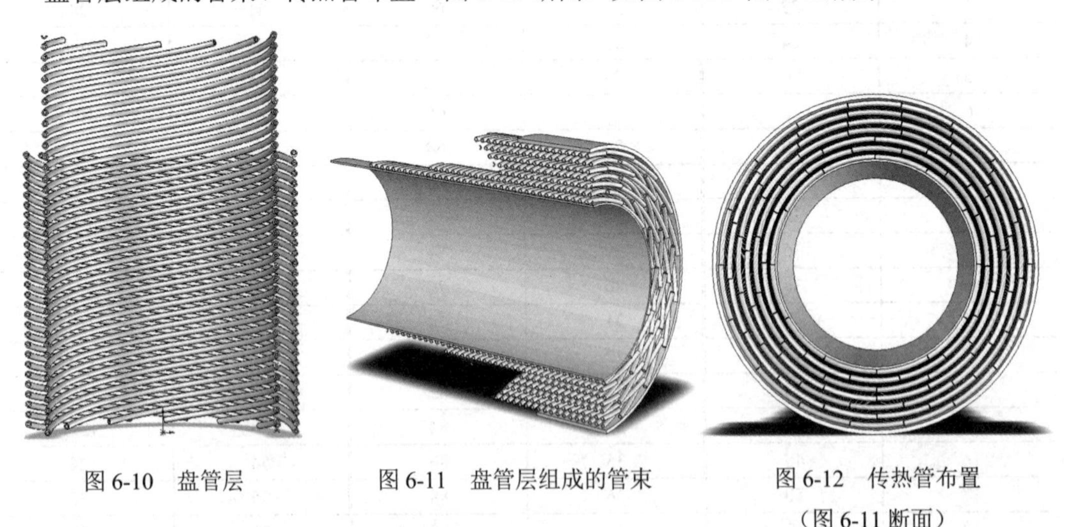

图 6-10 盘管层　　图 6-11 盘管层组成的管束　　图 6-12 传热管布置（图 6-11 断面）

由于在三级高压氮气冷却器中，壳体内流体发生了相变，因此，在计算时我们需要考虑变相流体。

壳体内液体的计算

$$G_{壳液进}=0\text{kg/h},\ G_{壳液出}=20763.0816\text{kg/h}$$

$$G_{壳液}=\frac{G_{壳液进}+G_{壳液出}}{2}=\frac{0+20763.0816}{2}=10831.5408(\text{kg/h})$$

$$\rho_{壳液}=\frac{\rho_{壳液进}+\rho_{壳液出}}{2}=\frac{0+786.78}{2}=393.4(\text{kg/m}^3)$$

$$v_{壳液}=\frac{G_{壳液}}{A_{有效}\times 3600\times\rho_{壳液}}=\frac{10831.5408}{1.234\times 3600\times 393.4}=0.0062(\text{m/s})$$

$$\mu_{壳液}=\frac{\mu_{壳液进}+\mu_{壳液出}}{2}=\frac{0+0.00013265}{2}=7\times 10^{-5}(\text{Pa}\cdot\text{s})$$

$$C_{p壳液}=\frac{C_{p壳液进}+C_{p壳液出}}{2}=\frac{0+2.0125}{2}=1.00625[\text{kJ/(kg}\cdot\text{K)}]$$

$$\lambda_{壳液}=\frac{\lambda_{壳液进}+\lambda_{壳液出}}{2}=\frac{0+136.59}{2}=68.3\times 10^{-3}[\text{W/(m}\cdot\text{K)}]$$

因此

$$Re_{壳液}=\frac{0.001d_0 v_{壳液}\rho_{壳液}}{\mu_{壳液}}=\frac{0.001\times 15\times 0.0062\times 393.4}{7\times 10^{-5}}=522.66$$

$$Pr_{壳液}=\frac{C_{p壳液}\mu_{壳液}}{\lambda_{壳液}}=\frac{1.00625\times 10^3\times 7\times 10^{-5}}{68.3\times 10^{-3}}=1.03$$

壳体内气体的计算

$$G_{壳气进}=32769.4224\ \text{kg/h},\ G_{壳气出}=12006.3408\text{kg/h}$$

$$G_{壳气}=\frac{G_{壳气进}+G_{壳气出}}{2}=\frac{32769.4224+12006.3408}{2}=22387.8816(\text{kg/h})$$

$$\rho_{壳气}=\frac{\rho_{壳气进}+\rho_{壳气出}}{2}=\frac{236.47+786.78}{2}=511.63(\text{kg/m}^3)$$

$$v_{壳气}=\frac{G_{壳气}}{3600A_{有效}\rho_{壳气}}=\frac{22387.8816}{1.234\times 3600\times 511.63}=0.00985(\text{m/s})$$

$$\mu_{壳气}=\frac{\mu_{壳气进}+\mu_{壳气出}}{2}=\frac{15.9\times 10^{-6}+133.65\times 10^{-6}}{2}=149.6\times 10^{-6}(\text{Pa}\cdot\text{s})$$

$$C_{p壳气}=\frac{C_{p壳气进}+C_{p壳气出}}{2}=\frac{3.4999+2.0125}{2}=2.756[\text{kJ/(kg}\cdot\text{K)}]$$

$$\lambda_{壳气}=\frac{\lambda_{壳气进}+\lambda_{壳气出}}{2}=\frac{30.668+136.59}{2}=83.63\times 10^{-3}[\text{W/(m}\cdot\text{K)}]$$

因此

$$Re_{壳气}=\frac{0.001d_0 v_{壳气}\rho_{壳气}}{\mu_{壳气}}=\frac{0.001\times 15\times 0.00985\times 511.63}{149.6\times 10^{-6}}=505.3$$

$$Pr_{壳气}=\frac{C_{p壳气}\mu_{壳气}}{\lambda_{壳气}}=\frac{2.756\times10^{3}\times149.6\times10^{-6}}{83.63\times10^{-3}}=4.93$$

壳侧界膜热导率分别由下式计算，分别将上述数值代入，则有

$$h_{壳液}=0.296\times\frac{\lambda_{壳}}{0.001d_{0}}Re_{壳}^{0.609}Pr_{壳}^{0.31}=0.296\times\frac{68.3\times10^{-3}}{0.001\times15}\times522.66^{0.609}\times1.03^{0.31}$$

$$=61.5[\mathrm{W/(m^{2}\cdot K)}]$$

$$h_{壳气}=0.296\times\frac{\lambda_{壳气}}{0.001d_{0}}Re_{壳气}^{0.609}Pr_{壳气}^{0.31}=0.296\times\frac{83.63\times10^{-3}}{0.001\times15}\times505.3^{0.609}\times4.93^{0.31}$$

$$=120[\mathrm{W/(m^{2}\cdot K)}]$$

气液比例系数

$$R_{液}=\frac{G_{壳液}}{G_{壳液}+G_{壳气}}=\frac{10831.5408}{10831.5408+22387.8816}=0.326$$

因此

$$R_{气}=1-R_{液}=1-0.326=0.674$$

$$h_{s}=R_{液}h_{液}+R_{气}h_{气}=0.326\times61.5+0.724\times120=106.93$$

$$\Phi_{s}=\frac{(C_{P壳液}G_{壳液}+C_{P壳气}G_{壳气})}{3600}\left(\left|t_{壳进}-t_{壳出}\right|\right)$$

$$=\frac{1.00625\times10831.54+2.756\times22387.9}{3600}\left(\left|145.95-84.95\right|\right)=1230$$

$$\Phi_{r}=\Phi_{壳}-\Phi_{s}=2225-1230=995(\mathrm{kW})$$

由于 $h_{r}\in(1000,1100)$，所以 h_{r} 取 1000，因此

$$h_{壳}=\frac{\Phi_{壳}}{\Phi_{s}/h_{s}+\Phi_{r}/h_{r}}=\frac{2225}{1230/106.93+995/1000}=178$$

6.4.4 管侧界膜热导率的计算

重新实际分配及实际流速的计算。

管子重新实际分配，经式（6-18）计算得 $Q=1752.12\mathrm{m^{2}/h}$。

（1）净化气

$$S_{1}'=\frac{Q_{1}S_{s}}{Q}=\frac{35.34\times4088}{1752.12}=83$$

$$S_{1}=S_{1}'+1=83+1=84$$

（2）污氮

$$S_{2}'=\frac{Q_{2}S_{s}}{Q}=\frac{894.0\times4088}{1752.12}=2086$$

$$S_{2}=S_{2}'+1=2086+1=2087$$

（3）氮气和氢气混合气体

$$S_3' = \frac{Q_3 S_s}{Q} = \frac{811 \times 4088}{1752.12} = 1892$$

$$S_3 = S_3' + 1 = 1892 + 1 = 1893$$

（4）氢气

$$S_4' = S_s - S_1' - S_2' - S_3' = 4088 - 83 - 2086 - 1892 = 27$$

实际流速的计算

$$v_1 = \frac{Q_1}{3600 S_1 \pi \left(\dfrac{0.001 d_i}{2}\right)^2} = \frac{35.34}{3600 \times 84 \times \pi \times 0.005^2} = 1.94(\mathrm{m/s})$$

$$v_2 = \frac{Q_2}{3600 S_2 \pi \left(\dfrac{0.001 d_i}{2}\right)^2} = \frac{894.0}{3600 \times 2087 \times \pi \times 0.005^2} = 1.52(\mathrm{m/s})$$

$$v_3 = \frac{Q_3}{3600 S_3 \pi \left(\dfrac{0.001 d_i}{2}\right)^2} = \frac{811}{3600 \times 1893 \times \pi \times 0.005^2} = 1.54(\mathrm{m/s})$$

管内侧界膜热导率 h_0

施密特提出下式作为盘管内流动流体的界膜热导率 h_0 从层流向紊流过渡的临界雷诺数。

$$(Re)_c = 2300\left[1 + 8.6\left(D_i / D_m\right)^{0.45}\right] = 2300 \times \left[1 + 8.6 \times (0.01/1.45996)^{0.45}\right] = 4400.3$$

（1）净化气管内雷诺数及普朗特数

雷诺数

$$\mu = \frac{\mu_{进} + \mu_{出}}{2} = \frac{7.1467 \times 10^{-6} + 5.062 \times 10^{-6}}{2} = 6.1 \times 10^{-6}(\mathrm{Pa \cdot s})$$

$$\rho = \frac{\rho_{进} + \rho_{出}}{2} = \frac{22.835 + 10.945}{2} = 16.89(\mathrm{kg/m^3})$$

所以由已知得

$$Re = \frac{0.001 d_i v \rho}{\mu} = \frac{0.010 \times 1.49 \times 16.89}{6.1 \times 10^{-6}} = 41256$$

普朗特数

$$C_p = \frac{C_{p进} + C_{p出}}{2} = \frac{9.3544 + 9.2351}{2} = 9.295[\mathrm{kJ/(kg \cdot K)}]$$

$$\lambda = \frac{\lambda_{进} + \lambda_{出}}{2} = \frac{129.25 + 105.21}{2} = 117.23[\mathrm{W/(m \cdot K)}]$$

所以

$$Pr = \frac{C_p \mu}{\lambda} = \frac{9.39675 \times 10^3 \times 7.71668 \times 10^{-6}}{117.23 \times 10^{-3}} = 0.61854$$

净化气管内换热系数

$$h_{管} = 0.037\frac{\lambda_{管}}{0.001d_{i}}(Re_{管}^{0.75} - 180)Pr_{管}^{0.42}$$

$$= 0.037 \times \frac{86.7 \times 10^{-3}}{0.001 \times 10} \times (41256^{0.75} - 180) \times 0.654^{0.42} = 728.6[\mathrm{W/(m^2 \cdot K)}]$$

（2）污氮管内雷诺数及普朗特数

雷诺数

$$\mu = \frac{\mu_{进} + \mu_{出}}{2} = \frac{152.74 \times 10^{-6} + 9.7286 \times 10^{-6}}{2} = 81.23 \times 10^{-6}(\mathrm{Pa \cdot s})$$

$$\rho = \frac{\rho_{进} + \rho_{出}}{2} = \frac{793.32 + 3.6856}{2} = 398.5(\mathrm{kg/m^3})$$

所以

$$Re = \frac{0.001d_{i}v\rho}{\mu} = \frac{0.010 \times 1.52 \times 398.5}{81.23 \times 10^{-6}} = 74568.5$$

普朗特数

$$C_p = \frac{C_{p进} + C_{p出}}{2} = \frac{2.0665 + 1.0423}{2} = 1.554[\mathrm{kJ/(kg \cdot K)}]$$

$$\lambda = \frac{\lambda_{进} + \lambda_{出}}{2} = \frac{19.239 + 13.7}{2} = 16.4695[\mathrm{W/(m \cdot K)}]$$

所以

$$Pr = \frac{C_p\mu}{\lambda} = \frac{1.554 \times 10^3 \times 81.23 \times 10^{-6}}{76.83 \times 10^{-3}} = 1.643$$

污氮管内换热系数

$$h_{管} = 0.037\frac{\lambda_{管}}{0.001d_{i}}(Re_{管}^{0.75} - 180)Pr_{管}^{0.42}$$

$$= 0.037 \times \frac{76.83 \times 10^{-3}}{0.001 \times 10} \times (74568.5^{0.75} - 180) \times 1.643^{0.42} = 1517.2[\mathrm{W/(m^2 \cdot K)}]$$

（3）对于氮气和氢气管道求其管内雷诺数及普朗特数

雷诺数

$$\mu = \frac{\mu_{进} + \mu_{出}}{2} = \frac{7.0268 \times 10^{-6} + 8.68 \times 10^{-6}}{2} = 7.85 \times 10^{-6}(\mathrm{Pa \cdot s})$$

$$\rho = \frac{\rho_{进} + \rho_{出}}{2} = \frac{85.282 + 37.276}{2} = 61.3(\mathrm{kg/m^3})$$

所以

$$Re = \frac{0.001d_{i}v\rho}{\mu} = \frac{0.001 \times 10 \times 1.52 \times 61.3}{7.85 \times 10^{-6}} = 118696$$

普朗特数

$$C_p=\frac{C_{p进}+C_{p出}}{2}=\frac{3.4065+4.9185}{2}=4.1625[\text{kJ/(kg}\cdot\text{K)}]$$

$$\lambda=\frac{\lambda_{进}+\lambda_{出}}{2}=\frac{84.14+115.29}{2}=99.715\times10^{-3}[\text{W/(m}\cdot\text{K)}]$$

所以

$$Pr=\frac{C_p\mu}{\lambda}=\frac{4.1625\times10^3\times7.85\times10^{-6}}{61.66\times10^{-3}}=0.53$$

氮气和氢气管道换热系数

$$h_{管}=0.037\frac{\lambda_{管}}{0.001d_{\text{i}}}(Re_{管}^{0.75}-180)Pr_{管}^{0.42}$$

$$=0.037\times\frac{61.66\times10^{-3}}{0.001\times10}\times(118696^{0.75}-180)\times0.53^{0.42}=1086[\text{W}/(\text{m}^2\cdot\text{K})]$$

（4）对于氢气管道求其管内雷诺数及普朗特数

雷诺数

$$\mu=\frac{\mu_{进}+\mu_{出}}{2}=\frac{7\times10^{-6}+5.47\times10^{-6}}{2}=6.235\times10^{-6}(\text{Pa}\cdot\text{s})$$

$$\rho=\frac{\rho_{进}+\rho_{出}}{2}=\frac{2.0462+2.9879}{2}=2.51705(\text{kg/m}^3)$$

所以

$$Re=\frac{0.001d_{\text{i}}v\rho}{\mu}=\frac{0.010\times1.54\times4.22}{4.625\times10^{-6}}=14051$$

普朗特数

$$C_p=\frac{C_{p进}+C_{p出}}{2}=\frac{11.64+12.673}{2}=12.16[\text{kJ/(kg}\cdot\text{K)}]$$

$$\lambda=\frac{\lambda_{进}+\lambda_{出}}{2}=\frac{(62.345+99.374)\times10^{-3}}{2}=80.86\times10^{-3}[\text{W/(m}\cdot\text{K)}]$$

所以

$$Pr=\frac{C_p\mu}{\lambda}=\frac{12.16\times10^3\times4.625\times10^{-6}}{80.86\times10^{-3}}=0.696$$

对于氢气管道求其管内换热系数

$$h_{管}=0.037\frac{\lambda_{管}}{0.001d_{\text{i}}}(Re_{管}^{0.75}-180)Pr_{管}^{0.42}$$

$$=0.037\times\frac{80.86\times10^{-3}}{0.001\times10}(14051^{0.75}-180)\times0.696^{0.42}=285.35[\text{W}/(\text{m}^2\cdot\text{K})]$$

查容器设计手册得知制冷剂的污垢系数 $R_{\text{di}}=0.0001$；壳侧的污垢系数 $R_{\text{do}}=0.00015$；管材热导率 $\lambda=2.345\text{W}/(\text{m}^2\cdot\text{K})$，所以各类总传热系数分别计算如下。

净化气的总传热系数

$$K_1=\frac{1}{\frac{1}{h_{壳}}+\frac{1}{h_1}\frac{d_o}{d_i}+R_{do}+R_{di}\frac{d_o}{d_i}+\frac{\delta'}{\lambda}\frac{d_o}{d_m}}$$

$$=\frac{1}{\frac{1}{178}+\frac{15}{728.6\times 10}+0.00015+0.0001\times\frac{15}{10}+\frac{2.5\times 10^{-3}}{2.345}\times\frac{15}{12.5}}=164.4[\mathrm{W/(m^2\cdot K)}]$$

污氮的总传热系数

$$K_2=\frac{1}{\frac{1}{h_{壳}}+\frac{1}{h_2}\frac{d_o}{d_i}+R_{do}+R_{di}\frac{d_o}{d_i}+\frac{\delta'}{\lambda}\frac{d_o}{d_m}}$$

$$=\frac{1}{\frac{1}{319.84}+\frac{15}{41.51\times 10}+0.00015+0.0001\times\frac{15}{10}+\frac{2.5\times 10^{-3}}{2.345}\times\frac{15}{12.5}}=122.2[\mathrm{W/(m^2\cdot K)}]$$

合成气的总传热系数

$$K_3=\frac{1}{\frac{1}{h_{壳}}+\frac{1}{h_3}\frac{d_o}{d_i}+R_{do}+R_{di}\frac{d_o}{d_i}+\frac{\delta'}{\lambda}\frac{d_o}{d_m}}$$

$$=\frac{1}{\frac{1}{178}+\frac{15}{1086\times 10}+0.00015+0.0001\times\frac{15}{10}+\frac{2.5\times 10^{-3}}{2.345}\times\frac{15}{12.5}}=116.6[\mathrm{W/(m^2\cdot K)}]$$

氢气的总传热系数

$$K_4=\frac{1}{\frac{1}{h_{壳}}+\frac{1}{h_4}\frac{d_o}{d_i}+R_{do}+R_{di}\frac{d_o}{d_i}+\frac{\delta'}{\lambda}\frac{d_o}{d_m}}$$

$$=\frac{1}{\frac{1}{178}+\frac{15}{285.35\times 10}+0.00015+0.0001\times\frac{15}{10}+\frac{2.5\times 10^{-3}}{2.345}\times\frac{15}{12.5}}=80.3[\mathrm{W/(m^2\cdot K)}]$$

6.4.5 传热温差计算

6.4.5.1 三级净化气采用顺流换热

由式（6-23）计算ΔT得

$$\Delta T=\frac{\left|t_{壳进}-t_{管出}\right|-\left|t_{管进}-t_{壳出}\right|}{\ln\left|\frac{t_{壳进}-t_{管出}}{t_{管进}-t_{壳出}}\right|}=\frac{\left|145.95-84.95\right|-\left|145.95-85.15\right|}{\ln\left|\frac{145.95-84.95}{145.95-85.15}\right|}=60.899(\mathrm{K})$$

所以由式（6-22）得

$$Q=C_p m\Delta T=9.295\times 11465.14252\times 60.899=6489915\mathrm{J}$$

得净化气的换热面积为

$$A_1=\frac{Q}{3600K\Delta t}=\frac{6489915\times 10^3}{108\times 60.899\times 3600}=274\mathrm{m}^2$$

$$A_1' = 1.1A_1 = 301.4\text{m}^2$$

由于 $L = \dfrac{A}{SZ}$， $Z = 0.001d_{\text{m}}\pi$， $Z = 0.001 \times 12.5 \times \pi = 0.03927$，所以

$$L_1 = \frac{A_1'}{S_1 Z} = \frac{301.4}{84 \times 0.03927} = 91.37(\text{m})$$

6.4.5.2　二级污氮采用逆流换热

同理

$$\Delta T = \frac{\left|t_{壳进} - t_{管进}\right| - \left|t_{管出} - t_{壳出}\right|}{\ln\left|\dfrac{t_{壳进} - t_{管进}}{t_{管出} - t_{壳出}}\right|} = \frac{\left|145.95 - 81.65\right| - \left|142.95 - 85.15\right|}{\ln\left|\dfrac{145.95 - 81.65}{142.95 - 85.15}\right|} = 60.99(\text{K})$$

$$Q = C_p m \Delta T = 1.554 \times 6559.367 \times 60.99 = 621686.7(\text{J})$$

得换热面积为

$$A_2 = \frac{Q}{3600K\Delta t} = \frac{621686.7 \times 10^3}{122.2 \times 60.99 \times 3600} = 23.2(\text{m}^2)$$

$$A_2' = 1.1A_2 = 25.52(\text{m}^2)$$

$$L_2 = \frac{A_2'}{S_2 Z} = \frac{25.52}{2087 \times 0.03927} = 0.3(\text{m})$$

6.4.5.3　二级合成气采用逆流换热

同理

$$\Delta T = \frac{\left|t_{壳进} - t_{管进}\right| - \left|t_{管出} - t_{壳出}\right|}{\ln\left|\dfrac{t_{壳进} - t_{管进}}{t_{管出} - t_{壳出}}\right|} = \frac{\left|145.95 - 79.75\right| - \left|142.95 - 85.15\right|}{\ln\left|\dfrac{145.95 - 79.75}{142.95 - 85.15}\right|} = 61.9(\text{K})$$

$$Q = C_p m \Delta T = 4.1625 \times 42074.49488 \times 61.9 = 10840861.7(\text{kJ/h})$$

得换热面积为

$$A_3 = \frac{Q}{3600K\Delta t} = \frac{10840861.7 \times 10^3}{116.6 \times 61.75 \times 3600} = 418.2(\text{m}^2)$$

$$A_3' = 1.1A_3 = 460.02\text{m}^2$$

$$L_3 = \frac{A_3'}{S_3 Z} = \frac{460.02}{1893 \times 0.03927} = 6.19(\text{m})$$

6.4.5.4　二级氢气采用逆流换热

同理

$$\Delta T = \frac{\left|t_{壳进} - t_{管进}\right| - \left|t_{管出} - t_{壳出}\right|}{\ln\left|\dfrac{t_{壳进} - t_{管进}}{t_{管出} - t_{壳出}}\right|} = \frac{\left|145.95 - 81.65\right| - \left|142.95 - 85.15\right|}{\ln\left|\dfrac{145.95 - 81.65}{142.95 - 85.15}\right|} = 61.9(\text{K})$$

$$Q = C_p m\Delta T = 12.16 \times 43.1448 \times 61.9 = 32475.3(\text{kJ/h})$$

得换热面积为

$$A_4 = \frac{Q}{3600K\Delta t} = \frac{32475.3 \times 10^3}{80.3 \times 61.9 \times 3600} = 1.815(\text{m}^2)$$

$$A_4' = 1.1A_4 = 1.997\text{m}^2$$

$$L_4 = \frac{A_4'}{S_4 Z} = \frac{1.997}{27 \times 0.03927} = 1.88(\text{m})$$

由上节公式可计算得到净化气$l_1 = 92.37$ m，二级污氮$l_2 = 0.3$ m，二级合成气$l_3 = 6.17$ m，二级氢气$l_4 = 1.88$ m，则换热器高度计算如下所示。

$$|l_1 - l_2| = |92.37 - 0.3| = 92.07(\text{m})$$

$$|l_1 - l_3| = |92.37 - 6.17| = 86.2(\text{m})$$

$$|l_1 - l_4| = |92.37 - 1.88| = 90.49(\text{m})$$

$$|l_2 - l_3| = |0.3 - 6.17| = 5.87(\text{m})$$

$$|l_2 - l_4| = |0.3 - 1.88| = 1.58(\text{m})$$

$$|l_3 - l_4| = |6.17 - 1.88| = 4.29(\text{m})$$

因为

$$|l_1 - l_2| = 92.07\text{m}$$

$$|l_1 - l_3| < 92.07\text{m}$$

$$|l_1 - l_4| < 92.07\text{m}$$

$$|l_2 - l_3| < 92.07\text{m}$$

$$|l_2 - l_4| < 92.07\text{m}$$

$$|l_3 - l_4| < 92.07\text{m}$$

故

$$L = \max\{l_1, l_2, l_3, l_4, l_5, l_6\} = 92.37\text{m}$$

$$H = L\sin 13.8° = 22\text{m}$$

6.4.6 管内侧压力损失

从层流向紊流过渡的临界雷诺数

$$(Re)_\text{c} = 2300\left[1 + 8.6\left(\frac{D_\text{i}}{D_\text{m}}\right)^{0.45}\right] = 2300 \times \left[1 + 8.6\left(\frac{0.010}{1.45996}\right)^{0.45}\right] = 4400.3$$

净化气管道

$$G_1 = \frac{G}{S\pi\left(\dfrac{0.001d_\text{i}}{2}\right)^2} = \frac{11465.14252}{84 \times \pi \times 0.005^2 \times 3600} = 482.7(\text{kg/s})$$

污氮管道

$$G_2 = \frac{G}{S\pi\left(\frac{0.001d_{\rm i}}{2}\right)^2} = \frac{6559.367}{2087 \times \pi \times 0.005^2 \times 3600} = 11.12({\rm kg/s})$$

合成气管道

$$G_3 = \frac{G}{S\pi\left(\frac{0.001d_{\rm i}}{2}\right)^2} = \frac{42074.49488}{1893 \times \pi \times 0.005^2 \times 3600} = 78.6({\rm kg/s})$$

氢气管道

$$G_4 = \frac{G}{S\pi\left(\frac{0.001d_{\rm i}}{2}\right)^2} = \frac{43.1448}{27 \times \pi \times 0.005^2 \times 3600} = 5.65({\rm kg/s})$$

（1）对于净化气管道

由于 22000<Re=41256<150000

$$f_{\rm i} = \left[1+0.0823\left(1+\frac{0.001d_{\rm i}}{D_{\rm m}}\right)\left(\frac{0.001d_{\rm i}}{D_{\rm m}}\right)^{0.53}Re^{0.25}\right]\frac{0.3164}{Re^{0.25}}$$

$$= \left[1+0.0823\times\left(1+\frac{0.010}{1.45996}\right)\left(\frac{0.010}{1.45996}\right)^{0.53}\times 41256^{0.25}\right]\times\frac{0.3164}{41256^{0.25}} = 0.024$$

因此，根据式（6-25）计算净化气管道的压力损失为

$$\Delta P_{实际} = g\frac{f_{\rm i}G^2{}_1}{2g_{\rm c}\rho}\frac{l_1}{D_{\rm i}} = \frac{0.024\times 482.7^2}{2\times 9.8\times 16.89}\frac{92.37}{0.010} = 15603.1({\rm Pa})$$

$$\Delta P_{允许} = P_{管进} - P_{管出} = 5.26 - 5.24 = 0.02({\rm MPa})$$

因为 $\Delta P_{实际}$=15603.1 Pa<$\Delta P_{允许}$ = 20000Pa，所以设计合格。

（2）对于污氮管道

由于 22000<Re=74568.5<150000，则

$$f_{\rm i} = \left[1+\frac{28800}{Re}\left(\frac{0.001d_{\rm i}}{D_{\rm m}}\right)^{0.62}\right]\frac{0.3164}{Re^{0.25}}$$

$$= \left[1+0.0823\times\left(1+\frac{0.010}{1.45996}\right)\times\left(\frac{0.010}{1.45996}\right)^{0.53}\times 74568.5^{0.25}\right]\times\frac{0.3164}{74568.5^{0.25}} = 0.021$$

因此污氮管道的压力损失

$$\Delta P_{实际} = g\frac{f_{\rm i}G^2{}_2}{2g_{\rm c}\rho}\frac{l_2}{D_{\rm i}} = \frac{0.021\times 11.2^2}{2\times 9.8\times 398.5}\times\frac{0.3}{0.010} = 0.01({\rm Pa})$$

$$\Delta P_{允许} = P_{管进} - P_{管出} = 0.15 - 0.13 = 0.02({\rm MPa})$$

因为 $\Delta P_{实际}$=0.01 Pa<$\Delta P_{允许}$ = 20000Pa，所以设计合格。

（3）对于氮气和氢气混合气体管道

由于 22000<Re=118696<150000

$$f_{\mathrm{i}}=\left[1+0.0823\left(1+\frac{0.001d_{\mathrm{i}}}{D_{\mathrm{m}}}\right)\left(\frac{0.001d_{\mathrm{i}}}{D_{\mathrm{m}}}\right)^{0.53}Re^{0.25}\right]\frac{0.3164}{Re^{0.25}}$$

$$=\left[1+0.0823\times\left(1+\frac{0.010}{1.459996}\right)\times\left(\frac{0.010}{1.459996}\right)^{0.53}\times118696^{0.25}\right]\times\frac{0.3164}{118696^{0.25}}=0.017$$

因此氮气和氢气混合气体管道的压力损失为

$$\Delta P_{实际}=g\frac{f_{\mathrm{i}}G_2^2}{2g_{\mathrm{c}}\rho}\frac{l_2}{D_{\mathrm{i}}}=\frac{0.017\times78.6^2}{2\times9.8\times61.3}\times\frac{6.17}{0.010}=53.9(\mathrm{Pa})$$

$$\Delta P_{允许}=P_{管进}-P_{管出}=5.12-5.04=0.08(\mathrm{MPa})$$

因为 $\Delta P_{实际}$=53.9Pa<$\Delta P_{允许}$=80000Pa，所以设计合格。

（4）对于氢气管道

由于 $(Re)_{\mathrm{c}}<Re$=14051<22000

$$f_{\mathrm{i}}=\left[1+\frac{28800}{Re}\left(\frac{0.001d_{\mathrm{i}}}{D_{\mathrm{m}}}\right)^{0.62}\right]\frac{0.3164}{Re^{0.25}}=\left[1+\frac{28800}{14051}\times\left(\frac{0.010}{1.459996}\right)^{0.62}\right]\times\frac{0.3164}{14051^{0.25}}=0.032$$

因此氢气管道的压力损失为

$$\Delta P_{实际}=g\frac{f_{\mathrm{i}}G_3^2}{2g_{\mathrm{c}}\rho}\left(\frac{l_3}{D_{\mathrm{i}}}\right)=9.8\times\frac{0.032\times5.65^2}{2\times9.8\times4.22}\times\left(\frac{1.88}{0.010}\right)=22.8\mathrm{Pa}$$

$$\Delta P_{允许}=P_{管进}-P_{管出}=1.77-1.75=0.02(\mathrm{MPa})$$

因为 $\Delta P_{实际}$=22.8 Pa<$\Delta P_{允许}$=20000 Pa，所以设计合格。

6.4.7 壳侧压力损失

Gilli 从与直管群错流流动时的压力损失值推算同盘管层组成的管束错流流动的流体压力损失计算公式，见式（6-27）。

$$n=\frac{L}{\pi D_{\mathrm{m}}}=\frac{92.37}{\pi\times1.45996}=20.14$$

$$C_n=1+\frac{0.375}{n}=1+\frac{0.375}{20.14}=1.02$$

由于缠绕管的缠绕方式属于左右缠绕，故根据式（6-28）和式（6-29）有

$$\beta=18.56^{\circ}\times\left(1-\frac{18.56^{\circ}}{90^{\circ}}\right)=14.73^{\circ}$$

$$\varphi=\alpha+\beta=33.3^{\circ}$$

传热管倾斜（传热管盘管的缠绕角）修正系数，由式（6-30）计算得

$$C_{\mathrm{i}}=[\cos\beta]^{-1.8}[\cos\phi]^{1.355}=\left[\cos14.73^{\circ}\right]^{-1.8}\left[\cos33.3^{\circ}\right]^{1.355}=0.083$$

经查表可得出$\overline{f}_{eff}=2.1$。所以代入数据可求得

$$\Delta P_{实际}=9.8\times0.334\times2.1\times0.083\times1.02\times20.14\times\left[\frac{(10834.54/1.234)^2}{2\times1.27\times10^8\times393.4}+\frac{(22387.8816/1.234)^2}{2\times1.27\times10^8\times511.63}\right]$$

$$=0.03873(\text{MPa})$$

$$\Delta P_{允许}=P_{壳进}-P_{壳出}=5.9-5.8=0.1(\text{MPa})$$

因为$\Delta P_{实际}$=0.03873Pa<$\Delta P_{允许}$=100000 Pa，所以设计合格。

6.5 换热器机构设计与强度计算

6.5.1 内筒的强度计算

根据给定的流体的进出口温度，选择设计温度；管内设计压力为 0.3 MPa，管外为一个大气压。由于所设计的换热器属于低温换热容器，并且在工厂中多采用合金钢制造，故在此综合成本、使用条件等的考虑，选择1Cr18Ni9Ti（板材）为壳体与管箱的材料。1Cr18Ni9Ti（板材）是合金钢，具有优良的综合力学性能和制造工艺性能，其强度、韧性、耐腐蚀性、低温和高温性能均优于相同含碳量的碳素钢，同时采用低合金钢可以减少容器的厚度，减轻质量，节约钢材。在确定换热器的换热面积后，应进行换热器主体结构以及零部件的设计和强度计算，主要包括壳体和封头的厚度计算、材料的选择、管板厚度的计算、浮头盖和浮头法兰厚度的计算、开孔补强计算，还有主要构件的设计（如管箱、壳体、折流板、拉杆等）和主要连接（包括管板与管箱的连接、管子与管板的连接、壳体与管板的连接等），具体计算如下。

6.5.1.1 高压氮气冷却器内筒强度计算

内筒下圆筒强度校核表如表 6-12 所列。

表 6-12 内筒下圆筒强度校核表

内压下圆筒计算校核			
计算条件			筒体简图
计算压力 P_c	0.3	MPa	D_i δ_n
设计温度 t	-63.6	℃	
内径 D_i	1860	mm	
材料	1Cr18Ni9Ti （板材）		
试验温度许用应力$[\sigma]$	136.7	MPa	
设计温度许用应力$[\sigma]^t$	136.7	MPa	
试验温度下屈服点 σ_s	148.6	MPa	
钢板负偏差 C_1	0.375	mm	
腐蚀裕量 C_2	1.2	mm	
焊接接头系数ϕ	1.0		

续表

厚度计算		
计算厚度	$\delta=\frac{P_c D_i}{2[\sigma]^t\phi-P_c}=\frac{0.3\times1860}{2\times136.7\times1-0.3}=2.04$	mm
设计厚度	$\delta_e=\delta+C=\delta+C_1+C_2=3.615$	mm
压力试验时应力校核		
试验压力值	$P_T=1.25P[\sigma]/[\sigma]^t=0.3750$	MPa
压力试验允许通过的应力水平 $[\sigma]_T$	$[\sigma]_T\leqslant0.90\sigma_s=133.74$	MPa
试验压力下圆筒的应力	$\sigma_T=\frac{P_T(D_i+\delta_e)}{2\delta_e\phi}=96.66$	MPa
校核条件	$\sigma_T\leqslant[\sigma]_T$	
校核结果	合格	
压力及应力计算		
最大允许工作压力	$[P_w]=\frac{2[\sigma]^t f\delta_e}{KD_i+0.5\delta_e}=0.531$ （K=0.1）	MPa
设计温度下计算应力	$\sigma_t=\frac{P_c(D_i+\delta_e)}{2\delta_e}=77.33$	MPa
$[\sigma]^t\phi$	136.7	MPa
校核条件	$[\sigma]^t\phi\geqslant\sigma^t$	
结论	合格	

6.5.1.2 一号原料气体冷却器内筒强度计算

内筒下圆筒强度校核表如表 6-13 所列。

表 6-13 内筒下圆筒强度校核表

内压下圆筒计算校核			
计算条件			筒体简图
计算压力 P_c	0.3	MPa	
设计温度 t	−127.2	℃	
内径 D_i	2500	mm	
材料	1Cr18Ni9Ti （板材）		
试验温度许用应力 $[\sigma]$	136.7	MPa	
设计温度许用应力 $[\sigma]^t$	136.7	MPa	
试验温度下屈服点 σ_s	148.6	MPa	
钢板负偏差 C_1	0.375	mm	
腐蚀裕量 C_2	1.2	mm	
焊接接头系数 ϕ	1.0		

续表

厚度计算		
计算厚度	$\delta=\dfrac{P_c D_i}{2[\sigma]^t\phi-P}=\dfrac{0.3\times 2500}{2\times 136.7\times 1-0.3}=2.75$	mm
设计厚度	$\delta_e=\delta+C=\delta+C_1+C_2=4.325$	mm
压力试验时应力校核		
压力试验类型	液压试验	
试验压力值	$P_T=1.25P[\sigma]/[\sigma]^t=0.3750$	MPa
压力试验允许通过的应力水平 $[\sigma]_T$	$[\sigma]_T\leqslant 0.90\sigma_s=133.74$	MPa
试验压力下圆筒的应力	$\sigma_T=\dfrac{P_T(D_i+\delta_e)}{2\delta_e\phi}=108.57$	MPa
校核条件	$\sigma_T\leqslant[\sigma]_T$	
校核结果	合格	
压力及应力计算		
最大允许工作压力	$[P_w]=\dfrac{2[\sigma]^t\phi\delta_e}{KD_i+0.5\delta_e}=0.473$	MPa
设计温度下计算应力	$\sigma=\dfrac{P_c(D_i+\delta_e)}{2\delta_e}=86.86$	MPa
$[\sigma]^t$	136.7	MPa
校核条件	$[\sigma]^t\phi\geqslant\sigma$	
结论	合格	

6.5.1.3 二号原料气体冷却器内筒强度计算

内筒下圆筒强度校核表如表 6-14 所列。

表 6-14 内筒下圆筒强度校核表

内压下圆筒计算校核			
计算条件			筒体简图
计算压力 P_c	0.3	MPa	
设计温度 t	-188.2	℃	
内径 D_i	2580	mm	
材料	1Cr18Ni9Ti （板材）		
试验温度许用应力 $[\sigma]$	136.7	MPa	
设计温度许用应力 $[\sigma]^t$	136.7	MPa	
试验温度下屈服点 σ_s	148.6	MPa	
钢板负偏差 C_1	0.375	mm	
腐蚀裕量 C_2	1.2	mm	

续表

焊接接头系数 ϕ	1.0	
厚度计算		
计算厚度	$\delta=\dfrac{P_c D_i}{2[\sigma]^t\phi-P_c}=\dfrac{0.3\times2580}{2\times136.7\times1-0.3}=2.834$	mm
设计厚度	$\delta_e=\delta+C=\delta+C_1+C_2=4.41$	mm
压力试验时应力校核		
压力试验类型	液压试验	
试验压力值	$P_T=1.25P[\sigma]/[\sigma]^t=0.3750$	MPa
压力试验允许通过的应力水平 $[\sigma]_T$	$[\sigma]_T\leqslant0.90\sigma_s=133.74$	MPa
试验压力下圆筒的应力	$\sigma_T=\dfrac{P_T(D_i+\delta_e)}{2\delta_e\phi}=109.88$	MPa
校核条件	$[\sigma]^t\phi\geqslant\sigma^t$	
校核结果	合格	
压力及应力计算		
最大允许工作压力	$\left[P_w\right]=\dfrac{2\left[\sigma\right]^t f\delta_e}{KD_i+0.5\delta_e}=0.467$	MPa
设计温度下计算应力	$\sigma=\dfrac{P_c(D_i+\delta_e)}{2\delta_e}=87.9$	MPa
$[\sigma]^t\phi$	136.7	MPa
校核条件	$[\sigma]^t\phi\geqslant\sigma$	
结论	合格	

6.5.1.4 高压氮气冷却器内筒下封头强度计算

内筒椭圆下封头校核表如表 6-15 所列。

表 6-15 内筒椭圆下封头校核表

内压椭圆下封头校核			
计算条件			椭圆封头简图
计算压力 P_c	0.30	MPa	δ_n H_i D_i
设计温度 t	-63.6	℃	
内径 D_i	1860	mm	
曲面高度 h_i	500	mm	
材料	1Cr18Ni9Ti （板材）		
设计温度许用力$[\sigma]^t$	136.7	MPa	
试验温度许用应力$[\sigma]$	136.7	MPa	
钢板负偏差 C_1	0.375	mm	

续表

腐蚀裕量 C_2	1.2	mm	
焊接接头系数ϕ	1.0		
厚度计算			
形状系数	$K=\frac{1}{6}\left[2+\left(\frac{D_i}{2h_i}\right)^2\right]=1.0$		
计算厚度	$\delta=\frac{P_c D_i}{2[\sigma]^t\phi-P_c}=2.04$		mm
最小厚度	$\delta_{min}=3.615$		mm
结论	满足最小厚度要求		
压力计算			
最大允许工作压力	$\left[P_w\right]=\frac{2\left[\sigma\right]^t\phi\delta_e}{KD_i+0.5\delta_e}=0.53$		MPa
结论	合格		

6.5.1.5　一号原料气体冷却器内筒下封头强度计算

内筒椭圆下封头校核表如表 6-16 所列。

表 6-16　内筒椭圆下封头校核表

内压椭圆下封头校核			
计算条件			椭圆封头简图
计算压力 P_c	0.30	MPa	
设计温度 t	-127.2	°C	
内径 D_i	2500	mm	
曲面高度 h_i	500	mm	
材料	1Cr18Ni9Ti （板材）		
设计温度许用应力$[\sigma]^t$	136.7	MPa	
试验温度许用应力$[\sigma]$	136.7	MPa	
钢板负偏差 C_1	0.375	mm	
腐蚀裕量 C_2	1.2	mm	
焊接接头系数ϕ	1.0		
厚度计算			
形状系数	$K=\frac{1}{6}\left[2+\left(\frac{D_i}{2h_i}\right)^2\right]=1.0$		
计算厚度	$\delta=\frac{P_c D_i}{2[\sigma]^t\phi-0.5P_c}=2.74$		mm
最小厚度	$\delta_{min}=4.325$		mm
结论	满足最小厚度要求		
压力计算			
最大允许工作压力	$\left[P_w\right]=\frac{2\left[\sigma\right]^t\phi\delta_e}{KD_i+0.5\delta_e}=0.473$		MPa
结论	合格		

6.5.1.6　二号原料气体冷却器内筒下封头强度计算

内筒椭圆下封头校核表如表 6-17 所列。

表 6-17　内筒椭圆下封头校核表

内压椭圆下封头校核			
计算条件			椭圆封头简图
计算压力 P_c	0.30	MPa	
设计温度 t	−188.2	℃	
内径 D_i	2580	mm	
曲面高度 h_i	600	mm	
材料	1Cr18Ni9Ti （板材）		
设计温度许用应力	136.7	MPa	
试验温度许用应力	136.7	MPa	
钢板负偏差 C_1	0.375	mm	
腐蚀裕量 C_2	1.2	mm	
焊接接头系数 ϕ	1.0		
厚度计算			
形状系数	$K=\frac{1}{6}\left[2+\left(\frac{D_i}{2h_i}\right)^2\right]=1.0$		
计算厚度	$\delta=\frac{P_c D_i}{2[\sigma]^t\phi-0.5P_c}=2.83$	mm	
最小厚度	$\delta_{min}=4.41$	mm	
结论	满足最小厚度要求		
压　力　计　算			
最大允许工作压力	$[P_w]=\frac{2[\sigma]^t\phi\delta_e}{KD_i+0.5\delta_e}=0.47$	MPa	
结论	合格		

6.5.2　外筒（塔壳）的强度计算

6.5.2.1　高压氮气冷却器外筒的强度计算

外压圆筒计算长度

$$L_1=3340+376.33\times1/3=3465.4(\text{mm})$$

外压下圆筒校核如表 6-18 所列。

表 6-18　外压下圆筒校核

外压下圆筒校核			
计算条件			简图
计算压力 P_c	−0.10	MPa	
设计温度 t	42	℃	
内径 D_i	1860	mm	
材料	Q345R（板材）		
试验温度许用应力	136.7	MPa	
设计温度许用应力	136.7	MPa	
试验温度下屈服点	148.6	MPa	
钢板负偏差 C_1	0.375	mm	
腐蚀裕量 C_2	1.2	mm	
焊接接头系数	1.0		
压力试验时应力校核			
压力试验类型	液压试验		
试验压力值	$P_T=1.25P_c=0.1250$	MPa	
压力试验允许通过的应力水平	$[\sigma]_T \leqslant 0.90\sigma_s=113.74$	MPa	
试验压力下圆筒的应力	$\sigma_T=\dfrac{P_T(D_i+\delta_e)}{2\delta_e\phi}=50.6$	MPa	
校核条件	$\sigma_T \leqslant [\sigma]_T$		
校核结果	合格		
厚度计算			
计算厚度	$\delta=2.3$	mm	
外压计算长度 L	$L=3465.4$	mm	
筒体外径 D_o	$D_o=D_i+2=1864.6$	mm	
L/D_o	1.86		
D_o/δ_e	810.7		
A 值	$A=0.0000605$		
B 值	$B=65.5$		
许用外压力	$[P]=\dfrac{B}{D_o/\delta_e}=0.08$	MPa	
结论	合格		
加强圈计算			
加强圈类型	扁钢		
加强圈规格	−150×14		
L_s	$L_s=3465.4$	mm	
加强圈面积 A_s	$A_s=1900.00$	mm^2	

续表

B 值	$B=\dfrac{P_c D_o}{\delta_e + A_s / L_s}=65.5$	
A 值	A＝0.0000605	
加强圈惯性矩 I_x	1750000.00	mm^4
所需惯性矩 I	$I=\dfrac{D_o^2 L_s(\delta_e+A_s / L_s)}{10.9}A=190474$	mm^4
有效惯性矩 I_s	190474	mm^4
结论	合格	

6.5.2.2　一号原料气体冷却器外筒的强度计算

外压下圆筒校核如表 6-19 所示。

表 6-19　外压下圆筒校核

外压下圆筒校核			
计算条件			简图
计算压力 P_c	−0.10	MPa	
设计温度 t	−63.6	℃	
内径 D_i	2500	mm	
材料	Q345R（板材）		
试验温度许用应力	136.7	MPa	
设计温度许用应力	136.7	MPa	
试验温度下屈服点	148.6	MPa	
钢板负偏差 C_1	0.375	mm	
腐蚀裕量 C_2	1.2	mm	
焊接接头系数ϕ	1.0		
压力试验时应力校核			
压力试验类型	液压试验		
试验压力值	P_T=1.25P_c=0.1250	MPa	
压力试验允许通过的应力水平	$[\sigma]_T \leqslant 0.90\sigma_s=133.74$	MPa	
试验压力下圆筒的应力	$\sigma_T=\dfrac{p_T(D_i+\delta_e)}{2\delta_e\phi}=62.6$	MPa	
校核条件	$\sigma_T \leqslant [\sigma]_T$		
校核结果	合格		
厚度计算			
计算厚度	δ=2.5	mm	
外压计算长度 L	L=6705.4	mm	
筒体外径 D_o	D_o=D_i+2=2505	mm	
L/D_o	2.68		

续表

D_o/δ_e	1002	
A 值	A=0.0000605	
B 值	B=78.7	
许用外压力	$[P]=\dfrac{B}{D_o/\delta_e}=0.09$	MPa
结论	合格	
加强圈计算		
加强圈类型	扁钢	
加强圈规格	−150×14	
L_s	L_s=6705.4	mm
加强圈面积 A_s	A_s=1900.00	mm^2
B 值	$B=\dfrac{P_c D_o}{\delta_e+A_s/L_s}=90$	
A 值	A=0.0000605	
加强圈惯性矩 I_x	1750000.00	mm^4
所需惯性矩 I	$I=\dfrac{D_o^2 L_s(\delta_e+A_s/L_s)}{10.9}A=743928.6$	mm^4
有效惯性矩 I_s	743928.6	mm^4
结论	合格	

6.5.2.3　二号原料气体冷却器外筒的强度计算

外压下圆筒校核如表 6-20 所列。

表 6-20　外压下圆筒校核

外压下圆筒校核			
计算条件			简图
计算压力 P_c	−0.10	MPa	L, δ_n, D_i
设计温度 t	−63.6	℃	
内径 D_i	2580	mm	
材料	Q345R（板材）		
试验温度许用应力	136.7	MPa	
设计温度许用应力	136.7	MPa	
试验温度下屈服点	148.6	MPa	
钢板负偏差 C_1	0.375	mm	
腐蚀裕量 C_2	1.2	mm	
焊接接头系数 ϕ	1.0		
压力试验时应力校核			
压力试验类型	液压试验		
试验压力值	$P_T=1.25P_c=0.1250$	MPa	
压力试验允许通过的应力水平	$[\sigma]_T\leqslant 0.90\sigma_s=133.74$	MPa	
试验压力下圆筒的应力	$\sigma_T=\dfrac{p_T(D_i+\delta_e)}{2\delta_e\phi}=64.1$	MPa	
校核条件	$\sigma_T\leqslant[\sigma]_T$		
校核结果	合格		

续表

厚度计算		
计算厚度	δ=2.52	mm
外压计算长度 L	L=22125.4	mm
筒体外径 D_o	$D_o=D_i+2\delta=2585$	mm
L/D_o	8.56	
D_o/δ_e	1025.8	
A 值	A=0.0000605	
B 值	B=99.2	
许用外压力	$[P]=\dfrac{B}{D_o/\delta_e}=0.097$	MPa
结论	合格	
加强圈计算		
加强圈类型	扁钢	
加强圈规格	−150×14	
L_s	L_s=22125.4	mm
加强圈面积 A_s	A_s=1900.00	mm^2
B 值	$B=\dfrac{P_cD_o}{\delta_e+A_s/L_s}=99.2$	
A 值	A＝0.0000605	
加强圈惯性矩 I_x	1750000.00	mm^4
所需惯性矩 I	$I=\dfrac{{D_o}^2L_s(\delta_e+A_s/L_s)}{10.9}A=2138427.5$	mm^4
有效惯性矩 I_s	2138427.5	mm^4
结论	合格	

6.5.3 中心筒的强度校核

缠绕管式换热器中心筒主要用于支撑缠绕管束，其结构设计将直接影响换热器制造及运输等过程。中心筒选用耐低温材料 1Gr18Ni9Ti 合金管材，中心筒需具备一定的弯曲强度才能保证中心筒能够承受缠绕管束和自重所造成的弯曲载荷，这就使得中心筒必须具备一定的厚度才能具有一定的弯曲应力，所以对中心筒要进行强度校核。对于实心轴和空心轴的选取可以通过材料力学的论证计算得出结论；对于不考虑弯矩情况下的实心轴和空心轴，具有同等大小弯曲强度，实心轴比空心轴具有更大的质量，这使得换热器的自身载荷较大，不利于管束的缠绕以及自身的加工与运输等问题，所以选用空心中心筒比较合理、经济。

薄壁环形截面梁在竖直平面内弯曲时，切应力τ 的大小和方向沿壁厚δ 无变化；由于梁的内外壁无切应力，故根据切应力互等定理知，横截面上切应力的方向与圆周相切；根据与y 轴对称关系知，横截面上与y 轴相交的各点处切应力为零；y 轴两侧各点处切应力的大小及指向均与y 轴对称。

最大切应力τ_{max} 在中性轴 z 上，而截面上的最大切应力为

$$\tau_{max}=\frac{F_sS_z}{I_z(2\delta)} \tag{6-34}$$

$$S_z=\pi r_0\delta\times\frac{2r_0}{\pi}=2r_0\delta \tag{6-35}$$

$$I_z=\pi\delta r_0^3 \tag{6-36}$$

$$\tau_{max}=\frac{FS_z}{I_z(2\delta)}=2\times\frac{F_s}{A} \tag{6-37}$$

$$A = 2\pi\delta_r \tag{6-38}$$

横截面上切应力的特征图如图 6-13 所示。

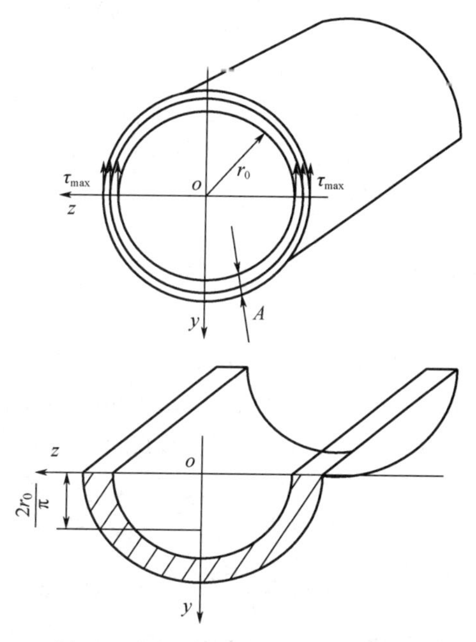

图 6-13　横截面上切应力的特征图

6.5.3.1　高压氮气冷却器中心筒强度校核

对于一级换热设备的中心筒体主要承受缠绕管束的质量负荷，由结构计算过程可得出缠绕管束总重力为

$$F_s = 2090 \times 18 \times 0.845 \times 9.8 = 311531.2(\mathrm{N})$$

式中，总管数为 2090；每根管束长为 18m；单位长度的质量为 0.845kg/m；先选取壁厚 δ=10mm，中心筒体外径为 1870mm，则内径为 1860mm；所以

$$A = 2 \times 3.14 \times 10 \times 10^{-3} \times 1860 \times 10^{-3} = 0.117(\mathrm{m}^2)$$

则

$$\tau_{max} = 2 \times \frac{311531.2}{0.117} = 5.33(\mathrm{MPa})$$

经查询 GB 1220—2007 标准可知1Cr18Ni9Ti 合金钢的弯曲许用应力$[\tau] = 70\mathrm{MPa}$；考虑到中心筒体的自身也具有一定的质量，所以$\tau_{max} < [\tau]$，满足材料允许的弯曲强度范围，由此可得出选用的壁厚 δ=10mm 是合理的。其内径为 1860mm。

6.5.3.2　二级制冷装备中心筒强度校核

简捷计算过程如下。

对于二级换热设备的中心筒体主要承受缠绕管束的质量负荷，由结构计算过程可得出缠绕管束总重力为

$$F_s = 3834 \times 14.4 \times 0.845 \times 9.8 = 45190.7(\mathrm{N})$$

式中，总管数为 3834；每根管束长为 14.4m；单位长度的质量为 0.845kg/m；先选取壁厚 δ=10mm，中心筒体外径为 2490mm，则内径为 2480mm；所以

$$A = 2 \times 3.14 \times 10 \times 10^{-3} \times 2480 \times 10^{-3} = 0.156(\text{m}^2)$$

则

$$\tau_{\max} = 2 \times \frac{457196}{0.156} = 5.86(\text{MPa})$$

经查询 GB 1220—2007 标准可知1Cr18Ni9Ti 合金钢的弯曲许用应力$[\tau] = 70\ \text{MPa}$，考虑到中心筒体的自身也具有一定的质量，所以$\tau_{\max} < [\tau]$，满足材料允许的弯曲强度范围，由此可得出选用的壁厚$\delta = 10\text{mm}$是合理的。其内径为 2480mm。

6.5.3.3　三级制冷装备中心筒强度校核

简捷计算过程如下。

对于三级换热设备的中心筒体主要承受缠绕管束的质量负荷，由结构计算过程可得出缠绕管束总重力为

$$F_s = 4088 \times 25.2 \times 0.845 \times 9.8 = 853088.7(\text{N})$$

式中，总管数为 4088；每根管束长为 25.2m；单位长度的质量为 0.845kg/m；先选取壁厚$\delta = 10\ \text{mm}$，中心筒体外径为 2570mm，则内径为 2560mm；所以

$$A = 2 \times 3.14 \times 10 \times 2560 = 0.161(\text{m}^2)$$

则

$$\tau_{\max} = 2 \times \frac{853088.7}{0.161} = 10.6(\text{MPa})$$

经查询 GB 1220—2007 标准可知1Cr18Ni9Ti 合金钢的弯曲许用应力$[\tau] = 70\text{MPa}$；考虑到中心筒体的自身也具有一定的质量，所以$\tau_{\max} < [\tau]$，满足材料允许的弯曲强度范围，由此可得出选用的壁厚$\delta = 10\text{mm}$是合理的。其内径为 2560mm。

6.5.4　管板设计

管板是管壳式换热器最重要的零部件之一，用来排布换热管，将管程和壳程的流体分隔开来，避免冷、热流体混合，并同时受管程、壳程压力和温度的影响。由于流体只具有轻微的腐蚀性，故采用工程上常用的 16MnR 整体管板。

管板与壳体连接形式分为两类：一是不可拆的，如固定管板式，管板与壳体使用焊接连接；二是可拆式，如 U 形管，浮头及填料函式管板式换热器。根据设计要求，由于缠绕管式换热器要求管束能够稳定的固定在中心筒与外壳体之间，因而换热器固定端的管板采用不可拆式连接方式，即把管板焊接在中心筒体和外壳体之间。换热管外伸长度如表 6-21 和表 6-22 所列。

表 6-21　换热管外伸长度（一）

换热管外径 d/mm	16～25
伸出长度/mm	3
槽深 K/mm	0.5

表 6-22　换热管外伸长度（二）

换热管规格/mm×mm	外径×壁厚（17.2×2）
换热管最小伸出长度/mm	L_1=1.5，L_2=2.5
槽深 K/mm	2

6.5.5　法兰与垫片

换热器中的法兰包括管箱法兰、壳体法兰、外头盖法兰、外头盖侧法兰以及接管法兰。

垫片则包括了管箱垫片和外头盖垫片。

（1）固定端的壳体法兰、管箱法兰与管箱垫片

查 JB 47003.1—2009 知，压力容器法兰可选固定端的壳体法兰和管箱法兰为乙型对焊法兰，凹凸密封面材料为锻件 09mMnNiD，其具体尺寸如下。（单位为 mm）法兰图、垫片法兰如图 6-14、图 6-15 所示。

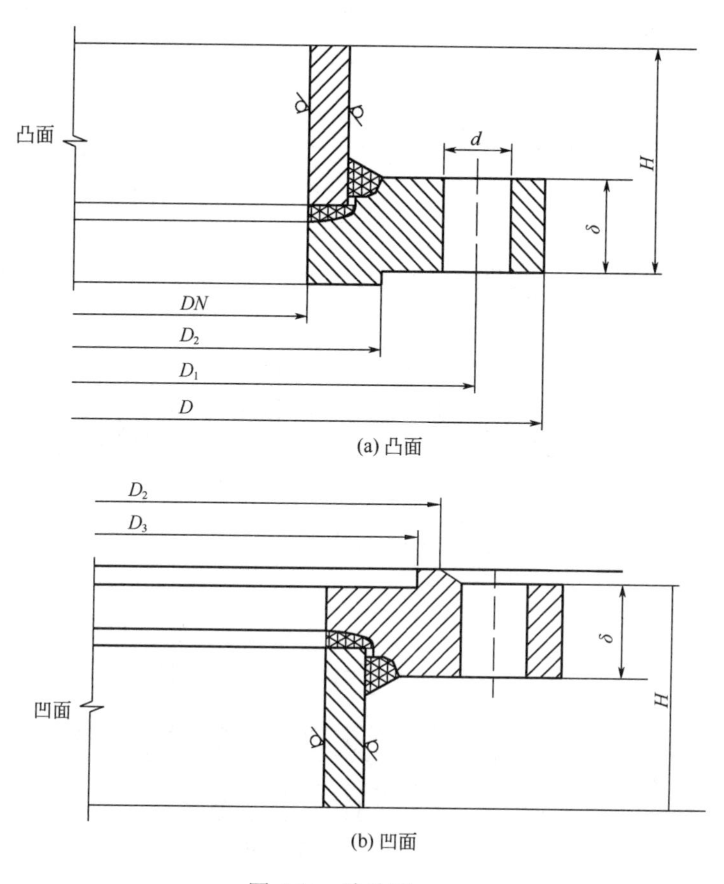

图 6-14　法兰图

*DN*2800 乙型对焊法兰尺寸如表 6-23 所列，管箱垫片尺寸如表 6-24 所列。

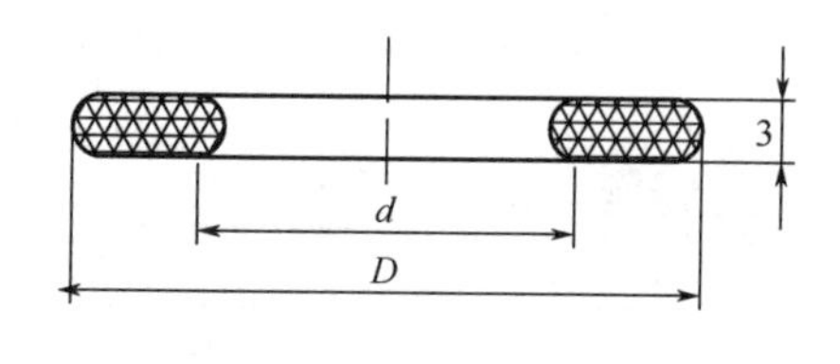

图 6-15　法兰垫片图

表 6-23　*DN*2800 乙型对焊法兰尺寸

DN/mm	法兰/mm											螺柱	
	D	D_1	D_2	D_3	D_4	δ	H	δ_1	a	a_1	d	规格	数量
2800	2960	2915	2876	2856	2853	102	350	16	21	18	27	M24	80

表 6-24　管箱垫片尺寸

PN/MPa	DN/mm	外径 D/mm	内径 d/mm	垫片厚度/mm	反包厚度 L/mm
0.25	2800	2960	2600	3	4

（2）接管法兰型式与尺寸

接管与壳体、管箱壳体（包括封头）连接的形式，可采用插入式焊接结构，一般接管不能凸出壳体内表面。接管外伸长度可根据表 6-25 选取，选取外伸长度为 150mm。

表 6-25　$PN \leqslant 4.0$MPa 的接管伸出长度　　单位：mm

DN/δ	0～50
70	150
100	150

对焊钢制管法兰如图 6-16 所示。

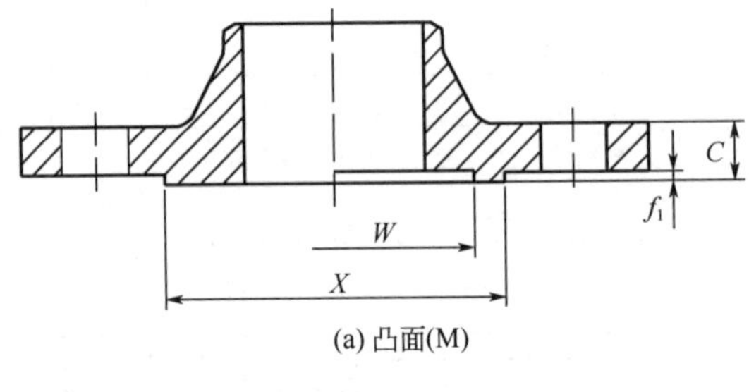

(a) 凸面(M)

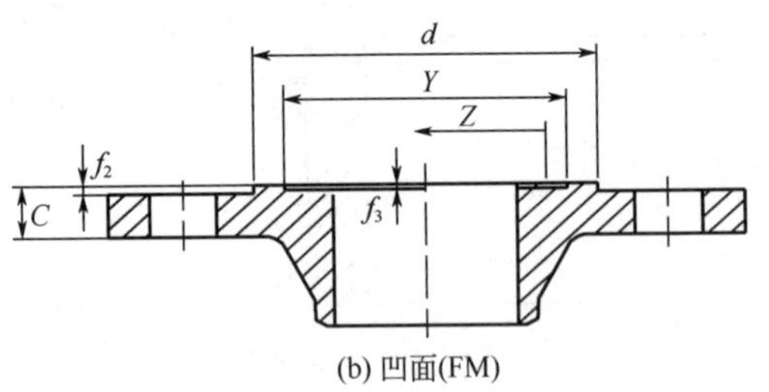

(b) 凹面(FM)

图 6-16　对焊钢制管法兰

由以上计算可以从 HG/T 20592～20635—2009 查出所有接管法兰的标准尺寸，根据以往的实际经验可得出这些法兰不需要进行强度计算与校核就能满足实际应用，所以其具体尺寸数据列于表 6-26 中。

表 6-26　接管法兰的标准尺寸表

公称直径/mm	d	f_1	f_2	f_3	W	X	Y	Z
100	144	2	4.5	3.5	129	149	150	128
125	174	2	4.5	3.5	155	175	76	154
150	199	2	4.5	3.5	183	203	204	182
200	254	2	4.5	3.5	239	259	260	238
250	309	2	4.5	3.5	292	312	313	291
300	363	2	4.5	3.5	343	363	364	342

根据以上设计计算过程，参考设计计算数据，可获得图 6-17 所示设计计算图纸。

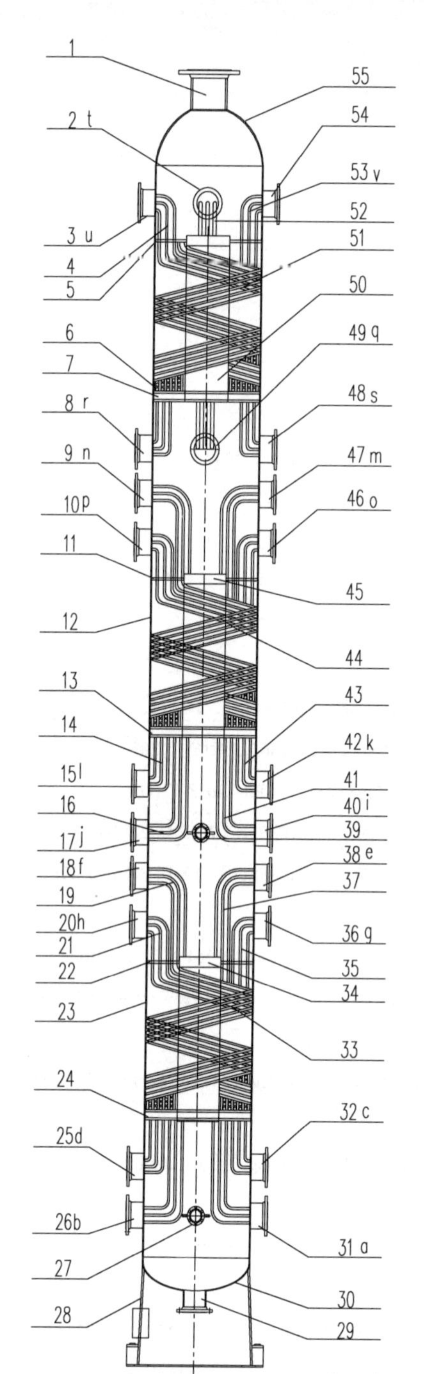

19	三级污氮缠绕管束	38	三级合成气出口			
18	三级污氮出口	37	三级合成气缠绕管束			
17	二级污氮进口	36	三级氢气出口	55	一级上封头	
16	二级污氮缠绕管束	35	三级氢气缠绕管束	54	一级氢气出口	
15	二级净化气进口	34	三级中心筒	53	一级氢气缠绕管束	
14	二级净化气缠绕管束	33	三级螺旋盘管	52	一级合成气缠绕管束	
13	二级下支撑圈	32	三级氢气进口	51	一级螺旋盘管	
12	二级筒体	31	三级合成气进口	50	一级中心筒	
11	二级上支撑圈	30	三级下封头	49	一级合成气进口	
10	二级净化气进口	29	三级液氮出口	48	一级氢气进口	
9	二级污氮出口	28	三级裙座	47	二级合成气出口	
8	一级污氮进口	27	三级补充液氮进口	46	二级氢气出口	
7	一级下支撑圈	26	三级污氮进口	45	二级中心筒	
6	一级筒体	25	三级净化气出口	44	二级螺旋盘管	
5	一级上支撑圈	24	三级下支撑圈	43	二级氢气缠绕管束	
4	一级污氮缠绕管束	23	三级筒体	42	二级氢气进口	
3	一级污氮出口	22	三级上支撑圈	41	二级合成气缠绕管束	
2	一级合成气出口	21	三级净化气缠绕管束	40	二级合成气进口	
1	一级氮气进口	20	三级净化气进口	39	二级精配氮出口	

技术要求

编号	项目			标准和要求	
1	安全法规			<<压力容器安全技术监察规程>> 1999版	
2	制造，试验，验收			GB151-1999 <<管壳式换热器>> GB150-1998<<钢制压力容器>>	
3	焊接法规			JBT7409-2000<<钢制压力容器焊接规程>>(全熔透工艺)	
4	主体材料	16MnR		GB6654-1996<<压力容器用钢板>>规定	
		20（管）		GB/T8163-87<<输送流体用无缝钢管>>	
		16MnR（管板，法兰）		GB6654-1996<<压力容器用钢板>>规定	
5	焊接材料			焊接部位	焊材标准
		自动焊	H10MnR	A，B 类焊缝	GB/T14957-94
			HJ250		GB5293-85
		手工焊	J507	16MnR	GB/T5117-1995
			J427	16MnR与低碳钢之间及低碳钢之间	GB/T5117-1995
			J422	支座之间及非受压元件之间	
		0Cr18Ni9Ti之间用A102，0Cr18Ni9Ti与Q345R之间用A302			GB/T983-1995
6	接头型式及尺寸	A，B 类接头		GB986-88 或 GB986-88 双面对接接口	
		C 类接头		按图样或相应法兰标准	
		D 类接头		按本图要求	
		其余焊接接头接头		按本图要求	
7	A，B类接头检测要求	检测部位		壳程	管程
				A，B 类焊缝	A，B 类焊缝
		长度/%		100% 射线检测	20% 射线检测
		合格标准		JB 4730—94 级合格	JB 4730—94 级合格
8	水压试验/MPa			0.87	0.50
9	气密性试验/MPa			0.55	
10	热处理要求			下管箱件进行焊后整体消除应力热处理	
11	换热管与管板连接			强度焊	
12	保温	材料与厚度		材料：玻璃纤维软毡 厚度：80mm	
		结构与方法		由用户自理	
13	管口与支座方位			支座及管口方位按本图	
14	油漆，包装，运输			JB2536-80	
15	接管法兰			除管口自带法兰外，其余法兰均配对供应	

管口表

符号	公称直径	连接尺寸及标准	连接面型式	用途或名称	管口焊接 类型	管口焊接 图号
a	250	PN0.3DN250 HG 20592—1997	FM	三级合成气进口	VII	
b	125	PN0.3DN250 HG 20592—1997	FM	三级污氮进口	VII	
c	250	PN0.3DN250 HG 20592—1997	FM	三级氢气进口	VII	
d	250	PN0.3DN250 HG 20592—1997	FM	三级净化气出口	VII	
e	250	PN0.3DN250 HG 20592—1997	FM	三级合成气出口	VII	
f	125	PN0.3DN250 HG 20592—1997	FM	三级污氮出口	VII	
g	250	PN0.3DN250 HG 20592—1997	FM	三级氢气出口	VII	
h	250	PN0.3DN250 HG 20592—1997	FM	三级净化气进口	VII	
i	250	PN0.3DN250 HG 20592—1997	FM	二级合成气进口	VII	
j	125	PN0.3DN250 HG 20592—1997	FM	二级污氮进口	VII	
k	250	PN0.3DN250 HG 20592—1997	FM	三级氢气进口	VII	
l	250	PN0.3DN250 HG 20592—1997	FM	二级净化气出口	VII	
m	250	PN0.3DN250 HG 20592—1997	FM	二级合成气出口	VII	
n	125	PN0.3DN250 HG 20592—1997	FM	二级污氮出口	VII	
o	250	PN0.3DN250 HG 20592—1997	FM	二级氢气进口	VII	
p	250	PN0.3DN250 HG 20592—1997	FM	二级净化气进口	VII	
q	250	PN0.3DN250 HG 20592—1997	FM	一级合成气进口	VII	
r	125	PN0.3DN250 HG 20592—1997	FM	一级污氮进口	VII	
s	250	PN0.3DN250 HG 20592—1997	FM	一级氢气进口	VII	
t	250	PN0.3DN250 HG 20592—1997	FM	一级合成气出口	VII	
u	250	PN0.3DN250 HG 20592—1997	FM	一级污氮出口	VII	
v	250	PN0.3DN250 HG 20592—1997	FM	一级氢气出口	VII	

图 6-17 缠绕管式换热器主换热设备装备图

参考文献

[1] 路秀林，王者相．化工设备设计全书塔设备［M］．北京：化学工业出版社，2004．

[2] GB 151—1999．管壳式换热器［S］．北京：中国标准出版社，1999．

[3] 钱颂文．换热器手册［M］．北京：化学工业出版社，2002．

[4] 吴业正，朱瑞琪．制冷与低温技术原理［M］．北京：高等教育出版社，2011．

[5] 严启森，石文星．空气调节用制冷技术［M］．北京：中国建筑工业出版社，2007．

[6] 刁玉玮，王立业．化工设备机械基础［M］．大连：大连理工大学出版社，2005．

[7] GB/T 1693—1997．紧固件、螺栓、螺钉、螺柱和螺母通用技术条件［S］．北京：中国标准出版社，1997．

[8] 张贤安，陈永东，王健良．缠绕管式换热器的工程应用［J］．大氮肥，2004，27（1）：9-11．

[9] 都跃良，陈永东，张贤安．大型多股流绕管换热器的制造［J］．压力容器，2004，21（6）：26-29．

[10] 刘福生，康平．塔器设计中裙座及地脚螺栓材料选用［J］．石油化工设备，2005，34（6）：76-77．

[11] 尉迟斌，卢士勋，周祖翼．实用制冷与空调工程手册［M］．北京：机械工业出版社，2011．

[12]［日］尾花英郎．热交换器设计手册［M］．北京：烃加工出版社，1987．

[13] 张周卫，李跃，汪雅红．低温液氮用系列缠绕管式换热器的研究与开发［J］．石油机械，2015，43(6)，117-122．

[14] 张周卫，汪雅红，张小卫，等．低温液氮用多股流缠绕管式主回热换热装备．中国： 201310366573.1［P］，2013-12-11．

[15] 张周卫，汪雅红，张小卫，等．低温液氮用一级回热多股流换热装备．中国：201310387575.9［P］，2013-12-11．

[16] 张周卫，汪雅红，张小卫，等．低温液氮用二级回热多股流缠绕管式换热装备．中国：201310361165.7［P］，2013-12-11．

[17] 张周卫，汪雅红，张小卫，等．低温液氮用三级回热多股流缠绕管式换热装备．中国：201310358118.7［P］，2013-12-11．

[18] 张周卫，汪雅红．缠绕管式换热器［M］．兰州：兰州大学出版社，2014．

[19] 张周卫，李连波，李军，等．缠绕管式换热器设计计算软件［Z］．北京：中国版权保护中心，201310358118.7，2013-02-19．

[20] Zhang Zhou-wei，Wang Ya-hong，Xue Jia-xing．Research and Develop on Series of Cryogenic Liquid Nitrogen Coil-wound Heat Exchanger［J］．Advanced Materials Research，2015，Vols．1070-1072： 1817-1822．

[21] Zhang Zhou-wei，Xue Jia-xing，Wang Ya-hong．Calculation and design method study of the coil-wound heat exchanger［J］．Advanced Materials Research，2014，Vols．1008-1009： 850-860．

[22] Xue Jia-xing，Zhang Zhou-wei，Wang Ya-hong．Research on Double-stream Coil-wound Heat Exchanger［J］．Applied Mechanics and Materials，2014，Vols．672-674： 1485-1495．

[23] Zhang Zhou-wei，Wang Ya-hong，Xue Jia-xing．Research and Develop on Series of Cryogenic Methanol Coil-wound Heat Exchanger［J］．Advanced Materials Research，2015，Vols．1070-1072： 1769-1773．

[24] 张周卫，厉彦忠，陈光奇，等．空间低温冷屏蔽系统及表面温度分布研究［J］．西安交通大学学报，2009(8)：116-124．

[25] 张周卫，吴金群，汪雅红，等．低温液氮用气动控制快速自密封加注阀．中国：2013105708411［P］，2014-03-19．

[26] 张周卫，汪雅红，薛佳幸，等．扩散制冷型低温液氮洗涤塔．中国：2013105928178［P］，2015-03-25．

[27] 张周卫，汪雅红，张小卫，等．低温污氮用闪蒸气液分离器．中国：2013106014075［P］，2013-11-25．

致　谢

在本书即将完成之际，深深感谢在项目研究开发及专利技术开发方面给予关心和帮助的老师、同学及同事们。

（1）感谢李瑞明、李振国、鲁小军、万续在第2章LNG缠绕管式换热器设计计算技术方面所做的大量试算工作，最终完成了对LNG混合制冷剂液化工艺技术及MCHE型LNG系列缠绕管式主换热装备的设计计算过程，并掌握了MCHE型液化工艺设计计算技术及大型LNG缠绕管式主换热装备的设计计算技术。

（2）感谢张玉清、席波等在第3章LNG板翅式换热器设计计算技术方面所做的大量试算工作，最终完成了LNG板翅式主换热装备的设计计算过程，并掌握了基于板翅式换热装备的LNG混合制冷剂液化工艺设计计算技术及大型LNG板翅式主换热装备的设计计算技术。

（3）感谢张路等在第4章表面蒸发空冷器设计计算方面所做的大量试算工作，最终完成了对表面蒸发空冷器的编程设计计算过程，并系统地掌握了表面蒸发空冷器的设计计算方法。

（4）感谢赵伟栋等在第5章开架式气化器设计计算方面所做的大量试算工作。

（5）感谢郭艳艳、李育龙、赵浩瑞、杨守峰等在第6章低温液氮用系列缠绕管式换热器设计计算技术方面所做的大量试算工作，最终完成了对低温液氮用系列缠绕管式换热器的设计计算过程，并掌握了低温液氮洗工艺设计计算技术及低温液氮用系列缠绕管式换热器的设计计算方法。

（6）感谢田源、张梓洲两位同学在本书编辑过程中所做的大量编排整理工作。

另外，感谢兰州交通大学众多师生们的热忱帮助，对你们在本书所做的大量工作表示由衷的感谢。

最后，感谢在本书编辑过程中做出大量工作的化学工业出版社编辑老师的耐心修改与宝贵意见，非常感谢。

兰州交通大学

张周卫　郭舜之　汪雅红　赵丽

2017年12月1日

附录
混合制冷剂物性参数表

附表1 乙烯的物性参数

温度/K	压力/MPa	液体密度/(kg/m³)	气体密度/(kg/m³)	液体焓/(kJ/kg)	气体焓/(kJ/kg)	液体熵/[kJ/(kg·K)]	气体熵/[kJ/(kg·K)]
110	0.00033171	646.98	0.010179	-143.47	416.53	-1.0422	4.0487
115	0.00069745	640.59	0.020479	-131.31	422.42	-0.93413	3.8809
120	0.0013683	634.17	0.038524	-119.17	428.29	-0.83075	3.7314
125	0.0025267	627.71	0.068348	-107.04	434.12	-0.73177	3.5976
130	0.0044241	621.2	0.11521	-94.942	439.92	-0.63688	3.4774
135	0.0073921	614.64	0.18565	-82.866	445.65	-0.54577	3.3692
140	0.01185	608.02	0.28758	-70.811	451.32	-0.45814	3.2714
145	0.018309	601.35	0.43016	-58.771	456.91	-0.37371	3.1827
150	0.027377	594.6	0.62385	-46.739	462.39	-0.29224	3.102
155	0.039755	587.78	0.88029	-34.706	467.76	-0.21346	3.0282
160	0.056235	580.87	1.2123	-22.662	473	-0.13716	2.9607
165	0.077693	573.87	1.6336	-10.595	478.09	-0.06313	2.8986
170	0.10509	566.77	2.1593	1.5062	483.01	0.0088373	2.8412
175	0.13944	559.55	2.8053	13.656	487.76	0.078924	2.7881
180	0.18184	552.2	3.5889	25.87	492.31	0.1473	2.7386
185	0.23344	544.71	4.5285	38.161	496.64	0.21414	2.6924
190	0.29541	537.06	5.6442	50.549	500.73	0.2796	2.649
195	0.36901	529.24	6.9579	63.05	504.57	0.34383	2.608
200	0.45548	521.22	8.4936	75.684	508.13	0.40697	2.5692
205	0.55614	512.99	10.278	88.474	511.39	0.46917	2.5322
210	0.67231	504.5	12.342	101.44	514.32	0.53057	2.4967
215	0.80534	495.74	14.72	114.62	516.89	0.59133	2.4624
220	0.95662	486.67	17.452	128.03	519.07	0.65158	2.429
225	1.1276	477.23	20.587	141.72	520.8	0.7115	2.3963
230	1.3196	467.38	24.183	155.72	522.03	0.77125	2.3639
235	1.5342	457.03	28.313	170.09	522.71	0.83104	2.3316

续表

温度/K	压力/MPa	液体密度/(kg/m³)	气体密度/(kg/m³)	液体焓/(kJ/kg)	气体焓/(kJ/kg)	液体熵/[kJ/(kg・K)]	气体熵/[kJ/(kg・K)]
240	1.773	446.11	33.066	184.88	522.74	0.8911	2.2989
245	2.0376	434.49	38.565	200.18	522.02	0.95171	2.2653
250	2.3295	422.02	44.97	216.09	520.38	1.0132	2.2304
255	2.6509	408.46	52.514	232.76	517.64	1.0762	2.1934
260	3.0035	393.47	61.542	250.4	513.45	1.1413	2.153
265	3.3898	376.46	72.621	269.37	507.32	1.2097	2.1077
270	3.8125	356.39	86.795	290.3	498.31	1.2836	2.0541
275	4.2752	330.84	106.46	314.62	484.31	1.3679	1.985
280	4.7835	290.7	140.7	347.75	457.49	1.4814	1.8733

附表 2 丙烷的物性参数

温度/K	压力/MPa	液体密度/(kg/m³)	气体密度/(kg/m³)	液体焓/(kJ/kg)	气体焓/(kJ/kg)	液体熵/[kJ/(kg・K)]	气体熵/[kJ/(kg・K)]
90	1.597E-09	765.89	8.98E-08	−195.99	387.93	−1.3803	5.1077
95	8.903E-09	759.97	4.74E-07	−184.8	392.47	−1.2593	4.8173
100	4.108E-08	754.12	2.08E-06	−173.8	397.09	−1.1464	4.5624
105	1.614E-07	748.34	7.78E-06	−162.95	401.76	−1.0406	4.3376
110	5.527E-07	742.6	2.54E-05	−152.23	406.5	−0.94078	4.1385
115	1.68E-06	736.91	7.4E-05	−141.61	411.3	−0.84635	3.9615
120	4.608E-06	731.25	0.000194	−131.07	416.16	−0.75665	3.8035
125	1.155E-05	725.62	0.000467	−120.6	421.08	−0.67117	3.6622
130	2.673E-05	720	0.001041	−110.18	426.06	−0.58947	3.5355
135	5.769E-05	714.41	0.002163	−99.808	431.1	−0.51117	3.4215
140	0.000117	708.82	0.004232	−89.467	436.2	−0.43595	3.3188
145	0.0002247	703.23	0.007846	−79.147	441.36	−0.36352	3.2262
150	0.0004107	697.65	0.013863	−68.84	446.57	−0.29364	3.1424
155	0.000718	692.06	0.023463	−58.539	451.84	−0.22609	3.0666
160	0.0012062	686.46	0.038204	−48.235	457.15	−0.16066	2.998
165	0.0019549	680.84	0.060077	−37.921	462.52	−0.097197	2.9358
170	0.003067	675.21	0.091551	−27.591	467.92	−0.035528	2.8793
175	0.0046716	669.55	0.1356	−17.237	473.37	0.024484	2.828
180	0.0069273	663.87	0.19575	−6.8535	478.85	0.082968	2.7813
185	0.010024	658.15	0.27603	3.5662	484.35	0.14004	2.7389
190	0.014184	652.4	0.38106	14.028	489.88	0.1958	2.7003
195	0.019664	646.61	0.51596	24.538	495.42	0.25036	2.6651
200	0.026756	640.77	0.68641	35.103	500.96	0.3038	2.6331

续表

温度/K	压力/MPa	液体密度/(kg/m³)	气体密度/(kg/m³)	液体焓/(kJ/kg)	气体焓/(kJ/kg)	液体熵/[kJ/(kg·K)]	气体熵/[kJ/(kg·K)]
205	0.035784	634.88	0.89859	45.728	506.5	0.3562	2.6039
210	0.047107	628.94	1.1592	56.419	512.04	0.40764	2.5772
215	0.061115	622.93	1.4754	67.184	517.55	0.45819	2.5529
220	0.07823	616.86	1.8548	78.027	523.04	0.50792	2.5307
225	0.098903	610.71	2.3058	88.956	528.5	0.55689	2.5104
230	0.12361	604.49	2.8369	99.976	533.92	0.60515	2.4919
235	0.15285	598.17	3.4576	111.1	539.29	0.65277	2.4749
240	0.18715	591.76	4.1776	122.32	544.59	0.6998	2.4593
245	0.22706	585.25	5.0075	133.66	549.84	0.74627	2.445
250	0.27314	578.62	5.9588	145.12	555	0.79225	2.4318
255	0.32597	571.87	7.0437	156.71	560.08	0.83778	2.4196
260	0.38615	564.98	8.2754	168.43	565.07	0.88291	2.4084
265	0.4543	557.95	9.6686	180.31	569.94	0.92768	2.398
270	0.53103	550.75	11.239	192.34	574.7	0.97213	2.3883
275	0.61699	543.38	13.005	204.53	579.33	1.0163	2.3792
280	0.71284	535.81	14.986	216.91	583.81	1.0603	2.3706
285	0.81923	528.02	17.205	229.48	588.12	1.1041	2.3625
290	0.93686	519.99	19.688	242.26	592.26	1.1478	2.3546
295	1.0664	511.68	22.465	255.27	596.18	1.1914	2.347
300	1.2086	503.07	25.573	268.52	599.85	1.235	2.3394
305	1.3642	494.1	29.055	282.05	603.23	1.2786	2.3317
310	1.534	484.74	32.96	295.87	606.3	1.3225	2.3239
315	1.7186	474.9	37.353	310.03	609.01	1.3666	2.3157
320	1.9191	464.52	42.315	324.57	611.32	1.411	2.3071
325	2.1361	453.48	47.952	339.53	613.13	1.4559	2.2978
330	2.3708	441.66	54.407	355.01	614.32	1.5016	2.2874
335	2.6241	428.85	61.882	371.09	614.74	1.5482	2.2755
340	2.8972	414.75	70.675	387.95	614.14	1.5962	2.2615
345	3.1913	398.88	81.259	405.8	612.16	1.6462	2.2444
350	3.5081	380.4	94.468	425.08	608.17	1.6994	2.2225
355	3.8495	357.58	112.05	446.6	600.87	1.7578	2.1924
360	4.2185	325.35	139.15	472.79	586.57	1.828	2.1441

附表3 正丁烷的物性参数

温度/K	压力/MPa	液体密度/(kg/m³)	气体密度/(kg/m³)	液体焓/(kJ/kg)	气体焓/(kJ/kg)	液体熵/[kJ/(kg·K)]	气体熵/[kJ/(kg·K)]
90	1.689×10^{-12}	815.7	1.27×10^{-10}	−347.78	206.58	−2.1166	4.0431
95	1.489×10^{-11}	810.15	1.06×10^{-9}	−338.12	210.6	−2.0121	3.764
100	1.035×10^{-10}	804.62	6.99×10^{-9}	−328.51	214.71	−1.9134	3.5187
105	5.88×10^{-10}	799.11	3.78×10^{-8}	−318.94	218.89	−1.82	3.3021

续表

温度/K	压力/MPa	液体密度/(kg/m³)	气体密度/(kg/m³)	液体焓/(kJ/kg)	气体焓/(kJ/kg)	液体熵/[kJ/(kg·K)]	气体熵/[kJ/(kg·K)]
110	2.808×10^{-9}	793.62	1.72×10^{-7}	−309.4	223.15	−1.7313	3.1101
115	1.154×10^{-8}	788.15	6.77×10^{-7}	−299.89	227.49	−1.6468	2.9391
120	4.165×10^{-8}	782.71	2.34×10^{-6}	−290.4	231.9	−1.566	2.7865
125	1.341×10^{-7}	777.3	7.24×10^{-6}	−280.93	236.39	−1.4887	2.6499
130	3.907×10^{-7}	771.92	2.03×10^{-5}	−271.47	240.95	−1.4145	2.5273
135	1.041×10^{-6}	766.56	5.21×10^{-5}	−262.02	245.59	−1.3431	2.417
140	2.567×10^{-6}	761.23	0.000124	−252.56	250.31	−1.2743	2.3176
145	5.898×10^{-6}	755.92	0.000274	−243.1	255.1	−1.208	2.2279
150	1.273×10^{-5}	750.63	0.000573	−233.64	259.97	−1.1438	2.1469
155	2.597×10^{-5}	745.36	0.001131	−224.15	264.92	−1.0816	2.0737
160	5.038×10^{-5}	740.1	0.002125	−214.65	269.94	−1.0213	2.0075
165	9.334×10^{-5}	734.85	0.003818	−205.13	275.05	−0.96266	1.9475
170	0.0001659	729.61	0.006588	−195.58	280.23	−0.90564	1.8932
175	0.000284	724.38	0.010957	−186	285.49	−0.85009	1.8441
180	0.0004697	719.16	0.017624	−176.38	290.82	−0.7959	1.7996
185	0.0007528	713.93	0.027496	−166.72	296.22	−0.74299	1.7594
190	0.0011725	708.7	0.04172	−157.02	301.7	−0.69126	1.7231
195	0.0017787	703.47	0.061709	−147.28	307.24	−0.64063	1.6902
200	0.002634	698.23	0.089169	−137.48	312.85	−0.59103	1.6606
205	0.0038147	692.97	0.12612	−127.63	318.52	−0.54239	1.6339
210	0.0054125	687.71	0.1749	−117.72	324.24	−0.49465	1.61
215	0.0075354	682.42	0.23819	−107.75	330.03	−0.44775	1.5884
220	0.010309	677.11	0.31901	−97.722	335.86	−0.40165	1.5692
225	0.013876	671.78	0.42072	−87.623	341.74	−0.35628	1.552
230	0.018399	666.42	0.54702	−77.453	347.66	−0.31161	1.5367
235	0.024058	661.02	0.70195	−67.209	353.62	−0.26758	1.5232
240	0.031052	655.59	0.88989	−56.888	359.61	−0.22417	1.5113
245	0.039598	650.12	1.1155	−46.486	365.64	−0.18132	1.5008
250	0.04993	644.6	1.3839	−35.999	371.69	−0.13902	1.4917
255	0.062301	639.04	1.7003	−25.424	377.77	−0.097212	1.4839
260	0.076978	633.42	2.0704	−14.757	383.86	−0.055876	1.4773
265	0.094244	627.74	2.5003	−3.9943	389.97	−0.014978	1.4717
270	0.1144	622	2.9963	6.8682	396.08	0.02551	1.4671
275	0.13775	616.18	3.5651	17.835	402.21	0.065616	1.4633
280	0.16463	610.3	4.214	28.91	408.33	0.10537	1.4604

续表

温度/K	压力/MPa	液体密度/(kg/m³)	气体密度/(kg/m³)	液体焓/(kJ/kg)	气体焓/(kJ/kg)	液体熵/[kJ/(kg·K)]	气体熵/[kJ/(kg·K)]
285	0.19537	604.33	4.9504	40.098	414.45	0.14479	1.4583
290	0.23031	598.27	5.7825	51.403	420.56	0.18391	1.4569
295	0.26981	592.11	6.719	62.831	426.65	0.22276	1.4561
300	0.31425	585.85	7.7693	74.387	432.73	0.26135	1.4558
305	0.36399	579.48	8.9433	86.076	438.77	0.29971	1.4561
310	0.41942	572.98	10.252	97.905	444.78	0.33786	1.4568
315	0.48093	566.35	11.708	109.88	450.75	0.37584	1.458
320	0.54893	559.56	13.325	122.01	456.66	0.41366	1.4594
325	0.62382	552.62	15.116	134.3	462.51	0.45134	1.4612
330	0.70602	545.5	17.1	146.76	468.28	0.48893	1.4633
335	0.79596	538.19	19.295	159.39	473.97	0.52643	1.4655
340	0.89409	530.66	21.723	172.22	479.55	0.56389	1.4678
345	1.0009	522.9	24.409	185.24	485.01	0.60133	1.4702
350	1.1167	514.86	27.384	198.48	490.33	0.63879	1.4726
355	1.2422	506.53	30.682	211.95	495.48	0.67631	1.475
360	1.3777	497.86	34.346	225.67	500.44	0.71393	1.4772
365	1.5239	488.81	38.428	239.67	505.16	0.75171	1.4791
370	1.6813	479.3	42.994	253.96	509.6	0.78971	1.4807
375	1.8505	469.28	48.127	268.58	513.72	0.82801	1.4817
380	2.0321	458.63	53.935	283.58	517.42	0.8667	1.4821
385	2.2269	447.24	60.565	299.01	520.62	0.90593	1.4815
390	2.4356	434.9	68.223	314.97	523.19	0.94588	1.4798
395	2.6592	421.34	77.213	331.56	524.92	0.98682	1.4763
400	2.8988	406.12	88.015	348.98	525.51	1.0292	1.4705
405	3.1556	388.45	101.47	367.56	524.45	1.0737	1.4611
410	3.4315	366.64	119.33	388.01	520.67	1.1221	1.4457

附表4 异丁烷的物性参数

温度/K	压力/MPa	液体密度/(kg/m³)	气体密度/(kg/m³)	液体焓/(kJ/kg)	气体焓/(kJ/kg)	液体熵/[kJ/(kg·K)]	气体熵/[kJ/(kg·K)]
120	1.063×10^{-7}	734.42	6.19×10^{-6}	−101.73	373.93	−0.58869	3.3751
125	3.206×10^{-7}	729.7	1.79×10^{-5}	−93.143	378.53	−0.51862	3.2547
130	8.806×10^{-7}	724.98	4.74×10^{-5}	−84.48	383.24	−0.45066	3.1472
135	2.227×10^{-6}	720.25	0.000115	−75.735	388.06	−0.38466	3.0508
140	5.231×10^{-6}	715.52	0.000261	−66.91	392.98	−0.32047	2.9645
145	1.151×10^{-5}	710.78	0.000555	−58.006	398.01	−0.25798	2.887
150	2.388×10^{-5}	706.04	0.001113	−49.022	403.15	−0.19707	2.8174

续表

温度/K	压力/MPa	液体密度/(kg/m³)	气体密度/(kg/m³)	液体焓/(kJ/kg)	气体焓/(kJ/kg)	液体熵/[kJ/(kg·K)]	气体熵/[kJ/(kg·K)]
155	4.699×10^{-5}	701.28	0.00212	−39.959	408.38	−0.13763	2.7549
160	8.818×10^{-5}	696.51	0.003853	−30.817	413.71	−0.079585	2.6987
165	0.0001585	691.73	0.006716	−21.596	419.14	−0.022837	2.6483
170	0.0002739	686.93	0.011266	−12.295	424.66	0.03269	2.603
175	0.0004567	682.12	0.018257	−2.9149	430.28	0.087071	2.5625
180	0.0007374	677.28	0.028666	6.5463	435.98	0.14037	2.5261
185	0.0011557	672.42	0.043734	16.089	441.77	0.19266	2.4937
190	0.0017628	667.54	0.064989	25.715	447.65	0.244	2.4647
195	0.0026227	662.64	0.094278	35.425	453.6	0.29444	2.4389
200	0.0038135	657.71	0.13378	45.222	459.64	0.34403	2.4161
205	0.0054294	652.74	0.18603	55.107	465.75	0.39283	2.396
210	0.0075808	647.75	0.25392	65.082	471.93	0.44089	2.3783
215	0.010396	642.72	0.34069	75.149	478.17	0.48825	2.3628
220	0.014023	637.65	0.44997	85.311	484.48	0.53495	2.3494
225	0.018625	632.54	0.58573	95.571	490.85	0.58103	2.3378
230	0.024387	627.39	0.75229	105.93	497.28	0.62653	2.328
235	0.031511	622.19	0.95433	116.4	503.75	0.67149	2.3198
240	0.040218	616.95	1.1969	126.97	510.27	0.71593	2.313
245	0.050746	611.64	1.4853	137.65	516.83	0.75991	2.3076
250	0.06335	606.28	1.8253	148.44	523.43	0.80344	2.3034
255	0.078301	600.86	2.223	159.35	530.06	0.84655	2.3003
260	0.095885	595.37	2.6848	170.38	536.72	0.88927	2.2983
265	0.1164	589.81	3.2175	181.54	543.41	0.93164	2.2972
270	0.14017	584.17	3.8285	192.82	550.11	0.97368	2.297
275	0.16751	578.45	4.5253	204.24	556.82	1.0154	2.2975
280	0.19876	572.64	5.3164	215.8	563.54	1.0569	2.2988
285	0.23427	566.72	6.2104	227.49	570.26	1.098	2.3007
290	0.2744	560.71	7.217	239.34	576.98	1.139	2.3033
295	0.31952	554.58	8.3463	251.34	583.69	1.1797	2.3063
300	0.37	548.32	9.6096	263.5	590.37	1.2203	2.3099
305	0.42622	541.93	11.019	275.82	597.03	1.2607	2.3138
310	0.48858	535.39	12.589	288.32	603.65	1.301	2.3182
315	0.55749	528.69	14.333	300.99	610.23	1.3411	2.3228
320	0.63335	521.81	16.269	313.86	616.75	1.3812	2.3277
325	0.71658	514.73	18.416	326.92	623.2	1.4212	2.3328
330	0.80761	507.43	20.795	340.19	629.57	1.4611	2.3381
335	0.90688	499.89	23.434	353.67	635.83	1.5011	2.3434

续表

温度/K	压力/MPa	液体密度/(kg/m³)	气体密度/(kg/m³)	液体焓/(kJ/kg)	气体焓/(kJ/kg)	液体熵/[kJ/(kg·K)]	气体熵/[kJ/(kg·K)]
340	1.0148	492.07	26.361	367.4	641.97	1.5411	2.3487
345	1.132	483.95	29.612	381.37	647.96	1.5812	2.354
350	1.2587	475.47	33.23	395.61	653.77	1.6214	2.359
355	1.3957	466.58	37.268	410.15	659.35	1.6619	2.3638
360	1.5433	457.23	41.791	425	664.67	1.7025	2.3683
365	1.7021	447.31	46.883	440.21	669.66	1.7435	2.3721
370	1.8727	436.72	52.652	455.83	674.27	1.785	2.3753
375	2.0557	425.31	59.244	471.92	678.4	1.827	2.3776
380	2.2519	412.85	66.867	488.56	681.92	1.8698	2.3787
385	2.462	399.01	75.829	505.9	684.64	1.9138	2.3781
390	2.6869	383.26	86.625	524.14	686.25	1.9594	2.3751
395	2.9276	364.64	100.15	543.68	686.19	2.0075	2.3683
400	3.1856	341.03	118.39	565.39	683.25	2.0603	2.355

附表5 甲烷的物性参数

温度/K	压力/MPa	液体密度/(kg/m³)	气体密度/(kg/m³)	液体焓/(kJ/kg)	气体焓/(kJ/kg)	液体熵/[kJ/(kg·K)]	气体熵/[kJ/(kg·K)]
100	0.034376	438.89	0.67457	−40.269	490.21	−0.37933	4.9255
105	0.056377	431.92	1.0613	−23.124	499.31	−0.21253	4.7631
110	0.08813	424.78	1.5982	−5.813	508.02	−0.052168	4.6191
115	0.13221	417.45	2.3193	11.687	516.28	0.10248	4.4902
120	0.19143	409.9	3.2619	29.405	524.02	0.25207	4.3738
125	0.26876	402.11	4.4669	47.373	531.17	0.3972	4.2676
130	0.36732	394.04	5.9804	65.629	537.67	0.53846	4.1695
135	0.49035	385.64	7.8549	84.22	543.42	0.67639	4.0779
140	0.64118	376.87	10.152	103.2	548.34	0.81158	3.9912
145	0.82322	367.65	12.945	122.65	552.32	0.94461	3.9079
150	1.04	357.9	16.328	142.64	555.23	1.0761	3.8267
155	1.295	347.51	20.419	163.31	556.89	1.2069	3.7461
160	1.5921	336.31	25.382	184.8	557.07	1.3378	3.6645
165	1.9351	324.1	31.448	207.33	555.45	1.4701	3.5799
170	2.3283	310.5	38.974	231.24	551.54	1.6054	3.4895
175	2.7765	294.94	48.559	257.09	544.52	1.7466	3.3891
180	3.2852	276.23	61.375	285.94	532.83	1.8991	3.2707
185	3.8617	251.36	80.435	320.51	512.49	2.0765	3.1142
190	4.5186	200.78	125.18	378.27	459.03	2.3687	2.7937

附表 6 氮气的物性参数

温度/K	压力/MPa	液体密度/(kg/m³)	气体密度/(kg/m³)	液体焓/(kJ/kg)	气体焓/(kJ/kg)	液体熵/[kJ/(kg・K)]	气体熵/[kJ/(kg・K)]
70	0.03855	838.51	1.896	−136.97	71.098	2.6321	5.6045
75	0.07604	816.67	3.5404	−126.83	75.316	2.7714	5.4667
80	0.13687	793.94	6.0894	−116.58	79.099	2.9028	5.3487
85	0.22886	770.13	9.8241	−106.16	82.352	3.0277	5.2454
90	0.36046	745.02	15.079	−95.517	84.97	3.1473	5.1527
95	0.54052	718.26	22.272	−84.571	86.828	3.263	5.0672
100	0.77827	689.35	31.961	−73.209	87.766	3.3761	4.9858
105	1.0833	657.52	44.959	−61.268	87.557	3.4882	4.9055
110	1.4658	621.45	62.579	−48.486	85.835	3.6015	4.8226
115	1.937	578.7	87.294	−34.389	81.911	3.7198	4.7311
120	2.5106	523.36	125.09	−17.87	74.173	3.8514	4.6185